生态规划学

严力蛟　章 戈　王宏燕　主编

中国环境出版集团 · 北京

图书在版编目（CIP）数据

生态规划学/严力蛟，章戈，王宏燕主编. —北京：中国环境出版集团，2015.4（2021.1 重印）
ISBN 978-7-5111-2306-0

Ⅰ. ①生… Ⅱ. ①严… ②章… ③王… Ⅲ. ①生态环境—环境规划—研究 Ⅳ. ①X321

中国版本图书馆 CIP 数据核字（2015）第 054787 号

出 版 人 武德凯
责任编辑 丁 枚 王宇洲
责任校对 任 丽
封面设计 彭 杉

出版发行 中国环境出版集团
（100062 北京市东城区广渠门内大街 16 号）
网 址：http://www.cesp.com.cn
电子邮箱：bjgl@cesp.com.cn
联系电话：010-67112765（编辑管理部）
010-67112735（第一分社）
发行热线：010-67125803，010-67113405（传真）
印 刷 北京中科印刷有限公司
经 销 各地新华书店
版 次 2015 年 4 月第 1 版
印 次 2021 年 1 月第 2 次印刷
开 本 787×1092 1/16
印 张 18.75
字 数 456 千字
定 价 36.00 元

前　言

自工业革命以来，全球性的资源与生态环境问题愈演愈烈，促使人们重新思考人类与自然的关系，寻求一条社会经济可持续发展的道路。在此背景下，生态规划学应运而生。生态规划学是建立在自然科学和社会科学基础上的关于生态系统多时空尺度的分析、规划、设计、改造、管理、保护和恢复相关的一门应用性学科。通过生态规划，旨在综合地、长远地协调人类活动与自然及资源利用的关系，以实现资源永续利用和社会、经济、环境的可持续发展。

当前，生态规划学受到了越来越多的研究者与决策者的重视，被广泛地应用于社区、农村、城市、区域等各级尺度上的规划设计中，成为一门应用性很强的交叉学科。本书在梳理前人理论研究与实践应用成果，以及作者本人多年教学与实践经验的基础上，阐述了生态规划学的历史、理论基础、应用原则以及步骤程序等。本书在编写时，力求在内容和形式上体现科学性、系统性、权威性、简练性、完整性和新颖性。

本书由严力蛟、章戈、王宏燕担任主编。全书共 11 章。各章编写分工如下：第 1 章由严力蛟、章戈、林国俊编写；第 2 章由赵路、张秀成、严力蛟编写；第 3 章由黄璐、王宏燕、王大庆编写；第 4 章由史利莎、严力蛟、章戈编写；第 5 章由黄璐、严力蛟、章戈编写；第 6 章由王宏燕、张少良、章戈编写；第 7 章由史利莎、严力蛟、王宏燕编写；第 8 章由章戈、张沛、严力蛟编写；第 9 章由樊吉、章戈、林国俊编写；第 10 章由樊吉、严力蛟、王宏燕编写；第 11 章由张沛、章戈、容建波编写。全书由严力蛟、章戈和王宏燕总体筹划和统稿。参加本书修改、校对、收集资料的还有：徐孝银、卢立峰、戴刚、乌玲瑛、何欢、王丽娴、郭慧文、杨锦瑶、王月圆、史飞、刘恒、张帅、易馨、陈展、聂颖、李华斌、裴鑫、李寒、李婧、姜洪等，谨向他们致以衷心的谢意！

本书在编写过程中参阅了大量的国内外论文、教材和著作，以及部分非正式出版资料和网站上的资料图片等，这些均为本书的编写提供了坚实的基础。在本书付梓之际，要衷心感谢书中所列文献的各位作者，以及未在此列出文献的各位作者，同时要衷心感谢中国环境出版社丁枚编审对本书出版提供的帮助和付出的辛劳，以及浙江大学生命科学学院、浙江大学生态规划与景观设计研究所的大力支持。

由于生态规划学发展的历史较短，而且涉及学科众多，加之编写人员水平所限，书中存在某些错漏与不足之处在所难免，敬请各位同仁和广大读者批评指正，以便再版时进一步修改、补充和完善。

编　者
2013 年

目　录

第1章 绪　论

随着社会经济的发展，工业化和城市化的不断推进，资源短缺、环境污染、粮食和食品安全、生态失衡等问题日益突出，严重威胁着人类的生存和发展。如何正确处理人与自然、经济与生态、资源利用与保护、当前利益与长远利益的关系，使得社会、经济、生态三个效益得以全面协调发展，已成为学者和决策者们必须面对和考虑的问题。

1987年，世界环境与发展委员会（World Commission on Environment and Development，WCED）在《我们共同的未来》（Our Common Futrue）报告中首次提出了“可持续发展”的概念，并取得了国际社会的广泛共识。而我国也将科学发展观作为一项重大的战略思想，提出了以人为本、全面协调、统筹兼顾的基本国策。在国民经济和社会发展的第十一个五年规划和第十二个五年规划中，先后都将保护生态环境，建设资源节约型、环境友好型社会，促进经济发展与人口、资源、环境相协调列为重要内容。

在这种背景下，生态规划学应运而生。它区别于传统的经济优先型的规划理论和方法，旨在关注生态系统的多元性、完整性和连续性，以确保和恢复生态系统健康为最高目标。生态规划学为解决人类与自然的关系问题提供了契机，也为实现以人为本、全面协调的科学发展观，建设稳定和谐社会，提供了重要的理论支撑和方法指导。

1.1 生态规划和生态规划学的定义

如何定义“生态规划学”是提高生态规划的科学性与合理性的关键。迄今为止已有多个机构或学者分别提出了生态规划的定义（表1-1）。概而言之，一部分学者以规划理论为基础，认为生态规划是在生态学理论指导下的空间安排和整理，其核心技术为生态适宜性评价；另一部分学者则以生态学理论为基础，认为生态规划必须尊重生态系统内各种复杂的相互关系，确保生态过程的连续性和完整性，并在此基础上协调生态系统的空间关系，其核心理论为生态系统生态学。

综合学者们对于生态规划的定义，生态规划（Ecological Planning）就是以生态系统学、宏观经济学和城乡规划学的基本原理为指导，应用系统科学、环境科学、管理科学、软件工程学、运筹学、数理统计学、计算机技术学等多学科的手段，去辨别、模拟和设计人工复合生态系统内的各种生态关系，确保资源开发利用与保护的生态适宜度，探讨改善系统结构与功能的生态建设对策，从而促进人与自然关系持续协调发展的一种规划。

表 1-1 生态规划相关定义（沈清基，2009）

学者或机构	生态规划定义	特点
Lewis Mumford 等	综合协调某一地区存在的或潜在的自然流（水）、经济流（商品）和社会流（人），以此奠定该地区居民的最适宜的自然基础	综合（自然、经济、人）协调性
Ian MacKaye	利用生态学原理而制定的符合生态学要求的土地利用规划称为生态规划。生态规划是对土地的科学合理的利用，旨在找出拥有较多有利因素而较少不利因素土地分布的最佳地区	土地利用中心性
Frederick Steiner 等	运用生物学及社会文化信息，就景观利用的决策提出可能的机遇及约束	景观性
MacKaye Rose 等	应用生态学概念、生态学方法对人类环境的安排	生态学起着统帅作用
《环境科学词典》	生态规划是在自然综合体的天然平衡情况不做重大变化、自然环境不遭受破坏和一个部门的经济活动不对另一个部门造成损害的情况下，应用生态学原理，计算并合理安排天然资源的利用及组织地域的利用	资源性、经济性
欧阳志云，王如松	生态规划就是要通过生态辨识和系统规划，运用生态学原理、方法和系统科学手段去辨识、模拟、设计生态系统，并分析人工复合生态系统内部各种生态关系，探讨改善系统生态功能，确定资源开发利用与保护的生态适宜度，促进人与环境持续协调发展的可行的调控政策。其本质是一种系统认识和重新安排人与环境关系的复合生态系统规划	生态关系
联合国	生态规划就是要从自然生态和社会心理两方面去创造一种能充分融合技术和自然的人类活动的最优环境，诱发人的创造精神和生产力，提高物质和文化水平	以人为中心
Ecological Planning with Consequence	生态规划是一种促进人类感知活动与自然过程之间发生对话的方式。生态规划基于人类与自然界之间的互反关系。生态规划是一种多学科努力的过程，通过这一过程，人类与环境要素紧密地联系在一起	人类与环境的相互作用性
Environment Handbook	生态规划的目标是保护和恢复自然资源的生产能力，并使它们长久地维持。基于此目的，必须对现有和规划的土地使用模式相对于特定地区某些特点的兼容性进行考察。在人口较稠密区域，除了维护和发展或使自然资源重生的目标以外，环境卫生和环境保护技术的各个方面，例如减轻现有污染和其他问题的复原目标，也是特别重要的	资源性
Mohammad Jafari 等	生态规划是一种对选择使用的土地从环境和社会经济学角度进行评价的过程，以便对自然资源进行管理，保护生态系统，消除或减少可能的环境冲突	土地利用中心性

相对于生态规划而言，生态规划学的内容和范围更加广泛。它是建立在自然科学和社会科学基础上的关于生态系统多时空尺度的分析、规划、设计、改造、管理、保护和恢复相关的一门应用性学科。它特别强调人地关系的规划，即通过对人类活动及其相关的生态

问题进行科学理性的分析，设计问题的解决方案及途径，实现相应的生态目标，并监理规划设计目标的实现。根据解决问题的性质、内容和尺度的不同，生态规划学包含两个专业方向：生态规划和生态设计。前者是指在较大尺度范围内，基于对生态过程的理解，协调人与自然关系的过程，规划禁建区、缓建区和宜建区；后者是指在较小尺度范围内，基于具体空间位置和节点展开设计。

1.2 生态规划学发展简史

生态规划的产生可以追溯到19世纪末，其代表人物则是马什（George Marsh）、鲍威尔（John Powell）及格迪斯（Patrick Geddes）等生态学家、规划工作者或社会科学家。

George Marsh（1801—1882），美国律师、外交家、语言学家，同时也被认为是美国第一个自然资源保护论者。他对自然具有敏锐的洞察力，并对刚刚产生的以研究生物与环境相互关系为目标的生态学有较好的理解。人类活动对地中海地区的巨大影响使他震惊，从而促使他进一步探讨“自然恢复的重复性与可能性”。Marsh在以历史的观点详细考察了荷兰开发项目后指出：在定居过程中需对人与环境的关系进行合理的规划。Marsh在其1864年出版的《人与自然：人类活动所改变了的自然地理》（*Man and Nature：Or，Physical Geography as Modified by Human Action*）著作中，首次提出合理地规划人类活动，使之与自然协调，而不是破坏自然，并呼吁“Design with nature rather than against the environment”（设计需顺应自然而不是逆其行之）。Marsh的这个规划原则，至今仍是生态规划的一个重要思想基础。

John Powell（1834—1902），美国地理学家。1879年他在递交给国会的《美国干旱区的土地报告》（*Report on the Lands of the Arid Region of the United States*）中指出：“恢复这些土地（指不适当耕作而导致的沙化地与废弃地）需要广泛而且综合的规划”，规划“不仅要考虑工程问题及方法，还应考虑土地自身的特征”。Powell在报告中强调“要求制定一种土地与水资源利用政策，并要求选择能适应干旱、半干旱地区的一种新的土地利用方式，新的管理机制及新的生活方式”。Powell无疑是最早呼吁通过立法与政策促进与生态条件相适应的发展规划的人之一。

Patrick Geddes（1854—1932），苏格兰生物学家、地理学家，人类生态学的奠基人，以及传统区域与城市规划的先驱之一。他创立的城市与区域规划程序：调查—分析—规划方案，一直被规划界视为经典程序。Geddes强调把规划建立在研究客观现实的基础上，即周密地分析地域自然环境潜力与环境限制对土地利用与地域经济体系的影响及其相互关系。同时，他还强调在规划中应注意人类与环境之间联系的复杂性与综合性，他指出：“社会的类群、人们的工作方式及其环境均反映了社会的观念，还将影响社会每个人的行为。”

20世纪之初，生态学自身已完成其“独立”过程，成为一门年轻的学科，并在种群生态学、群落生态学和生态系统生态学等分支领域迅速发展。同时，生态学思想也更广泛地向社会学、城市与区域规划学以及其他应用学科渗透。生态规划则在生态学自身大发展与生态学思想大传播的氛围中得到迅速发展。20世纪初，生态规划的繁荣与规划实践的要求、规划方法的发展直接相关。

这个时期人们开始认识到动植物的美学价值与功能价值，以及保护自然景观对城市发展与城市生活的重要性。霍华德（Ebenezer Howard，1898）在《明日：一条通向真正改革的和平道路》（*Tomorrow：A Peaceful Path to Real Reform*）中，描绘了“明日”理想的城市：“具有自然美、富于社会机遇，接近田野公园，有足够的工作可做，高工资、低租金、低税收、低物价，没有繁重的劳动，企业有足够的发展场所，资金周转快，洁净的空气与水，明亮的住宅和花园，无烟尘，无贫民窟，自由协作。”这种由人工构筑物与自然景观（指包围城市的绿带与农村景观以及城市内部大量的绿地与开阔地）组成的所谓“田园城市”，实质上就是对在城市规划与建设中寻求与自然协调的探索和尝试。从他的描绘中，我们可以联想到我国古代文人所向往的“世外桃源”，也可看到今天人们所描述的“可持续发展社会”的影子。Howard 的田园城市运动对城市与区域规划以及麦克哈格（Ian McHarg）等的生态规划工作均产生了深远的影响。与此同时，当时具有很大影响力的芝加哥学派中的两位成员，景观设计师詹森（Jens Jensen）与生态学家考尔斯（Henry Cowles），则开始携手探索如何在不断扩展的城市区保护自然景观。

如果说从 Marsh 等到 Howard 的理论探索与规划实践，是一批具有远见的生态学家与规划师自发地将生态学思想应用于规划之中，那么到 20 世纪 20 年代美国区域规划协会的成立则明确宣布了规划与生态学之间的密切关系。

1923 年，受 Geddes 等的英国花园城市运动的影响，美国区域规划协会成立。其主要成员包括：马凯（Benton MacKaye）、芒福德（Lewis Mumford）、斯坦（Clarence Stein）、赖特（Henry Wright）及鲍尔（Catherine Bauer）等，而其中 MacKaye 与 Mumford 强烈支持以生态学为基础的区域规划。

MacKaye 曾将区域规划与生态学联系起来，他将区域规划定义为：“在一定区域范围内，为了优化人类活动、改善生活条件，而重新配置物质基础的过程，包括对区域的生产、生活设施、资源、人口以及其他可能的各种人类活动进行的综合安排与排序。”按照 MacKaye 的定义，规划首先应抓住自然所表现的永久的综合“秩序”，从而与人类所创造的“秩序”相区别。MacKaye 还引用柏拉图的名言“要征服自然，首先必须服从自然”来强调他的规划思想。最后，他还进一步从区域规划的角度将人类生态学定义为：“人类生态学关心的是人类与环境的关系，区域是环境单元，规划是描绘影响人类福祉的活动，其目的是将人类与区域的优化关系付诸实践。简言之，区域规划就是人类生态学。”此后，Ian McHarg、斯坦纳（Frederick Steiner）及杨（Gerald Young）等继承了这一观点，将生态规划称之为人类生态规划或应用人类生态学。

Mumford 也曾指出，“如果人类不能向挖掘人类潜力或可能性的方向努力，那么人类这种无意识选择的继续，将导致一个无生命的环境。”Mumford 之后的生态规划者，通过有意识的选择，竭力将自然过程协调综合于人类活动之中。正如哥卫斯特（Goist）指出的：这正是 Mumford 等的整体论与整体论者观察、理解作为一个整体的人类文化与自然环境的方法，这种思想方法使得 Mumford 的工作至今仍具有生命力。

野生生物学家、森林学家利奥帕德（Aldo Leopold）在他著名的有关土地利用的著作中，就因为将人类伦理扩展到土地与自然界而备受称赞。而且这篇文章深入地探讨了如何将生态学方法应用于规划之中的问题。他指出：“生态学反映与条件制约着所有依赖于土地的企事业，无论是经济的，还是文化的。”在这里，利奥帕德首先注意到自然生态过程与人类活动的相互关系。同时，他还指出：运用生态学理论与方法追求“广泛与土地共生”，适当的规划意味着向人与土地和谐相处的状态努力，通过土地与地球上所有的东西（生物）和谐共处。他还警告说“人与土地的相互作用是极其重要的，不可抱侥幸心理，而必须通过十分仔细的规划与管理”。

在这个时期，生态规划理论与方法的探讨还涉及许多论题，如：探讨生态规划的最佳单元，试图阐明城乡交接带的生态功能；如何为环境保护运动明确对象与目标；怎样通过规划方法论的建立，将生态规划作为管理与规划的多用途理论与方法；怎样将可持续产量与承载力的概念引入区域与城市规划之中；怎样推动“整体规划”（Holistic Planning）的发展；如何实现与自然共同规划与设计，而不是破坏自然。不过值得注意的是，这个时期的生态规划，虽然在处理人与自然关系的指导思想上与生态学思想一致，但在讨论生态规划的文献与著作中，很少使用生态学的学科术语。即使像公认的现代生态学家 Mumford 在讨论生态规划时，也很少使用生态学科术语。

在这些先驱思想家们从理论、方法上构筑生态规划的同时，生态规划的实践已悄然开展起来，并在规划实践中丰富和发展了生态规划的理论与方法。在19世纪和20世纪之交，美国的中西部与东北部许多城市公园与开阔地的规划，可视为生态规划的开先河之作。因为在这些规划中，规划师们开始有意识地协调处理自然景观、自然过程与人工环境的关系。如欧姆斯泰德（Frederick Olmsted）与沃克斯（Calvert Voux）在1878年设计的 Boston Back Bay 和 Mutty River Cleveland，1888年设计的 Minneapolios 和 St. Paul 的公园，艾略特（Eliot）在1893年对 Boston 的综合规划，以及 Jensen 在1920年对 South Chicago 的规划。

除了美国区域规划协会，这一时期的生态规划开始从区域整体角度去探索解决城市环境恶化及城市拥挤问题的途径，例如：①重视城市—农村过渡带的规划与保护，通过在过渡带建设缓冲绿带及公园，创造一个更接近自然的居住环境，并限制城市的扩张；②新城运动（Greenbelt New Town）。“新政”（New Deal）经济学家特格韦尔（Rexford Tugwell）首先建议美国住房局用综合的途径来减轻农村社会经济问题。在不到两年的时间里，Tugwell's Agency 建设了三个新的社区，并规划了第四个。Tugwell 的新社区规划思路与区域规划协会的观点不尽相同，Tugwell 在自然综合的同时，很重视社会文化因素的综合，在新社区规划中，考虑到了传统的低收入的单一或多家住房单元，商业与公共设施的聚集，环城的绿带，以及连接社区与社区、社区与其相邻都市之间的交通网络。每个社区都拥有由景观设计师、规划工程师和建筑师等领域专家组成的多学科设计组。随着时间的推移，事实证明这些社区深受其居民的欢迎，并已成为美国新城规划中的杰作。Tugwell 推出综合自然与社会文化因素的规划方法，以后又被 McHarg 等所发扬光大，并成为生态规划方法的主流。

田纳西流域的综合规划与实施将第二次世界大战前的生态规划推向高潮。当时田纳西流域丰富的自然资源，如木材、石油等已被掠夺式地开发殆尽，留下的仅是一片废墟和失业后穷困潦倒的居民，是当时美国最贫穷的地区之一。罗斯福总统在呼吁国会批准建立田纳西流域管理机构时，把田纳西流域规划称为“国家级的规划”，还要求“规划应为流域及邻近区域的自然资源开发、流域保护提供保障”。在罗斯福新政的支持下，一个包括6.3万 km^2，涉及7个州的规划方案被确立。这个方案充分地认识到作为基本资源的水在恢复流域经济中的重要性。方案的三个基本目标是防洪、发展航运及开发水电，后来则扩展到植被恢复、水土保护、新社区建设、农田肥力恢复等多个目标。田纳西流域成为区域整体综合规划的成功代表作，也是后来奥德姆（Eugene Odum）称流域为生态规划最优单元的经典例证。

在规划方法上，这个时期的显著进步是创立了地图叠合技术并成功地在规划中运用，从而为综合分析社会经济及自然环境信息提供了一个便利有效的方法。曼宁（Warren Manning）被认为是这一方法的首创者。1913 年，他首先用这种方法规划了 Massachusetts 的 Billerica。地图叠合技术，今天已逐渐发展成为地理信息系统、空间分析技术以及生态规划的方法与技术基础。

第二次世界大战后，各国忙于战后的恢复与重建，人们在科学技术的突飞猛进中，实现了经济的高速增长。同时，新的技术手段的发展，也极大地提高了人类干预自然的能力，人们对改造自然的信心也大为提高。以协调人类活动与自然过程为目标的“生态规划”一词，一度在研究报告和学术杂志中消失了。然而，在资源开发与经济发展中无视自然过程，忽略了自然生态系统对维护地球生命支持系统的功能和意义，导致了自然界以其特有的方式对人类文明发出了警告或报复。资源枯竭、环境污染、臭氧空洞、气候变暖、物种灭绝速度大大加快以及土地潜力退化等生态环境问题日益加剧，使人类文明受到前所未有的威胁。这一系列的问题重新唤起了人们对人与自然协调发展的重视，全球性的环境运动持续高涨。

环境运动在促进人们认识人类活动对自然所造成的巨大破坏的同时，也促进了生态规划的复苏和发展。这一时期的生态规划更多地从生态学理论和方法中汲取营养，使用的语言也开始生态学化，尤其强调生态规划应该是以生态学为基础的规划。而这主要得益于以生态系统理论为特征的现代生态学基本框架已基本成型。现代生态学理论认为：自然是一个由生物与其环境相互作用构成的整体，对自然生态系统组分的损害与破坏，最终将通过复杂的反馈机制给整个系统造成严重后果，人作为自然的一个成员，人的一切活动和行为也必然受制于这一规律。

20 世纪 60 年代，许多具有远见卓识的生态学家开始致力于将现代生态学理论与方法运用于生态规划之中。McHarg 在 1969 年出版的《设计遵从自然》(*Design With Nature*)中，建立了一个城市与区域规划的生态学框架，并通过案例研究，如海岸带管理、城市开阔地的设计、农田保护、高速公路的选线及流域综合开发规划等的分析，对生态规划的工作流程及应用方法作了较全面的探讨。McHarg 的生态规划框架对后来的生态规划影响很大，成为 20 世纪 70 年代以来生态规划的一个基本思路，以后的许多工作大多是遵循这一思路展开的，其框架被称之为“McHarg 方法”。然而，在其后的 20 多年时间里，也有大量的学者对 McHarg 的规划思想提出了质疑，认为他只考虑了垂直过程而未考虑水平过程，过多地强调了资料的完整性和自然的决定性作用而忽略了设计师的主观能动性。20 世纪 80 年代，福尔曼（Richard Forman）基于景观生态学理论，提出“斑块—廊道—基质”模型，在生态语言和规划行为之间建立起了可供交流的平台，为水平过程的描述提供了有效的工具，在此基础上发展起来的规划方法被称为景观生态规划。

在我国，生态规划的研究与实践虽然起步较晚，但它一开始就汲取了现代生态学的新成果，并与我国区域，尤其是城市、农村发展，生态环境问题以及可持续发展的主题相结合。因此，无论是理论与方法研究，还是规划实践均已形成自己的特色，在某些方面已达到国际领先水平。

在理论上，马世骏、王如松提出了复合生态系统理论，认为以人类活动为主体的城市、农村实际上是一个由社会、经济与自然三个亚系统，以人类活动为纽带而形成的相互作用和制约的复合生态系统。生态规划的实质就是运用生态学原理与生态经济学知识调控复合生态系统中各亚系统及其组分间的生态关系，协调资源开发及其他人类活动与自然环境和资源性能的关系，实现城市、农村及区域社会经济的持续发展。

在方法上，吸取系统规划及灵敏度模型的思想，建立了自己的生态规划程度与步骤，即辨识—模拟—调控的生态规划方法。还把数学方法引入生态规划中进行了成功的探索，创立了泛目标生态规划方法。泛目标生态规划将规划对象视为一个由相互作用要素所构成的系统，其主要特征为：

①规划目标在于按生态学原理——生态经济学原则调控以人为主体的生态系统，即城乡复合生态系统的生态关系，优化系统的功能，追求整体功能最优。

②在优化过程中，主要关心的是那些上、下限的限制因子动态，以及这些限制因子与系统内部组分的关系。

③从多目标到泛目标。一般多目标规划方法的基本思想都是在固定的系统结构参数之下，按某种确定的优化指标或规划去求值。其规划结果不过是系统参数与最优结果间的一种特殊映射关系而已，缺乏普遍性和灵活性。而泛目标生态规划则是在整个系统关系组成的网络空间中优化生态关系，并允许系统特征数据不定量与不确定，其输出结果是一系列效益、机会、风险矩阵和关系调节方案。

④在规划过程中，强调决策者的直接参与。

在方法论上，中国学者将现代生态学理论与方法，以及地理信息系统技术运用于生态规划中进行了尝试。如欧阳志云等根据可持续发展理论的要求，探讨了区域资源环境生态评价的理论与方法，即生态过程分析、景观格局、生态敏感性、生态风险，以及土地质量及区位的生态学评价方法，并根据区域资源性能与自然环境特征及其与区域发展的关系，建立了生态位适宜度模型。同时，他们借助于地理信息系统的空间模拟，探索了对区域资源与环境的生态适宜性进行定量分析的方法，为建立合理的区域资源开发与区域发展策略提供了生态学基础。

在实践中，我国生态规划的发展一开始就与我国农村、城市与区域的发展，与解决生态环境问题相结合，并取得了较为显著的成效。典型案例如大丰生态县规划，天津城市发展生态对策的研究，宜昌、马鞍山、长沙等城市，以及京山、唐山、桃江、德惠等县市的生态规划。

1.3 生态规划学研究的对象和内容

生态规划学研究的对象是一个由自然生态要素和人工生态要素复合而成的人工复合生态系统。其因子众多，变异系数大，因此研究内容应视规划区域的具体情况，突出重点，因地制宜，有针对性地予以指定。总体上，生态规划学包括两大部分：时空规划研究和规划流程研究。

1.3.1 时空规划研究

从时空尺度上来说，主要包括以下三方面的内容：

宏观尺度：在解析大时间尺度生态过程的基础上，探究宏观空间尺度下什么地方可建

设，什么地方不可建设。通过框限城市整体空间格局，从而保证生态过程的连续性和完整性。防止非生态导向型城市建设活动导致生态过程中断，产生生态功能破碎化的空间预景。

中观尺度：在解析中时间尺度生态过程的基础上，研究中观空间尺度下可建设和非建设区域开发强度如何控制的问题，并以此作为建立城市内部结构和进行形态控制的基础，从而保证生态过程所受到的干扰局限在可接受范围之内。

微观尺度：在解析微时间尺度生态过程的基础上，研究微观空间尺度下可建设及非建设区域如何设计，旨在协调城市内部功能，在保护生态环境的基础上兼顾城市功能，实现综合可持续发展。在具体地段上贯彻宏观尺度和中观尺度的规划目标，从而在人的尺度上实现多功能融合。

1.3.2 规划流程研究

从规划流程上来说，它应该包括四方面的内容：生态要素调查、生态分析与评价、生态功能区划以及生态设计。

生态要素调查：搜集规划区域内的自然、社会、人口、经济与环境的资料与数据，包括历史资料的搜集、实地取证、测试、社会调查与遥感技术应用等，从而为充分了解规划区域内的生态特征、生态过程、生态潜力与制约提供基础（图 1-1）。近年来，公众参与、现场监测、遥感技术与地理信息系统技术等都发挥了非常重要的作用。生态调查多采用网格法，即在筛选生态因子的基础上，按网格逐个地进行生态状况的调查与登记。

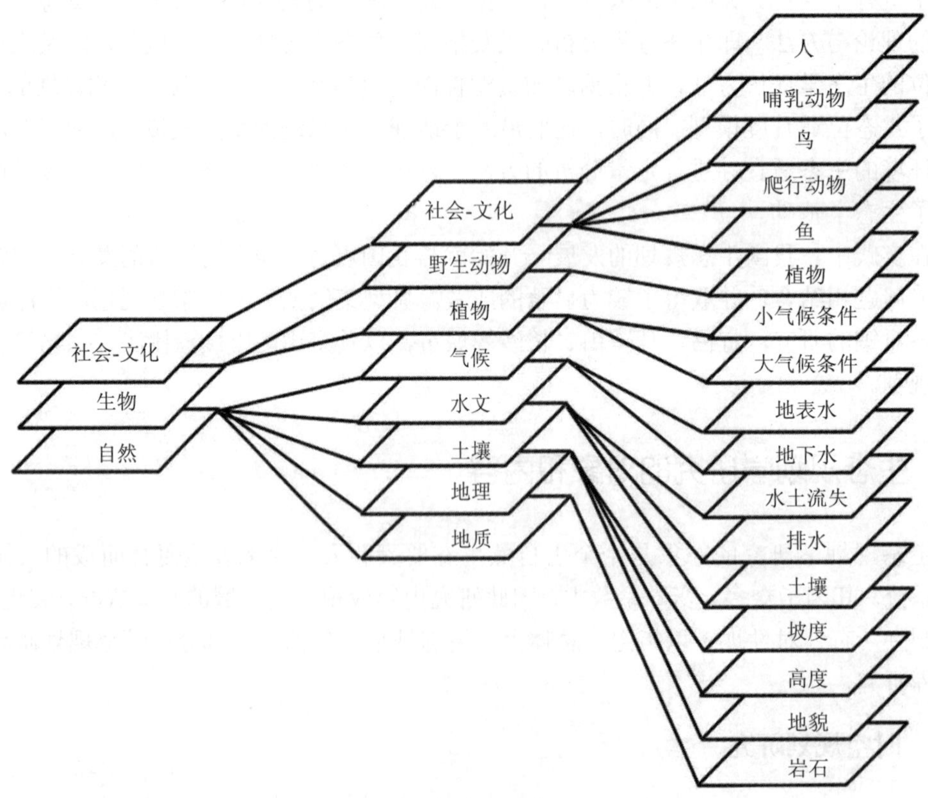

图 1-1 McHarg 生态调查因素层次模型（McHarg，1969）

生态分析与评价：主要借助复合生态系统的观点以及生态学和环境科学的理论与技术方法，对评价区域的资源与环境的性能、生态过程特征、生态环境敏感性与稳定性进行综合评价与分析，以认识和了解评价区域内环境资源的生态潜力和制约（表 1-2）。生态分析与评价主要包括生态过程分析、生态潜力分析、土地质量及区位评价分析、生态敏感性分析和生态适宜度评价。

表 1-2 生态分析与评价指标体系（陈文山等，2002）

指标体系		质量级别					权值
		1 级	2 级	3 级	4 级	5 级	
环境资源系统	土地容量指数	＜0.1	0.1～0.2	0.2～0.5	0.5～1.0	＞1.0	0.04
	土地质量指数	＜1.0	1.0～1.5	1.5～2.5	2.5～7.0	＞7.0	0.03
	土地利用熵	1.25	1.33	1.5	2	＞2.0	0.03
	森林植被覆盖率/%	60～70	40～50	30～40	20～30	10～20	0.08
	人均绿地面积/m^2	＜20	15～20	10～15	5～10	＜5	0.02
	群落多样性指数	5	4	3	2	1	0.08
	地面水污染指数	＜0.1	＜0.2	0.2～0.4	0.4～0.7	＞0.7	0.03
	地下水污染指数	＜0.2	0.2～0.4	0.4～0.6	0.7～1.0	＞1.0	0.02
	江湖水质达标率/%	100	80～99	60～79	40～59	＜40	0.02
	人均蓄水量/m^3	＞4 000	2 000～3 000	1 000～2 000	500～1 000	＜500	0.01
	近海水质达标率/%	100	80～99	60～79	40～59	＜40	0.01
	海洋生物多样性指数	＜1.0	1.0～3.0	3.0～5.0	5.0～6.8	＞6.8	0.01
	大气污染指数	＜0.2	0.3～0.4	0.5～0.9	1.0～1.4	＞1.4	0.05
	大气质量分级值	95～100	75～94	55～74	35～54	＜35	0.05
	噪声污染指数（P）	＜0.6	0.6～0.67	0.67～0.75	0.75～1.0	＞1.0	0.01
	噪声污染分贝/dB	＜45	45～50	50～56	56～75	＞75	0.01
	小计						0.5
生态功能系统	风险指数	＜1.0	1.0～1.4	4.7～1.7	4.7～8.0	＞8.0	0.05
	土壤流失模数	＜2 500	2 500～5 000	5 000～8 000	8 000～15 000	＞15 000	0.03
	土壤容量/（g·cm^{-1}）	＜1.0	1.1～1.3	1.3～1.4	1.4～1.7	＞1.7	0.02
	土壤孔隙率/%	＜65	60～65	45～59	30～44	＜30	0.02
	降低气温值/℃	2.2～2.6	1.5～1.9	1.1～1.5	0.75～1.1	0.4～0.75	0.03
	提高湿度值/%	5.2～6.1	4.4～5.2	3.5～4.4	2.6～3.5	1.7～2.6	0.03
	氧负离子浓度/（个·m^{-3}）	＞3 000	1 000～2 000	500～1 000	100～500	＜100	0.02
	小计						0.2
人类干预系统	人口容量/（人·km^{-2}）	＜1 000	1 000～5 000	5 000～10 000	10 000～15 000	＞15 000	0.1
	人口密度/（人·km^{-2}）	＜100	100～500	500～1 000	1 000～5 000	＞5 000	0.02
	人口增长率/%	＜0	0.1～0.5	0.5～0.8	0.8～1.0	＞1.0	0.02
	环境管理机构/个	＞6	5	3～4	2	＜2	0.02
	高级科技人员比例/%	＞30	20	15	10	＜5	0.02
	环境教育培训率/%	＞95	80～94	60～79	40～59	＜40	0.01
	ISO 认证/个	＞4	3	2	1	0	0.01
	治理重点率/%	＞95	80～94	60～79	40～59	＜40	0.01
	资源再生率/%	＞30	20	15	10	＜5	0.02
	污废处理回收率/%	＞95	80～94	60～79	40～59	＜40	0.02
	生态产业数/个	＞5	4	3	2	1	0.02
	本底占地率/%	＞5	3～4	2	1	＜1	0.01
	人均休闲面积/m^2	＞1	0.8～0.9	0.6～0.7	0.4～0.5	＜0.4	0.01
	小计						0.3

生态功能区划：根据生态系统的结构特点和功能，将生态系统划分为不同类型的单元，并研究其特点、结构、环境污染、环境负荷以及承载力等问题，为各生态功能区提供管理对策。具体操作时，可将土地利用评价图、工业和居住用地适宜度等图纸进行叠加，并结合城市建设总体规划综合分析，进行城市功能分区。

生态设计：通过生态系统整合和生态工程手段进行生态系统的关系设计和功能改造，建立一套合理的生态代谢链网，以提高系统的生态经济效益，使整体环境质量得到大幅度提升，从而提高其生态位势（图 1-2）。结合目前的实际情况，生态设计应着重在绿色空间设计、水资源系统设计、废弃物处理系统设计、能源系统设计、建筑与居住环境设计以及区内道路、邮电、通信、防灾、保安、防辐射、监测点等系统设计方面进行。

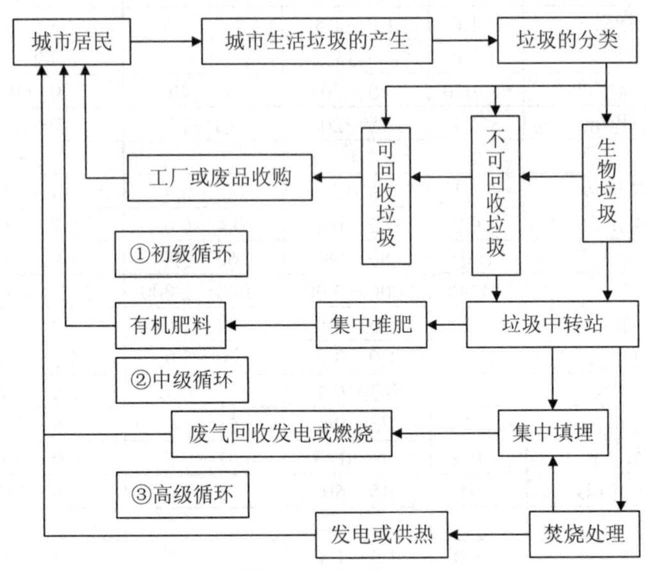

图 1-2 城市生活垃圾多级循环处理（臧秀清等，2009）

1.4 生态规划学和其他规划学科的关系

1.4.1 生态规划学与城市规划

生态规划学不同于传统的城市规划只考虑城市环境各组成要素及其关系，也不仅仅局限于将生态学原理应用于城市规划中，而是需要考虑到城市规划的方方面面。生态规划学致力于将生态学思想和原理渗透于城市规划的各个方面和部分，并使城市规划“生态化”。而且，生态规划学在应用生态学的观点、原理、理论和方法的同时，不仅关注城市的自然生态，也关注城市的社会生态。此外，生态规划学不仅重视城市现今的生态关系和生态质量，更关注城市未来的生态关系和生态质量，关注城市生态系统的持续发展。

城市规划致力于城市构成要素中用地、空间等具象因素协调关系的构建，而生态规划学则致力于城市各要素间生态关系的构建及维持。除此之外，城市规划与生态规划学在规划层次和规划范围方面具有几乎完全相同的性质。而在规划目标上，城市规划与生态规划学更具有相当大的一致性，只是生态规划学的目标更强调城市生态平衡与城市生态发展，并认为城市现代化与城市可持续发展亦依赖于城市生态平衡与城市生态发展。

1.4.2 生态规划学与环境规划

环境规划强调城市中大气、水、噪声、固废、光污染、辐射、雾霾等环境质量的监测、评价、控制、整治、管理等；生态规划学则强调城市内部各种关系的和谐。生态规划学不仅关注城市自然环境资源的利用和消耗对城市居民生存状态的影响，而且关注城市结构与功能等城市内在机理的变化和发展对城市生态变化的影响。由于生态系统的社会性，相对于环境规划而言，生态规划学不仅考虑自然环境因子，而且还要考虑经济和社会因子在城市发展中的作用。因此，环境规划在某种程度上可考虑作为生态规划学内容的组成部分。

1.4.3 生态规划学与土地规划

土地规划是指在一定地区或国家范围内，按照经济发展的前景和需要，对土地的合理使用作出长期安排。土地规划旨在保证土地的利用能满足国民经济各部门按比例发展的要求，它强调土地在经济发展中的重要作用。而生态规划学则强调土地在维持区域生态系统服务功能方面的重要作用，认为土地不仅作为一种经济资源存在，而且作为一种生态资源存在，因此土地的使用应该以保证生态系统健康为前提。

1.5 生态规划学编写逻辑

本书首先介绍了生态规划的基本理论和方法，以方便读者能对生态规划有一个基本的认识。在接下来的章节中，按所研究空间尺度的大小，分专题论述了生态规划的模式，引入了时间维度，介绍了生态恢复的规划和设计，并从产业类别的角度介绍了工业、农业和旅游生态规划与设计的理论、方法与进展。最后，基于可持续发展理论，探讨了未来可持续规划的可行性和必然性，并对生态规划学的前景进行了展望。

本书按照理论联系实践、综述结合论述、重视学科的渗透和交融等原则来组织各章的编写。为了方便读者理解，本书在每章论述理论和方法的基础上，收录了大量的相关案例。本书基本涉及了近期生态规划学研究的各个领域，可作为高等院校生态学、环境科学、城乡规划等相关专业的教科书或参考书，也可供从事生态规划、环境规划、城乡规划、国土资源管理、旅游管理以及相关学科领域的科研工作者和政府管理决策人员阅读。

1.6 生态规划经典模式

1.6.1 环境影响评价模式

环境影响评价（Environmental Impact Assessment，EIA）的概念最早是 1964 年在加拿大召开的一次国际环境质量评价学术会上提出的。1969 年美国率先颁布了《国家环境政策法》（National Environmental Policy Act，NEPA），提出将环境影响评价作为环境保护管理的一种主要途径。此法令于 1970 年 1 月 1 日起正式实施。继美国建立 EIA 制度后，先后已有 100 多个国家建立了该制度。

所谓环境影响评价，就是对建设项目、区域开发计划及国家政策实施后可能对环境造成的影响进行预测和评估。摩根（Richard Morgan）于 1998 年提出了环境影响评价的途径。环境影响评价与其他生态规划途径有很大的区别，它是对环境的影响进行识别、描述、预测和评价。通过进行环境影响评价，环境要素将在某一领域上，如交通、城市发展、林业、农业、水资源管理等，与环境规划相结合，从而促进区域经济与环境协调发展。环境影响评价的建立具有划时代的意义，它标志着环境保护由过去被动的污染防治与修复转变为以预防为主的全面综合治理。

1990 年，联合国欧洲经济委员会（United Nations Economic Commission for Europe，UNECE）提出，在项目环境影响评估之外，也同样应考虑政策（Policy）、方案（Plan）及计划（Program），即 3Ps 的环境影响。1994 年欧洲共同体（European Community，EC，现称欧洲联盟 EU）提出了政策环境评估方法论，将政策评估并入环境影响评估之中。1999 年 12 月，欧盟各国确认了战略环境评价（Strategic Environmental Assessment，SEA）指导准则（The EU’s SEA Diretive）。1991 年 2 月，UNECE 以《越境环境影响评价条约》的通过为契机，将环境影响评价制度引入国际环境法领域。欧盟、经合组织以及世界银行等国际组织相继就环境影响评价制度的实施颁布了具体的执行标准。

1992 年以来，EIA 制度从单纯的建设项目评价发展至区域环境影响评价（Regional Development Environmental Impact Assessment，RDEIA）；从单个项目的、简单因果关系的 EIA 扩展到考虑多个项目的、具有时间和空间效应的、复杂因果关系的累积影响评价，后来又扩展到对有关经济社会发展的重大决策进行的环境影响评价；从对污染影响的评价，发展到对生态影响的评价。同时，在资源开发利用方面，正在试验可持续发展评价（Strategic Environmental Assessment，SEA）等；在农业方面，则在研究对生物技术和有毒化学品的生态安全性展开评价。

在环境影响评价的技术方法层面，则发展到将地理信息系统应用于 EIA 各阶段上，以及在清洁生产中应用生命周期评价等。国内比较典型的案例是张忠良等基于遥感（Remote Sensing，RS）与地理信息系统（Geographic Information System，GIS）技术对铁路建设进行的环境影响评价。该拟建铁路为酒泉钢铁公司嘉（峪关）—策（克）专线铁路，从嘉峪关市到策克口岸，途经酒泉、金塔和额济纳旗三个地区，全长 475 km。该区主要处于西北内陆的荒漠、戈壁地区，农事耕作、工业生产等方面人类活动相对较少。该评价主要侧重于工程建设对生态环境产生的影响。该评价项目采用了生态系统类型层次上的评价与生态因子层次上的分类评价相结合的办法。其工作主要分为四个部分：生态系统类型的划分、生态系统稳定性评价（表 1-3）、生态系统干扰性评价（表 1-4）以及土壤侵蚀敏感性评价（表 1-5）和基于转移矩阵的定量变化检测。通过对研究区植被、土壤类型面积转移矩阵表进行分析，表明铁路项目的建设及投入运行后人文活动的增加，会显著破坏研究区的生态平衡；通过对生态系统类型稳定性、干扰性评价数据表进行分析，表明离铁路线越近，受到的扰动就越大；通过对土壤侵蚀敏感性评价数据表进行分析，表明短期内铁路工程的建设对土壤侵蚀的影响还是存在的，虽然在小尺度范围内不太明显。

表 1-3 生态系统稳定性评价指标（张忠良等，2008）

土壤类型	稳定性分值（Dr）	植被类型	稳定性分值（Dr）	生态系统稳定性级别	稳定性等级（D）	稳定性分值（V）
石质棕漠土	10	灌木荒漠	3	A	极不稳定	1～3
棕漠土	6	半灌木荒漠与风蚀残丘	2	B	不稳定	3～6
石膏灰棕漠土	5	落叶小叶疏林	7	C	稍稳定	6～9
龟裂状灰棕漠土	3	盐生草甸	7	D	稳定	＞9
草甸盐土	7	盐生灌木荒漠	4			
典型盐土	5	盐生半灌木荒漠	3			
荒漠化盐土	2	盐生杂类草荒漠	2			
沼泽土	8	沼泽植被	8			
风沙土	1	农业植被	7			
灌淤土	7	裸露山体	10			

表 1-4 生态系统干扰性评价指标（张忠良等，2008）

标识	干扰指数	干扰级别	干扰分析
A	0～3.0	弱度	铁路建设对生态系统的扰动和破坏很小，生态系统对干扰产生微弱响应，系统结构与功能发生轻微退化，在无其他干扰的前提下，受干扰系统靠自然力能较快恢复到接近原有水平的状态
B	3.1～6.0	中度	铁路建设对生态系统的扰动和破坏较大，生态系统对干扰产生较大响应，系统结构与功能发生明显的退化，需要采取人工修复措施，尚能在较长时间内恢复到接近原有水平的状态
C	6.1～10.0	强度	铁路建设对生态系统的扰动和破坏严重，生态系统对干扰产生强烈响应，系统结构与功能退化到最低点，即使采取人工修复措施，也不能保证生态系统恢复至原有状态

表 1-5 土壤侵蚀敏感性评价指标（张忠良等，2008）

图层	权重	年大风日数/d	级别分数	坡度/（°）	级别分数	坡向	级别分数	敏感等级	等级赋值	分级标准
风力	10	0～15	2	＜3	2	北坡	5	不敏感	1	＜2.0
坡度坡向	4	15～30	4	3～8	4	东坡	6	轻度敏感	3	2.1～4.0
土壤类型	7	30～45	6	8～15	6	西坡	4	中度敏感	5	4.1～6.0
植被类型	7	＞45	8	15～24	8	南坡	4	高度敏感	7	6.1～8.0
								极度敏感	9	8.1～10.0

1.6.2 “千层饼”模式

说到 McHarg 的“千层饼”模式，不能不提到 19 世纪末 20 世纪初的著名景观设计师 Charles Eliot。1896 年，Eliot 在“植被和森林景色保护”的研究中，提出了“先调查后规划”的理论，将景观设计学从经验导向系统和科学。有学者认为，McHarg 的“千层饼”模式就是此模式的翻版。

McHarg 在《设计遵从自然》一书中，提出了土地适宜性的观点，并认为它是由场地的历史、物理和生物过程这三个方面来确定。基于适应性原理，在每一自然地理区域内，由于气候、地质、水文及土壤条件的差异，通过漫长的演替过程，形成各自最适合的生物群落。McHarg 认为，所有系统都追求一种生存与成功，这种状态可以描述为负熵—适应—健康，其对立面是正熵—不适应—病态。要达到这种健康的状态，系统需要找到最适宜环境。因此，我们可以判别生态系统、机体和土地利用的合适环境，也就是由土地适宜性决定的人类最佳土地利用模式。这种环境或者模式，体现了最大效益—最小成本的法则。它使我们在最小投入的同时，达到生态、经济和社会的最佳效益。其主要分为以下三个步骤：

资源信息调查，确定生态因子：生态决定因子的信息直接在场地内获得。基本项目有地理、地质、气候、水文、土壤、植被、野生动物、土地利用、人口、交通、文化、居民等（根据规划的目标，还可以再增加其他有关项目）。

调查图的建立与重叠，生态因子的分析与综合：生态因子收集后，根据具体情况把各因子分级别，再以同一比例尺，用不同色块表示在图上。然后根据具体项目的要求，将相关的单因子分析图，用叠加的技术进行分析和综合，得到景观分析综合图。McHarg 采用的方法，是将单因子分析图拍成负片，用负片进行重叠组合，然后翻拍，得到景观分析综合图。不过，今天我们已能够利用地理信息系统技术，精确地完成地理数据的显示、制图、分析等一系列复杂的过程。

土地适宜性，生态规划的结果：单因子分析图叠加所产生的景观综合图，揭示了具有不同生态含义的区域，每个区域都直观显示了最佳的土地利用方式。同时，McHarg 还提出了土地利用群的概念，也就是可以共存的土地利用方式。这一概念在一个矩阵表上完成，矩阵的行与列是各种土地利用方式，分析时检验矩阵表中行与列土地利用方式的兼容度。从该表就可确定优势的、共优的和亚优的土地利用方式，最后绘制在现存和未来的土地利用图上。20 世纪 60 年代，McHarg 的“千层饼”模式名噪一时，并一度成为生态规划的金科玉律。

叶映等（2008）在铜鼓岭进行的旅游用地生态适宜性评价，是国内应用“千层饼”模式比较成功的典型案例。该研究在地图重叠法的基础上考虑了不同评价因子的权重，并应用 ArcGIS 软件对不同图层进行缓冲分析和加权叠加，评价了铜鼓岭旅游规划区用地的生态适宜性（表 1-6）。其主要过程分为 6 个部分：评价单元的划分、评价指标及其等级划分、部分评价指标适宜度临界值的确定、评价因子权重的确定、因子图层的叠加及评价结果分析、确定旅游规划用地的生态适宜性等级。评价结果显示：禁止进行开发建设的用地主要包括敏感点、铜鼓岭规划区的核心区及缓冲区、坡度在 25°以上的区域、最高潮位线起往陆地 200 m 内、基本农田、防护绿地等；不适宜区为限制性开发区，主要包括铜鼓岭规划区的实验区内坡度在 25°以下的区域、洪水灾害重点防范区，在这些地区应限制建设旅游度假项目，在洪水灾害重点防范区建设过程中应充分考虑防洪措施，可适当开发，但应以保护为主；适宜开发区为可建设用地。

表 1-6 旅游开发用地适宜性指标（叶映等，2008）

评价项目	权重	不同评价指标级别下的适宜性指标值		
		5	3	1
洪灾	0.1	洪水灾害重点防护区		其他
坡度/（°）	0.1	25	10～25	＜10
水域距离/m	0.3	＞500 且＜50（其中宝陵河＞500 且＜100）	200～500	＞50 且＜200（其中宝陵河＞100 且＜200）
道路距离（出行）/m	0.1	＞500	100～500	＜100
道路距离（噪声）/m	0.2	＜100	100～500	＞500
大气环境质量	0.2	一般		
不适宜建设区（主要包括：敏感点、基本农田保护区、重要山岭地、断裂带、防护林带等）		√		

1.6.3 “斑块—廊道—基质”模式

景观生态学者们认为：“千层饼”模式将生态规划简单地认为是一个垂直的生态过程，实际上，景观结构除了垂直方面的生态过程以外，还应包括水平作用过程，比如物种和人的空间运动、物质（水土营养）和能量的流动、干扰过程（如风灾、虫害等）的空间扩散等。20 世纪 80 年代以后，景观生态学把土地镶嵌体作为研究对象，并总结出自己特有的一些规律。而景观生态学的理论和观察结果，之所以很快可以在规划中得到运用，是因为其“斑块—廊道—基质”模式简明通俗地解释了景观结构（图 1-3），并且这种模式可操作性强，普遍适用于各类景观，例如荒漠、森林、农田、草原、郊区和建成区景观。运用这一模式，景观生态规划可深入探讨地球表面的景观构成，定性和定量地描述基本景观元素的形状、大小、数目和空间关系，以及这些空间属性对景观中生态流的影响。围绕着对这一系列问题的观察和分析，景观生态规划对区域的土地利用做出合理的安排，使其不仅符合土地垂直生态过程，还符合景观的水平作用过程。

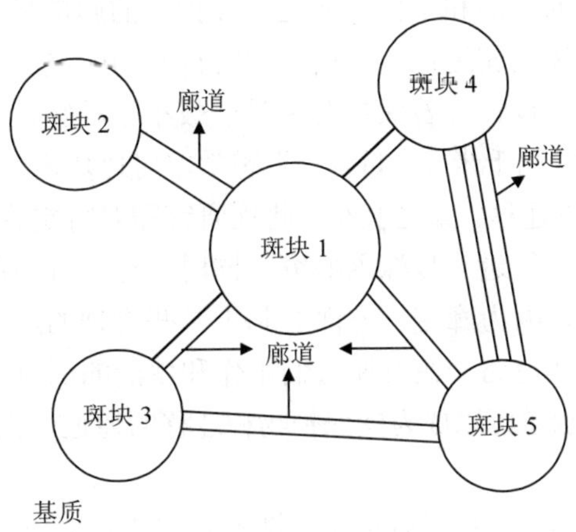

图 1-3 “斑块—廊道—基质”概念图（Forman，1986）

斑块是指不同于周围背景的非线性景观元素，与其周围基质有着不同的物种组成。斑块是物种的聚集地，它的大小、形状、类型、边缘和数量对景观的功能具有重要的意义。斑块大小不仅影响物种的分布和生产力水平，而且还影响能量和养分的分布，并决定着斑块甚至整个景观的生态功能。通常大型斑块比小型斑块内有更多的物种，能提高集合种群（Meta-population）的存活概率和存活时间，更有能力维持和保护基因的多样性；而小型斑块通常不利于斑块内部物种的生存和生物多样性的保护，但小型斑块占地小，可分布在人为景观中，能提高景观多样性，并起到物种临时栖息地的作用。小斑块可为景观带来大斑块所不具备的优点，应当看做是对大斑块的补充。斑块数目越多，景观和物种的多样性通常就越高；斑块数目少，往往意味着物种生境数目的减少，物种灭绝的危险性增大。对大型动物的保护，一般至少需要 4～5 个大型斑块，这样对维持景观的结构及斑块内物种的长期生存都比较合适。斑块的形状不仅影响生物的扩散和动物的觅食，而且对径流过程和营养物质的截留也有显著影响。斑块形状的主要生态学效应是边缘效应。目前比较一致的观点是：维持景观功能和生态过程的理想斑块应包括一个较大的核心区和一些有导流作用并与外界发生相互作用、形状各异的缓冲带，缓冲带的延伸方向应与生态流的方向一致；紧凑或圆形的斑块有利于保护内部资源，因为它减少了外部影响的接触面。斑块边缘的形状与许多生态过程有密切关系，弯曲的边界通过生境物种活动或动物的逃避捕食等活动加强了与相邻生态系统间的联系。一般而言，相邻或相连的斑块内物种交换频繁，增强了整个生物群体的抗干扰能力，物种存活的可能性要比一个孤立斑块大得多；孤立斑块内物种不易扩散和迁移，会严重影响到种群的大小，加快了物种灭绝的速度。因此，对自然保护工作者来说，设计连续的斑块将有利于物种的扩散和保护。

廊道是指不同于两侧基质的狭长地带，可以看作是一个线状斑块，如河流、道路、树篱等。它的数目、构成、宽度和形状对景观的功能具有重要的意义。廊道数目的规划，除了要考虑相邻斑块的利用类型（商业区、保护区和农业区等）外，还要考虑经济的可行性和社会的可接受性。如斑块是农业区，则廊道（道路和渠道）有两三条即可，而在设计保护区时，因为廊道有利于物种的空间运动和孤立斑块内物种的生存和延续，所以廊道数目应适当增加。相邻斑块利用类型不同，廊道构成也不同，如连接居民区和商业区的廊道多由道路构成，方便了人们的生活和工作，而连接保护区的廊道最好由本地植物种类组成，并与作为保护对象的残遗斑块相近似。根据规划的目的和区域的具体情况，适宜的廊道宽度也会不同，如进行保护区设计，若保护对象是一般小型动物，廊道宽度为 1 km 左右即可，而大型动物的廊道则需几千米宽。目前，生态学家对斑块内的物种如何在景观中迁移，是沿直线、曲线，还是随机迁移，知之甚少，此项研究需对特定物种进行长期的定位观测。因此，对廊道形状的规划有待进一步深入研究。同时，进行廊道的规划与设计时要慎重，廊道的作用不宜过于强调。因为廊道一方面有利于一些物种的迁移，另一方面也可能成为其他物种的运动障碍，例如道路，在方便人们工作和生活的同时，也阻碍了青蛙和某些爬行动物的迁移；保护区的廊道可以成为受保护物种迁移的通道，也可以引导天敌进入斑块，威胁受保护对象。

基质是景观中范围广阔、相对同质且连通性最强的背景地域，是一种重要的景观元素。它在很大程度上决定着景观的性质，对景观的动态起着主导作用。

“斑块—廊道—基质”模式的应用主要集中在生物多样性保护上，比较典型的案例是俞孔坚（1999）在广东丹霞山国家风景名胜区的生物保护规划中关于景观安全格局理论和方法的研究。该研究区域范围超过 300 km^2，位于南亚热带和中亚热带的过渡性地区，生物多样性很高。该研究选用三类有代表性的物种作为保护对象，包括中型哺乳类、鸟类和两栖类，目的是保护生境的多样性和潜在的景观生态基础设施。其格局判别主要分为三个步骤：首先选取能充分反映保护地生境特点的物种和群体的栖息地为源；然后通过分析空间和物种运动的关系建立阻力面；最后根据阻力面的空间特征判别生态安全格局。空间特征包括缓冲区、源间连接、辐射道和战略点。该研究将水平生态过程作为一种对景观的控制过程来对待，通过对关键性景观局部、位置和空间联系的控制和栖息地的布置形成新的景观格局，形成超越于实际存在的景观元素以外的强有力的生态势力圈，从而使某种生态过程的健康与安全得以有效维护。

参考文献

[1] 陈文山，符冠烨，林宏，等. 构建评价生态区域指标体系[J]. 海南大学学报：自然科学版，2002，20（2）：135-139.

[2] 陈鑫峰，王雁. 森林游憩业发展回顾[J]. 世界林业研究，1999，12（6）：32-37.

[3] 联合国“人与生物圈（MAB）”计划.

[4] 马世骏，王如松. 社会—经济—自然复合生态系统[J]. 生态学报，1984，4（1）：1-9.

[5] 欧阳志云，王如松. 生态规划的回顾与展望[J]. 自然资源学报，1995，10（3）：203-213.

[6] 欧阳志云，王如松. 区域生态规划理论与方法[M]. 北京：化学工业出版社，2005.

[7] 欧阳志云，王如松，符贵南. 生态位适宜度模型及其在土地利用适宜性评价中的应用[J]. 生态学报，1996，16（1）：113-120.

[8] 曲格平. 环境科学词典[M]. 上海：上海辞书出版社，1994.

[9] 沈清基. 城市规划若干重要议题思考[J]. 城市规划学刊，2009，2：23-30.

[10] 王利华. 徘徊在人与自然之间——中国生态环境史探索[M]. 天津：天津古籍出版社，2012.

[11] 温荣刚. 试论罗斯福对田纳西河流域的治理和开发[J]. 渤海大学学报：哲学社会科学版，2006，28（4）：14-17.

[12] 吴良镛. 芒福德的学术思想及其对人居环境建设的启示[J]. 城市规划，1996，1：1-14.

[13] 厦门市环境保护局. 厦门市生态功能区划. 2005.

[14] 叶映，张翠萍，岳平. 基于 GIS 的铜鼓岭旅游用地生态适宜性评价[J]. 中国科技信息，2008，21：19-21.

[15] 余新晓，牛健植，关文彬，等. 景观生态学[M]. 北京：高等教育出版社，2006.

[16] 俞孔坚，周年兴，李迪华. 不确定目标的多解规划研究——以北京大环文化产业园的预景规划为例[J]. 城市规划，2004，28（3）：57-61.

[17] 俞孔坚，李迪华，刘海龙，等. 基于生态基础设施的城市空间发展格局——“反规划”之台州案例[J]. 城市规划，2005，29（9）：76-80.

[18] 俞孔坚. 生物保护的景观生态安全格局[J]. 生态学报，1999，19（1）：8-15.

[19] 臧秀清，方淑芬. 城市生活垃圾多循环处置[J]. 环境保护，2009，22：42-44.

[20] 张忠良，刘勇，王杰，等. 基于遥感与 GIS 技术的铁路建设环境影响评价方法探讨[J]. 冰川冻土，

2008，30（2）：313-320.

[21] Carson R. Silent Spring[M]．吕瑞兰，李长生，译．长春：吉林人民出版社，1997.

[22] Environmental Handbook：Documentation on Monitoring and Evaluating Environmental.

[23] Impacts，German Federal Ministry for Economic Cooperation and Development Bundesministerium Fur Wirtschaftliche Zusammenarbeit und Entwicklung. http://www.ces.iisc.ernet.in/energy/HC270799/HDL/ENV/enver/VOl105.htm.

[24] Forman R T T，Michel G. Landscape Ecology[M]. New York：John Wiley，1986.

[25] Friedmann J. Planning Theory Revisited[J]．曹新新，译．国外城市规划，2005，5：37-42.

[26] Geddes P. Cities in Evolution[M]. London：Williams and Norgate，1915.

[27] Howard E. Garden Cities of Tomorrow[M]. Cambridge，Ma：The MIT Press，1965.

[28] James P E. All Possible Worlds：A History of Geographical Ideas[M]．李旭旦，译．北京：商务印书馆，l982：184.

[29] Leopold A. Sand Country Almanac[M]．侯文蕙，译．长春：吉林人民出版社，1997：191-214.

[30] Marsh G P. Man and Nature[M]. Cambridge，Ma：The Belknap Press of Harvard University Press，1967.

[31] McHarg I. Design with Nature[M]. New York：Natural History Press，1969.

[32] Mumford L. Sketches from life：The Autobiography of Lewis Mumford[M]. New York：Dial，1982.

[33] Steinitz C，黄国平．景观规划思想发展史[J]．中国园林，2001，5：92-95.

[34] Tahmoures M，Naseri H R. GIS Based Ecological Planning and Sustainable Development Model for the Sefidrood Basin. Iran. http://www.Tropentag.de/2007/proceedings/node388.html.

[35] http://greenschemesnc.com/.

第 2 章

生态规划的基本内容和方法

2.1 生态规划的基本内容

生态规划的主要内容包括以下八个方面：生态功能区划与土地利用布局总体规划、环境污染综合控制规划、人口适宜度规划、产业结构与布局调整规划、资源利用与保护规划、生态规划管理对策研究、景观系统规划、文化系统规划等。

2.1.1 生态功能区划与土地利用布局总体规划

（1）生态功能区划

生态功能区划是进行生态城市规划的基础，根据城市生态系统结构特点及其功能要求，划分为不同类型的单元，研究其特点、结构、环境污染、环境负荷以及承载力等问题，为各生态区提供管理及对策。具体操作时，可将土地利用评价图、工业和居住用地适宜度等图纸进行叠加，并结合区域建设总体规划进行可行性综合分析，进行功能分区。

功能区划应综合考虑生态要素的现状、问题、发展趋势及生态适宜度，提出工业、农业、生活居住、对外交通、仓储、公建、园林绿化、游乐功能区的综合划分以及大型生态工程布局的方案。充分发挥生态要素功能，充分发挥其对城镇功能分区的反馈调节作用，能动地调控生态要素功能使其朝良性方向发展。

（2）土地利用布局

城市土地利用的空间配置直接影响到城市生态环境质量的优劣，因此无论是新建城市还是改造城市的生态规划都必须因地制宜地进行土地利用布局的研究。在生态城市的规划中，应综合研究城市用地状况与环境条件的相互关系，按照城市的规模、性质、产业结构和城市总体规划及环境保护规划的要求，提出调整用地结构的建议和科学依据，促使土地利用布局趋于合理。

生态纲目调查是理解自然过程的前提和基础，建立适宜度模型是手段，土地利用的适宜性分区才是结果。适宜度模型揭示了人类利用的机会和限制，调子越深，机会越小，限制越大；调子越浅，机会越大，限制越小。由于色调由深到浅是一个变化梯度，因此土地利用的分区需要判断。一般划分出三个区域：保全区（Preservation Area），生态敏感性极高，有很高的景观特质，宜完全保存下来；保护区（Conservation Area），生态敏感性中等，景观较好，宜在正确指导下进行有限的利用；开发区（Development Area），生态敏感性低，景观极为一般，宜作强度较大的开发利用。在此基础上，确定适宜的开发项目及强度，所得结果即是土地固有适宜性图。它揭示了在该情况下最佳的土地利用方式。

Ian McHarg（1969）受到森林群落有单优种、亚优种的启发，提出了土地利用集合（Land Use Communities）的概念，也就是共存的土地利用或多重利用方式，例如森林区除了林木生产外，可用于水资源管理，控制土壤侵蚀，也可成为野生动物栖息地或狩猎娱乐的场所。土地的多重利用分析是在一个矩阵表上完成的，矩阵的行与列是指各种土地利用方式。分析时检验表中两两利用方式的相容度（Compatibility），用符号表示，形成相容度表。从该表就可确定优势的、共优的和亚优的土地利用方式，最后绘在现存和未来的土地利用图上，成为生态规划最终的成果图。

2.1.2 环境污染综合防治规划

环境污染综合防治规划是生态城市规划的重要组成部分。其基本思路是从整体出发制定好污染综合防治规划，实行主要污染物排放总量控制，并建立数学模型对城市环境要素的发展趋势、影响程度进行预测。环境污染一般有多元、量大、面广、复杂、动态及叠加等特点，环境污染综合防治规划需要分析不同发展时期环境污染对城市生态状况的影响，然后根据各功能区不同的环境目标，按功能区实行分区生态环境质量管理，逐步达到生态规划目标的要求。

2.1.3 人口适宜度规划

人类的生产和生活对城市生态系统的发展起着决定性的作用。在生态城市规划的编制工作中，必须通过研究人口分布、规模、自然增长率、机械增长率、男女性别比、人口密度、人口组成、人口流动等基本情况，从而确定近远期的人口规模，提出城区人口密度调整意见、提高人口素质对策以及实施人口规划对策。

2.1.4 产业结构与布局调整规划

产业结构是城市经济结构的主体，影响着城市生态系统的结构和功能。城市产业结构不仅表现在三个产业的比例关系上，还表现在生产工艺合理设计的问题上，即在功能区（工业区）中要设计合理的“生态工业链”，推行清洁生产工艺，促进城市生态系统的良性循环。调整、改善老城市产业布局，搞好新建城市产业的合理布局，是改善城市生态结构、防治污染的重要措施。

2.1.5 资源利用与保护规划

在城市建设与经济发展过程中，普遍存在对自然资源的不合理使用和浪费现象，掠夺式的开发导致了人类面临资源枯竭的威胁。因此，生态城市规划工作应根据国土规划和城市总体规划的要求，依据城市社会发展趋势和环境保护目标，制定对水资源、土地资源、大气、动植物物种资源、矿产资源等的合理开发利用与保护的规划。

2.1.6 生态规划管理对策研究

目前，从城市环境管理的角度看，我国已有九项相关的制度，即“环境影响评价制度”“‘三同时’制度”“超标排污收费制度”“环境综合整治定量考核制度”“目标责任制度”“排污许可证制度”“污染集中控制制度”“限期治理制度”“企业环保达标制度”。国家有关部门自 1995 年开始又陆续颁布了有关生态示范区规划建设的文件。这些法规是城市环境管理的重要保证，同时也是实施生态城市规划管理的重要标准。但各地在规划建设与管理工作中，仅有这些国家的有关法规条例是不够的，还应根据本地的具体情况制定一些补充规定，并建立健全执法机构，如“生态城市规划与建设领导小组”，由主管市长负责，各有关部门参加，密切配合。生态城市的规划方案经多方论证比较后，提交政府决策部门作为决策的科学依据，并运用政治、经济、立法、计划、管理等综合手段提出实施对策，确保规划方案的实施，促进城市的生态保护与生态建设。

2.1.7 景观系统规划

城市景观是经济实体、社会实体和自然实体的统一，它兼有两种生态系统即自然生态系统和人类生态系统的属性。因此，城市景观生态规划除收集和调查城市景观的基础材料，对城市进行景观生态分析与评价的基础工作外，还应主要集中在以下三个方面：环境敏感区的保护、生态绿地系统规划和城市外貌与建筑景观规划。

（1）环境敏感区的保护

环境敏感区是存在潜在自然灾害或者对人类具有特殊价值的地区，属于生态脆弱地区。环境敏感区可分为生态敏感区、文化敏感区、资源生产敏感区和天然灾害敏感区。生态敏感区包括城市中的河流水系、滨河地区、特殊或稀有植物群落和部分野生动物栖息地等；文化敏感区指城市中的文物古迹、革命遗址等具有重要历史、文化价值的地区；资源生产敏感区指有城市水源涵养、新鲜空气补充、土壤维护、野生动物繁殖功能的区域；天然灾害敏感区包括城市可能发生的洪涝区、地质不稳定区和空气严重污染区等。

（2）生态绿地系统规划

在生态城市的规划工作中，必须充分认识到城市绿化的重要性，将治污与绿化、美化相结合，根据城市的地形地貌、河湖水系、气候、环境特征等，合理组织绿地，制定出城市各类绿地的用地指标，合理安排整个城市园林绿地系统的结构和布局形式。生态绿地系统规划需要研究维持城市生态平衡的绿量（市区绿地覆盖率、人均绿地、人均公共绿地等），合理设计群落结构、选配植物，并进行绿化效益的估算，形成一个点线面相结合、绿地和水面相融合的城市生态绿地系统。

（3）建筑景观规划

要创造一个优美的城市景观，还要考虑景观的总体控制，即城市外貌与建筑景观的总体布局。需要根据城市的性质、规模、现状条件，确定城市建筑艺术的轮廓，体现城市美学特征。城市外貌要与城市的地形等自然条件相适应。平原城市，建筑群布局可紧凑整齐，在建筑群的景观布置上，高低搭配合适、疏密布局得当、冷暖刚柔相济、广场道路比例合理，使城市具有丰富多元而清晰的轮廓；丘陵山区地形变化大，一般采用分散与集中结合的方法，依山靠水，虚实相映，在高地上布置造型优美的园林风景建筑，丰富城市景观的视觉多样性。建筑景观不仅要体现建筑物的材质、体量、轮廓、色彩和绿化等内容，还要烘托城市美学，使建筑设计与城市的性质、规模等相适应，并讲究造园质量，注重建筑群之间的协调。

2.1.8 文化系统规划

生态文化是使人与环境和谐共处、持久生存、稳定发展的文化，是物质文明和精神文明在自然与社会关系上的具体表现，是一个地区生态建设的源泉。生态文化的研究和传播是一项有益当代、惠及子孙的事业。生态文化建设的主要目的是建立完善的法规和健全的管理体制，普及生态科学知识和生态教育，培养和引导以生态为导向的生产方式和消费行为，形成提倡节约和保护环境的社会价值观念，塑造一类新型的企业文化、消费文化、决策文化、社区文化、媒体文化和科技文化。

在生态文化建设过程中，要将其融入社会主义精神文明建设内，这样不仅可扩大生态文化的外延，而且可使全社会树立起建设生态城市的共同理想和坚持可持续发展的共同信念，实现公众、企业、决策管理者生态文化程度的显著提高，在全社会树立起“破坏生态环境就是破坏生产力，保护生态环境就是保护生产力，改善生态环境就是发展生产力”的生态观。

文化系统规划的内容包括调查规划地区文化背景、判定主要问题和具体目标、确定生态文化建设指标体系、编制规划等。首先对规划地区的历史文化背景、社会习俗、生产方式、消费习惯、人口素质、法律法规、教育体系等进行必要的调查了解，然后从中找出当地生态文化领域存在的不足和优势，并结合当今的时代潮流，制定相应的规划目标和实施措施。

2.2 土地利用适宜性分析

2.2.1 土地利用适宜性概念与分析理论

土地利用适宜性是指一定地段的土地对特定、持续的用途的适宜程度，其差别可采用“投入—产出”的数量分析方法来估算，即利用该地段所得效益与所需投资之间的差值作为判断适宜度的指标。人类社会对于土地的利用需求是多种多样的，但同一块土地在某一时期内却只能担负某一种利用方式。因此，规划时就必须从社会、经济、生态三个效益出发来探求具体地块利用的合理性，使之得到最适宜的使用。

土地的适宜性只有与特定用途相联系时才有意义。对其评价需在土地潜力评价的基础上，联系具体生产对象的适宜条件来进行。根据特定用途的适宜性，可对一定地段的土地进行评价和分级，用质量和数量来表示。由于对土地的开发利用往往涉及一定的改造，如地形的平整、土壤的改良、植被和水系的重组等，以创造合适的场地条件，因此这种适宜程度实际上反映的是土地利用收益与土地改造成本之间的关系。而这种关系主要是由土地的各种自然属性（如坡度、地质条件、土壤类型等）和社会属性（如区位条件、既有设施条件等）与预期利用方式的相似程度决定的。土地的自然、社会属性与利用方式越匹配，则土地改造的成本越小，适宜程度就越高。

2.2.2　土地利用适宜性分析评价内容、体系与原则

（1）评价内容

土地利用适宜性分析就是确定特定地块最适宜的利用方式的研究过程，是一个在全面调查的基础上进行多种可能利用方式的优选分析过程。通过适宜性分析即可进一步确定所有用地的利用适宜性和最适合的利用方式的空间分布。用地布局必须符合土地利用适宜性、空间功能合理性和生态分布合理性的原则，通过规划区域的各种发展功能在空间形态上的排布，尽可能将各种类型的用地布置在适宜程度最高的地块上。因此，在规划中土地利用适宜性分析通常是作为规划功能布局的基础性研究工作，主要从社会经济活动组织的角度来研究用地问题，通常更多地强调土地自然属性的制约性。

土地利用适宜性评价，经 1977 年联合国粮农组织协商讨论，认为可以从以下 4 个方面的指标来表达：

①类（Order）：反映适宜性的种类，一般以英文字母表示，分为适宜（S）、有条件的适宜（Sc）、不适宜（N）。

②级（Class）：反映各类用途中的适宜程度，如属适宜类，则可进一步分为（以数字表示）："1"为非常适宜，"2"为中等适宜，"3"为临界适宜；如属不适宜类，则又可进一步分为："1"为当前不适宜，"2"为永久不适宜。

③亚级（Subclass）：反映各级内的不同限制性以及需要采取改良措施的种类，分为有关植物生长、有关牲畜发育、有关采集活动三方面。

④单元（Unit）：反映亚级内需要加强管理的次要差别，如施用不同种类的化肥等，以括号中的数字表示。例如"S2W（6）"这一字组表示：属适宜类，第 2 级，限制因素为过于潮湿，属第 6 单元。根据这种以字组方法表示一个地区不同地段的土地适宜性分级，可列出表格或画出分布图。

（2）评价体系

迄今为止，较为成熟且具有一定代表性的土地利用适宜性分析方法有下列三种。

1）美国自然资源保护局体系

美国自然资源保护局体系是发展最早、最完善的土地利用适宜性分析方法体系，包括土地评估与场地评价两部分。前者是通过单一的土壤评价揭示土地对于各种农业利用的适宜程度，早在 20 世纪 30 年代就开始应用，至今已在全美范围形成了较为完善的土壤调查资料、基本农田评价标准和土地对于农业利用的适宜程度分级体系，是整个适宜性分析体系的基础；场地评价则考虑区位、可达性、市场、相邻地段用地情况、政策法规、市政工程等因素对于土地利用适宜程度的影响。

该体系的突出特点在于其对于农田保护的有效性。首先，土地评估中统一使用了国家对于基本农田的评价标准，便于地区间的有效比较，实现基本农田的保护；其次，在土地评估的基础上，实行土地评估与场地评价相结合，能够准确合理地判定某一地块是否可以转为非农业用地。

2）麦克哈格（McHarg）的适宜性分析方法体系

此法也称"宾夕法尼亚大学法"，是一种以叠加分析为特色的土地利用适宜性分析方法体系。这一方法是在对规划用地进行生态调查的基础上，将研究区域内包括自然和人文

属性的各种信息分别绘制成不同色系的图纸，根据其对不同土地利用方式的适宜程度以颜色深浅代表不同的等级，并分别影印在透明纸上，所有透明的影印图叠加后就可方便地获得针对不同土地利用方式的适宜性分析图，再将所有土地利用方式的适宜性分析图叠加后就形成了一张综合的土地利用适宜性分析图。随着计算机技术的发展，此法可以借助 GIS 等各种图形数据处理软件更为方便地完成。它主要侧重于评判土地的各种自然属性对于土地利用方式的限制，实际上是一种对土地固有适宜性的分析方法，有助于权衡土地及其承载的资源在开发与保护上的矛盾与冲突。

3）荷兰的适宜性分析方法体系

该体系较为全面地包括了土地实际适宜性分析、土壤适宜性分析和土地潜在适宜性分析这三个层次。其中：第一层次，是指土地在不需要资本投入和进行改良的条件下，可直接用于某种用途的可能性；第二层次，是指在特定的社会经济状况下，不考虑经济因素、土壤以及气候条件对种植某种或某一系列农作物或其他特定用途的适宜性；第三层次，是指土地在改造之后对于某种利用方式的适宜性程度，以预期的未来收益结合未来循环投入和损耗的资本来进行评价。

在荷兰的适宜性分析方法体系中，土地实际适宜性分析和土壤适宜性分析分别类似于麦克哈格的适宜性分析方法与美国自然资源保护局体系的土地评估方法，而土地潜在适宜性分析则是荷兰结合自身的滨海特征，为谋求发展而需要对大量海滨湿地、低洼地进行围垦建设的情况下所形成的一种特殊的土地利用适宜性分析方法。土地潜在适宜性分析除了要分析自然条件的客观制约，还要研究公共改造措施的可行性，研究如何通过土地利用方式的不断置换来不断地改善自然制约因素，获得更大收益的土地利用可能性。此分析方法在瑞士、日本、中国香港、纽约等土地资源贫乏而土地利用需求强烈的国家和地区得到了广泛利用。

（3）评价原则

美国俄勒冈州立大学的皮斯（James Pease）和宾夕法尼亚大学的库格林（Robert Coughlin）在受美国自然资源保护局委托研究完成 1996 年的新版《土地评估与场地评价指导手册》时，确定了 5 个关键的土地利用适宜性分析原则，这对于评价工作具有普遍的指导意义：

①目的性原则：评价系统的设计应有明确的目的性，即评价过程和结果应该能够回答“我们将从评价得分中得到何种信息”；

②清晰性原则：每个因子的数据信息和打分情况都应该是清晰、明确的；

③简略性原则：应避免多余的评价因子；

④连续性原则：评价体系应可重复使用，即各因子应有明确的度量标准和概念定义，以保证其在不同地块中赋值的连续性；

⑤客观性原则：评价体系应具有客观性，即有着类似或相同特征的地块能够得到近似或相同的得分。

2.2.3 土地利用适宜性分析评价方法与步骤

（1）评价方法

土地利用适宜性分析的工作框架实际上是一种“优选法”。对于具体的规划用地，主要涉及以下三项技术性工作。

1）土地利用方式的用地要求研究

每一种土地利用方式都对用地条件有不同的要求。比如建设性用地出于对排水、车辆通行等要素的考虑，对于地形坡度有严格的要求；建筑荷载对基础牢固性的考虑则对地质条件有一定的要求；农业用地按具体农作制度和农作物的不同对于土壤类型和肥沃程度有具体的要求，并出于对灌溉排水的考虑对地下水位或地表水的分布有一定的要求。因此，明确各种土地利用方式的具体用地要求，可以帮助分析评价具体地块可能适合哪些利用方式和需要进行哪些场地改造工作。

2）评价因子研究

评价因子是指影响具体地块使用的各种土地属性，可分为自然因子和社会因子两大类。自然因子主要包括气候[气候带、（年、月）平均气温、平均降水量、盛行风、相对湿度]、地质[基岩（埋深、种类和特性）、地质断面、地表沉积物、矿产资源、主要断层带和地震带]、地形地貌（自然地理区域、高程、坡度、坡向）、水文[补给区、含水层分布及出水量、水质、地下水位及季节性变化、涌泉点、井址及出水量、流域和汇水盆地范围、各类地表水分布位置、地表径流量、湖泊水位、潮汐、洪积平原及洪灾区域、水质特征（物理、化学、生物）、富营养化程度、水生动植物、藻类繁殖、水草过路区域、鱼类繁殖和饲养区域、供水系统、污水排放系统（点）及处理系统、垃圾废渣处理点及其对水质的影响]、土壤（种类、渗水率、颗粒度、断面、耐侵蚀力、排水能力、地带性组成及差异）、植被[群落单元、植物名录及分布、群落断面、交错群落（两种生态群落的过渡带，一般较任何一个其所划分的群落有着更丰富的生物种类和更高水准的平衡）及其断面、植被垂直分布]、野生动物[物种名录及其栖息地分布、种群观测记录（种群出没情况、出现地、活动路线、频度等）、食物链]等；社会因子包括现状用地情况（性质类型、边界范围、面积）、区位情况（与其他同类用地或相关用地的位置关系）、现状实施情况（设施类型、级别、既有投资、使用情况）、人类活动情况（活动类型、强度、规律、满意度、紧急避难及救护需要）、景观价值（景观资源类型、分布、评价）、历史演变（历史上用地调整的情况）等。

对评价因子的研究包括因子筛选和因子赋值这两项工作，即针对具体地块，根据分析要求筛选出数量合理、与分析目的紧密相关的评价因子，并根据地块的客观条件，参照具体的用地要求对每个因子赋以一定的评价值。

3）权重研究

权重是指通过对所有评价因子的横向比较，用赋以每个因子不同折算系数（即权重系数）的方式来确定各因子在评价体系中的相对重要性，每个因子评价值与其权重系数相乘获得的加权评价值可以加和得到地块的总体评价得分，大体可显示出地块对于某一特定土地使用方式的适宜程度。

（2）评价步骤

强调土地自然因素制约性的过程中，宜以土地利用适宜性分析与规划用地的功能分析相结合，以获得具有生态合理性的规划功能布局。其通行的分析方法，主要是以麦克哈格的叠加分析法为基础。具体步骤包括：

步骤 1：*土地利用方式及用地要求研究*　根据规划目标和设想提出可能的土地利用方

式，并研究各种土地利用方式对用地条件的具体要求；

步骤 2：生态因子研究　根据各种土地利用方式所涉及的用地条件要求筛选因子，并针对这些因子进行生态或社会调查，根据调查情况赋予梯度变化值；

步骤 3：单因子相关分析　针对每一种可能的土地利用方式，根据每个因子的梯度值对具体地块的适宜性进行排序，得到针对该种土地利用方式的单因子适宜性分析的梯度变化；

步骤 4：多因子叠加分析　将针对某种土地利用方式的所有单因子适宜性分析结果进行叠加，得到针对该种土地利用方式的多因子综合的适宜性分析的梯度变化结果；

步骤 5：规划布局研究　参照各种土地利用方式的适宜性分析的梯度变化结果，结合规划用地的功能分析获得规划布局的意向性结果。

1）土地利用方式及用地要求研究

土地利用方式及用地要求的研究可以利用矩阵表格来辅助进行。

首先，根据规划目的和规划设想列出可能的规划用地类型，并对每一类用地根据对用地条件要求的可能变化再进行类型细分。如居住用地由于建筑密度的变化可能导致建筑高度的差异，因此容积率不同的居住用地对于地基承载力的要求可能不同，这就需要将居住用地按容积率高低再进行划分，将低层、多层、高层的用地区分开来；又如道路交通用地由于不同级别的道路对于车辆通行情况的要求不同，进而导致对地形坡度的要求存在差异，因此需要将道路交通用地再按道路级别进行划分。

其次，分析每一类用地对场地的要求涉及哪些具体的条件，可以将用地类型及其场地要求的条件项分别列在矩阵表格的纵轴和横轴，分析其之间的两两相关性。

再次，研究每个存在相关性的交叉点处的具体要求。这种要求实际上是场地适宜于该类使用的极限条件。如季节性洪水水位限制了永久建筑区域的高程，受保护物种的栖息地范围限制了开发建设的可能性。地形、坡度对于交通方式和建设利用存在明确的制约等具体的限制条件虽由于地方性规划设计标准的不同会有所差别，但仍可通过查阅通行的《设计资料集》和当地的各种《设计标准》研究得到。

最后，用研究得出的具体要求替代矩阵表格中的各个相关节点，总结列出针对各种意向中土地使用方式的具有适宜性的场地条件要求表。由于一次列出的规划用地类型或场地要求条件可能不尽全面，故在研究中可通过若干次反复修正补充，加以完善。

2）生态因子研究

生态因子的研究同样可利用矩阵表格来辅助进行，并以图纸表达最终的研究成果。

首先，用生态因子来替代矩阵表格的纵轴，并分析新的矩阵表格中纵轴和横轴项之间的两两相关性，以得到潜在土地利用需求与生态因子的对应关系。

其次，在规划区域内对这些生态因子进行全面调查，并根据调查结果对其每个因子的实际变化范围进行梯度划分。梯度划分应与上一步研究中的各种限制条件相对应。

最后，将每一个因子梯度变化的空间分布情况在地图上标绘出来。

3）单因子相关分析

单因子相关分析通常是借助图纸分析进行的。

首先，参照每一类规划用地对场地要求的对应关系以及具体的要求条件，分析每一类规划用地规划区内各生态因子的梯度变化所指的适宜性改变，并赋以相应的评价值，形成每个因子的变化相对于每一类土地利用方式适宜性改变的评价梯度，并进行排序，评价值可以是定量的数值，也可以是定性的描述（如适宜、较适宜、不适宜等）。

其次，将评价结果绘制在图纸中，得到每一类土地利用方式受每个生态因子制约的适宜性变化图。

4）多因子叠加分析

多因子叠加分析也是借助图纸分析进行的。将同一类土地利用方式的各单因子适宜性分析图叠加到一起，就可以得到该类土地利用方式受多个生态因子制约的综合适宜性变化图，从中可以方便地判别出规划区域内最适宜和最不适宜该类土地利用方式的地块。与简单示意不同，在实际的叠加过程中，通常需要考虑各因子的权重差异。

5）土地规划布局研究

将所有可能的土地利用方式的综合适宜性分析图放到一起进行叠加比较，就可以根据各类用地的适宜性分布来权衡整体规划布局，通过适当的功能组织调整得到具有生态和功能双重合理性的总体规划布局。

2.2.4　经典案例——杭州“西湖西进”水域拓展工程

土地利用适宜性分析的经典案例有麦克哈格早期的探索性实践《纽约斯塔滕岛环境评价研究》《波托马克河流域的研究》《华盛顿西北部地区自然要素和土地利用的研究》等。通过在不同发展性质、不同自然和社会条件的地区应用，此法成功地解决了土地的合理调整和利用的问题，从而充分验证了土地利用适宜性分析方法的广泛适用性。

在通常情况下，一项完善的土地利用适宜性分析所涉及的评价因子非常多，这不仅使得分析过程极为烦琐，而且对基础资料的准确性和完备性都有很高的要求。目前，美、德、日等发达国家和地区都通过长期的基础性测绘和调研工作建立了大量的共享数据库，必要时可以方便地进行查询调用。但在我国，共享数据库等基础资料的欠缺，往往成为制约土地利用适宜性分析的一大因素。为了便于实践操作，通常需要在深入理解此方法的基础上，根据具体情况进行必要的简化研究，以利于利用所能获得的有限资料尽可能开展有效的适宜性分析。本节选用杭州“西湖西进”区域的山水格局研究这一教学案例来加以说明。

（1）项目背景

杭州“西湖西进”是针对杭州西湖风景名胜区中西湖西部、西山路以西的平原地区进行的一项水域拓展工程。其总体设想是通过景观区域的进一步拓展，来有效解决扩大风景区环境容量、丰富景观内容以及改善西湖上游水质和西湖环境风貌等问题，实现社会、经济、旅游、生态等效应的综合统一。

本项研究主要从开挖土方工程量，环境质量的进一步治理整顿，用地性质调整的生态、经济、社会综合效益等角度对“西湖西进”区域内的用地情况进行具体评价分析，明确各入湖径流下游适宜进行水域开拓的地块，作为景观区域拓展的客观依据。

因此，研究所针对的土地利用方式实际上可简化为一种，即水域开拓用地。而场地要求的条件项也可高度简化为三项，即水体开挖的便利性、景观用地与现状用地的兼容性以及用地转换对于污染发生和控制情况的影响；适宜场地的具体要求则可表述为：土方工程量小，征地量小便于拆迁改建，开发用地不占用宝贵而有限的“西湖龙井”茶产地，并且用地改变必须有利于对流域内污染的进一步控制。

（2）生态因子筛选

在同样的开挖水体面积下，土方工程量的大小主要取决于地表高程的大小。征地量小、不占用“西湖龙井”茶产地的要求，均与现状用地性质有关。而鉴于“西湖西进”范围内已基本实现对点源污染的全面截污，目前的污染特征主要是由农田施肥、鱼塘饲料投放等造成的非点源有机污染，可以通过合理的用地转换来实现进一步控制流域内污染。因此，高程和现状用地成为需要研究的关键性生态因子。

因为西湖的控制水位为 7.15 m（黄海高程），同时“西湖西进”区域沿湖缓坡地的高程基本在 20 m 以下，本项研究将高程梯度划分为三个梯度：≤10 m、10～15 m、≥15 m。

（3）单因子分析

为简化研究过程，因子评价采用了定性描述的方式，将评价值定为适宜用地、可用地和不适宜用地三个等级。

对于高程因子，则按其由低到高的梯度情况，分别与三个评价等级相匹配，以显示出土方量由小到大的变化。

对于现状用地因子，因为“西湖西进”区域内主要的非点源污染发生在农田、鱼塘等第一产业用地，规划后区域内的产业结构将向第三产业倾斜，现有的风景游览用地和绿化带可以无须征地且改造便利，居住用地需要征用和拆迁的费用较高，单位用地则几乎无搬迁可能，而区域内的茶园在“西湖龙井”的主产地范围内，因此可将农田、鱼塘、风景游览用地、绿化带归于适宜用地，居住用地归于可用地，而单位用地和茶园归于不适宜用地。

（4）叠加分析

综合考虑高程和现状用地的适宜性情况，可以得到“西湖西进”水域开拓用地适宜性评价情况，并可方便地标绘到地图上。

（5）山水格局的确定

西湖山水美如画，是重要的国际旅游资源。它贵在自然风貌的可持续保持。但应该看到对西湖的不断治理建设，已使其自然景观减少而人工景观增加，因此“西湖西进”切不可再重蹈覆辙。水域的拓展应符合自然山水的形态，而不是单纯出于园林审美的要求；应根据自然地形、径流形状和用地适宜性，采用各种类似扇形的自然沟口形式，形成湖面与山体间的自然岸线过渡，使最终确定的规划山水格局与适宜用地有非常好的契合性。

2.3 景观格局分析

2.3.1 景观格局分析理论

（1）景观的概念

在景观生态学研究和规划设计领域，“景观”是重要的专业术语，但“景观”在两个领域中的含义不同。在景观生态学中，景观是指由若干个生态系统（自然的和人工的）组成的具有空间异质性特征的地理单元，是多个生态系统的空间复合体。从空中鸟瞰其整体的空间外观具有相对的独立完整性。研究中主要是考察其组成、类型、空间分布特征及与生态学过程的相互作用。而在规划设计领域，景观是指土地及土地上的空间、物体和活动所构成的综合体，由规划区域界定具体分析。其研究可包括由具象到抽象、由客观到主观的客观系统（含植被、水体、构筑物等）、视觉表象（含有形的规划景观）、空间效用（含有形物体围合所形成的空间组织特征）和文化载体这四个层次，最终会通过景观的审美特征和空间组织特征反映出文化特征。

因此，生态的景观和规划的景观之间的关系集中反映为以下四点：一是规划的景观较生态的景观内涵更为广泛，生态的景观仅仅属于规划的景观中的客观系统层次；二是二者都具有多尺度的特征，研究考察时必须注意尺度的一致性；三是在同一尺度下考察时，二者在空间上往往是不耦合的，规划的景观可能包含多个生态的景观，而生态的景观也可能超出规划的景观范围；四是二者都是不断发展变化的，规划通过调整原有的景观构成并引入新的景观要素而成为二者变化的主要原因之一。

（2）景观格局与规划功能结构分析

景观格局是景观生态学中的一个重要概念，指一定尺度下由不同的景观要素无序分布组合而形成的镶嵌式景观空间形态，是景观结构的综合反映。景观格局可以影响各种生态景观流的作用情况，进而影响生态景观的稳定性，而具有合理格局的景观一般较为稳定。景观格局分析就是通过对景观的空间结构进行分解研究，识别那些对景观的稳定性有着重要作用的基本景观空间结构特征。

规划的功能结构分析是对规划区域内各种空间、物体及其使用活动内在联系的研究。通过对规划区域内的各种功能进行合理的分化、组织和安排，可以避免因各种使用活动的混乱无序而引发的高耗低效问题。如果基于景观格局分析来进行，就可以识别那些对规划景观的生态稳定性有着重要作用的基本景观空间结构特征，并作为规划功能结构的基本参照，从而实现规划景观中客观系统的生态合理性，并为实现规划景观其余研究层次的合理性提供基本保证。

（3）景观格局分析的方法体系

在景观生态学界和规划设计界，对景观格局分析方法的研究都有所开展。前者主要是出于识别、比较与评价现状或历史景观格局的目的；后者主要是出于对现状景观格局进行合理规划改进的目的。两者因工作目的的差异而形成的方法体系也有所不同。

针对现状或历史景观格局的分析，这类景观格局分析方法可分为定性分析和定量分析两大类。

1）定性分析

定性分析主要是通过区域性地理和植被调查，利用相应的类型图、航片或遥感图像来识别景观单元的组成和分布，并可直观地比较调查间隔时间段区域的景观动态变化情况。在所有的景观格局分析方法中，这类方法是最早形成的，由于早期景观生态学、区域地理学和植被科学有着密切的关联，因此这类方法实际上是直接借鉴了这两个学科的研究方法。

2）定量分析

定量分析则试图利用量化数据来更为精确地识别、描述景观空间格局并进行比较研究。这类分析方法是从 20 世纪 80 年代开始，随着北美景观生态学的蓬勃兴起而迅速发展起来的。由于研究目的和数据类型的差异，这类方法一般又可分为格局指数方法和空间统计学方法。前者是通过少量精选的景观格局指数来抽象地反映景观结构组成和空间分布特征，从而可以实现不同景观之间以及同一景观发展变化的比较研究，并能通过研究分辨出一些细微的但具有特殊意义的景观结构差异。这类分析方法所采用的景观格局指数主要是

表 2-1 一些常用的景观格局指数及其分析意义（邬建国，2000）

景观指数	缩写	公式	分析意义
斑块形状指数（Patch Shape Index）	S	以圆为参照：$S_{圆}=\frac{P}{2\sqrt{\pi A}}$ 以正方形为参照：$S_{方}=\frac{0.25P}{\sqrt{A}}$ （P——斑块周长，A——斑块面积）	斑块的形状越复杂或越扁长，S 值越大。斑块形状为圆形或正方形时，S 值为 1
景观丰富度指数（Landscape Richness Index）	R	$R=m$ （m——景观中斑块类型的总数）	斑块类型越多，R 值越大
景观多样性指数（Landscape Diversity Index）	H	Shannon 多样性指数：$H=-\sum_{k=1}^{n}P_k\ln(P_k)$ Simpson 多样性指数：$H'=1-\sum_{k=1}^{n}P_k^2$ （P_k——斑块类型 k 在景观中出现的概率；n——景观中斑块类型的总数）	用于度量景观结构组成的复杂程度。一般 H 和 H'越大，景观结构组成越复杂
景观优势度指数（Landscape Dominance Index）	D	$D=H_{\max}+\sum_{k=1}^{m}P_k\ln(P_k)$ （$H_{\max}$——多样性指数的最大值；P_k——斑块类型 k 在景观中出现的概率；m——景观中斑块类型的总数）	是多样性指数的最大值与实际计算值之差。通常较大的 D 值对应于一个呈少数几个斑块类型占主导地位的景观
景观均匀度指数（Landscape Evenmess Index）	E	$E=\frac{H}{H_{\max}}=\frac{-\sum_{k=1}^{m}P_k\ln(P_k)}{\ln(n)}$ （H——Shannon 多样性指数；$H_{\max}$——多样性指数的最大值；P_k——斑块类型 k 在景观中出现的概率；n——景观中斑块类型的总数）	通常以多样性指数和其他最大值的比值来反映景观中斑块在面积上分布的均匀程度。当 E 趋近 1 时，景观斑块分布的均匀程度趋近于最大
景观形状指数（Landscape Shape Index）	LSI	$LSI=\frac{0.25E}{\sqrt{A}}$ （E——景观中所有斑块边界的总长度；A——景观总面积）	类似于斑块形状指数，只是计算尺度上升到整个景观
景观聚焦度指数（Contagion Index）	C	$C=C_{\max}+\sum_{i=1}^{n}\sum_{j=1}^{n}p_{ij}\ln(p_{ij})$ [$C_{\max}$——聚焦度指数的最大值 $2\ln(n)$；n——景观中斑块类型的总数；p_{ij}——斑块类型 i 与 j 相邻的概率]	通过斑块类型之间的相邻关系反映景观组分的空间排布特征。如果景观由许多离散的小斑块组成，C 值较小，当景观中以少数大斑块为主或同一类型的斑块高度连续时，C 值较大
分维（Fractal Dimension）	F_d	$F_d=2\ln(\frac{P}{k})/\ln(A)$ （P——斑块的周长；A——斑块的面积；k——常数，栅格景观中 k=4）	通过考察不规则几何形状的非整数维数来衡量其形状的复杂程度。一般欧几里得几何形状的 F_d 为 1，具有复杂边界形状的 F_d 则大于 1，但小于 2

表 2-2　一些常用的空间统计学方法（邬建国，2000）

空间统计学方法	作用
空间自相关分析（Spatial Autocorrelation Analysis）	确定某一变量在空间上的相关性及相关程度，进而分析景观的空间结构特征，判别斑块的大小及某种格局出现的尺度
趋势面分析（Trend Surface Analysis）	确定区域尺度上空间结构的趋势和逐渐的变化
谱分析（Spectral Analysis）	分析一维或二维空间数据中反复出现的斑块性格局及其尺度特征
半方差分析（Semi-variance Analysis）	描述和识别景观的空间结构，并可对景观空间局部进行最优化插值
小波分析（Wavelet Analysis）	建立时间上或空间上的景观格局与同一尺度以及具体时空位置的联系

一些空间上非连续的类型变量数据，如通过矢量图获得的景观单元面积、周长等统计数据。表 2-1 列出了一些常用的景观格局指数及其分析意义。后者则试图通过对一些更为详细的、在景观空间中均匀分布的、显示生态因子变化情况的连续变量（如土壤养分、水分分布，植物密度分布，生物量分布，地形变化等）进行数学分析，来揭示可能被地理和植被类型所掩盖的、切合生态系统本质特征的景观单元的组成和空间情况。表 2-2 列出了一些常用的空间统计学方法，不同的分析方法有着不同的具体用途。

3）方法的比较和评价

由于所使用的基础资料、数据类型和分析手段存在着本质的差别，景观格局分析的定性方法、格局指数方法和空间统计学方法的分析结果也具有截然不同的特征表现。一般来说，定性方法简便而直观，但难以表现出景观在时间上的连续变化，且不能在不同的景观之间建立起有效的比较体系；格局指数方法能够通过数值描述体现景观的细微变化和差异，从而可以反映景观在时间上的连续变化，并能在不同的景观之间建立起有效的比较体系，但研究结果的直观性较差；空间统计学方法不使用类型数据，避免了在类型研究时容易由研究者的知识水平或调查精度限制而造成各种主客观误差，可以更深入地揭示实际景观的内在结构并模拟其在时间和空间上的连续变化，但由于目前尚缺乏对空间统计学的置信度研究，因此其分析结果的误差问题非常普遍。

（4）针对景观格局规划改进的分析

从 20 世纪 70 年代末开始，景观格局分析在规划中的应用开始出现。这类分析方法均试图通过一个景观格局的参照标准来指导规划的用地调整。其中，德国生态学家海伯（Wolfgang Haber）于 1979 年提出的土地利用分异方法和哈佛大学景观专业教授弗曼（Richard Forman）于 1995 年提出的景观格局优化方法是主要的代表。

1）土地利用分异

土地利用分异方法（Differentiated Land Use）是在著名生态学家 Eugene Odum 的生态分室分析方法的基础上提出的。Odum 认为，人类既需要利用初级生态系统旺盛的生产力，又需要成熟生态系统的环境保护效益，人与自然共生互利的前提在于人类依据不同演替阶段的自然生态系统进行合宜的利用。为此他提出应将区域土地划分为保护性环境、混合性环境、生产性环境和建设性环境四大分室，按照基本的生物功能测定每一分室的大小和合理限度，从而获得保护区域生态平衡以及各分室所必需的不同极限土地利用分异的方法。

针对生态分室分析对景观单元间的相互影响研究不足的缺陷，Haber 提出了将土地利用类型和自然生境有机结合的景观格局组织标准，适用于高密度人口地区的土地利用战略性规划。这一方法的基本考虑是每种类型的用地都应该由多种生境集合而成，从而通过这些生境的共同作用来保护用地中对环境影响最敏感的地区和最具保护价值的地区。因此，基于土地利用类型之上的、由多生境集合而成的区域自然单位（Regional Natural Units，RNU）是一个基本的景观划分单元，每一个 RNU 都有着自己的生境特征组，并可进行独立的环境影响评价。在利用该方法进行规划工作的过程中，Haber 等总结得出了规划中应遵循的土地利用分异的基本战略：

①在一个给定的 RNU 中，占优势的土地类型不能成为唯一的土地类型，应至少有10%～15%的土地为其他土地利用类型；

②对集约利用的农业或城市与工业用地，至少 10%的土地表面必须被保留为诸如草地和树林的自然景观单元类型；

③这 10%的自然单元应或多或少地均匀分布在区域中，而不是集中在一个角落；

④应避免大片的土地利用，在人口密集地区，单一类型的用地规模应在 8～10 hm^2 以下。

这些允许足够(虽然不是最佳)数量野生动植物与人类共存的一般原则,也被称为“10%规则”。借助这一规则，土地利用分异方法可以在难以定量模拟和把握生态过程的情况下分析景观的 RNU 组成情况，确定景观的整体结构。尽管这种方法缺少与景观生态学的紧密结合，在空间联系的分析上也缺乏方法和手段，但它却为景观生态学的发展及其在区域和景观规划中的应用提供了基础。

2）景观格局优化

在充分参考景观生态学原理的基础上，Forman 提出了一个以集中与分散相结合原则为基础的、生态学上最优的景观总体布局模式。在该模式中，弗曼指出，规划中出于保护和建设优化考虑的格局应该拥有几个大型的自然植被斑块，有足够宽和一定数目的廊道，而在开发区或建成区里应有一些小的自然斑块和廊道。这一格局在景观生态学方面的科学性主要体现在以下七个方面：

①大型自然植被斑块可用以涵养水源并作为自然栖息环境维持关键物种的生存；

②既有大斑块，又有小斑块，可满足景观整体的多样性和局部点的多样性；

③注重了干扰时的风险扩散；

④注重了基因多样性的维持；

⑤交错带减少边界抗性；

⑥小型自然植被斑块可作为临时栖息地或避难所，并可保证景观的异质性；

⑦廊道用于物种的扩散及物质和能量的流动，可保护水系并满足物种空间运动的需要。

这一优化格局强调集中使用土地，保持大型植被斑块的完整性，在建成区保留一些小的自然植被和廊道，同时在人类活动区沿自然植被和廊道周围地带设计一些小的人为斑块，如居住区和农业小斑块等，是所有规划景观的一个基础格局。

弗曼的景观格局优化方法为把生态学理论落实到规划所要求的空间布局中，提供了较为明确的理论依据和方法指导，因而参照这一格局对现状景观格局进行适当的调整是必要的，并且可以获得具有一定生态科学性的规划空间布局。

2.3.2 景观格局分析方法

在生态规划中，基于景观格局分析的功能结构研究目前一般采用定性分析的方法来识别现状格局，并以景观优化格局为主要参照对现状格局进行调整。为了保证规划景观的实际功能，分析时应强调对景观要素的分类叠加及对冲突点的识别。

（1）景观要素识别与工作分类

现状景观要素的识别可综合用地现状图和植被现状图中的类型分布，并通过必要的现场勘察核实来进行。

景观要素的工作分类是为了在景观组成部分与规划功能结构研究所需要考察的各种功能之间形成有机的联系，以便通过各类要素结构的优化来保证各种功能的高效、顺畅，最终工作分类应能恰当地反映景观系统的自然生态特征，并可与所有规划功能形成一定的对应关系。具体的工作分类可通过以下两个步骤来完成：

1）考察景观生态流

通过分析、跟踪各种景观生态流，可以从众多的景观要素中提取出在生态功能上密切关联的同类或不同类的要素组合。如对于某一物种流，景观要素组合中应包括该物种的所有栖息地（斑块）和扩散路径（廊道）；而对于水流，景观要素组合中则包括所有参与水循环过程的景观要素，重点是雨水的汇流系统。对这种功能性组合的格局、结构进行合理化研究，有利于保障景观中基本生态功能的正常运行。

2）考察景观要素的类型

对于每一景观要素组合应进一步去分析具体的要素类型，以便考察同类要素的空间形态、分布及数量等特征的合理性。如对于自然系统而言，应根据植被、生境状况等进行进一步的要素分类；而对于人工系统而言，要素分类则主要是针对人类的各种社会活动来进行的。

（2）在进行景观要素的工作分类时需要注意的事项

同一景观要素：斑块，尤其是大型斑块可能会同时隶属于不同的分类系统，如一片滨水林带可能既是重要的人类游憩活动区域，又是水鸟等动物的重要栖息地。对这些具有多种功能的要素，就需要在后期的详细设计中注意兼顾所有的功能要求。

景观的结构合理性：由于生态景观与规划景观通常在空间上是不耦合的，因此景观生态流的跟踪和个别景观要素组合的空间分布可能会超出规划边界的范围。在这种情况下，必须超越规划边界的限制，从更为宏观的层次上考察景观的结构合理性。

2.3.3 单一类别景观要素的结构研究

对于每一类自然景观要素，都可以按照基本的景观优化格局来衡量其结构的合理性，通过规划调整来实现每一类景观要素基本的生态合理的空间结构。如对于某一物种流，景观要素结构应该在考察了解该物种的生活习性和活动规律的基础上提出。同时，对于每一类人工的景观要素，则需要考察是否每一类用地都处于土地利用适宜性分析所反映的适宜用地范围内，并且分布特征是否与其所对应的活动特征相吻合。如出于对就近服务和中心集中相结合的考虑，商业服务性用地应在规模性集中的同时呈现均衡分布的特征；而出于对基础设施集中配置经济性的考虑，工业用地一般呈现集中态势；游憩用地则在与游憩资源空间分布相吻合的同时，也应考虑到服务的均衡性。总之，通过对单一类别景观要素的结构研究，每一类景观要素都应具有结构合理性。

2.3.4 多类别景观要素的耦合研究

这一研究是将所有类别景观要素的空间结构进行叠加，考察各类要素结构间彼此重叠或相互之间可能产生影响的部分，并进行必要的结构调整。

一般情况下，不同要素结构的重叠部位可能会发生不同功能之间的冲突，这种功能冲突通常发生在人类不同活动的交叉部分，以及人类活动与自然的景观生态流的遭遇处。自然的景观生态流则彼此之间很少构成冲突。因此，在景观要素类别较多的情况下，为了便于叠加分析，可以将可能存在功能冲突的不同人工要素结构，以及彼此之间可能存在功能冲突的自然要素结构与人工要素结构抽取出来，进行针对性的叠加分析。此外，某些要素可能对周边要素产生不良的影响（如某些工业用地产生的空气污染等），对于这些要素应注意进行识别，详细考察其影响范围，并探讨各种可能减少或消除影响的途径。

结构调整是为了减少功能冲突的发生并缩小影响的范围和程度。对于发生功能冲突的重叠部位，可以尽量通过结构的形态性调整来消除冲突，如通过道路选线的改变来避免其对重要自然斑块的分割；对于影响性要素，应通过用地的合理调整来尽量缩小影响范围，对于无法避免的影响范围，则可以引入一些屏障性的缓冲结构（Buffer）来减少影响，如在水土流失或污染严重的滨水带可通过一定宽度的自然湿生植被带来净化地表径流，在空气、噪声的污染源周围设置一定宽度的防护隔离林带等。总的来说，结构重叠的部分越少，影响的屏障越合理，则各类景观要素的耦合性就越好。

2.3.5 关键景观节点识别

结构调整一般是针对所有功能冲突部位和不良影响范围来进行的，但调整的结果并不一定能消除所有的冲突点，并且往往在消除原有冲突点的同时，又会产生一些新的冲突点。因此，对于结构调整无法避免的冲突点，应标注为关键景观节点，以便在接下来的规划设计中进行重点设计，通过局部景观的详细设计来减少甚至避免冲突。

2.3.6 经典案例——同济大学本部校园户外系统规划

景观格局分析的规划功能结构研究成功与否，关键在于是否能建立起有效的景观要素工作分类体系，这是确保景观格局分析真正取得生态科学性并与规划功能之间达成有机关联的前提条件。

这一方法目前在规划实践中已得到广泛的应用，但是，在建立景观要素工作分类方面，较为成功的典型案例还相当欠缺。本节选用了同济大学本部校园户外系统规划这一教学案例来加以详细说明。

（1）系统特征与工作分类

同济大学本部大学校园从总体上看是一个功能复合性较高的人工系统，需要满足日常的教学、科研、管理、办公和生活等各种活动需求。其中自然部分的生态结构已经受到了很大的破坏，调查表明植被类型和物种都趋于单一，只能大致以水陆生境和植被结构区分；

动物则以与人类共生关系较密切的一些鸟类、猫以及人工引进的少量鹅和观赏鱼类为主，数量非常有限，且栖息的领域性不明显。基于这些校园户外系统的特征，景观要素的工作分类主要根据景观功能流和用地的差别来进行。在具体研究中，工作图纸是按系统分类来绘制的，而景观要素分类则对应于图纸中的具体图例。

（2）单一系统的理想结构研究

这一研究旨在通过对各类要素结构的理想化调整，来为自然生境的品质提升和更多物种的引入创造有利条件，并使得人工系统的功能组织更趋于合理。因此，研究是在各类要素的现状评价基础上进行的。

对于绿地系统，其结构的改进主要通过增加生态型绿地的面积、加强廊道的串联形成与景观优化格局相类似的格局结构，并针对水、陆生境割裂的问题择地设置过渡生境节点或区带来进行。

对于户外游憩活动系统，各类活动场地实际上是景观斑块，而交通线路则是连接各景观斑块的廊道，因此其结构的改进主要通过改进各类活动斑块分布的合理性及建立起斑块之间必要而有效的联系来进行。如整合现有运动场地并结合周边道路形成校园南部的“运动大道”系统；加强建设步行系统，联系所有满意度评价较高的景观环境场地形成“休闲走廊”系统；利用环路串联教学区与生活区周围的学习型场地形成“学习园地”系统等。

对于校园交通系统，教学、办公、生活区域实际上是各类景观斑块，而交通线路则是连接各景观斑块的廊道，因此其结构的改进主要通过调整线路的交通功能，以建立起斑块之间必要而有效的联系来进行。如通过构建机动车通行环线来实现各功能区之间的可达性，通过机动车分时禁行以减少教学区和生活区的机动车干扰等。

（3）多系统耦合及冲突解决研究

将三个工作分类系统的理想结构图叠加后共产生了 12 处冲突点，在针对冲突原因分别进行了解决方案研究之后，对各系统的理想结构图分别进行了修正。由于校园系统整体上具有人工性强、用地紧张的特征，因此对于系统结构性冲突，除少数几处进行了结构性调整外，其余冲突点均需借助进一步的管理规划和详细设计来解决。

2.4　环境容量分析

2.4.1　环境容量分析理论

（1）规划容量与开发规模和强度

容量最初是一个物理学概念，指流体物质占满容器的最大盛载量。由于容器的大小和内盛流体物质的体积度量特性较为稳定，因此物理容量是一个非常便于准确量度的绝对量概念。规划中借用容量这一概念来指示土地对人类社会发展活动的承载量，任何一块土地的开发利用规模和强度都存在着一定的合理限度。规划要最终深入到量化阶段，对特定范围土地上面的活动人口/人数变化、建筑总量及其分布关系等进行研究，在确定合理的开发规模和强度时，从理论上讲就必须先有一个确定合理容量的控制依据。但是，由于土地这一“容器”是二维展开的，且人类社会发展活动非常复杂，因此合理容量的精确量化测算难度非常大。仔细分析，规划容量实际上既隐含了一个在一定历史时期、一定的状态或条件下，由一定的社会生产力、经济和文化水平所决定的，不断变化发展的相对量，又隐含了一个受规划地域客观环境承载力约束的绝对量。比如，同样一块建筑用地，在古代的技术条件下只能建低层建筑，现代技术的发展则可以实现建高层建筑，地块的容积率自然不可同日而语，但建筑高度最终要受到地质条件的制约。因此，合理的容量必须由相对量和绝对量的思辨权衡而得到。在实际情况下，合理的容量更多只是一种不断逼近的追求，而不是一个明确的答案。

（2）规划容量的研究指标

在规划过程中，容量研究是针对各种反映开发规模和强度的指标展开的。其中，人口/人数规模指标是一个非常重要的指标，它可以借助一系列人均换算指标与规划容量的其他相关指标进行折算，如利用人均用地指标推算用地规模，或利用人均建筑面积指标推算总建筑面积，进而再利用建筑用地面积计算容积率等建设控制性指标。在大多数情况下规划的可用地、地理环境、重要资源（如水资源）等自然约束条件的限制性不会非常明显，人口/人数规模指标就会成为首要的容量研究指标。

用传统方法进行规划时，规划者往往只注重对规划容量相对值的考察，通过分析当前社会发展状况来研究未来的发展趋向。因此，人口/人数规模指标一般靠对现状人口/人数的调查和预测来获得，即通过对现状人口/人数数量、构成情况、规划区域发展可能引起的人口/人数变化情况等进行全面的调查，分析影响人口/人数变化的各种可能因素，研究总结规划区域内人口/人数的自然增长（出生与死亡引起的人口/人数变化）和机械增长（人员流动引起的人口/人数变化）规律，然后设计预测模型来计算人口/人数的可能变化。

预测获得的人口/人数规模指标只是与社会发展状况相应的相对容量，并不具有生态合理性。因此，在生态规划中，强调必须通过对绝对容量的研究来验证预测值的合理性，这就需要对环境容量进行更深入的研究。

（3）环境容量

环境容量是指某一环境区域内对该区域人类发展规模及各种活动的最大容纳量，或称容纳阈值。这种最大容纳量实际上是指区域环境系统在其结构不发生质变、环境功能不遭受破坏的前提下所能承受的人类各种社会经济活动的水平，是环境承载力的量化反映。环境容量研究就是希望通过对环境客观承载力的量化分析，来判断规划容量的绝对限值，以利于确定合理的开发规模和强度，从而提升规划的科学性。

环境容量的大小取决于两个要素：一是环境本身的客观条件，如环境空间的大小，气象、水文、地质、植被等自然条件，生物种群的稳定性特征，污染物的理化和降解性质等；二是人们对特定环境功能的规定，区位、交通、住房、学区、服务设施，人文历史积淀，社区市民需求，城乡区域发展预期等，这种规定经常用环境质量标准来表述。由于环境条件在规划期内可能发生改变，而环境质量标准也会因认识的变化和社会经济的发展而改变，因此环境容量不可能是一个确定不变的客观数值，只能通过分析研究来努力获得在当下条件下相对较为科学的容量约束。

由于研究的出发点和侧重点不同，环境容量又可分为基于自然生态系统中有限资源数量考虑的生态容量（Carrying Capacity），以及关注更广泛的物质空间、景观改变（文化的、建设强度的）和管理机制等制约作用的生物物理容量（Biophysical Capacity）、社会文化容量（Social-cultural Capacity）、心理容量（Psychological Capacity）和管理容量（Managerial

Capacity）等分类容量。

综上所述，在生态规划中，环境容量分析就是通过发展预测研究来获得相对容量值，通过环境容量研究来获得绝对容量值，并通过二者的比对将相对容量控制在绝对容量的限度内，最终获得合理开发规模与强度的工作过程。

（4）环境容量分析方法

由于研究目的和对象的不同，环境容量对规划容量进行的验证可分为以下两类：

第一类是通过考察自然资源的供需平衡情况来进行的，针对需要在规划用地上进行生活消费的总预测人口/人数，如城市中的常住人口/人数和流动人口/人数、旅游区中的食宿游客数和当地居民数等，来考察自然资源消耗与供给的匹配性。

第二类是通过考察评价人类对自然的影响程度来进行的，主要针对规划区域内经过一定改造的和计划留存的自然系统部分，考察预测的相关人口/人数以及活动对它造成的破坏，并判断破坏程度是否合理。

这两类验证往往通过不同的方法来达成。对于资源供需平衡的验证，一般是通过生态足迹测算来进行；对于人类影响的验证，则可通过一些专门的分析方法来进行，典型的如各种游憩影响分析方法等。此外，本节还将介绍一种门槛分析方法，对两类验证都有一定的适用性。

2.4.2　生态足迹测算

生态足迹（Ecological Footprint）也可译为生态基区、生态脚印、生态立足点等，通常指为了维护某一地区人口/人数的现有生活水平所需要的一定面积的可生产土地和水域。准确地说，任何已知人口/人数的生态足迹是生产这些人口/人数消费的所有资源和吸纳这些人口/人数产生的废弃物所需要的生物生产总面积，这些生物生产面积一般主要涉及六种类型：耕地、化石燃料用地、林地、草场、建筑用地和近海海域。

与生态足迹相对应的是生物承载力，它是指某一地区能够提供给人类的生物生产性土地的总和。生物承载力同样可以分成与生态足迹类型相应的六个类别，并与生态足迹可以直接进行比较，衡量区域内实际的生物生产面积是否能满足人类的需要。

生态足迹测算是通过统计一定人群消费的自然资源和所产生的废弃物数量，并将其折算成能够生产这些自然资源和消纳这些废弃物的生物生产面积来进行的。其结果是一组基于土地面积的量化指标，在规划过程中可帮助考察、权衡各类用地规模与人口/人数规模的生态匹配性，非常直观且具有可操作性。

（1）测算公式和方法

生态足迹测算实际上是基于一个基本假设和两个基本事实来进行的：

基本假设：各类土地在空间上是互斥的，譬如，当一块地被用来修建公路时，它就不可能同时是森林、可耕地、牧草地等，这就有可能对各类生物生产面积进行加总。

基本事实：①人类可以确定自身消费的绝大多数资源及其所产生的废弃物的量；②这些资源和废弃物的量能转换成相应的生物生产面积。

生态足迹的理论计算公式可表达如下：

$$\mathrm{EF}_j = N \times ef_j = N \times r_j \times \sum_{i=1}^{n_j}(aa_i) = N \times r_j \times \sum_{i=j}^{n_j}(c_i/p_i) \quad (j=1,\ 2,\ \cdots,\ 6) \tag{2-1}$$

$$EF=\sum_{j=1}^{6}EF_j \tag{2-2}$$

式中，i——消费项目类型；

j——生物生产面积的类型；

EF_j——第 j 类生态基区；

N——人口/人数；

ef_j——第 j 类人均生态基区；

r_j——第 j 类生物生产面积的均衡因子；

n_j——针对第 j 类生物生产面积的消费项目数；

aa_i——按第 i 种消费项目折算的人均生态基区分量；

c_i——第 i 种消费项目的个人年平均消费量；

p_i——第 i 种消费项目的年单位面积平均产量；

EF——总生态基区，即所有六类生态基区的总和。

（2）研究重点

在实际测算中，人均生态足迹和均衡因子的确定是研究的重点。

1）人均生态足迹研究

在研究人均生态足迹时，既要注意对规划区域的人均生态足迹进行历史的分析，对过去、现状和未来可能的人均生态足迹变化情况进行全面研究，又要注意对人均生态足迹按照生物生产用地类型、社会消费（收入）阶层等进行分类研究，以便计算各发展时期的各类生态足迹，与规划的总用地规模和分类用地规模进行全面的比较验证，并考证规划的社会公平性。

此项细致的研究需要占有和分析大量的系统可靠的社会统计资料，在实际规划中进行操作确有一定困难。因此，一般可采取简化的研究办法，即一是直接利用已有的官方或非官方公布的世界各国人均生态足迹值，并根据地区的实际情况对公布值进行适当的修正；二是通过对规划人群进行消费水平的统计研究后，利用网上测算个人生态足迹的简单程序来计算大致的人均生态足迹。当然，在有其他专业人员有效参与的情况下，也可以按照理论公式对规划区域的人均生态足迹进行较为详细的测算。

目前官方或非官方公布的人均生态足迹资料主要是针对全球或国家范围的，数量较多，查阅较方便。如世界自然基金会（World Wide Fund for Nature，WWF）和美国发展重定义组织（Redefining Progress）这两大世界非政府机构，自 2000 年起每两年公布一次世界各国的人均生态足迹资料；2003 年建立的全球生态足迹网（Global Footprint Network）也每年对各国的人均生态足迹资料进行收集、修正和公布。相比之下，地区和城市生态足迹研究资料比较缺乏，并且区域之间存在的物质与能量流动的统计数据不如国家统计数据充分、详细，造成区域生态足迹的计算结果往往不如国家生态足迹精确。因此，规划中通常采用国家人均生态足迹值作为规划区域人均生态足迹的直接参照。但由于国家人均生态足迹值是基于国家平均的生产和消费水平上测算的，并且由于研究所利用统计信息的滞后，当年的公布值往往反映的是前几年的人均生态足迹水平，因此通常不能直接采用，还需要根据地区的实际发展情况进行适当修正。

修正时主要研究和比较规划区域反映当地消费、生产水平的关键统计数据与国家平均统计数据的差异，并且要比较分析近年来规划区域消费和生产水平的发展情况，分析得出修正系数来修正公布的国家人均生态足迹值，修正时还可以适当参照与规划区域情况相似的其他国家的历史或现状人均生态足迹值。

目前，国际互联网上已经有用于网上测算个人生态足迹的简单程序，该程序通常采用问卷调查的方式，用户在回答了有关个人所在的国家、个人消费情况和生活方式等一系列问题后，就可以迅速得出个人大致的生态足迹。但这些计算程序是针对个人消费水平来测算的，因此规划应用时，应该以规划人群的统计数据来替代个人消费水平。为此可以根据网上的问题设计问卷调查表，但事先需进行规划人群平均消费水平的统计研究。为了使统计结果能比较真实地反映规划人群的平均值，调查时应注意访问对象在社会阶层中的随机性和均衡性。并且，为了能够对生态消费的未来发展水平进行预测，问卷设计不仅要针对当前的消费水平，还要涉及未来的消费取向。此外，这些计算程序是根据国家的平均生产水平来测算的，因此规划应用时，同样要注意根据具体地区和整个国家的生产水平差距对计算结果进行适当的修正。以下是两个测算个人生态足迹的网址，可供选择访问：

地球每天生态足迹调查网（Earth Day Ecological Footprint Quiz）http://www.myfootprint.org。

生态足迹的生活方式计算器（Ecological Footprint Lifestyle Calculator）http://www.bestfootforward.com/foot printlife.htm。

2）均衡因子设置

设置均衡因子是为了便于对不同类型和不同国家地区的生态足迹进行比较和加总。由于六种生物生产面积类型单位面积的生物生产能力差异很大，因此在计算生态足迹的需求时，为了使计算结果可以比较和加总，需要在其计算结果前分别乘上一个相应的均衡因子，以便将生态足迹由以公顷为单位的面积值换算为以全球公顷为单位的生物生产土地均衡面积值，从而可以在耕地、森林、草场等各类生物生产用地的质量和分布情况都差异很大的国家和地区之间直接进行生态足迹比较。在规划应用中，使用均衡因子更多的是出于单位换算和统一的需要。

某类生物生产面积的均衡因子＝全球该类生物生产面积的平均生态生产力/全球所有各类生物生产面积的平均生态生产力，这些数据可以根据年度统计数据得到。因此，对于所有的国家和地区，各类生物生产面积的均衡因子在当年是一个恒定值。

2.4.3　游憩环境容量分析

户外游憩规划是容量分析的一个主要应用领域。由于任何游憩使用都不可避免地会造成对游憩资源环境不同程度的破坏，并可能对使用者的游憩体验产生不良影响，因此在户外游憩规划中考察环境容量，主要是考察游憩活动对于游憩资源环境的影响情况。游憩环境容量（Recreation Carrying Capacity）是一个地区在维持一定的游憩质量、环境质量和游憩体验质量的同时所能承受的游憩使用水平。游憩环境容量分析就是通过对游憩影响的定性、定量评价，来明确得到一系列可控制游憩活动的类型、时空分布格局和强度的量化标准，作为游憩影响管理的依据。

游憩活动对环境的影响是复杂而多变的，因资源环境类型、活动类型、活动进行方式、管理水平的差异而显著不同。不同的资源环境类型，对同样的游憩影响的承受力及受破坏后的恢复能力都存在显著差异；不同类型的游憩活动，对资源环境的破坏力也明显不同；

在同一资源环境中进行同一种游憩使用，如果游憩行为的空间和时间分布存在显著差异，使得单位面积所承受的游憩影响强度差异明显，则造成的破坏效果也是迥然不同的。而在资源环境类型、活动类型、活动进行方式都类似的情况下，由于对游憩行为规范、资源保育等具体管理水平的差异会对最终的破坏程度产生决定性影响。此外，游憩者综合素质的个体差异、气候变化，乃至突发灾害（如地震、海啸、泥石流、洪水、冰雹、暴雨、暴雪、大风）等，均会造成游憩影响结果的随机变化。因此，对游憩影响程度的评价必须涉及游憩地管理目标、游客体验态度、游憩活动类型和强度及其对游憩地资源环境的实际破坏等诸多方面。这是一个非常复杂的问题，一直以来吸引了大量的专业人员对此进行研究，从而产生了多种多样的分析方法，这里主要介绍 RCC（Recreation Carrying Capacity）模式和 LAC（Limits of Acceptable Change）模式这两类各具特色的分析方法。

（1）RCC 模式

早期人们通常倾向于将游憩环境容量理解为由环境质量和游憩体验水平决定的一个绝对的控制数值，一旦游憩强度超出了这个控制值，环境质量和游憩体验水平就会不断下降。由此形成了一种较为传统的、讲求单一容量控制的游憩环境容量分析方法，即试图通过研究确定一个或几个关键的游人量指标来控制游憩使用，维持游憩地环境和游客体验的理想水平。RCC 虽然与游憩环境容量的英文表达相同，但如果作为一种游憩环境容量分析方法的名称，则专指这种传统的单一容量控制模式。早在 20 世纪 60 年代，公园管理者就以 RCC 模式作为特定地区限制休闲使用的理论基础。

1）工作原理

RCC 的基本工作原理是采用容量计算的方法设定少数几个容量管理指标的标准值（如游人量标准等），然后在管理实施阶段简单地采取指标控制的方法，将相应的容量管理指标控制在标准值之内。

2）容量计算的理论公式

RCC 工作的关键是如何通过有效的容量计算来得到合理准确的容量指标标准，为此大量的专业人员做了种种研究和探讨，并提出了各种容量计算的理论公式。如林赛（J. J. Lindsay）（1986）认为环境容量是资源质量、资源抵御游憩干扰的能力、游人量、游憩方式、游憩设施的设计管理及游客和管理人员对于游憩地的行为态度等复合变量的函数，提出了六变量公式：

$$\mathrm{CC} = f(Q, T, N, U, \mathrm{DM}, \mathrm{AB}) \tag{2-3}$$

式中，CC——环境容量；

Q——资源质量；

T——资源抵御游憩干扰的能力；

N——游人量；

U——游憩方式；

DM——游憩设施的设计管理；

AB——游客和管理人员对于游憩地的行为态度。

而格莱森（John Glasson）等（1995）则提出将旅游环境容量表述为生态系统状况、物质设施状况、经济状况、游客特征、当地居民的认可状况及行政管理能力等定量和定性变量的含量。即：

$$\mathrm{TCC} = f\{\mathrm{Ecol}, \mathrm{Phys}, \mathrm{Econ}\}(\mathrm{TC}, \mathrm{RA}, \mathrm{Pol}) \tag{2-4}$$

式中，TCC——旅游环境容量；

Ecol——生态系统状况；

Phys——物质设施状况；

Econ——经济状况；

TC——游客特征；

RA——当地居民的认可状况；

Pol——行政管理能力。

3）容量计算的实践公式

在实际的规划应用中，由于理论公式中的各类变量很难用明确的量化数据来表达，因此往往要对这些变量进行精简，只保留游人量、游憩设施设计、物质设施状况等较容易进行数值测算的变量，而将资源、生态系统等的制约作用通过单位规模指标的设置来加以集中反映。对此，众多学者也提出了很多计算公式。在国内较有影响的包括：丁文魁（1993）率先提出的利用单位规模指标、设施规模、周转率等变量对面积容量、线路容量和瓶颈容量进行分类计算的方法；国家旅游局 2003 年在《旅游规划通则》中规定的日空间容量与日设施容量的测算方法；刘益（2004）出于景点之间游客流动性的考虑对于《旅游规划通则》中测算方法的修正等。

①面积容量、线路容量和瓶颈容量：面积容量、线路容量和瓶颈容量分别是受游憩接待区的面积、交通线路长度以及交通、自然资源等瓶颈的制约而产生的游人量限值。不同的游憩地，究竟采用哪种容量计算方法，必须具体情况具体分析。一般情况下，游人分布较为分散的游憩区，如海滨、城市公园等，适宜采用面积容量计算法；游人呈线性分布的游憩区，如山岳风景名胜区等，适宜采用线路容量计算法；而存在明显交通瓶颈的游憩区，如需要以轮渡抵达的岛屿等，则适宜采用瓶颈容量计算法。很多时候，由于游憩区游憩活动的组织和分布情况较为复杂，可能需要同时综合考虑这三种容量计算方法。

面积容量的具体计算公式可表达为：

周转率 = 每日可游时间/游客平均逗留时间　（2-5）

合理容量 =（设施规模/单位规模指标）× 周转率　（2-6）

高峰日容量 = 合理容量 × 周转率　（2-7）

年容量 = 全年可游天数 × 平均日容量　（2-8）

线路容量的具体计算公式可表达为：

日游人量 =（游览区游线长度 + 往返步道长度）/单位长度指标　（2-9）

瓶颈容量的具体计算公式可表达为：

日可通过游人量 = 单次可通行人数 × 日通行次数　（2-10）

②《旅游规划通则》计算法：国家旅游局 2003 年在《旅游规划通则》中指出，对一

个旅游区来说，进行日空间容量与日设施容量的测算是最基本的要求，通过计算分区面积容量并加总的方法提出二者的计算公式如下：

$$C_1 = \sum C_i = \sum X_i \times Z_i / Y_i \quad (2\text{-}11)$$

$$C_2 = \sum C_i = \sum X_i \times Z_i \quad (2\text{-}12)$$

式中，C_1——日空间容量；

C_2——日设施容量；

C_i——第 i 景点日空间容量；

X_i——第 i 景点的可游览面积或第 i 设施的瞬时容量；

Y_i——第 i 景点的基本空间标准；

Z_i——第 i 景点或第 i 设施的日周转率。

③《旅游规划通则》计算法的修正：如果考虑景点之间游客的流动性，则公式（2-11）对各景点日周转率的单独测算会造成加总时对同一批游人的重复计算，可能导致日空间容量的夸大，因此刘益对它进行了修订，用整个旅游区的平均游览时间计算得出的日周转率取代各景点的日周转率，避免景点间的重复计算。修订公式为：

$$C = \sum (X_i / Y_i) \times (T / t) = \sum D_i \times Z \quad (2\text{-}13)$$

式中，C——日空间总容量；

X_i——第 i 景点的可游览面积；

Y_i——第 i 景点的基本空间标准；

T——旅游区每天的有效开放时间；

t——每位游客在旅游区内的平均游览时间；

D_i——第 i 景点的瞬间旅游容量；

Z——整个旅游区的日周转率。

4）模式缺陷

在对上述所有的实践公式加以应用时，单位规模指标的确定是非常关键的。在理想情况下，应通过先期的基础性研究获得游憩地内环境资源的抗干扰能力和干扰后的恢复能力等与环境承载力有关的基础数据，作为单位规模指标制定的科学依据。但在大多数情况下，由于这种先期基础性研究的欠缺，单位规模指标的确定只能参考同类游憩地的统计指标或借助专家经验判断得出。目前各种设计规范或资料集中于对各类单位规模指标的规定，实际上都是参考统计指标或专家经验得出的，这样计算出来的游憩环境容量实际上只是受游憩空间和规划设施条件制约的接待容量，无法全面反映容量指标标准的生态、经济合理性，从而缺少科学性。

（2）LAC 及其衍生和简化模式

游憩使用、游憩体验和环境影响之间的复杂关系，使得基础性研究的工作量大且极其艰巨，导致 RCC 模式的发展和应用遇到了巨大的困难。因此，从 20 世纪 80 年代开始，专业研究人员开始尝试转变思路，另辟蹊径，将游憩环境容量理解为一个可接受的改变范围，即在承认游憩使用对自然环境和游憩体验的质量具有负面影响的前提下，通过监测管理将环境变化控制在某个可接受的破坏限度以内。由此产生了 LAC 及其衍生和简化模式。

1）工作原理及类型说明

LAC 的理论框架和实施方法是美国林业局（US Forest Service）在 1985 年提出的。该方法采用了多个具体的监测指标来取代游憩环境容量的单一指标控制，通过一套包含了 9 个步骤的规划管理过程，制定游憩地可接受的环境变化极限，并以此为标准对游憩地的环境变化进行监测和维护管理。

LAC 的基本工作原理是：预先拟定一系列管理指标及每一指标相应的质量标准（目标值），通过对目的地环境品质的长期跟踪监测取得对这系列指标连续的监测数据，将监测数据与目标值不断进行比对。一旦监测数据超出了目标值，就根据实际情况制定并实施具体的管理措施，从而将环境变化控制在可接受的限度内。

由于管理指标标准的界定可通过一定范围的游客调查评定来进行，并借助一个实时的指标监测体系随时控制过度的游憩影响，在可操作性、管理标准的社会公正性、管理系统的修正能力等方面均较 RCC 模式有所加强和改进。因此 LAC 作为 RCC 的替代品，很快得到了广泛的应用，并因管理对象和使用者的差别，进一步衍生出多种类似的规划管理模式，如 TOMM（Tourism Optimization Management Model）、VIM（Visitor Impact Management）、VERP（Visitor Experience and Resource Protection）和 VAMP（Visitor Activity Management Plan）等。由于这类模式操作复杂，工作量和操作费用过大，因此 20 世纪 90 年代以后又出现了对其简化模式的研究，如以游客跟踪调查为单一监测方式的 QUAL（Quality Upgrading and Learning）模式。

2）工作方法

LAC 及其衍生和简化模式在具体应用中主要涉及指标筛选、问卷设计、指标标准的科学界定，以及实际的游憩影响监测等问题。

①指标筛选：指标筛选首先要考虑每个筛选出来的指标都能客观反映游憩地的环境质量和游客体验质量，以便于调查统计和管理。此外，还必须考虑指标数量的合理性、与前期基础性的定量分析研究指标的衔接以及与后期监测指标的配套。在理想情况下，所选取的指标应具有以下特征：

- 便于量化测量；
- 简单可靠，可进行重复而准确的测量；
- 监测费用合理；
- 指示意义明显，即指标能突出反映研究地域的特征；
- 具有敏感性，可早期预警；
- 具有一定的灵敏度，对于游憩使用变化反映明显。

在具体研究中，指标的选择往往会有差异。这种差异或者是出于研究目的或研究对象的特定需要，或者是因为管理模式或研究方法的差别所致。指标筛选的成功与否直接关系到研究的顺利程度、结果的准确性和反映实际影响状况的有效性。在实际筛选时必须对游憩环境以及游人与环境的相互关系、游憩地的管理方式进行深入的分析和了解，并进行巧妙的设计研究。值得注意的是，指标有输入性指标（如游人量）和输出性指标（如垃圾量）之分。相对而言，输入性指标的监测一般较为直接、简便，但只有在输入和输出作用关系明确时，监测输入性指标才是有效的。通常情况下，如果输入和输出的量化关系无法准确界定，则在指标筛选时必须对两类指标进行综合考虑。

②问卷设计：即参照各种基础性的游憩影响定量分析研究成果，推断游憩使用变化和指标影响变化的关系，选取与不同使用强度挂钩的系列评价值，组合设计成问卷供调查时使用。早期的问卷设计往往对指标评价值进行定性描述，如满意、可接受、不可接受等，并且调查问题往往是针对单一指标设问。然而由于个体理解和感受的主观差异以及摒弃了其他指标的综合作用，这种方式会造成评价结果的不准确性。一般来说，游客主观感受的是综合管理下管理者应维护的游憩环境和体验的整体质量水平，属于直观、间接的指标类型，且往往是多个指标综合权衡的结果。如游客对拥挤度的感受可能是从游客遭遇次数获得的，如果直接询问通常会倾向较低的拥挤度水平，而一旦被告知加强拥挤度管理会导致进入游憩地的机会减少，则游客有可能接受较高的拥挤度水平。因此，为了提高评估的准确性，从 20 世纪 80 年代末开始，问卷设计有了新的尝试和改进，主要体现在对指标评价值描述的改进以及针对管理措施进行综合性的指标调查。

改进的问卷设计方法采用多种直观的可视化手段，如实景照片、表现图、图像软件处理后的场景模拟照片等，将多指标共同作用下、不同管理措施下的一系列影响直观地提供给受访者，请受访者对每张图片分别进行评价，或直接选取个人认为可接受的最大影响程度的代表图片。

③指标标准界定：指标标准的科学界定是调查评价法应用成功的关键。在实践操作中，指标标准的界定通常是通过游客调查和结果分析来获得标准值。具体的界定方法由于调查问卷设计的差别会有很大差异。

利用传统问卷进行调查评价时指标标准界定主要采用计数或叙述的方法（Numerical or Narrative Approach）。计数法和叙述法之间的差别主要在于调查过程的长短不同。针对同样的评价指标，计数法是要求游客依据整个游憩过程中的感受，同时对该指标赋予感受值和评价值；叙述法则要求游客依据整个游憩过程中的感受，直接对可接受的指标标准进行赋值。如在确定可接受的游憩拥挤度标准时，计数法会先要求游客对游憩过程中遭遇的游人量进行计数，然后再就此遭遇频度要求游客给出拥挤感受评价，而叙述法则会直接要求游客给出可接受的最多的遭遇游人量值。可见，计数法的游客调查必须跟踪游客游憩过程的始终，因此较叙述法的研究过程长。

计数法和叙述法在进行标准值分析的过程中，采用的是针对单一指标进行标准分析的技术方法。如常用的回归可能性曲线法，也叫标准曲线法（Return-potential Curve or Normal Curve），就是将调查所得的个人评价数据加权后反映、检验整个社会或群体评价标准的一种简单、直观的图示分析方法。

一些对比性研究表明，计数法和叙述法的研究结果经常会有明显的不同，令决策者无所适从。因此，从 20 世纪 80 年代末开始，在对问卷设计方法进行研究改进的同时，对指标标准的界定方法也有了新的尝试和改进，主要是对研究结果进行综合理解和解释。

改进的指标标准界定方法在进行标准值决策分析的过程中，借鉴了其他学科领域的一些分析方法，如中立曲线分析法（Indifference Curve Analysis）和机会描述分析法（Stated Choice Analysis），这两种方法也分别被称为权衡分析（Trade-off Analysis）或连带分析（Conjoint Analysis）。其中，中立曲线分析法是将经济学中的权衡决策技术（在总收入一定的情况下，研究如何在两种商品间进行资金分配以获取最大效益）运用到游憩影响研究领域，即将与研究指标密切负相关并与游客关系密切的具体管理指标的变化组合后提供给游客权衡，以帮助确定研究指标最终的质量标准；机会描述分析法则是基于心理测验学、经济学和营销领域中评判市场环境或非市场环境下公众偏好和相关态度的权衡决策技术，将与游客利益密切相关的多种资源、社会和管理指标经变化组合后提供给游客选择，以帮助判别不同的指标对于游憩品质影响的重要程度，以及游客对于游憩地综合质量的要求等。机会描述分析法能够同时权衡多个相关指标，决策基础更为全面、综合，这类方法近年来正越来越多地运用于游憩影响研究领域。

④游憩影响监测：游憩影响监测主要针对游憩影响的实际发生状况，以及现有的影响是否需要改进这两个方面。其中，游憩影响的实际发生状况可以通过实地勘测来进行，而现有的影响是否需要改进则可以通过游客调查来辅助判断。

实地勘测和游客调查都是以抽样分析为基本研究手段的。前者是对场地样本进行抽样分析，而后者是对分布在不同场所的游客样本进行抽样分析。在具体操作时，经常采用勘察法（Reconnaissance Approach）、取样法（Sampling-based Approach）和普查法（Census-based Approach）这三种典型的技术方法。

勘察法是对现状资源环境状况和游憩活动开展情况进行初步认识的技术方法。通常可借助资源分类图、高精度遥感图像和局部地域的现场照片等图片资料及现场踏勘，对现状的游憩影响状况进行初步的判断识别，按有无游憩影响发生、影响类型和破坏程度等对研究区域进行大致分类，以便有针对性地分别开展进一步的详细研究。

取样法实际上是空间抽样的概念，即通过有目的地选取一系列点状或嵌块状的样本区，设定研究指标并对它们进行测量，获取样本区的游憩影响数据，然后在此基础之上，进一步采用统计方法分析得出整个研究区域的游憩影响定量分析结果。取样法一般可分为系统取样（Systematic Sampling）和分级取样（Stratified Sampling）两种。前者样本区分布具有规律性且对测量的精度等要求一致；后者则因级别不同，样本数和测量精度等会有所差异。

普查法通常是时间抽样的概念，即在一定的时间段内设定研究指标，对整个研究区域内的游憩影响状况进行全面测量研究，以作为同一时间段内进行空间抽样的结果检验标准，或是单独作为时间维度上考察游憩影响变化的一个有效样本。普查法一般可分为分段评价（Sectional Evaluation）和问题评价（Problem Assessment）两种。前者是对研究对象进行等量（长度或面积）划分，对每一片段进行单独研究后再加以综合分析的技术方法；后者则是针对事先提出的问题进行专项研究的技术方法。

在实际应用中，具体技术方法的选择主要视研究目的和研究对象而定。一般是在先进行勘察研究的基础上，再单独采用取样法或普查法，也可将取样法和普查法结合起来使用。通常认为，取样法较适宜于对影响的严重程度等进行详细的测算研究，而普查法则较适宜于对影响的发生概率及分布状况等进行研究。相比较而言，取样法由于选取有限样本为研究对象，因而大大减少了实地测量的工作量，但研究结果的准确性也因此受到影响；普查法则存在工作量大的弊端，但结果相对较为准确可靠。

3）模式特征评述

LAC 类模式的基本特征主要有三点：

①目标导向：由一系列指标质量标准所反映的管理目标，对环境品质允许下降程度的一种预期。

②实地监测：实地监测是对环境品质实际下降情况的检验。由于游憩影响是持续存在的，因此必须进行长期而连续的监测。

③超标后管理：由于允许游憩地存在预期限度内的破坏，因此管理干预只有在破坏超出了允许限度时才有必要进行。这就使得管理行为的发生必定是滞后于那些过度破坏的，由此可能产生资源修复方面的一些额外代价。

2.4.4 门槛分析

门槛理论（Threshold Theory）是根据区域与城市发展的过程规律得到的一个社会经济学理论。1963 年波兰经济学家鲍・马利什（Bolestam Malisz）提出其基本理论时认为，区域与城市的发展规模和投资费用的增长关系是呈梯级式的，而不是平缓式的，各发展梯级事实上形成了一系列的发展门槛。

门槛分析是门槛理论应用到规划中逐渐发展而形成的一种方法，主要用于研究分析区域空间发展的可能性及合理性，即通过识别区域发展过程中受客观条件制约的一系列门槛限制，并估算门槛费用，分析如何最有效、最合理地跨越这些门槛，以及在何时进行跨越。这种方法最早源于波兰，在英国得到了进一步的发展，并推广到了许多国家，联合国还专门出版了《门槛分析手册》进行规范和推广。

（1）门槛分析原理

在门槛分析中，门槛特指非线性改变发生明显变化的一系列控制性的分界值，是由各种发展限制因素导致的。一般说来，区域发展的限制因素主要有：

1）地理条件的限制

包括自然限制条件（如地形、河流湖泊、生态保护要求等）和人为限制条件（如保护区、征地范围等）。

2）技术设施条件的限制

主要指交通设施和基础设施系统在扩展中遇到的约束条件（如因人口规模增加需要新增设施等）。

3）区域结构的限制

指区域内部结构及现状土地利用的约束。继续发展意味着改变用地性质、开辟新的开发用地等结构性调整。

这些限制的综合作用使得区域的发展具有量变和质变两种可能的状态，适合进行不同方式的管理操作。在量变状态下，各种限制条件已被克服或暂时无须考虑，只要与当前合理的开发方式及开发强度相符，建设资金可进行常规运作，流向一些回报率高的项目，管理上主要采用灵活监控的动态方法。而在质变状态下，大量的资金必须首先用于克服各种限制条件以获得新的环境容量增值，从而创造继续发展的可能性。这种资金投入一般得不到直接的经济效益，且资金的具体运作（如先克服何种限制条件，如何克服及克服后如何进一步发展等）均与区域的综合环境质量密切相关，必须由政府进行宏观调控管理。因此，由量变到质变的转折点界定了一系列经济性的门槛。包括：

①普通门槛（第一门槛）：是区域在现状基础上几乎不付出附加费用即可继续发展的界限。

②终极门槛：指由总体的资源、环境、目标决定的区域发展的最终边界，除非有足够

的理由和条件，一般不考虑克服。

③中间门槛：指位于上述二者之间的门槛，包括第二、第三门槛等，用以指明区域发展的阶段顺序。

跨越这些门槛所需的费用包括：

①直接门槛费用：跨越某个门槛必需的投资费用；

②间接门槛费用：跨越某个门槛后引起的费用，主要为冻结费用和运行费用；

③综合门槛费用：综合考虑直接门槛费用和间接门槛费用而得到的费用。

通过门槛识别、门槛内饱和发展以及最小门槛费用的综合研究，可以从各种发展可能中判断得到最具资源和经济合理性的阶段性发展方案。

（2）门槛分析与环境容量研究

在生态规划设计中，利用门槛分析可以获得由自然资源和社会经济条件客观制约的，而不是由时间（年限）分期的规划发展阶段制约的门槛。继而可通过明确各门槛阶段的空间发展区域来推算各阶段饱和发展情况下的极限容量，并以此为依据进一步研究不同发展阶段的分区功能、开发强度、设施容量、设施密度等，然后可换算成详细的用地指标以作为严格控制各阶段开发强度的科学依据。门槛分析可使资源、环境目标对经济目标的限制落实到各阶段的规划控制中去，从而提高了规划的科学性。

门槛分析可方便地辅助环境容量研究，并可借助规划调控的手段实现对过度开发破坏的先期控制。并且，由于发展阶段的划分淡化了时间概念，无形中回避了预测规模与实际发展速度不匹配所引起的种种误差，因此可以按照实际的发展情况来随时界定所处的发展阶段，采用相应的阶段规划方案加以实施，从而大大提高了规划调控的准确性。

（3）门槛分析程序

现实的发展门槛往往因具体的规划对象而异，必须具体情况具体分析。在进行分析时，通常可遵循以下程序。

1）分析影响发展的因素

一般可采用分类排除和同类参照的方法进行分析。分类排除法是按限制因素的三大类别详细列举所有可能的因素，并一一分析，排除那些不存在的因素；同类参照法广泛借鉴同类对象的发展过程，识别其发展过程中遇到过的种种限制因素，分析当前的规划对象在今后的发展中是否可能遇到同样的限制。

2）确定限制性用地的边界

根据分析得到的门槛因素，即可在地图上确定各种限制性用地的边界。需要注意的是，有些用人口数量表示的限制，如现有公共设施网络超出现状人口的部分容量，也要表示出其可能的发展边界。

3）综合确定门槛边界

综合各种限制性用地后，可以得到普通门槛、中间门槛、终极门槛等一系列的发展界线。需要注意的是，终极门槛只是相对于一定的发展标准、技术条件、生态保护要求和可用资金而言的，随着这些因素的改变，最终可能被跨越或改变。

4）进行相关分析

一旦门槛边界确定，在进行常规的门槛分析时，即可进入门槛费用匡算等经济性评价程序。而在出于容量研究目的的门槛分析中，则可进一步借助生态足迹测算、面积容量计算等方法来将空间限制转换为规划容量指标，用于进一步的规划控制当中。

2.4.5 规划应用步骤

事实上，由于绝对确定的合理容量是不存在的，因此迄今为止，所有的环境容量分析方法都不能实现绝对的科学性，这就使得实际规划中的容量研究很容易沦为一项自欺欺人的例行程序。为了避免出现这种不良局面，必须强调对规划对象的深入理解，在准确认识对象系统实际发展规律和症结的基础上开展灵活的选择、组合，创新出适用的环境容量分析方法，以实现分析结果的科学性。

（1）系统认识及发展预测

任何规划对象都有其特殊的系统发展特征和规律。如果单纯就发展规模的增长性而言，大致可以归为两类：稳定型系统和变化型系统。前者的发展规模已趋于基本恒定的状态，规划调整应主要针对内部结构优化的需要，因此定性的容量分析比定量的分析更为重要，即应准确识别出空间上局部的现状容量超标区域，并在规划中进行合理的调配；而后者则仍处于不断的规模变化过程中，因此对其变化规律的认识及对未来变化趋势的准确预测是进行科学容量研究的基础。

（2）环境容量分析方法设计

现有的环境容量分析方法具有各自不同的分析特长及适用性，在实际应用时必须根据对象系统的具体特征进行选择、组合或创新。一般来说，生态足迹测算和容量计算方法的定量分析能力较强，LAC 类模式的定性分析能力较强，而门槛分析则便于针对多个发展阶段进行渐进的容量分析。当选择确定了具体的分析方法后，为了提高分析工作的效率，还应进一步研究制订详细的工作计划。对于不同的分析方法，计划制订的侧重点也不尽相同。如对于生态足迹测算和 RCC 模式，应将对其相关基础性研究成果，以及类似对象系统容量研究成果的调研工作纳入计划之中，尽可能提升计算标准的科学性；对于 LAC 类模式，则应先期研究确定调查所针对的目标人群和统一的指标体系，以实现其研究结果与管理监测体系的有效衔接。

（3）详细的环境容量分析

在具体进行环境容量分析的过程中，应随时注意消除研究误差。为此，在预测人口规模时，应注意综合考虑多种可能的影响因素并进行阶段细分；在进行调查研究时，应注意样本采选的典型性和有效覆盖性；在确定标准时，应注意根据客观情况进行必要的修正。

（4）规划调控

根据环境容量分析的结果制定具体的规划控制方案，一般可采用三种调控方式。

1）技术经济指标控制

一般情况下，这是最直接的调控方法，可以通过量化指标，有效控制人口、用地和设施规模的增长，从而调控未来的开发建设规模。

2）用地结构和布局调整

对于空间容量分布不合理的对象，可以通过规划用地结构和调整布局使得各类用地的分布和实际的使用状况更具匹配性，以实现更为均衡、合理的空间配比关系。

3）局部地块改进设计

对于稳定型系统，可以通过具体地块的改建使之更符合具体的使用需求，有效提升地块的容量和使用的满意度。相对于用地结构和布局调整，这一调控方式是非常经济的。

2.4.6 经典案例——同济大学本部校园户外游憩系统的改进研究和飞来峡风景名胜区游人规模测算

为了说明环境容量分析因系统特征而异的重要性，本节选取了系统类型和分析方法不同的两个案例加以详细地介绍。其中，同济大学本部校园户外游憩系统的改进研究是针对稳定型系统采用定性分析方法的教学案例；而飞来峡风景名胜区游人规模测算是针对发展型系统进行分期控制的实践案例，分别采用了以 LAC 为参照的简化分析方法和将门槛分析与 RCC 容量计算相结合的综合分析方法。

（1）同济大学本部校园户外游憩系统的改进研究

校园户外游憩系统属于城市化环境下稳定的游憩系统，游憩资源相对单一，游人结构、游人数量、游人量年分布及游人行为模式都较有规律，游憩影响的类型、频率和程度也相对固定，故管理以日常养护为主。因此，校园户外游憩系统在活动进行方式和管理水平方面可视为常量的情况下，重在识别影响超标区域并针对影响原因进行针对性改进。为有效地简化研究，从一开始就识别出主要问题以缩小研究的范围，并大量采用了定性的研究指标，有机综合了游憩影响定量分析和评估的过程。具体的分析程序为：

1）综合勘察

通过综合勘察对于整个校园的游憩影响情况进行初步的判断识别，确定有无影响发生，以及影响的类型和地块。

2）研究指标设计

根据勘察结果筛选必要的调查指标和规划控制指标，并对定性、定量指标进行区分和判断。为取得必要的指标，研究指标的设计必须是一个纵观全局的、逆向的思维研究过程；由管理的需要拟定规划控制指标，进而推衍出调查指标；同样，定性、定量指标的判断区分也应该遵循研究的一贯性，最终视管理的需要而定。

3）实地勘察

通过分片的现场观察和调查对各地块的地被类型、游憩活动类型、游憩活动强度（活动人数计数）、影响程度（地被破坏程度）、游憩者对地块现状的满意度等进行具体调查。研究发现，校园内的主要游憩影响表现为地被的践踏破坏，具体可分为线性（由地块穿越或交通避让引起）和散布（由地块上的自发随机游憩行为引起）两种；游憩影响程度与游憩活动强度呈正相关，但游憩满意度对于影响程度并不敏感，主要与设计功能和实际使用的匹配共生相关。可见，现有的游憩影响主要由于游憩者的行为模式与原有的规划设想不匹配所致，可通过规划调整和针对性的设计改进来优化游憩空间系统，使之与现实的游憩行为模式相匹配，从而减少影响的发生，达到控制的目的。

4）规划改进

由于游憩者的自发行为是造成校园户外游憩系统游憩影响的主要原因，因此有效的规划调整必须以针对发生破坏行为的游憩者的随机调查为依据。通过补救、引导和防范措施的有机组合，以防止此类破坏的再次发生。根据调查结果，将所有影响地段分成了有待改造（改变使用功能）、加强管理和维持现状使用三大类。其中，对于有待改造和加强管理的影响地段，研究采用了三重规划设计控制：首先是游憩空间的优化组织调整，即通过在现状游憩影响较为明显的地块附近增加同样使用功能的活动场所，利用混合交通路段的分时通行限制、调整交通避让性破坏较为显著路段的交通功能等举措，来削弱功能和布局方面严重的影响；其次是对非改造性地块的维护管理建议，即针对具体地块的破坏类型、原因和改进倾向提出了具体的养护建议；最后是对改造地块的改进设计，即通过增加隔离灌木带、铺地和围护设施并进行合理设计，使地块更符合具体使用的要求。

（2）飞来峡风景名胜区游人规模测算

在进行飞来峡风景名胜区规划时，该风景区正处于自身级别提升（由省级风景名胜区申请成为国家重点风景名胜区）、管理区域和客源市场开始拓展的转折期，属于典型的发展型系统。并且，由于规划采用了居游分离的功能布局，保证了该风景区的服务接待区拥有充足的建设发展用地和可靠的投资环境。而该风景区紧邻城市的区位条件使之可直接依托城市基础设施管网，具备充分的发展潜力。因此，该风景区发展的容量分析主要针对风景空间的拓展进行，具体的分析程序为：

1）初步分析

现有的和规划的旅游活动分析。

2）地域门槛分析

地域终极门槛主要根据景观资源分布、自然地理条件和保护区划的限制进行叠加得出。在此基础上，根据建设投资情况将停留性的游憩用地定性地划分成三级发展门槛区，以便于核算阶段性的门槛容量：

①第一门槛区：可在现状基础上继续发展，无须投入门槛费用的游憩区；

②第二门槛区：门槛费用可依赖外来投资的游憩区；

③第三门槛区：靠风景区收入进行门槛费用投资的游憩区。

④门槛容量分析：鉴于景区内水资源欠缺的现状，以水资源作为限定终极门槛容量的卡口条件。风景区中两大传统景区景点集中，为大多数游人必至之地，同时也是规划游程中的主要餐饮地。但由于山重水隔，餐饮用水只能就地引用山水。因此，以其可接纳的餐饮人次作为游人规模的终极取值，共计 400 万人 · 天/年。具体计算公式为：

$$N = \frac{W_{供} - W_{额定}}{P} \qquad (2\text{-}14)$$

式中，N——游人规模，人 · 天/年；

$W_{供}$——影响景观生态的全年可供水量，m^3/年；

$W_{额定}$——两景区全年额定供水量，m^3/年，包括职工生活用水、消防用水等；

P——游人餐饮用水指标，m^3/人 · 天。

其余三级门槛容量则由容量计算获得。其中，以人口/人数规模为代表的容量指标是规划时对开发规模和强度进行定量研究的重要控制依据。因此，研究制定合理的规划容量是合理开发的必要前提之一。

2.5　多方案比较决策

2.5.1　多方案比较决策理论

（1）规划方案：唯一或多解

规划的主要任务是对未来的发展作出适当的决定，以指导未来的行动。在很大程度上，这种决定是在对一系列发展的可能性进行比较、判断和选择之后得到的。因此，规划往往被视为是一种决策行为。

在生态规划过程中，由于需要在自然生态、社会、经济和文化等多种利益之间进行取舍，因此通常会面临更多选择的可能；在规划目标的制定过程中，不同的人员可能对于生态和其他目标的相对重要性会有不同的理解；在经过土地利用适宜性分析后，同一块土地可能面临多种适合的用途；在保证基本连通要求的情况下，景观要素的分布及其格局组成可以有很大的形态差异：在 LAC 等框架下，不同人群对环境品质可能有不同的要求，由此造成环境容量的预期差异。因此，生态规划方案不太可能是一个唯一确定的选择答案，而是根据未来发展的多种可能性，以及不同发展阶段的可能水平进行各种阐释性描述。在这种描述中，直观的图示占据了相当大的比重，这也是规划学科的特色之一。

（2）预景规划

规划中制定这种代表未来各种可能的阐释性描述方案的做法，又叫预景（Scenarios）规划。拉罗伊·希尔施科恩（Larry Hirschhorn）（1980）将预景定义为一系列的以试图描述未来可能的状况为目的的方法、假设与技术手段。希尔施科恩并对预景做了详细的分类。

1）状态预景（State Scenarios）

用来描述未来某个时间规划区域将呈现何种状态的预景，但无须描绘这种状态是如何逐步呈现出来的。

2）过程预景（Process Scenarios）

致力于讨论导致未来某种状态的各种措施或事件。具体又包括以下 4 种形式的预景：

①理想预景：描绘理想情况下的未来状态；

②预测预景：臆断地描绘未来状态；

③模拟预景：由当前状态所驱使，基于过程的、用于预测性目的的预景类型；

④发展预景：从一个初始状态开始，描述一个特定的社会系统如何发展达到一种或多种最终状态的变化过程，而不是预先就直接设定预景。

可见，借助各种预景方案可以充分地认识规划对象的发展情况，并通过比较、推敲而获得合理的规划结果。

2.5.2　多方案比较决策方法

多方案比较决策就是在广开思路、提出一系列选择方案之后，通过科学的比较决策，确定最终的合理方案。这是生态规划过程中非常重要的一个环节，对最终方案的合理程度起着决定性作用。多种备选方案可以向人们（包括规划者自身）充分地展示各种可能的发展结果，促使人们从各个角度去思考发展过程中可能要面临的种种问题。而方案比较则可以将所有可能的发展与问题都集中到一起，帮助决策者形成更为全面而清晰的认识，以把握正确的决策方向。

应该注意的是，在生态规划中，提供多种选择方案的目的并不是为了最终能从中选出一个“最佳方案”，而是为了帮助更多的人澄清认识。因为在很多情况下，所谓的“最佳方案”并非客观意义上的最佳，而只是与既定的规划目标最具匹配性的最佳。而生态规划是从问题研究入手的，其具体的目标是在规划进程中随着认识的不断深化而产生并不断调整形成的，并且往往由于需要兼顾自然生态、社会、经济和文化等多种利益而成为一个复杂的多目标体系，因此最终的决策方案往往会是若干个备选方案的综合产物，几乎不存在直接获得“最佳方案”的可能性。所以规划者在制定多个选择方案时，应致力于发现所有可能且真正不同的方案，即注重对方案本身及其后果的差异描述，以及方案是否解决了既有的问题并覆盖了所有的发展可能性，而不应沉醉于雕琢某个所谓“重点”或“完美”的方案。

在所有的规划决策中，虽然参与决策的人群会有所不同，但最终的决定者往往是相关的政府职能部门。其中，规划人员的主要职责是提出各种备选方案供决策参考，并在决策完成后整合形成优化方案。尽管规划人员并不能最终决定方案的取舍，但如能积极主动地参与到决策过程中，则不仅能对合理决策发挥一定的影响作用，而且对于最终成功地整合、优化方案无疑是极有助益的。因此，了解并掌握一些基本的决策方法还是很有必要的。

在决策过程中，谁来参与、以何种形式参与，以及采用何种方法进行方案分析都是非常重要的，不同的决策支持途径和方案分析方法可能会导致不同的决策结果。

2.5.3 决策支持途径

相关的政府职能部门在作出最终决定前，必须参考各方面的意见。这些意见可能来源于相关专家（包括规划人员），也可能是法定方案评价程序中反映出来的意见，还可能是规划所涉及的利益各方的直接意见反馈。因此，多方案决策的过程实际上也就是一个意见征询和集中的过程。按照意见来源的不同，可以将决策支持途径分为专家评价、法定程序评价和公众参与三大类。

（1）专家评价

专家评价是最为传统的一种决策支持途径。由于专家通常在某一领域有较为专深的研究，因此，他们的意见可视为有较强的科学性和可靠性。规划人员本身就是专家，他们研究提出的各种备选方案本身已经经过一些对于功能、经济、生态环境构成等方面的合理性研究。但规划人员对于自己所提供的某个方案可能会带有一定程度的偏好。规划人员之外的其他专家则往往能够对各个方案提出更为客观的评价意见。这些专家可以采用德尔菲（Delphi）法或政策德尔菲（Policy Delphi）法进行评价。

1）德尔菲法

德尔菲法是美国兰德公司在1950年发明的一种依赖专家进行一轮又一轮的匿名讨论，以对某个项目或问题达成一致意见的方法。其操作程序包括：

①挑选专家：挑选对象应集中于与规划项目或问题相关的各个领域。通常可通过对这些领域的相关文献进行检索，然后直接联系检索得到的专家，请他们提名重要的专家，再与这些专家联系请他们继续提名。一般经过几轮提名就可明确由8～12位各领域专家组成

的专家小组名单。

②评价过程：专家小组采取背靠背评价的方法，即每一位专家就各个方案提出各自的意见和理由，将所有的意见集中后匿名提供给所有专家；然后，再向他们征询下一轮意见，因为有些专家的意见可能会发生改变。如此反复，直到小组成员的意见达成一致为止，或是各自坚持自己的意见不再改变为止。

2）政策德尔菲法

政策德尔菲法是德尔菲法的衍生产物，也是一个由多个专家多次反复、互动以达成共识的方法。但政策德尔菲专家小组的成员会聚集到一起，通过直接的沟通交流来互相说服、启发，有助于加快整个评价过程，并具有达成新的评价意见的可能性。

（2）法定程序评价

规划方案的决策还可以通过一些法定的评价程序完成。

从理论上讲，对发展方案的审议必须对它有可能造成的环境、经济、财政、社会影响进行全面的评价。其中，环境影响评价重在分析方案对环境是否存在显著的负面影响；经济影响评价重在分析方案对私人企业发展是否存在显著的负面影响；财政影响评价重在分析方案对公共财政是否存在显著的负面影响；而社会影响评价则重在分析方案对于各社会利益团体的实际影响。但在具体的评审过程中，评价往往不可能做得那么全面。

到目前为止，中国只对规划方案的环境影响评价做了明确的法律规定。2003 年 9 月 1 日起施行的《中华人民共和国环境影响评价法》在第二章“规划的环境影响评价”中规定：各级政府部门组织编制的各类涉及土地利用的规划，在送审的规划草案中必须编写有关环境影响的篇章或者说明。尤其是组织编制的工业、农业、畜牧业、林业、能源、水利、交通、城市建设、旅游、自然资源开发的有关专项规划，应当在该专项规划草案上报审批前，组织进行环境影响评价，并向审批该专项规划的机关提供环境影响报告书。此外，该法规还对专项规划环境影响报告书的内容进行听证、审查、决策及实施后的跟踪评价都提出了具体要求。

环境影响评价总体上可分为针对具体项目的项目环境影响评价（Project EIA）和针对计划、规划和政策的战略环境影响评价两大类。随着现代环境观、发展观、社会体制、管理决策理论的发展变化，环境影响评价的认识和实践研究先后经历了项目环评（始于 20 世纪 60 年代末，以下简称 EIA）、基于项目环评的战略环评（始于 20 世纪 70 年代末，以下简称 EIA 式的 SEA）和分析型的战略环评（始于 20 世纪 90 年代中期，以下简称 ANSEA）三个发展阶段，并形成了三种不同的方法。

EIA 采用的是实施前管理、决策后评价、认证的模式，即通过收集整理相关的自然环境资料，对已经立项的具体项目可能产生的环境影响进行识别和评估，对更符合环境效益的替选方案加以探讨研究，并提交详细的书面报告供最终决策和实施管理时参考。整个过程力求经济、公正、有效。其经济性是通过缩小评价范围、只对确有必要的项目和环境问题进行评价来实现的；其公正性是借由公众全程参与和决策结果公示来达成的；而其有效性则由项目否决权和诉讼责任加以保证。经验表明，公众参与和政府行政公开的程度是 EIA 成功的两大基石。经过多年的实践改进，EIA 方法总的来看已相当成熟、可靠。

然而，EIA 有其固有的局限性。首先，它仅仅针对单个项目进行被动式评价，不能反映环境影响的累积和转移效应，因此对区域性和跨区域的环境保护缺乏制约力；其次，决策后评价的模式缺乏环境战略上的前瞻性，决策修正成本较高，替选方案的局限性大，操作不灵活。

EIA 式的 SEA，完全借鉴了 EIA 的评价方法和程序，只是将它提前到早期的战略决策阶段，针对概念规划等初步的决策结果进行。这虽然有利于沿袭 EIA 的一些成功经验，但评价效率低和费用高的问题仍然存在，并且由于评价对象规模的扩大，对环境影响的准确预测更加困难，评价质量也成为一个重大问题，进而影响到评价的有效性。

ANSEA 则强调结合决策过程进行环境影响评价，评价的重点开始由决策的环境后果转向决策本身的环境价值。针对不同的决策机制，具体的评价方法和评价方案也不尽相同。ANSEA 一个重要的发展是创造了决策窗（Decision Windows）的概念，即在整个决策过程中应该存在一些阶段性的介入时机，决策者会在此公开信息并对外部反馈意见进行研究考虑，这往往是公众能够参与决策的时候，也是环境影响评价能够发挥作用的重要时机。任何一个决策窗的ANSEA评价程序都沿用了SEA的一些步骤，但具体的操作方法有所不同。例如，在对象筛选的步骤中，不仅要对评价对象的必要性加以审查，还要对评价方法、结果形式及影响决策的方式达成共识。界定范围是一个针对不同决策窗反复进行的步骤，除了要对主要的环境问题加以识别，还要对相关的学术权威和社会利益群体进行调查，以供决策参考。ANSEA 的评价报告是针对各个决策窗展开的，不仅对具体的环境影响，而且对根据环境影响评价所作的决策调整都要进行评价：最终的审核程序不仅要审查决策是否根据环境影响评价作了相应调整，还要审查在最终的决策中各项战略目标是否能够实现，这是极为关键的。此外，这一方法还强调了三个重要环节，即职能说明（Functional Description）、决策窗识别和阶段标准（Procedural Criteria）的制定，分别对决策类型和咨询及公众参与的方式、评价结果作用于决策过程的时机及此时决策所依据的具体环境准则进行研究，并在决策者和社会公众之间进行有效沟通。因此，ANSEA 的特色在于注重与决策过程结合的灵活性，但与强调科学性和系统性的 EIA 式的 SEA 相比，在保证环境保护目标的实现方面则有所欠缺。

（3）公众参与

随着规划中对于社会公平和生态平等问题的日益关注，公众参与规划和决策已经越来越受到重视。公众参与是一个支持面极其广泛的决策途径，有多种多样的组织方式。如由专家和普通公众共同参与、具有相对固定的人员组成和活动机制的公开研讨会（Charrettes）、专项任务组（Task Forces）、市民咨询委员会（Citizens Advisory Committees）和技术咨询委员会（Technical Advisory Committees）、针对主要利益群体代表的公开听证会（Public Hearing）、公开展示经广泛征求意见的方案、公民投票以及民意测验（Public Opinion Polls）等。

不同的参与组织方式还影响到公众介入规划决策的具体时间。一般说来，公开研讨会、专项任务组、市民咨询委员会、技术咨询委员会、公开听证会、民意测验可在规划早期就开始组织，以全程辅助规划方案的制定；而方案公开展示和公民投票则通常在所有备选方案完成后进行，需要事先向公众详尽地介绍所有的备选方案以便公众能够正确理解并作出正确的判断，如果反馈意见较多、方案需要作较大的改动，则这种展示和投票活动可能需要针对方案反复进行修改。

2.5.4 方案分析方法

为了针对具体问题提出更有效的解决方案，并帮助自己和其他决策参与人员更容易地作出选择与判断，规划人员有必要对方案进行一些深入的分析，以便更清楚地显示各个方案的利弊对比。

在生态规划中，方案分析重点针对各备选方案的综合效益或可能引发的环境后果进行。主要方法包括目标—成效矩阵（Goal-Achievement Matrix）、影响预测矩阵（Impact Prediction Matrix）、因果图（Cause-and-Effect Diagram）等。

（1）目标—成效矩阵

目标—成效矩阵是由莫里斯·希尔（Morris Hill）于 1968 年提出的一种进行方案比较的理性分析方法。其基本原理是通过分析评价每一个方案的目标成本与实施收益，建立起各种备选方案与其实施后果之间的直接联系，根据收益最大化的原则来进行最终的方案选择。

希尔将成本与收益分为三类：

①可以用货币形式表示的有形的成本与收益（如经济投资和产值等）；

②不能用货币形式表示，但可用数量衡量的有形的成本与收益（如用地比例的变化等）；

③无形的成本与收益（如社区生活环境的改善、对某一物种造成的威胁等）。

每一个方案都可以详细地分析其各种成本与收益。将所有备选方案的各种成本与收益以矩阵表（表 2-3）的形式排列后，就可以非常直观地权衡比较各个方案的优劣了。

表 2-3 目标—成效矩阵表（Hill，1968）

方案类型	货币形式的成本与收益	非货币形式的成本与收益	无形的成本与收益
方案 A			
方案 B			
方案 C			
方案 D			

注：表中空白处为具体的成本与收益描述。

（2）影响预测矩阵

影响预测矩阵是环境评价中常用的一种分析方法。其基本原理是利用矩阵表来直观地研究开发行为与环境特性之间的相互作用，从而识别出方案实施可能引发的环境影响。

在一个典型的影响预测矩阵表中，开发行为沿矩阵表的纵轴排列，环境特性沿矩阵表的横轴排列，而表中空白处则可用文字描述相应行为对于相应环境特性项的预期影响。为了直观起见，预期影响也可用符号来进行类型表示，如“○”表示直接的影响、“√”表示间接的影响、“×”表示没有影响等。将表中所有的影响汇总就可得到整体方案的预期影响。

（3）因果图

因果图也称鱼骨图（Fishbone Diagram），是一种研究问题原因的图解分析技术。该方法是通过从问题出发的发散式推理来寻求问题背后复杂的原因，并借助直观的图解对问题原因之间的关联形成全面的认识。

在生态规划中，因果图可用于追踪分析某一项具体的规划改造活动可能引发的环境后果。这时，具体的改造活动占据了“问题”的位置。但由于规划对象通常是一个复杂的系统，系统中的所有要素之间有着各种关联，任何人为的改造活动都会直接作用于系统中的某些要素，并进而通过这种复杂的联系引发前所未有的环境后果。因此，追踪这种作用的图解过程往往会产生网状的“作用关系链”（Chain of Effects），而非典型的鱼骨图。

从理论上讲，这种分析方法操作非常简单、方便，但其困难之处在于使用者需要对规划对象的系统结构有较为深入的了解。

（4）工作步骤

多方案比较和决策是一个非常复杂的过程。由于所选用的决策支持途径和规划过程组织的不同，备选方案的制定、方案比较和决策阶段可以顺序衔接（即待所有方案制作完成后综合进行比较和决策），也可以有机地结合（即在方案研究的过程中随时进行决策取舍），具有相当大的灵活性。为了便于对各工作阶段的任务进行详细说明，这里重点介绍阶段顺序衔接的工作步骤。

1）决策支持途径的选择

在开始规划方案研究之前确定决策支持途径非常重要。如果采用分析型的战略环评、公开研讨会、专项任务组、市民咨询委员会、技术咨询委员会和民意调查等在规划研究伊始就需要或可能介入的决策支持途径，则必须在确定决策支持途径之后，对规划方案的研究过程如何与决策过程结合进行具体的工作过程和计划设计，如明确方案研究到什么程度需要设置分析型战略环评的决策窗，规划人员在规划过程中如何与专项任务组或技术咨询委员会等公众参与机构展开对话与合作等。

2）规划方案的制定和分析

规划方案可以由规划人员单独研究制定，也可以由规划人员和相关的决策参与人员协作制定。在后一种情况下，规划人员不仅需要发挥专业技术特长，还需要对协作工作进行组织和协调。

为了便于不同方案之间的比较，在方案完成后，应进一步利用各种方案分析方法来详细评价方案的利弊，深化对方案的认识和理解。

3）方案比较

方案比较实际上是在特定的目标框架下进行的。一个偏重自然系统保护的方案与一个偏重经济开发的方案其实并不存在可比性，在两者之间所作的取舍，实质上是由对保护或发展目标的不同价值认同所致。因此对于目标差别较大的方案，在比较之前有必要先对规划的目标取向进行广泛的探讨。对于生态规划而言，环境目标应该与经济、社会目标同等重要，甚至摆在比经济、社会目标更为重要的位置。

对于目标差别不大的方案，则可以直接对方案的分析结果进行比较，取相对较为合理的方案，或者针对各个方案的优势考虑是否有综合的可能性。

4）方案决策与修改

方案的比较和决策过程往往是一个澄清认识、深化理解的过程，而最终的决策结果往往会是若干个备选方案的优化综合。因此，通常需要在决策之后以某一个或几个方案为基础，对方案进行进一步的修改和提炼。

2.5.5　经典案例——圣艾利求潟湖保护规划和俄勒冈州波特兰土地利用规划

由于决策支持途径和方案分析方法的多样性，多方案比较分析往往是灵活多样的，缺乏固定的章法和程式。本节选取了两个代表不同决策支持途径和方案分析方法的突出案例加以详细的介绍。其中圣艾利求潟湖（San Elijo Lagoon）保护规划是借助因果图分析进行专家决策的典范，而美国俄勒冈州波特兰土地利用规划则是完全依靠广泛的公众参与来决策。

（1）圣艾利求潟湖保护规划

圣艾利求潟湖位于美国加利福尼亚州太平洋海岸，南距圣地亚哥 20 km，北距洛杉矶 100 km。19 世纪末，为了发展圣地亚哥和洛杉矶之间的快速交通联系，在湖口架桥先后建设了铁路和高速公路，影响了正常的潮汐流量，导致泥沙淤积和盐碱化。交通的发展吸引人口不断迁入，潟湖周边地带城市化发展迅速，淡水的取用和生活污水等的排放加剧了潟湖水体的盐碱化和水质污染。这一切最终导致了潟湖生态环境的严重恶化，水体、草地大量消失，鱼类急剧减少，原先丰富的鸟类和哺乳动物濒临灭绝，仅有一些迁徙鸟类在此停留。

20 世纪 60 年代中期，随着城市化的进一步发展，滨湖的土地也被开发商购买并将进行居住性开发。为了协调日趋尖锐的城市化发展和环境保护之间的矛盾，圣艾利求对潟湖进行了总体规划。规划初期首先通过公众问卷调查明确了恢复潟湖优美自然景观的总体目标。在此目标框架下，规划人员提出了恢复潟湖的生境和食物链以形成当地的天然水产品工厂，利用潟湖优美的自然景观进行游憩开发，以及在远离湖区的高地上进一步发展城镇用地的综合利用等设想。借助潟湖生态系统的影响链分析，规划人员重点就城市化地区的污水处理排放进行了多方案探讨，并与自然状态下的潟湖生态系统进行了对比，提出了以下三个方案。

方案一：按常规建污水处理厂，尾水经沉淀池排入潟湖。通过作用逻辑图分析，表明这将加剧潟湖的富营养化。

方案二：将污水处理厂尾水通过埋管入海 4 km 排放，避免污染物排入潟湖。但因淡水注入量减少，潟湖盐度仍将增加，生物量也将减少。

方案三：在湖口设人工清淤装置，恢复正常的潮汐流量，并设置一系列生物氧化塘，将污水处理厂尾水净化作植物灌溉或回排潟湖，淡水注入量的增加将引导生态链的一系列正反馈变化。

可见，潟湖生态系统恢复的关键在于维系正常的水循环机制。通过因果分析图可以非常直观地看出各个方案对潟湖生态系统的深层次影响，从而获得正确的决策方案（方案三）。

（2）俄勒冈州波特兰土地利用规划

地方规划必须与州域规划的要求相符合。在 20 世纪 70 年代的美国俄勒冈州波特兰土地利用规划中，规划人员经过了细致的人口、经济和环境调查研究后，依据 1973 年通过的《俄勒冈州域土地利用规划目标大纲》提出了土地利用的三种初步备选方案。之后，公众就成为了参与决策的主体力量，各种形式的公众参与贯穿了方案酝酿、修改、制定与决策的全过程。这一过程由两轮讨论组成。

第一轮讨论的目的是获得所有可能的备选方案及对每个方案的基本评价。因此，这三种由专业人员制定的备选方案，实际上只是起到抛砖引玉的作用。这一轮讨论的具体过程如下：

①将三种备选方案告知市民，且所有市民都被要求通过信件的方式在这三种备选方案中作出选择。

②在该城，每 10 个街区组成一个社区协会组织。这些社区协会在城市规划人员的建议下对手册中提出的三个方案进行评价，并决定是否有必要增加新的备选方案以扩大公众的选择范围。如果需要增加新的备选方案，还要求这些社区协会组织对每个备选方案进行预想描绘蓝图。通过这一过程，每个规划街区都提出一个新的备选方案。

③规划人员还同近 150 个特殊利益群体进行了接触和会谈，包括建设、商业、少数民族、兄弟会、健康和教育、法律、宗教、社会、服务业、交通运输、贸易、政治、工会组织等多个领域的利益群体。这些利益群体同样被要求对多种方案进行评价。

④随后官方雇用了一家咨询公司于 1978 年 4 月到 5 月间对本市居民进行了 450 个样本的访谈。访谈就每一备选方案征求了被访者的意见。与此同时，有关方面将所有备选方案（连同新方案在内），一起分发给了 33 000 名民众，再次要求民众对每种方案作出评价，并对确定的 32 个社区规划目标进行排序。

在第一轮讨论之后，波特兰州立大学人口研究中心对这些采访调查和城市、社区会议的提案记录进行了分析和归类。这些分析结果最终构成了此次综合规划的第一轮草案，而这份草案的公布则成为了下一轮历时六个月的居民评审活动的开始。

第二轮讨论的目的是获得最终的综合方案。其具体过程如下：

①通过 80 多次社区协会会议、多次商业和服务组织会议、2 次市级会议和 9 次规划街区会议，以及由城市规划人员进行的同步辅助调查，获得了针对第一轮草案的 800 多条建议。

②综合这些建议，城市规划人员研究提出了名为《建议性综合规划方案》的第二份规划草案，并于 1979 年 9 月提交到市规划委员会。65%的建议在其中得到体现。

③市规划委员会在接下来的两个月中举行了 8 次公众听证会。与此同时，有关方面还将这份草案分发给了社区协会组织，城市、环境和商业组织及其他政府机关。此外，还有 10 000 份草案说明图纸被邮寄给了不同的组织和个人。所有这些听证会和信件的反馈内容都被记录在册。

④根据这些记录文件，城市规划委员会的工作人员编写了第三份规划草案——《推荐综合规划》，并于 1980 年 1 月提交给了市议会。

⑤近 14 000 份推荐规划方案被邮寄给了多个团体和个人。与此同时，市议会举行了多达 33 次的一系列公众听证会，听证会期间修改了规划草案中约 800 处的内容。

⑥1980 年 8 月 21 日，市议会最终采纳了这一规划方案。

对这一规划方案的评定经历了漫长的过程，其中多种形式的公众参与发挥了重要的作用。充分的公众参与在很大程度上保证了方案决策的顺利实施。而规划人员在整个规划过程中所起的作用，除了初期的备选方案研究之外，更多的是根据公众的意见修正最初的方案。

2.6　生态系统服务价值评估

人们对生态系统服务的认识已有很长的历史，但是关于生态系统服务价值的评估从 19 世纪 60 年代中后期才开始。而近 10 年来，生态系统服务价值评估已经成为生态学和生态经济学研究的一个热点领域，一个突出的特征就是发表论文的数量几乎呈指数上升。其中，影响最大的是 1997 年 Robert Costanza 等在 *Nature* 上发表的题为 "The Value of the World's Ecosystem Services and Natural Capital" 的文章。该文发表后引起了强烈反响，其引用率达 *Nature* 文章平均引用率的 7 倍以上。许多经济学家和生态学家纷纷就生态系统评估的有效性和必要性发表文章表明自己的观点，*Science*、*BioScience*、*Ecosystems*、*Environmental Science and Technology*、*Science News*、*New York Times*、*Newsweek*、*US News*、*World Report* 等著名杂志都曾进行过讨论。Costanza 本人也发表文章希望更多不同学科的学者进行更深入的讨论。本节在广泛查阅相关文献的基础上，从生态系统服务功能价值评估产生的背景入手，拟先就国外学者对生态系统服务价值评估的观点进行系统总结，然后进一步分析生态系统服务经济评估的主要困难，并提出今后努力的方向，希望对国内的有关研究有一定的参考价值。

2.6.1　生态系统服务经济价值评估产生的背景及意义

人类活动对生态系统的影响日益增强，已经远远超过了自然界自我恢复的速度。几乎所有生态系统都受到了人类不同程度的改变，从区域内物种数量的改变，到栖息地的破坏，到全球气候变化等，无一不与人类活动密切相关。一些生态系统的变化已经影响到人类本身的利益，虽然对生态系统服务的需求（如食物、清洁的水源以及新鲜的空气等）正在增加，但是人类同时也在降低生态系统提供这些服务的能力。如果仍然认为资源、环境或生态系统的服务是"无偿"的，可能只会导致减少人类自身潜在的福利或增加维持这种服务的成本。许多学者都认为环境问题只有通过多学科交叉的方法才能得到更好的解决，因为环境问题是自然系统和社会经济系统相互作用的结果。但是环境经济学存在着一定的缺陷，它只关心人类对环境的最大化利用，至多只提供人类活动所受到的环境约束信息，没有将经济学和环境学方法进行真正的统一。正是在这种背景下，生态经济学作为一门新兴的学科应运而生，并表现出很强的活力和广阔的前景。生态经济学增加了人类对自然和经济活动相互关系的理解，试图将自然生态系统对人类的服务与经济评价结合起来，并且针对生态系统的价值评估进行了一系列的尝试，其中规模和影响最大的是 2001 年启动的千年生态系统评估（Millennium Ecosystem Assessment，MA）。该项目是一项为期四年的国际合作项目，来自 95 个国家的 1 300 多名科学家参与了此项工作。这是首次在全球范围内开拓性地对生态系统及其对人类福利的影响进行的多尺度综合评估，其研究成果可以为政府决策提供可靠的地球生态系统变化信息。

2.6.2　生态系统服务的内涵

生态系统服务功能是指生态系统与生态过程所形成及所维持的人类赖以生存的自然环境条件与效用。一类是生态系统产品，如食品、原材料、能源等；另一类是对人类生存及生活质量有贡献的生态系统功能，如调节气候及大气中的气体组成、涵养水源及保持土壤、支持生命的自然环境条件等。

（1）有机质的生产与生态系统产品

生态系统为人类提供大量的食物、生产原料和能源。

（2）生物多样性的产生与维持

生态系统不仅为各类生物提供繁衍生息地，更重要的是为生物进化及生物多样性的产生、形成提供了必要条件。同时，生态系统通过各生物群落共同创造了适宜于生物生存的环境。

（3）调节气候

生态系统在全球气候的调节中起到了极为重要的作用。生态系统通过光合作用能有效地减缓全球气候变暖的趋势。森林生态系统可以有效减少区域水分的损失，而且还有减弱气温急剧变化的功能。

（4）减轻洪涝与干旱灾害

假如没有生态系统的作用，雨水直接降到地面，不仅大大减少土壤对水分的吸收量，使地面径流剧增，还会造成严重的土壤侵蚀。

（5）土壤的生态服务功能

土壤除在水分循环中起重要作用外，还为植物完成其生命周期提供场所，并为植物提供养分。土壤是具有理化、生物特征的有机与无机耦合的多元复合体，有固、液、气“三相”结构和“水、肥、气、热”等功能，是支撑作物生长的平台和农业生产的重要资源，特别是通过增施有机质和多元化肥，可以培肥地力，辅之栽培技术，可以提高作物产量和质量。其关键机理是通过有机质的矿化作用，既供应作物生长发育所需肥料，又能使对人类有害的微生物无害化，确保农产品安全高效。

（6）传粉与种子的扩散

动物（昆虫等）的传粉对农作物有巨大的意义，并且在为植物传粉的同时，也取得自身生长发育繁殖所需要的食物与营养。

（7）环境净化

陆地生态系统的生物净化作用包括生态系统对大气污染的净化作用和对土壤污染的净化作用。绿色植物能够维持大气环境化学组成的平衡，吸附或吸收转化空气中的有害物质。此外，植物对烟灰、粉尘也有明显的阻挡、过滤和吸附作用。

（8）文化娱乐源泉

生态系统提供文化和欣赏价值，是人类文化娱乐的源泉。

2.6.3 生态系统服务功能价值的分类

生态系统服务功能价值可分为直接使用价值、间接使用价值、选择价值和存在价值这四类。直接使用价值主要是指生态系统产品所产生的价值，它包括食品、医药及其他工农业生产原料、景观娱乐等带来的直接价值；间接使用价值主要是指无法商品化的生态系统服务功能，如维持生命物质的生物地化循环与水文循环，维持生物物种与遗传多样性，保持土壤肥力，净化环境的功能；选择价值是人们为了将来能直接利用或间接利用某种生态系统服务功能的支付意愿，例如，人们为将来能利用生态系统的涵养水源、净化大气以及游憩娱乐等功能的支付意愿；存在价值亦称内在价值，是人们为确保生态系统服务功能继续存在的支付意愿，如生态系统中的物种多样性与涵养水源能力等。

2.6.4　生态系统服务价值评价方法

根据生态经济学、环境经济学和资源经济学的研究成果，目前生态系统服务功能价值评估较为常用的方法可分为四类：直接市场法（包括费用支出法、市场价值法、机会成本法、恢复和防护费用法、影子工程法、人力资本法等）；替代市场法（包括置换成本法和享乐价格法等）；模拟市场价值法（包括条件价值法等）；团体商议法。

①费用支出法：是以人们对某种生态服务功能的支出费用来表示其经济价值。如生态游憩价值，以游憩者支出的费用总和（包括往返交通费、餐饮费、住宿费、门票费、入场券、设施使用费、摄影费、购买纪念品和土特产品的费用等）作为生态游憩的经济价值。

②市场价值法：市场价值法先定量地评价某种生态服务功能的效果，再根据这些效果的市场价值来评估其经济价值。

③机会成本法：机会成本是指在其他条件相同时，把一定的资源用于生产某种产品时所放弃的生产另一种产品的价值，或利用一定的资源获得某种收入时所放弃的另一种收入。对于稀缺性的自然资源和生态资源而言，其价格不是由其平均机会成本决定的，而是由边际机会成本决定的，它在理论上反映了收获或使用一单位自然和生态资源时全社会付出的代价，比较客观全面地体现了某种资源系统的生态价值。

④恢复和防护费用法：对环境质量的最低估计可以从为了消除或减少有害环境影响所需要的经济费用中获得。把恢复或防护一种资源不受污染所需的费用，作为环境资源破坏带来的最低经济损失，这就是恢复和防护费用法。

⑤影子工程法：是指当环境受到污染或破坏后，人工建造一个替代工程来代替原来的环境功能，用建造新工程的费用来估计环境污染或破坏所造成的经济损失。

⑥人力资本法：是通过市场价格和工资多少来确定个人对社会的潜在贡献，并以此来估算环境变化对人体健康影响的损失。环境恶化对人体健康造成的损失主要有三方面：因污染致病、致残或早逝而减少本人和社会的收入；医疗费用的增加；精神和心理上的代价。

⑦置换成本法：采用因环境危害而受损的生产性物质资产的重新购置费用，来估算消除这一环境危害所带来的效益。重新选址成本法是置换成本法的变形，它是用因环境质量的变化而重新安置某物资设备的地理位置的实际成本来估价环境保护的潜在效益。

⑧享乐价格法：如果人们是理性的，那么他们在选择时必须考虑一些因素，如房产本身的数量与质量，距中心商业区、公路、公园和森林的远近，当地公共设施的水平，周围环境的特点等。故房产周围的环境会对其价格产生影响，因周围环境的变化而引起的房产价格可以估算出来，以此作为房产周围环境的价格。

⑨条件价值法：在实际研究中，从消费者的角度出发，在一系列假设问题下，通过调查、问卷、投标等方式来获得消费者的支付意愿和净支付意愿，综合所有消费者的支付意愿和净支付意愿来估计生态系统服务功能的经济价值。

⑩团体商议法：通过一种公平、公开的讨论程序，社会团体可以从被广泛接受的社会价值出发了解公共物品的信息，而不只是局限在私人利益上，其结果增加了社会平等性和决策合理性。通过集体讨论可以形成关于生态系统服务价值的更加完整并且公平的评估。

2.7 3S 技术引导下的生态规划

3S 技术是地理信息系统（Geography Information Systems，GIS）、遥感技术（Remote Sensing，RS）和全球定位系统（Global Positioning Systems，GPS）的简称，是空间技术、传感器技术、卫星定位与导航技术、计算机技术和通信技术相结合，多学科高度集成的对空间信息进行采集、处理、管理、分析、表达、传播和应用的现代信息技术。3S 技术集 RS、GPS、GIS 技术的功能于一体，可构成高度自动化、实时化和智能化的地理信息系统，能解决各种复杂问题。GIS 是用于对多种来源时空数据进行综合处理、集成管理、动态存取的应用平台；GPS 用于实时快速地提供目标（包括各类传感器和运载平台）的空间位置；RS 用于实时快速地提供目标及其环境的几何与物理信息及各种变化，发现地球表面上的各种变化并对 GIS 进行数据更新。

2.7.1 3S 技术理论

（1）地理信息系统

1）基本概念

信息是用数字、文字、符号、语言等介质来表示事件、事物、现象等的内容、数量或特征。

地理信息是指与所研究对象的空间地理分布有关的信息，它表示地表物体及环境固有的数量、质量、分布特征、联系和规律。地理信息属于空间信息，具有区域性、多维结构及动态变化的特征。

地理信息系统是指用于采集、模拟、处理、检索、分析和表达地理空间数据的计算机信息系统。地理信息系统是从 20 世纪 60 年代开始，由机助制图发展起来的，其存在与发展已历经 50 余年。随着数据库技术的发展、计算机性能的提高、网络技术的普及，不断升级换代，已由 20 世纪 60 年代初用于地图量算、分析和制作，发展成为许多机构必备的工作系统，备受公众关注。

地理信息系统一般由计算机、地理信息系统软件、空间数据库、分析应用模型图形、用户界面及系统人员组成，是一个专门管理地理信息的计算机系统，是由计算机技术与空间数据相结合而产生的高新技术。它包含了处理地理信息的各种高级功能，其基本功能是数据采集与编辑、数据存储与管理、数据变换与管理（包括：数据变换、数据重构与数据抽取）、空间分析和统计（包括：拓扑叠合、缓冲区建立、数字地形分析、空间集合分析）、产品制作与显示、二次开发与编辑。

2）地理信息系统的应用

地理信息系统技术现已在资源调查、数据库建设与管理、土地利用及其适宜性评价、区域规划、生态规划、作物估产、灾害监测与预报、精确农业、有机农业等方面得到广泛应用。

（2）空间遥感

1）基本概念

遥感技术是指从高空或外层空间接收来自地球表层各类地物的电磁波信息，并通过对这些信息进行扫描、摄影、传输和处理，从而对地表各类地物和现象进行远距离探测和识别的现代综合技术。“遥感”一词来自英语 Remote Sensing，即“遥远的感知”，是 20 世纪 60 年代发展起来的对地观测综合技术。

遥感通常有狭义和广义的理解。广义的理解，泛指一切无接触的远距离探测，包括对电磁场、力场、机械波（声波、地震波）等的探测；狭义的理解，遥感是应用探测仪器，不与探测目标相接触，从遥远处把目标的电磁波特性记录下来，通过分析揭示出物体的特性及其变化的综合探测技术。通常所说的遥感是后一种狭义的理解。遥感按其平台可分为地面遥感、航空遥感、航天遥感和航宇遥感；按传感器的探测波段可分为紫外遥感、可见光遥感、红外遥感、微波遥感、多波段遥感；按工作方式可分为主动遥感和被动遥感、成像遥感与非成像遥感。

遥感是利用遥感器从空中来探测地面物体性质的，它根据不同物体对波谱产生不同响应的原理，识别地面上各类地物。遥感技术作为获取环境数据和动态监测（特别是面状信息）的重要手段，具有许多优点：

①快速准确，可比性强：通过地球观测卫星或飞机从高空观测地球，可进行大面积同步监测，获取环境信息数据快速准确，并具有综合性和可比性。

②信息量大，范围广，周期短，动态性：利用遥感技术获取环境信息，具有获取资料范围大、信息手段多、信息量大、周期短和受条件限制少等特点。遥感获取的环境动态观测数据，通过 GIS 快速处理和分析，能及时发现环境的变化。

③省时，省力，成本低，质量高：遥感与传统的环境信息获取方法相比，可以大大节省人力、物力、财力和时间，具有很高的经济效益和社会效益。目前遥感技术正经历着从定性向定量、从静态向动态的发展变化。

2）空间遥感技术的应用

遥感技术在资源勘察、环境监测等方面具有广泛的应用。

①遥感技术可用于植被资源调查、气候气象观测预报、作物产量估测、病虫害预测预报、环境质量监测、交通线路网络与旅游景点分布等方面。比如：在大比例尺的遥感图像上，可以直接统计烟囱的数量、直径、分布以及机动车辆的数量、类型，找出其与燃煤、烧油量的关系，求出相关系数，并结合城市实测资料以及城市气象、风向频率、风速变化等因素，估算城市大气状况；遥感图像能反映水体的色调、灰阶、形态、纹理等特征的差别，根据这些影像显示，一般可以识别水体的污染源、污染范围、面积和浓度；利用热红外遥感图像能够对城市的热岛效应进行有效的调查。

②在环境变化，如沙漠化、土壤侵蚀、盐渍化、城市化、水污染、大气污染等方面，遥感技术有其独到的作用。

③在灾害监测，如水灾、火灾、震灾、海啸、多种气象灾害和农作物病虫害的预测、预报与灾情评估等方面，遥感也能发挥巨大的作用。

④在全球气候变化、厄尔尼诺现象及影响海洋冰山漂流等的动态变化以及海洋渔业、海上交通、海洋生物等方面的研究中，遥感成为重要角色。

当前，遥感技术朝着多传感器、多分辨率、多光谱、多时相的信息获取和快速智能化处理方向继续发展，其应用将进一步趋向实用化。遥感图像的空间分辨率、光谱分辨率和时间分辨率，以及对遥感图像自动判读的精确性、可靠性和定量量测的精度都会有极大的提高，使之不仅用于观测和监测地面变化状况，而且将主要用于地表信息的采集和更新，成为地理空间基础框架建设中空间数据获取与更新的基本手段之一。在外层空间探测方面，从轨道卫星和宇宙飞船的传感器上所能获得的信息是地面观测所不能得到的，空间遥感对地观测得到的全球变化信息已被证明有不可替代性。因此，以遥感技术为核心的对地观测技术最具有应用潜力。

（3）全球定位系统

1）基本概念

全球定位系统是美国从20世纪70年代开始研制，于1994年全面建成，原是美国国防部为适应军事需要而建立的全球定位导航系统。GPS系统的空间部分由分布在6个轨道上的21颗工作卫星和3颗在轨备用卫星组成；GPS系统的地面支撑部分由设在美国本土的1个主控站、大西洋及太平洋的3个注入站及夏威夷的5个监控站组成，这些站不间断地对GPS卫星进行观测，并将计算和预报的信息通过注入站对GPS卫星进行信息更新。

全球定位系统是一种高精度、全天候和全球性的以卫星为基础的无线电测时定位、导航系统，可为航空、航天、陆地、海洋等方面的用户提供不同精度的在线或离线的空间定位数据。它由GPS卫星星座、地面监控系统、GPS信号接收机三大部分组成，是具有海、陆、空全方位实时三维导航与定位能力的新一代卫星导航与定位系统，主要被用于实时、快速地提供目标的空间位置。GPS测量技术能够快速、高效、准确地提供点、线、面要素的精确三维坐标以及其他相关信息，完全解决了人类在地球上导航和定位的问题。

GPS具有全天候、高精度、自动化、高效益等显著特点。GPS受美国SA（Selective Availability，有选择可用性）或AS（An-it-Spoofing，反电子欺骗）政策的限制，经基准站校正后，其静态精度仍可达“厘米”级精度，动态RTK（Real Time Kinematic，实时动态系统）进行差分处理后也可达到“米”级精度。

2）应用领域

全球定位系统被广泛应用于军事、民用交通导航、野外考察探险、大地测量、摄影测量、土地利用调查、精确农业以及日常生活等不同领域。在军事方面，如以美国为首构筑的导弹防御系统、以黎战争等，GPS显示了其在现代战争中的重要作用；在测量、地球物理勘探、空港和海港的航行管制、精确传递时间等领域，GPS也得到成功应用；在民用市场的推广，如远洋轮船的导航，内海船只的导航，海洋工程——码头、港口、防浪堤等的定位，沙漠、草原、冰川、原始森林的定位，警车、出租车的调度和管理，运钞车、囚犯车的押送和监视等，GPS都发挥了不可替代的作用。在我国，GPS先后在航海、航空和测量领域得到广泛应用，许多城市已将它广泛用于交通管理和公安等部门。21世纪，GPS势必更广泛的触及人类生活的方方面面。

2.7.2 3S技术的特点

3S技术相对于传统方法的作业方式有两个方面的不同点。

第一个不同点：传统方法的作业方式是先获得数据，把已有的数据应用到各个部门，在选择了数据和应用目的后，建立相应的信息处理机制。而3S技术的作业方式基于应用出发，根据应用目的去选择合适的硬件，建立相应的获取技术系统和信息处理方法。传统方法和 3S 技术方法的组成成分相同，但出发点和过程不同。3S 技术的作业方式可获得更好的应用效果。

第二个不同点：传统方法中的信息获取、处理和应用各个部分互不相关、相互独立，这些方面是割裂开的。而 3S 技术则不同，在选择了应用目标后，其信息应用处理是一体的、不可分割的。

遥感、地理信息系统和全球定位系统的功能各具优势，在各领域的应用各显强大威力，但也存在一些局限。地理信息系统的数据源是个瓶颈；遥感技术存在数据管理、定位等缺陷；全球定位系统同样也存在数据管理与显示等方面的局限。3S 技术综合了 GIS、GPS 和 RS 的优势，克服了各自的不足与缺陷，其应用领域则更为广泛深入。

2.7.3　3S 技术方法

（1）基本概念与功能

3S 是目前对地观测系统中空间信息获取、存储管理、更新、分析和应用的三大支撑技术，是现代社会、经济、生态、国防、人文科学的持续发展、资源合理规划利用、城乡规划与管理、自然灾害动态监测与防治等的重要技术手段，也是地学研究走向定量化的科学方法之一。

3S 的结合主要表现为四种方式：GIS 与 RS 的结合；GIS 与 GPS 的结合；RS 与 GPS 的结合；GIS、GPS 和 RS 的结合。体现了一个由低级到高级不断发展和完善的过程。

1）GIS 与 GPS 的集成

随着 GPS 的定位误差越来越小，以及 GIS 的空间分析功能越来越完善，将 GPS 连接到 GIS 系统中，使在 GIS 可视化图形界面上观察 GPS 定位点的运动过程成为了现实。此项集成技术已经在运钞车安全状况监视和军事上得到了充分的应用。

2）GPS 与 RS 的集成

一直以来遥感中的目标定位都依赖于地面控制点，如果要实现实时无地面控制的遥感目标定位，则需要通过 GPS 记录遥感影像瞬间的外方位元素。GPS 与 RS 的集成技术主要是利用 GPS 的精确定位功能为 RS 影像提供实时处理与快速编码，实现快速准确地测量坐标。目前 GPS 动态相位差分已用于航空、航天摄影测量中进行无地面的空中三角测量，并用于生产，大大提高了工作效率和精度。

3）GIS 与 RS 的集成

GIS 与 RS 的集成主要用于变化监测和实时更新。RS 具有实时、快速、动态获取大范围地表信息的能力，而 GIS 具有很强的地学分析手段。充分结合 RS 与 GIS 技术，可以及时、快速、准确、动态地显示绝大部分的地表信息，并据此作出分析。GIS 与 RS 的集成模式主要有如下三种：

一是分开但平行的结合，主要在数据层面结合，两个数据处理系统相互独立存在，它们在数据层面进行数据交换。

二是表面无缝的结合，使用统一的用户界面，但为不同的工具和数据库。

三是整体结合，在界面、工具和数据库方面均实现无缝的功能集成和数据集成。

4）RS、GIS 和 GPS 的集成

RS、GIS、GPS 的结合，实际上是将空间技术、传感器技术、卫星定位与导航技术和计算机技术、通信技术相结合，实现多学科高度集成的对空间信息进行采集、处理、管理、分析、表达、传播和应用的过程。目前主要有加拿大卡尔加里大学研制的车载 3S 集成系统和美国研制的机载/星载 3S 集成系统。3S 集成系统可以自动、实时地采集、处理和更新数据，还能够智能化地分析和运用数据，为各种应用提供科学的辅助决策，并能够回答用户提出的各种复杂问题。

（2）应用领域

3S 技术综合了 GIS、GPS 和 RS 的优势，具有强大的生命力和远大的发展前景，已渗透到生产、生活和科学研究等方方面面。三者组成的系统中，GIS 相当于中枢神经，用于存储、查询、分析、模拟、输出地理空间数据，为遥感技术的应用提供强有力的工具；RS 相当于传感器，具有强大的信息采集与获取能力，是 GIS 的重要数据源和更新手段；GPS 相当于定位器，其全球性、全天候、高精度的实时导航功能为 GIS、RS 提供精确的空间定位信息。三者的结合，在资源调查与合理规划利用、环境监测、自然灾害动态监测与防治等领域以及工业、农业、交通、军事、通信等行业和部门得到了广泛深入的应用。

随着 3S 技术的不断发展，将遥感、全球卫星定位系统和地理信息系统紧密结合起来的 3S 一体化技术已显示出更为广阔的应用前景。以 RS、GIS、GPS 为基础，将三种独立技术中的有关部分有机集成起来，构成一个强大的技术体系，可实现对各种空间信息和环境信息的快速、机动、准确、可靠的收集、处理与更新。

2.7.4 经典案例

生态规划的计算机辅助系统是一种包含数字信息的收集、存储、处理、图形显示与输入的计算机系统。以 GIS 为中心的 3S 技术能够快速获取更大范围的数据信息，进行精确定位并处理大量的数据，同时具有极强的图形显示、输出功能，促进了生态规划向更深层次的发展。因而，应用 3S 技术进行生态规划是一种新的发展趋势。

（1）3S 技术在生态功能分区上的应用

在对秦岭国家级生态功能保护区的规划中，有卢中正等（2004）应用遥感技术获取生态环境现状和生态环境退化状况的专题，主要内容包括土地利用、植被种类、植被覆盖度、水土流失、水资源、地质及地质灾害、生物多样性和自然保护区 7 个方面的信息数据。在此基础上，他们建立了生态环境数据库，并应用地理信息系统技术，按海拔高度进行了专题统计：首先，按海拔高度统计土地利用类型、植被种类、植被覆盖度、水土流失强度、生物多样性和现有自然保护区在垂直方向上的分布特征，分析其相似性和差异性，并分别给出了植被类型、土壤侵蚀强度和土地利用类型的垂直分布状况；其次，结合自然要素垂直分带规律，分析了生态功能的垂直变化规律；最后，将秦岭划分为 3 个生态功能保护区（2 600 m 以上为中高山针叶灌丛草甸生物多样性生态功能区，1 500～2 600 m 为中山针阔叶混交林水源涵养与生物多样性生态功能区，1 500 m 以下为低山丘陵水土保持功能区）。

为了便于生态功能区管理，卢中正等又按行政区和海拔分别对生态环境质量现状评价、生态环境敏感性评价和生态功能重要性评价 3 个专题数据进行了统计。利用 GIS 技术和层次分析法确定参评因子分值，运用专家打分和层次分析法相互验证给出权重值。最后在人机交互作用下，归纳并划分了生物多样性保护和水源涵养生态功能中心保护区、重要保护区和一般保护区及水土保护中心防治区、重要防治区和一般防治区 6 个二级功能区。

（2）3S 技术在生态敏感性评价方面的应用

生态环境敏感性是指生态系统对各种环境变异和人类活动干扰的敏感程度。生态环境敏感性评价是在不考虑人类活动影响的前提下，评价具体的生态过程在自然状况下潜在的产生生态环境问题的可能性大小。敏感性高的区域，当受到人类不合理活动影响时，就容易产生生态环境问题，应是生态环境保护和恢复建设的重点区域。

刘康等（2003）在对甘肃省生态环境敏感性评价中，考虑到生态环境问题的形成和发展往往是由多个因子综合作用的结果，其出现或发生概率常常取决于影响生态环境问题形成的各个因子的强度、分布状况和多个因子的组合，因此，在生态环境敏感性评价时，采用了多因子的综合评价方法。整个评价过程基于生态环境问题的形成机制，对直接影响生态环境问题发生和发展的各自然因素进行综合，通过综合各影响因子分布图，采用 GIS 空间分析方法，得出各生态环境问题的敏感性分布图。然后再进一步进行综合研究，得出研究区生态环境敏感性分布图。

1）评价指标

根据甘肃省的实际情况，考虑到生物多样化的敏感性涉及问题较多、空间资料不全等因素，仅选取水土流失敏感性、沙漠化敏感性和盐渍化敏感性为评价指标进行评价。而水土流失敏感性又以通用水土流失方程为基础，综合考虑降水、地形、植被与土壤质地等因素；沙漠化敏感性考虑了气候的干燥程度、风力大小、植被覆盖和土壤状况，选用湿润指数、土壤质地、植被覆盖及起沙风的天数等来评价；盐渍化敏感性则首先根据地下水位来划分敏感性区域，并在此基础上采用蒸发量/降水量比值、地下水矿化度与地貌类型等因素来划分等级。

2）评价方法与结果

结合相应的单因子现状评价及综合评价标准，对敏感性进行了 5 级划分，即极敏感、高度敏感、中度敏感、轻度敏感、不敏感。通过应用地理信息系统的空间分析功能，以地理信息系统 ArcView 为工具，分别综合影响水土流失、沙漠化和盐渍化的因子分布图，获得水土流失、沙漠化和盐渍化的敏感性分布图，通过进一步综合研究，明确了甘肃省的生态敏感性现状及其分布状况。

通过上述评价发现，在生态环境调查的基础上，应用 GIS 空间分析方法进行生态环境敏感性评价具有可操作性和结果可靠性等特点。甘肃省的生态环境敏感性区域分布广泛，极敏感区占全省面积的 1.1%，高度敏感区占 57.4%。其中，水土流失极敏感区占 0.21%，高度敏感区占 24.6%，主要集中在陇东黄土高原除子午岭以外的大部分地区、中部黄土丘陵沟壑区的绝大部分地区、陇南山地的西礼盆地、徽成盆地等地区；沙漠化极敏感区面积占 0.8%，高度敏感区面积占 33.1%，主要集中在甘肃北部、安西中部地区和肃北的东南部；土壤盐渍化基本无极敏感区，高度敏感区域占 1.1%，主要集中在疏勒河中下游、黑河中游以及石羊河下游。

（3）3S 技术在生态环境综合评价方面的应用

随着 3S 技术的发展，特别是 GIS 空间内插、空间叠加功能的实现，很大程度上改变了以往区域生态环境质量评价存在的空间限制问题，使评价开始向综合性、定量化、空间化以及多要素评价为主的方向发展。目前，应用 3S 技术，采用合适的分析方法，用模型将区域环境因素系统化，成为区域生态环境综合评价的有效方法。

麻素挺等（2004）在 GIS 与 RS 多源空间信息的支持下，对吉林西部生态环境进行了综合评价。评价过程如下所述：

1）指标体系的建立及指标权重的确定

考虑到吉林西部地区人类活动与资源环境的相互作用主要集中在水、热、土等方面，尤其以水、土的相互影响最为直接和最为显著，因此，麻素挺等在广泛征求生态环境研究领域专家意见的基础上，根据研究区生态环境特征和以往研究成果，建立了研究区生态环境综合评价的二级指标体系，并采用层次分析法（Analytic Hierarchy Process，AHP）获得各指标的权重值。

2）综合数字评价模型的建立

①数据获取与预处理。根据确定的生态环境评价指标体系，收集了气象观测资料、遥感调查以及专题图件等数据资料。通过在 GIS 软件 ARC/INFO 中对气象与气候观测数据进行空间内插获得水热条件矢量图层，由此计算出多年平均降水量、大于 10℃的连续积温和干燥度 3 个二级指标值，并按一定标准将其分别划分为 5 个等级；选用 2001 年地面分辨率 30 m 的美国陆地资源卫星 Landsat ETM+影像，扫描后利用遥感图像处理软件 ERDAS，通过目视解译、监督分类、非监督分类以及混合分类法，按林地、草地、水田、水体、旱地、城镇居民点和交通工矿用地、未利用地、盐碱地八大土地利用类型编制研究区土地利用/覆盖图。同时，利用遥感影像获取归一化植被指数（NDVI），并将其划分为 8 个不同的等级；土壤指标采用土壤专题图件，通过专家打分来划分土壤等级；水质状况则采用地下水水质评价专题图，采用模糊综合评判法得到饮用水水质评价结果。最后在 ARC/INFO 支持下，将水热条件等多源空间数据进行栅格化，每个栅格大小为 100 m×100 m，以简化难度，节省时间。

②评价因子标准化。为统一量纲，有效利用 ARC/INFO 模块中的叠加分析工具来提取空间信息数据库中的各个专题数据，需要对各参评因子数据进行标准化处理。在此采用极差标准数据变换。为便于计算，将处理值扩大 10 倍，处理后的值位于 0～10。这样，经标准化后的值具有了一致性，标准值越大对生态环境质量的贡献也就越大。

③评价方法的选择。多源空间数据经栅格化后，应给每个单元要素赋上属性，将要素评价图层进行叠加。在此基础上，利用 ARC/INFO 中 Grid 模块的空间叠加功能，将每一专题数据层进行叠加，得到具有各种评价因子专题属性的栅格数据文件。最后采用综合评价指数法，即加权综合评分法，计算每个栅格的生态环境综合指数。

3）评价结果

生态环境质量综合指数代表环境质量状况的优劣程度。为便于比较分析，将环境评价综合指数进行分级处理，把生态环境综合评价结果划分为Ⅰ级较好（≥7.5）、Ⅱ级一般（≥5 且＜7.5）、Ⅲ级较差（≥2.5 且＜5）、Ⅳ级恶劣（＜2.5）。综合评价的分级结果表现在图上则能充分体现生态环境状况的区域性差异。

评价结果表明，吉林西部地区生态环境质量较好（Ⅰ级）的地区仅占总面积的 16.11%，而生态环境较差（Ⅲ级）和恶劣（Ⅳ级）的地区则占总面积的 56%。这表明吉林西部有一半以上地区的生态环境质量不容乐观，急需治理和改善。

（4）3S 技术在区域管理决策支持系统方面的应用

20 世纪 70 年代初，美国学者提出了决策支持系统（Decision Support System，DSS）的概念，标志着 DSS 研究的正式开始。DSS 研究领域首先融合了数据库技术与管理决策模型化技术，发展出了数据模型集成的 DSS，然后吸收了人工智能技术，于 20 世纪 80 年代初产生了智能 DSS（Integrated Decision Support System，IDSS）。到了 20 世纪 80 年代中后期至 90 年代初，出现了 DSS 研究的新热点，即支持群体决策的支持系统（Group Decision Support Systems，GDSS），它面向群体活动，可提供沟通支持、模型支持及机器诱导的沟通模式。

决策支持系统具有诸多优点：具有强大的信息处理功能和友好的人机界面，可对所收集来的信息进行初步加工和筛选，以形成有价值的综合信息；将数据库和模型库、方法库集成在了一起，避免了数据传递和转换过程易造成的数据丢失和错误等问题；系统在提供决策信息时，考虑了决策者的偏好，可根据决策者制定的方式或其侧重点不同而提供不同的决策方案，这使得系统能为不同层次的规划者、管理者和决策者提供所需要的决策支持；系统的人机界面是面向对象式的，用户无须面对错综复杂的系统，从而大大地增强了系统的灵活性。

传统的 3S 技术的研究重点是放在数据库的建立、维护、管理和空间分析上，模型与模型库管理系统在 GIS 中处于从属地位。随着信息技术的发展，DSS 与 3S 的结合为传统的 3S 赋予了新的意义，使得 3S 从以数据库为核心的传统 3S 阶段，逐渐向以模型库为核心的空间决策支持系统理论与实践阶段发展。目前，3S 技术已被广泛应用于区域管理决策支持系统之中。

下面以土壤资源管理决策支持系统的建立为例，来说明基于 GIS 的土壤资源管理决策支持系统的构成。

1）系统的建立

基于 GIS 的土壤资源管理决策支持系统由数据库及其管理系统、模型库及其管理系统、方法库及其管理系统及人机交互系统组成。

2）数据库子系统

决策支持系统的数据层包括空间数据库和属性数据库。数据库子系统是 DSS 的基础，它为决策者提供输入所必需的信息和数据的平台。以 GIS 为基础的决策支持系统，应突出以空间数据库为核心，数据库与模型库相结合，以及数据直接支持各种模型的原则。空间数据库是土壤资源数据库的核心，是实现空间分析的基础。它包括地形图和各种专题图件，通常以 GIS 软件为依托，通过手扶跟踪数字化仪录入，或通过智能扫描识别系统在屏数字化输入，还可利用 RS 与 GIS 相结合，对遥感图像进行处理来获取和更新地图要素数据。属性数据库包括土壤属性数据（土壤类型、土壤利用状况、土壤理化性质等）、社会经济统计数据（人口密度、农产品价格等）以及环境数据等。属性数据库主要通过 DBMS（Database Management System）（如 Sybase，Oracle，Access 等）录入，而数据库管理系统则利用面向对象的计算机程序设计语言（如 VS 或 VC）编写程序而建立。

3）模型库子系统

模型库子系统设计的成功与否是 DSS 成功的关键。模型库子系统包括模型集、解释说明和管理子系统。模型集主要由一些评价和预测模型组成，包括土壤质量评价模型、土壤肥力评价模型、环境质量评价模型、土地利用的适应性评价模型、人地关系模型及一些统计模型等。这些模型需要结合土壤学、地理学知识及专家知识和经验，运用计算机程序语言进行开发。每个模型都从数据库中提取数据及参考值，同时又将模型运算结果送回数据库，实现模型库与数据库的资源共享。模型库管理系统具备对模型进行查询、检索、增删、调用和参数修改等功能，它把模型集成为能够支持决策问题的、有机联系的系统，在决策语句的控制下协调地运转。

4）方法库子系统

方法库子系统包括具有一定智能功能的管理系统、方法集和解释说明子系统。方法库管理系统可以针对不同的决策需要选取适当的算法。各模型库之间、数据库之间以及模型库与数据库之间通过函数调用和参数传递来连接，相关程序用面向对象的程序设计语言来开发。

5）人机交互系统

人机接口是决策支持系统的一个重要组成部分，它有效地将数据库、模型库和方法库集成在一起。通过人机交互界面，用户可以方便快捷地调用和查询数据库中的数据、各种模型，进行各种评价分析和预测分析等。然而，模型库、数据库及方法库之间的连接和数据传递对用户来说是不可见的。

参考文献

[1] 储金龙．城市空间形态定量分析研究[M]．南京：东南大学出版社，2007.

[2] 丁日成，宋彦．城市规划与空间结构[M]．北京：中国建筑工业出版社，2005.

[3] 冯仲科，余新晓．“3S”技术及其应用[M]．北京：中国林业出版社，2000.

[4] 傅伯杰，陈利顶，马克明，等．景观生态学原理及应用[M]．北京：科学出版社，2001.

[5] 高崎．生态城市的空间艺术[M]．上海：上海音乐学院出版社，2006.

[6] 贾建中．城市绿地规划设计[M]．北京：中国林业出版社，2000.

[7] 李振基，陈小麟，郑海雷．生态学[M]．北京：科学出版社，2004.

[8] 陆守一，唐小明，王国胜．地理信息系统实用教程[M]．北京：中国林业出版社，2000.

[9] 欧阳志云，王如松．区域生态规划理论与方法[M]．北京：化学工业出版社，2005.

[10] 苏伟忠，杨英宝．基于景观生态学的城市空间结构研究[M]．北京：科学出版社，2007.

[11] 沈清基．城市生态与城市环境[M]．上海：同济大学出版社，1997.

[12] 邬建国．景观生态学[M]．北京：高等教育出版社，2000.

[13] 许浩．城市景观规划设计理论与技法[M]．北京：中国建筑工业出版社，2006.

[14] 章家恩．生态规划学[M]．北京：化学工业出版社，2009.

第3章

区域生态规划

区域规划自20世纪20—30年代在西方国家开始出现，其根本的指导思想来源于对传统发展观的重新思考。传统自然观在区域规划的理论与实践中表现为两个方面：一方面，只是关心如何开发利用自然的生物与非生物资源去促进区域的综合发展，而很少去注意自然本身的规律，往往为了获取局部利益，而对自然生态过程视而不见，甚至公然反其道而行之，以资源和环境的损害与破坏为代价换取区域的发展；另一方面，在区域发展规划中，把自然保护与经济社会发展对立起来，有形与无形地制定了竭泽而渔、杀鸡取卵的资源利用与发展规划，使区域资源环境问题不断恶化。因此，区域生态规划重新重视区域发展与资源环境之间的相互关系，尤其是对区域生态系统及其生命支持系统的重视，使区域生态规划成为其他下级尺度规划（如城市规划、农村规划、社区规划）的依据。

当前，我国很多地区的区域发展并没有吸取发达国家的教训，依旧是经济导向型，即以谋求发展过程中经济效益的最大化为主要目标。尽管生态建设对于可持续发展至关重要，但由于其经济价值难以量化，对于如何将生态建设纳入区域经济发展体系，并使两者有机结合、实现互惠共生存在着很多困难。因此，深入探究生态建设与经济发展的形式与内涵，认清生态建设与经济发展的外化矛盾与内在契合，是探索两者之间互动双赢机制的基础，也是区域生态规划急需解决的问题。

3.1 区域复合生态系统

3.1.1 区域复合生态系统的结构

区域复合生态系统包括社会、经济、自然三个亚系统，每个亚系统又可分为不同层次的子系统。这些组分以及相互间的作用关系，构成了区域复合生态系统的基本结构。

（1）区域自然亚系统

区域作为自然生态单元，实际上是指一个区域的生态景观，它通常由担负着不同生态与经济功能的多种类型的生态系统所组成。不同的区域，由于其地形、地貌、气候、水文、土壤、生物等地理条件的差异，组成其景观的生态系统也往往不同，并且由于人类活动长期改造的结果，区域景观结构与功能被赋予了明显的人工特征。单一种群结构的农业及林业生物群落，代替了物种丰富的自然生物群落，成为大多数区域景观的基质，城镇与村落居住区成为控制区域功能的镶嵌体，公路、铁路及人工防护林带（网）与区域交错的天然或人工河道、水体共同构成区域的景观格局。这种以自然生态系统为基础，由人类活动产生的区域景观是区域复合生态系统的空间结构。

区域人类景观的要素可以划分为受干扰的自然生态系统，受人控制和管理的农田、林地、草地等半自然、半人工的生态系统，以及人工化的城市、农村居民点、交通线路等。这些要素通过交通、河道等人工或自然的廊道或网络将区域连成一个功能的整体。

无论是残存的自然生态系统斑块还是人工化的景观要素及其动态，均反映在区域土地利用格局上，而区域规划的最终表达方式及其实施结果也是区域土地利用格局的改变。从这个意义上说，区域规划就是运用生态学原理及人类与自然的关系，对区域土地利用格局进行调控。因此，区域复合生态系统的景观结构区域功能分析对区域规划有着重要的实际意义。

（2）区域社会亚系统

区域社会亚系统是由人及其长期活动所积累的构筑物与文化遗产所构成的。

人作为区域复合生态系统的核心，人口的数量以及人的生产与文化活动是构成区域社会亚系统的基本要素。城市、农村居民居住场所以及交通设施等人工构筑物也是社会生态亚系统的组分，这些组分与区域自然生态系统共同构成区域的生态景观，并成为区域社会经济活动的中心。

法律、政策及社会风俗等人类精神文化遗产是区域社会亚系统的非物质组分。这些组分通过组织协调人类活动，将区域自然、社会与经济的功能统一起来，使区域成为具有人类社会经济功能的复合生态系统，而不只是一个纯自然系统。

（3）区域经济亚系统

区域复合生态系统与区域纯自然系统的本质区别之一，在于前者具有活跃的经济政治生活和物质、信息生产过程。区域经济亚系统一般由物质生产、信息生产、流通服务等职能部门组成，各种产业比例的大小决定了区域经济系统的性质。

物质生产部门主要由工业、农业、建筑业等部门组成。它们设法从系统内部或外部获得物质能量，并按照社会的需要转换成有一定功能的产品。

信息生产部门主要由科技、教育、文化、宣传、出版等部门组成，旨在为社会积累、传授、教化和推广信息，培养输送人才，满足社会在生产和生活中对相关信息及人才的需求。

流通服务部门主要由金融、保险、交通、通信、旅游、服务、人流、物流、能流、财流等部门组成，它们的主要功能是促进系统内外物质能量的快速循环和流动，确保区域社会经济活动的正常有序进行。

3.1.2 区域复合生态系统的功能

区域复合生态系统基本功能体现在生物与无机环境、生物与生物以及自然与经济系统之间所进行的传递、转化与循环过程中。

（1）能量流动

在一个区域中，能流的自然消长过程就是区域生态系统能流的宏观变现。能量的输入主要包括太阳能、地热、风雨以及邻近地区能量的输入。区域内的植物通过叶绿素的光合作用，吸收 CO_2 和水，在太阳光能和酶的作用下，得电子还原，转化为碳能（即碳水化合物），并放出 O_2。这些碳水化合物再经过消费者（人与动物）与分解者（微生物）几个营养层次，通过一系列酶系统的呼吸作用，失电子氧化，逐步转化为简单的 CO_2 和水。期间，大部分能量以热量形式耗散，其净能量或在区域内积累，则表现为生物量的积累与增加，或向其他区域的输出。

由于人类活动的影响，区域能流过程通常被赋予了明显的人工特征。首先，区域自然能流的结构与能流通量被改变，人类根据经济的需要，扩大、提高植物的生产力及累积量，减少自然消费者的消耗，或者有目的地建立特定的植物群体与植食动物群体，以获取大量的农产品等；其次，大量增加辅助能。在农业生产中，以化学肥料、灌溉、农药、人力及其他生物能与机械能等的形式投入辅助能。在工业及日常生活中，大量辅助能投入能够维持生产过程及日常生活的运行，并且社会越发达，辅助能投入越多。区域能流过程中，自然能流与人工辅助能流交织在一起，同时，既有高度依赖外部辅助能的城市系统，又有以自然能为基础的农村及农业生态系统，在一个特定区域，城市与农村的能量交换很密切，使其形成一个复杂的能流网络。

（2）物质循环

区域水平衡的自然过程由降水、蒸发、蒸腾、径流的入出境与土壤的贮存等方面构成。在区域复合生态系统中，通过修坝、筑渠、工农业水的利用（含滴灌、喷灌、人工降雨等）、污水排放、地下水利用以及土地利用方式的改变等与自然水循环过程构成复合生态系统的水平衡特征。另外，重要的生命元素如碳、氢、氧、氮、硫、磷、钾以及钙、镁、铜、锌、铁、钼、硼、硅、硒等会与能量一起沿着食物链流动，最终返回环境以供植物的再利用。

在区域复合生态系统中，其物质循环仍是以自然物流过程为基础，农业、工业等生产与生活活动虽不能改变其基本的过程，但可影响甚至破坏其物质循环的平衡。一方面，不合理的资源开发往往使生态系统的物质消耗大于其再生能力，导致诸如土壤有机质含量下降和营养物质流失，并引起生态系统结构与功能退化等生态问题；另一方面，工农业生产及城市生活废弃物的排放超过自然生态系统的分解还原能力时，导致物质尤其是生物毒性物质的过量积累与滞留而引起环境污染，如酸雨、水体富营养化、温室效应、农药残留、重金属污染等。

除了这些基本功能外，区域复合生态系统的功能还包括有机质的合成与生产、生物多样性的产生与维持、气候调节、营养物质贮存与循环、土壤肥力的更新与维持、环境净化与有害有毒物质的降解、植物花粉的传播与种子的扩散、有害生物的控制、地下水的污染修复、自然灾害的减轻等许多方面。

3.2 区域生态规划

3.2.1 区域生态规划理论

（1）生态经济学理论

生态经济学是一门由生态学与经济学相互渗透、互为因果、有机结合（或耦合）而形成的新兴的交叉性边缘学科。它以“生态—经济”复合系统为研究对象，探讨该系统中生态子系统与经济子系统之间的相互关系和发展规律，以及经济发展如何遵循生态规律，也即探索自然生态和人类经济社会活动统一体的运动和发展的规律。生态经济学倡导生态和经济之间的交叉研究，除借鉴经济学和生态学原有的理论基础之外，还涵盖了生物学、地理学、社会学、人口学、哲学、环境经济学、资源经济学和制度经济学等理论。其方法论主要是在系统论的基础上，采用当前各相关学科的研究方法，如信息论、控制论、协同论、耗散论、混沌论、突变论、系统动力学、价值分析法等来耦合生态系统和经济系统。其中，由 Howard Odum 创立的系统生态学的理论和建模模拟方法是适合探讨生态、经济系统协调而可持续发展的最佳方法论体系。

追求经济效益和生态效益相统一的生态经济效益是生态经济学最基本、最核心的理论准则。主张经济与生态协调发展，既不是提倡经济的“零增长率”，更不是借维护自然生态平衡而反对经济发展。相反，它是要研究在经济发展中如何自觉遵守自然生态规律，并把经济规律与生态规律相结合来指导经济建设，从而既能使社会经济得到合理的较高速度的发展，又能在发展经济的过程中注意保护生态环境质量和自然资源，以保持生命系统和环境系统的协调发展，使社会经济得以持续健康发展。因此，在区域生态规划过程中，要遵循生态经济学所提出的一些共同性准则。

1）物质利益与生态效益相协调

在区域生态规划中，要从提高生态经济效益的高度，从多方面开展生态经济预测工作。通过经济、管理、法律、宣传、税收、金融等手段，真正把不同层次、不同时间的物质利益协调起来，尽量把经济发展可能造成的长远利益的损失降到最低限度，使经济建设建立在生态规律的基础上，实现经济效益和生态效益的同步提高。

2）自然资源的最优利用与保护

自然资源的最优利用与保护自然资源是一切物质财富的基础，是人类生存发展不可缺少的物质依托和条件。随着全球人口的增长和经济的发展，对自然资源的需求与日俱增，加之人类不顾自然规律的约束，盲目地开采和过度利用自然资源，不仅破坏了生态环境的再生调节能力，而且使原本有限的自然资源更加紧缺，甚至于达到枯竭地步，从而导致人类正面临着某些资源短缺或耗竭的严重威胁。

自然资源的最优利用和保护原则，是提高生态经济效益的基本原则，也是生态经济学研究的基本内容。自然资源的最优利用和保护原则实质上就是经济系统与生态系统之间进行合理物质转换和能量流动的问题，这就要求人类在利用自然资源的过程中，必须同时保护生态环境，以使其不发生有害于人类的变化。

3）生态经济系统结构的最佳化

任何系统的结构和功能都是对立的统一，结构决定功能，功能又反作用于结构，经济生态系统也不例外。生态经济复合系统的结构是经济系统的经济结构和生态系统的生态结构的结合，简称生态经济结构。生态经济结构合理与否，最终体现在系统的生态经济效益的好坏上。一般来说，凡是生态经济结构合理的系统，其产生的生态经济效益也较好。所以，在区域生态规划与建设中，必须重视生态经济结构的调整，使合理的经济结构和良好的生态结构有机地结合起来，促进经济系统、生态系统内部以及两者之间的物质流、信息流、能量流的畅通、有序和高效，进而产生良好的经济效益和生态效益。

（2）城乡协调发展理论

城市与乡村生态系统是区域复合生态系统中重要的组成部分，城乡协调发展是区域生态规划的主要方面之一。城镇与其所在区域具有地域上的开放性和边界上的模糊性。城镇的生产、市场、技术、资金等经济活动要素，必然要按照市场经济规律和经济的内在联系以及自然地理条件，突破城区的行政界限，形成城乡资源互补，协同发展。因此，城乡协调发展是社会发展的必然趋势。它是生产力发展到一定水平时，城市和乡村成为一个相互依存、相互促进的统一体。充分发挥城市和乡村各自的优势和作用，要求城乡的劳动力、技术、资金、资源等生产要素在一定范围内进行合理交流和组合。同时要让城乡在空间上互为环境，生态上协调、结构上稳定，从而使城乡系统的整体功能日益提高。

（3）区域理论

区域研究的对象是一定区域范围内人与自然的协调关系。它通过综合分析区域特征，揭示各区域类型产生的各种现象的规律，从而来说明人地之间的一般关系。在其间，人口与社会经济发展为一端，自然资源与生态环境为另一端，双方之间以及各自内部存在着多种直接和间接的反馈作用，并相互交织在一起。区域社会经济发展要建立在有效控制人口增长、提高人口质量、合理利用资源、不断提高环境质量的基础上，不能超过该区域的生态承载力，而且还应当带动相邻地区以及不同类型地区的协调与发展，缩小区域之间、地区之间的差距，共同均衡发展。

1）通过发挥区域比较优势促进整体功能的最优化

区域是一个有一定地域范围的、多层次的、综合的复合系统。大区域系统由若干个子区域系统组成，同时，它本身又是更大区域系统的子系统。每个区域都有与其他区域本质不同的特性，区域内的相似性大于区域间的差异性。区域发展既有差异性，又有联系性，它们彼此之间紧密联系，互相依存、互相制约、协调发展，任何其中一种因素发生改变，都会引起其他要素的改变。因此，必须用整体的观点、综合的观点、发展的观点、全方位的观点来对区域进行研究。由于每个区域所处的地域不同，就会产生本区域与其他区域不同的比较优势。因此，各个区域就要从各自的特点出发，因地制宜地发挥自己的资源环境优势和社会经济优势，以及市场、交通、区位、人才、技术优势，建立合理的生态经济社会结构，实现生态经济的良性循环和社会结构的不断优化，而不是各个区域每一方面都要做到独立自主、自给自足、包容一切。各个不同区域在发挥各自优势的同时，还要综合考虑区域发展的多维性和立体性，进行优势互补。整体功能的最优化是建立在各个子区域都能发挥本区域优势，并且整体协调的基础上的。

2）区域发展需要可持续发展理论的指导

地球表面存在着明显的区域差异，不论在自然条件还是在历史文化和社会经济发展方面都各不相同，地域分异规律明显，但相同的一点是每个区域的社会经济发展都要与当地的自然资源环境相协调，这样才能实现可持续发展。

可持续发展是关于人类发展的重要战略，是人类在经历无数挫折、付出巨大代价之后的正确选择。区域是由自然、社会和经济发展组成的复合系统，是一个多元综合体。从理论上来看，可持续发展是抽象的、宏观的，而区域是具体的、微观的；从实践上来看，可持续发展理论必须落实到某个具体的区域才能得以验证和实现。正确的理论需要实践的支撑，经过实践检验的理论就要用于指导人们的生产实践。人类过去曾经走过“先污染、后治理”的弯路，就是因为没有以可持续发展理论作为指导。因此，区域的社会经济发展只有在可持续发展理论的指导下进行，才能健康地发展。区域可持续发展是实施《中国 21 世纪议程》的关键，任何不同尺度的区域都必须实现社会经济与人口、资源、环境的协调发展。

（4）生态社会学理论

生态学与社会学进行有机的结合形成生态社会学，其理论体系包含生态文化、生态意识、生态伦理以及生态民主。区域生态规划不仅仅是生态环境建设、生态经济建设，还有一个重要的内容就是生态社会建设。美国生态政治学家 Daniel A Coleman 认为：虽有良好的环保政策、符合环保的生活方式，但对自然界的破坏却一如既往。今天世界在环境问题上最大的挑战不是全球变暖、臭氧消耗，而是社会问题。因此在规划中，需要以生态社会学理论为指导，规划生态文化、生态文明、生态社区、绿色学校等，进行绿色生产与绿色消费，让人们自觉参加生态活动，反对非生态化活动，自觉形成生态文明行为。如农民在生产中自觉不使用农药化肥及激素，而使用有机肥与生物综合防治病虫害，自觉回收农用塑料薄膜、废旧电池，自觉综合处理禽畜粪便与农业秸秆，自觉使用沼气等清洁能源而不砍伐森林；工人在生产过程中自觉节约用水，提高水循环使用率，减少废水排放；城乡居民自觉将生活垃圾进行分类装袋，有效建立生态化垃圾分类回收系统，便于综合处理。生态伦理学指导人们把人与自然的关系由征服与控制自然的方式转变为与自然和谐相处平等对话的方式，建立人与生物之间如人与人之间一样的平等关系。

3.2.2 区域生态规划的类型和内容

（1）区域生态规划类型

区域生态规划类型的划分方法因研究问题角度而异，主要包括以下分类。

1）按照规划期分类

可分为长远规划、中期规划、年度规划。长远规划一般跨越时间在 10 年以上；中期规划一般跨越时间为 5～10 年；年度规划一般跨越时间小于 5 年。

2）按照宏观和微观层次分类

可分为宏观区域生态规划和专项区域生态规划。前者是一种战略层次的生态规划，主要包括生态保护战略、污染总量宏观控制规划、区域生态建设与生态保护规划。宏观区域生态规划内容涵盖了江河流域生态规划、近海海域环境规划、大型经济技术开发区生态规划、风景旅游区生态规划等。后者是一种针对某一专题的生态规划。常见的几种专项区域生态规划主要有大气污染综合防治规划、水环境污染综合防治规划、近海海域生态保护规划等。

（2）区域生态规划内容

区域生态规划的内容主要包括：

1）区域生态环境评价

生态环境评价为区域生态规划方案的制定提供“底板”。在开展各类区域生态规划中，首先必须进行生态环境评价。区域生态环境评价主要运用生态学、地理学及其他相关学科的知识，对区域与规划目标有关的自然环境与资源、生态服务功能、生态敏感性及区域生态潜力与限制因素进行综合分析与评价。如果涉及的区域范围较大，还需要根据综合评价结果对区域进行生态区划。生态区划根据区域内自然环境、资源及生态过程的分异特征，将区域划分为生态功能不同的地区，并为制定区域发展策略提供生态学基础。

①区域生态系统生产潜力分析。区域生态系统生产潜力是指在单位面积土地上可能达到的第一性生产水平。它是一个能综合反映规划区域光、温、水、土资源特征及其配合效果的一个定量指标。在特定的区域，光照与热量条件在相当长的时期内是相对稳定的，这些资源组合所允许的最大生产力通常是这个区域农业与林业生态系统生产力的上限。根据这四种自然资源的稳定性和可调控性，生态系统生产潜力可以分为四个方面，包括光合生产潜力、光温生产潜力、气候生产潜力及土地承载力。

②区域生态系统服务功能评价。区域生态系统不仅为人类提供了生活与生产所必需的食品、医药、木材及工农业生产的原材料等生态系统产品，还为形成人类生存所必需的环境条件起着重要的作用。如土壤形成与肥力的维持、水土保持、气候调节、洪水控制、物质循环与大气组成、环境净化与有害有毒物质的降解、病虫草害控制、昆虫传粉等，并为野生动植物提供生境等。

根据生态经济学、环境经济学和资源经济学的研究成果，生态系统服务功能价值评估方法可分为两类：一是替代市场技术，它以“影子价格”和消费者剩余来表达生态服务功能的经济价值，评价方法多种多样，其中有费用支出法、市场价值法、机会成本法、旅行费用法和享乐价格法；二是模拟市场技术（又称假设市场技术），它以支付意愿和净支付意愿来表达生态服务功能的经济价值，其评价方法只有一种，即条件价值法。

③区域生态敏感性分析。在区域复合生态系统中，不同生态系统或景观斑块对人类活动干扰的反应不同。区域生态敏感性分析的目的就是分析与评价区域内各系统对人类活动的反应，内容包括区域水土流失评价、敏感集水区的确定、具有特殊价值的生态系统及人文景观以及自然灾害的风险评价等。

2）生态功能区划

生态功能区划是在区域生态环境调查的基础上，通过生态环境现状评价、生态环境敏感性评价和生态服务功能重要性评价，来分析主要生态环境问题的现状和趋势，并且明确生态环境敏感性和生态服务功能重要性的区域分异规律。以此为基础，根据生态环境敏感性与生态服务功能的相似性和差异性而进行地理空间分区，最后对各生态功能区命名和概述。在我国，生态功能区划是一项继自然区划、农业区划之后，在生态环境保护与建设方面的重大基础性工作。

生态功能区划一般采用定性和定量分区相结合的方法进行。分区系统中包含三个等级：首先是从宏观上进行的生态区划，即以自然气候、地理特点与生态系统特征划分自然生态区；其次是生态亚区区划，即根据生态服务功能、生态环境敏感性评价划分生态亚区；最后是在此基础上，明确关键或者重要生态功能区。其中边界的确定应考虑利用山脉、河流等自然特征与行政边界。分区所采用的方法主要有地理相关法、空间叠置法、主导标志法、景观制图法、定量分析法等。

3）生态适宜性分析及空间结构优化

①生态适宜性分析。区域资源环境的适宜性分析是生态规划的核心，其目标是根据需求与资源利用要求，以及区域自然资源与环境性能及其潜力与制约性，划分资源与环境的适宜性等级。在生态适宜性分析中，一般首先进行单项资源的适宜性分析，明确其潜力与限制，然后综合各单项资源的适宜性分析结果，分析区域发展或资源开发利用的综合生态适宜性空间分布特征，为制定规划方案提供基础。根据不同规划对象和规划目标，已发展了多种适宜性分析方法，如形态法、因素叠加法、线性组合与非线性组合法、生态位适宜度模型、逻辑规则组合法等。

②空间结构优化。区域的景观结构是景观元素的空间布局。从空间上来看，景观生态系统应具备四种不可缺少的成分：大型自然斑块、大型自然斑块之间的联系（廊道）、小型植被斑块以及由植被保护的溪流。以上这四种成分在生态系统中的生态功能不可能由其他成分所代替。在斑块的布局方面，安全的生态格局应能体现集中与分散相结合的原则，应通过土地的集中布局，在建成区保留一些小的自然斑块和廊道，同时在人类活动的外部环境中，沿自然廊道布局一些小的人为斑块。这种“斑块—廊道—基质”组成的生态空间格局不仅应用性强，还能使景观规划与保护恰当结合。特别是在缺乏详细的生态调查与基础资料的情况下，利用这种空间格局仍能取得令人满意的生态保护效果。

4）区域社会经济特征分析及系统优化

该分析的主要目的是运用经济学及生态经济学分析评价区域农业、工业及其他经济部门的结构、资源利用与“投入—产出”效益以及经济发展的地区特征，寻找区域社会经济发展的潜力及社会经济问题的症结。可以结合区域生态区划结果，对区域进行生态经济区划，对区域的生态经济区位进行综合评价。最终针对经济生态系统，需要对区域内的产业进行产业生态化，包括实行现代化、生态化、人性化的生产模式，建设系统的、循环的、高效的生态工业园区等；针对社会生态系统，需要优化生态住宅建设、生态文化建设、生态制度保障等。

3.2.3 区域生态规划进展

20 世纪 30 年代前后，苏联的地域工业综合体及美国的流域区发展概念可以视为区域规划理论形成的第一阶段。第二次世界大战后，各国致力于战后的经济重建，区域规划理论得到了较快的发展。20 世纪 50 年代的经济基础规划理论强调区域的发展应依赖于主导工业的建立及其出口带动。进入 20 世纪 60 年代，适值地理学进行计量革命，同时发展中国家对经济发展表现出强烈的要求，区域规划的现代化理论应运而生。该理论提倡一个国家或一个地区的发展必须先发展交通及通信网络，强调“空间—距离—可达性”在区域发展中的先决性。20 世纪 60 年代后期到 70 年代初期，增长极理论开始盛行。该理论认为，由于资源影响经济效果，因此经济的发展应先集中在某一空间。经济在空间和结构上的集约，便能使地区的优势得到发展，从而带动附近地区的发展。近年来，区域规划的理论与方法的发展集中在结构理论和工业分片理论方面。在理论上由一个宏观的分析层次渐渐加入微观的概念与方法，研究区域点与线的空间联系，区域内部及区域之间的控制关系，以及多区位企业生产及销售网络对区域发展的影响。

区域规划的发展，在方法上从静态理想构图的设计发展到综合的多属性、多目标的动态发展规划，在目标上从单纯的物质规划转向社会与经济的综合发展规划。

与传统区域规划相比，区域生态规划具有以下几方面特点：

一是区域生态规划认为人是自然的一员，人类活动对自然的干扰与破坏，最终将通过自然所特有的复杂的反馈关系作用于人类自身。因此生态规划注重协调人与自然的关系，使之达到与自然的和谐共处。

二是区域生态规划强调在规划过程中，需充分认识人类活动与自然过程的关系，深入分析区域自然环境与自然资源的潜力性与局限性。

三是区域生态规划要求保护与维持区域生态功能的完整性，寓自然环境保护于区域开发与经济社会发展之中。

四是区域生态规划的目标是增强区域可持续发展的能力，既要促进区域社会经济的发展，又要维护及改善区域自然环境的持续性与生态功能的完整性。

认识到传统区域规划与区域生态规划的区别之后，联合国环境与发展大会颁布的《21 世纪议程》提出区域生态规划是未来区域空间发展规划的主要内容，使区域空间规划的理念发生了巨大变化。有些国家用《21 世纪议程》代替原有的区域规划，使区域规划向区域生态规划方向演变。苏联将生态环境作为一条红线始终贯穿于区域规划，区域生态规划被看作是更广域范围内实现可持续发展的一部分。生态理念与自然相协调的规划手法在区域生态规划中表现得越来越明显。国内也逐渐重视区域生态规划的作用，并综合研究了区域、社会、环境、文化等方面的发展与地域之间的关系，以及区域发展的总体协调与区域基础设施走廊、区域空间发展的新生点及其空间形态的关系。在规划思路上，何萍、史培军等（2007）围绕景观生态学“格局与过程”二者之间的关系，建立了一个基于生态过程的区域景观生态格局规划方法框架；在规划方法上，刘滨谊、汪洁琼（2007）运用主导生态因子修正分析法，通过区域生态因子的识别、生态因子相关性分析、最终模型与生态分析结论、景观生态时间过程的分析和面向区域景观生态战略的规划来实现区域生态规划，为乡村景观规划提供了一种思路；张小飞、王仰麟等（2007）以台湾岛为例构建全岛生态功能网络，这种全局分析的方法可以为区域生态规划所借鉴；王如松于 2007 年提出的共轭生态规划也可为区域生态规划所用。在规划的结果分析中，彭建、王仰麟等（2007）对区域生态系统健康评价的研究方法与进展做了介绍。从空间建设的角度运用生态规划是一种很好的视角，研究者现已在上海地区、杭嘉湖等地做了有效探索。对于我国中西部经济发展落后区域而言，协调区域发展和生态环境之间的关系、走出“贫困—人口—环境”怪圈的唯一方法就是“生态—经济”重建。而区域生态规划即可协调城市化与生态保育、建设生态屏障之间的关系。

3.3 经典案例——海南省生态规划

（1）规划区概况

在学习和借鉴国外经验的基础上，国家环境保护局（现为生态环境部）于 1995 年正式启动生态示范区建设试点工作。生态建设示范区是生态省（市、县、镇）、生态工业园区、生态村的统称，现已有海南、吉林、黑龙江、福建、浙江、山东、安徽、江苏、河北、广西、四川、辽宁、天津、山西等省（区、市）开展了省域范围的建设，500 多个市县开展了市县范围的建设。海南省自 1999 年在国内率先拉开生态省建设序幕以来，在环境保护与经济发展的道路上探索多年，本节引用尹丹宁（2006）的论文阐述区域生态规划思想在海南省的研究实践。

（2）海南省生态环境评价

1）海南省生态环境现状综合评价

海南岛是一个相对独立的地理单元，其生态环境具有一定的普遍性及特殊性。随着社会的发展，人类生活及经济建设的影响，尤其是近些年来沿海一带广泛开发房地产及旅游业，外来流动人口在不断增加，海南省的生态环境不断发生变化。根据对海南省进行实地生态考察，以及各方面资料的收集，运用一定的评价方法，对海南省的生态环境现状作综合评价。选择县级行政区域作为评价的基本单元。

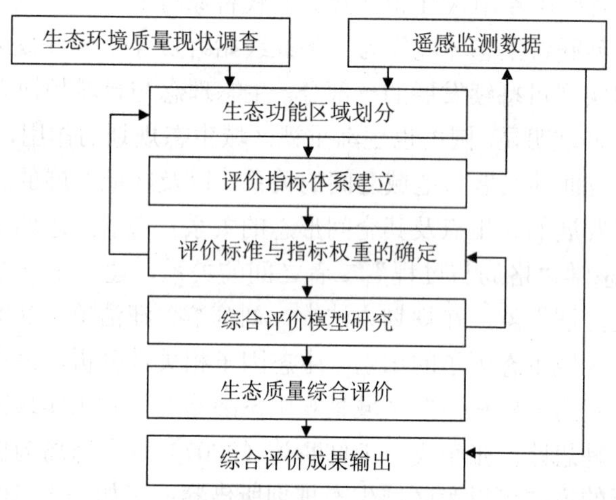

图 3-1 生态环境现状评价技术路线（尹丹宁，2006）

生态环境质量综合评价指标体系：由于生态环境现状的好与坏，归根结底取决于它的生态服务功能的发挥状态，因此海南省生态环境综合评价在选取评价指标时应紧紧围绕着生态功能来考虑，并通过压力、状态、反应三种指标类型来表述。这三类指标从不同的角度全面涵盖了在中尺度下生态系统所发挥的功能。由压力、状态、反应所构成的综合评价的指标体系如表 3-1 所示。

表 3-1　生态评价指标体系（尹丹宁，2006）

指标类型	具体指标	
压力	人口密度	
	人口干扰指数	
状态	组分	可发挥生态功能的土地覆盖类型覆盖率
		生态功能较低的土地覆盖类型覆盖率
		生态功能较高的土地覆盖类型覆盖率
	格局	生态功能较高的土地覆盖类型的重要值
		生态功能较高的土地覆盖类型的破碎度
反应	规划土地覆盖率	

评价结果：由于各类指标所反映的方面在对生态环境质量的作用中并不仅仅是单纯的数字关系，同时，某些指标相互之间有影响，例如生态系统的格局在生态环境质量的作用方面受到了组分指标的限制，即当组分指标过低时，无论其格局指标如何合理都不可能达到满足生态功能需要的要求，因此对生态环境质量的最终综合评价采用了模糊综合评判法进行，其评价结果分为良好、较好、一般这三个级别。把各市、县的综合评价值按从大到小顺序排列，采用一维有序聚类方法求出各类之间的最大变差，相对比较分级，并以此为依据划分不同级别的市、县（图 3-2），各区域的含义如下：

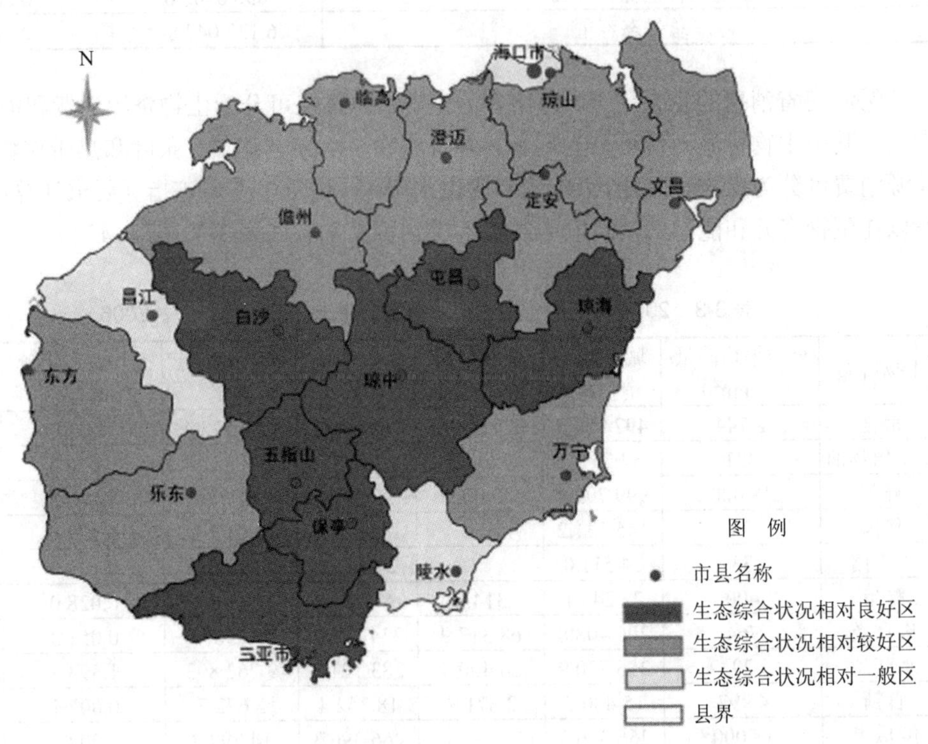

图 3-2　2004 年海南省生态环境质量综合状况相对比较分级（尹丹宁，2006）

①生态环境质量相对良好区：生态结构十分合理，系统活力极强，外界压力较小，无生态异常出现，生态系统的生态功能极其完善，系统极稳定，处于可持续状态。

②生态环境质量相对较好区：生态结构比较合理，格局比较完美，系统活力较强，外界压力较小，无生态异常，生态系统生态功能较为完善，系统比较稳定，生态系统较稳定。

③生态环境质量相对一般区：生态结构比较完整，具有一定的系统活力，外界压力较大，接近生态阈值，系统还属于稳定状态，但敏感性强，已有少量的生态异常现象出现，可以发挥基本的生态功能，生态系统可维持。

2）基于生态足迹的海南省生态系统承载力分析

①海南省生态容量。

表 3-2 2004 年海南省生态容量（土地面积法）（尹丹宁，2006）

土地类型	总面积/hm^2	人均面积/（hm^2/人）	产量调整因子	均衡因子	总均衡面积/（global hectares）	人均均衡面积/（global hectares /人）
可耕地	762 068	0.370 15	1.99	2.8	4 246 242	2.062 5
草地	20 136	0.002 5	0.5	0.5	5 034.0	0.000 6
林地	1 445 144	0.179 3	0.77	1.1	1 224 037	0.151 9
建设用地	257 811	0.032 0	1.99	2.8	1 436 523	0.178 3
水域	125 672	0.016 0	2.47	0.2	62 082	0.007 9
总供给面积	2 610 831	0.599 95			6 973 918.0	2.401 2
生物多样性保护（12%）					836 870.16	0.288 1
总生态容量					6 137 047.84	2.113 1

②海南省消费的生态足迹。海南省的消费，总体上可分为生物资源消费和能源消费两大类，其中生物资源消费可分为粮食、经济作物、水果、蔬菜、茶叶和热带作物消费等，能源消费可分为煤炭、石油、天然气和水电消费等。由于生态足迹指标要求计算净消费量，所以在生物资源和能源的消费额中需要考虑到贸易部分（表 3-3、表 3-4）。

表 3-3 2004 年海南省生物资源消费的生态足迹（尹丹宁，2006）

生物资源	全球平均产量/（kg/hm^2）	城市居民消费量/t	农村居民消费量/t	总消费量/t	总生态足迹/hm^2	人均生态足迹/（hm^2/人）	生产面积类型
粮食	2 744	492 800.9	277 089.9	769 890.8	280 572.4	0.040	耕地
食用植物油	431	52 247.2	9 610.5	61 857.7	143 521.4	0.020 5	耕地
鲜菜	18 000	999 792.4	240 002.0	1 239 794.4	68 877.5	0.009 8	耕地
猪肉	74	145 131.2		145 131.2	1 961 232	0.279 9	耕地
牛羊肉	33	24 511.0		24 511.0	742 758.8	0.106 0	草地
鲜蛋	400	72 243.1	314.6	8 557.6	196 394	0.028 0	耕地
肉禽类	764	206 408.8	68 317.9	274 726.7	359 589.9	0.051 3	草地
水产品	29	256 720.9	26 400.4	283 121.3	9 762 803	1.393 3	水域
食糖	4 997	15 480.7	2 871.7	18 352.4	2 672.7	0.002 1	耕地
鲜瓜果	18 000	266 396.3		266 396.3	14 799.8	0.002 1	耕地
鲜奶	502	62 567.7		62 567.7	124 636.8	0.017 8	草地
木材	99 m^3/hm^2			147 265 m^3	74 002.5	0.007 4	林地

表 3-4　2004 年海南省能源消费生态足迹（尹丹宁，2006）

能源类型	消费量	折算系数	人均消费量	全球平均能源足迹	人均生态足迹	生物生产性土地类型
原煤	1 013.57	20.93	21.340	55	0.388 0	化石燃料用地
原油	942.08	20.93	39.669	93	0.426 7	化石燃料用地
汽油	–83.83	43.12	–3.636	93	–0.039 1	化石燃料用地
煤油	23.05	43.12	1.000	93	0.010 8	化石燃料用地
液化石油气	5.28	50.20	15.009	71	0.211 4	化石燃料用地
天然气	1.33	38.98	0.052	93	0.000 6	化石燃料用地
其他石油制品	2.51	41.87	0.106	93	0.001 1	化石燃料用地
电力	20.46	11.84	2.244	1 000	0.000 2	建筑用地
其他能源	8.36	36.19	0.304	71	0.004 3	化石燃料用地

通过以上对海南省生物资源消费的生态足迹和能源消费的生态足迹的计算，可得出在 2004 年海南省生态足迹的需求为 2.955 0 hm^2/人，而当地的生态容量为 2.113 1 hm^2/人左右，生态足迹为其生态容量的 1.40 倍左右。在 2004 年经济水平和消费水平下，海南省的人均生态足迹为 2.955 0 hm^2/人，高于中国平均水平（1. 2 hm^2/人）及中国西部省份的生态足迹，接近于世界平均水平（2.8 hm^2/人），但低于美国、加拿大、新加坡、日本、瑞典、英国等发达国家和中国香港地区。

生态足迹理论表明，生活模式是影响区域生态足迹大小的关键因素。学者们曾对人均消费水平与人均生态足迹的关系做了研究，发达国家居民的生态足迹面积普遍较高，这与其生活模式和消费方式有着直接的正比关系。高消费的生活方式直接导致了人均生态足迹的扩大。故为减少人均生态足迹，应当高效利用现有资源量、改变人们的生产和生活消费方式，尤其是海南省这样的相对独立、资源总量丰富的地理区域，更要提高资源的利用效率，建立资源节约型的社会生产和消费体系，这也是海南进行生态省建设极力推崇的生态消费方式。

3）海南省生态功能区划

海南省生态功能区划分区系统分为三个等级。首先，从宏观上以自然气候、地理特点划分自然生态区；然后，根据生态系统类型和生态系统服务功能类型划分生态亚区；最后，根据生态服务功能重要性、生态环境敏感性与生态环境问题，结合社会经济发展情况划分生态功能区。

海南省地处热带，地形地貌分异呈现环状阶梯形，由中南部山区向台地、丘陵、平原、海岸滩涂、浅海、深海过渡，地势逐步降低，由于受中部山区的阻挡，由东南风和东北风带来的降水无法越过高山，从而导致海南岛西南部干旱，东北部洪涝，其宏观生态系统类型、主要生态过程及人类活动影响具有空间分异特点。生态功能区划过程中，首先按地貌、水热组合等自然条件划分出四大生态区（表 3-5），即海南海岸带生态区（Ⅰ）；海南环岛台地/平原生态区（Ⅱ）；海南中部山地生态区（Ⅲ）；海南海洋和海南诸岛生态区（Ⅳ）。由于第Ⅳ生态区属于海洋生态系统，其生态服务功能比较单一，主要是生物多样性保护、海洋捕捞和油气资源开发。本规划中海南省生态功能区划范围以海南岛陆地为主，在明确生态区的基础上，按生态系统特征和生态功能区划原则进一步将上述第Ⅰ、Ⅱ、Ⅲ三个生态区细化为 10 个生态亚区和 38 个生态功能区。

表 3-5 海南省生态区名称及面积（尹丹宁，2006）

编号	生态区	面积/km^2
Ⅰ	海南海岸带生态区	9 239.17
Ⅱ	海南环岛台地/平原生态区	16 338.34
Ⅲ	海南中部山地生态区	10 939.25
Ⅳ	海南海洋与海南诸岛生态区	2 000 000

（3）基于水资源承载力分析的海南省水资源利用生态规划

1）海南省水环境质量总体评价

根据海南省水质评价和污染源评价的有关资料可得：海南省总体上河流水质良好，但在工业集中区域和城市地区，则水质较差。主要污染源是工业废水和生活污水。在工业污染源中，污染负荷最大的是制糖厂所排放的废水。因为糖厂的生产期是河道内流量最小的枯水期，此时河流的纳污能力小，降解能力弱，因而对河流水质影响较大，必须从大局出发，依法实行严格的环保管理，通过治理和回用等措施，以限制糖厂的废水排入河道。

海南的城镇大部分分布在沿河（江）地区，有些还位于河流源头地区，其供水多数是从河道内直接引用，而且一般是上游取水，下游排水。目前海南省城市污水处理率不是很高，而且分布不均，除了海口和三亚市外，其他市镇几乎都没有污水处理厂。这种情况对水质的影响较大，随着城市化水平的提高，城镇排污量的增大，如不及时进行治理，必将影响供水水质。因此必须加快城市污水处理厂和分流制排水系统的建设。此外，面源污染由于其治理难度较大，对河流水质的影响也较大，需通过综合措施进行控制。

2）海南省水资源承载力分析

根据海南省全省的自然、社会经济、生态环境、水资源条件及其开发利用状况的差异，兼顾行政区划，将全区分成 6 个子区进行计算，不同研究子区基本情况详见表 3-6。

表 3-6 不同研究子区基本情况（尹丹宁，2006）

分区	总面积/km^2	耕地面积/$10^4 hm^2$	总人口/10^4人	国内生产总值/10^8元	第一产业比例/%	城市化水平/%	水资源总量/$10^8 m^3$	人均水资源量/m^3	灌溉覆盖率/%
海口	9 823	58.4	879	201	41.9	21.0	35.1	399.2	56.8
东方	8 400	49.9	526	160	41.4	20.6	28.8	547.1	52.1
三亚	2 725	13.6	196	99	15.6	46.1	9.3	475.5	53.2
万宁	9 781	50.5	578	178	45.6	25.2	33.7	583.4	65.3
琼海	1 537	7.6	111	48	26.5	26.1	4.6	416.0	95.9
文昌	5 144	25.9	258	90	40.9	22.5	18.1	704.1	60.1
海南省	37 410	205.9	2 548	776	38.3	24.2	129.6	509.0	59.4

对该研究区域的水资源承载力的计算，依现状 2000 年、2010 年和 2020 年 3 个水平年进行。不同水平年的计算依据为：现状以各子区 2000 年实际资料为基础，2010 年、2020 年水平依据海南省及各子区的社会经济发展规划（主要指人口、产业结构与布局、国内生产总值）及其配套的水资源开发利用规划、水土保持规划、防洪规划、土地利用规划、生

态环境保护规划等专项规划分析确定。各子区承载力的计算步骤如下：①对各用水户用水量、各种水源可利用量及社会经济指标分析计算，进行水资源供需平衡分析，计算承载的人口规模和社会经济规模；②分析计算综合指标中各单项指标值，并进行归一化处理；③通过专家调查法，对综合指标各层指标间的相对重要性进行比较，用层次分析法计算指标权重；④按计算模型与方法计算承载力指数和协调指数。经计算所得不同水平年的结果列于表 3-7。

表 3-7 不同水平年的承载力指数和协调指数（尹丹宁，2006）

分区	2000 年				2010 年				2020 年			
	经济规模/10^8元	人口规模/10^4人	承载力指数（CCI）	协调指数（CHI）	经济规模/10^8元	人口规模/10^4人	承载力指数（CCI）	协调指数（CHI）	经济规模/10^8元	人口规模/10^4人	承载力指数（CCI）	协调指数（CHI）
海口	280.9	936.3	0.605	0.687	641.7	2 139.0	0.615	0.723	1 707.7	1 313.6	0.605	0.743
东方	206.6	288.8	0.629	0.705	482.7	766.2	0.638	0.740	1 290.2	992.4	0.645	0.763
三亚	115.7	385.8	0.777	0.572	217.6	345.4	0.753	0.591	544.5	226.9	0.709	0.711
万宁	206.2	687.3	0.655	0.712	495.3	786.2	0.670	0.749	1 363.5	1 048.8	0.663	0.768
琼海	72.8	242.5	0.699	0.672	171.4	272.0	0.705	0.730	457.8	190.7	0.689	0.748
文昌	130.5	435.1	0.616	0.730	302.8	480.7	0.635	0.774	827.6	636.6	0.625	0.793
海南省	1 027.7	3 425.8	0.623	0.677	2 388.3	3 790.9	0.635	0.720	6 344.6	4 880.5	0.641	0.752

从表 3-7 可见，2000 年水平年按社会发展水平的“温饱型”下限人均 GDP 指标可承载的人口规模为 3 425.8×10^4 人，大于现状的人口规模，说明全区人口是可承载的，整体处在“温饱型”。全区承载力指数为 0.623，协调指数为 0.677，水资源整体上有较大的开发利用潜力，但若开发利用得不合理，则其结果将造成协调状况差或很差。

3）水资源保护生态规划的实施保证

建立新型水资源价值体系：通过水资源价值可以掌握水利经济运动规律，合理分配水利产业既得利益；适宜的水资源价值不仅能够促进节约用水，提高用水效率，实现水资源在各部门间有效配置，而且对地区间水资源合理调配都具有重要意义；科学的水资源价值体系能够使各方的利益得到协调，水资源配置处于最佳状态，有利于解决水资源供需矛盾。

建立水资源供需保障体系：海南省流域水资源总量中约有 89%弃水入海，其中有较大部分可加以调节，如不能较好地控制，则是极大的浪费。应因地制宜地增建一些骨干水利工程，形成多层次水源互补的供水体系，同时也建设一批小型水源工程，解决大中型灌区无法控制的地区用水问题，从而改变“既缺水、又弃水”的现状。此外，应运用市场机制，建立与社会主义市场经济相适应的有序的水资源供需建设投资、融资机制，积极引进民间资本；而水资源供需工程的运行管理则要坚持“谁投入、谁所有、谁受益”的产权与受益政策。

建立水资源安全保障体系：建立水资源供需安全监测体系，提高饮用水的安全性，涉及海南省近 800 万人口的生产、生活及卫生等方面的直接利益，是社会稳定的重要因素。应大力营造水源保护林，为水源区提供稳定可靠的供水生态保障。水源保护林要以水源涵养、水土保持为核心，以多林种和多树种组成保护水资源为主，兼顾经济林和用材林等其

他效益为辅，从而构建一个水资源综合防护林体系。

参考文献

[1] 关琰珠．区域生态环境建设的理论与实践研究——以福建省为例[D]．福建师范大学，2003.

[2] 何萍，史培军，高吉喜．过程与格局的关系及其在区域景观生态规划中的应用[J]．热带地理，2007，27（5）：390-394.

[3] 李博，韩增林，佟连军．“吉三角”区域生态规划与生态网架建设[J]．应用生态学报，2009，20（5）：1160-1165.

[4] 李艳．经济快速增长条件下的区域生态规划与建设研究——以浙江省象山县为例[D]．华中师范大学，2004.

[5] 刘滨谊，汪洁琼．基于生态分析的区域景观规划——主导生态因子修正分析法的研究与应用[J]．风景园林，2007，1：82-87.

[6] 欧阳志云，王如松．区域生态规划理论与方法[M]．北京：化学工业出版社，2005.

[7] 彭建，王仰麟，吴健生，等．区域生态系统健康评价——研究方法与进展[J]．生态学报，2007，27（11）：4877-4885.

[8] 王家骥，等．区域生态规划理论、方法与实践[M]．北京：新华出版社，2004.

[9] 王如松．“摊大饼”有违生态城市建设理念[N]．光明日报，2007-01-08.

[10] 王祥荣．城市生态规划的概念、内涵与实证研究[J]．规划师，2002，18（4）：12-18.

[11] 武廷海．中国近现代区域规划[M]．北京：清华大学出版社，2006.

[12] 尹丹宁．区域生态环境规划技术方法的研究——以海南省为例[D]．东北师范大学，2006.

[13] 张沛．区域规划概论[M]．北京：化学工业出版社，2006.

[14] 张小飞，王仰麟，李正国，等．区域尺度生态功能网络构建——以中国台湾岛为例[J]．地理科学进展，2007，26（3）：18-28.

[15] Odum H T．系统生态学[M]．蒋有绪，等，译．北京：科学出版社，1993.

[16] Walter B，Arkin L，Crenshaw R. Sustainable Cities：Concept and Strategies for Eco-city Development[M]. Los Angeles：Eco-Home Media，1993.

第 4 章

城市生态规划

城市化是社会经济发展的必然产物，而城市化也必然会带来新的城市与环境问题。今天的城市，空气、噪声、垃圾废弃物等污染严重，出现交通拥堵，就业、就学、就医、治安、计生、环卫等压力增大，尤其在城市盲目扩大和城管乏力的情况下，更影响生态系统良性循环，导致人居条件下降。因此，城市和环境问题已成为全球关注的热点。

基于这样的背景，人们开始重新审视和评判我们目前所遵循的城市发展观念和价值系统。随着“田园城市”概念的提出（Ebenezer Howard），人类开始探索新的城市发展模式，追求人与自然和谐的生态文明。随后，绿色城市、森林城市、生态城市等一系列概念也相继被提出，拉开了生态城市研究的序幕。而当前，生态学开始同环境问题、城市问题不断地结合，并对城市建设产生了重大的影响。当今，衡量一个城市规划建设与建筑设计的营造是否先进与合理，从宏观角度上来分析主要是看它的自然生态平衡、可持续发展理念及其实施的结果；而从微观角度度量主要是看它的绿化系统营造和建筑节能措施是否有效。以上要素并不是相互独立的，而是互相依赖、互相补充、有机结合的整体，它们共同以城市与建筑的可持续发展为目的。本章首先阐述了城市生态系统的基本概念，接下来对生态城市规划的理论及方法做了较为系统的论述，然后列举了国内外在生态城市规划方面较为优秀的案例进行具体分析。

4.1 城市生态系统

4.1.1 基本概念

城市生态系统是城市居民与其环境相互作用而形成的统一整体，也是人类对自然环境的适应、加工、改造而建设起来的特殊的人工生态系统（图 4-1）。城市生态系统比自然生态系统复杂得多，它是一种以人为主体的人类生态系统（社会生态系统），包括三个子系统，即自然生态子系统、经济生态子系统与社会生态子系统。

城市生态系统的主要特征是：以人为核心，对外部的强烈依赖性和密集的人流、物流、能流、信息流、资金流等。具体如下：

①自然界的结构和机能在城市生态系统中发生了极为深刻的，通常是不可逆转的变化。如：大城市具有相当复杂的土地利用形式、各种各样的人工建筑等。

②城市生态系统缺乏完整的生物成分，植被覆盖率很低，使城市生态系统的食物链（网）变得比较简短，稳定性差。

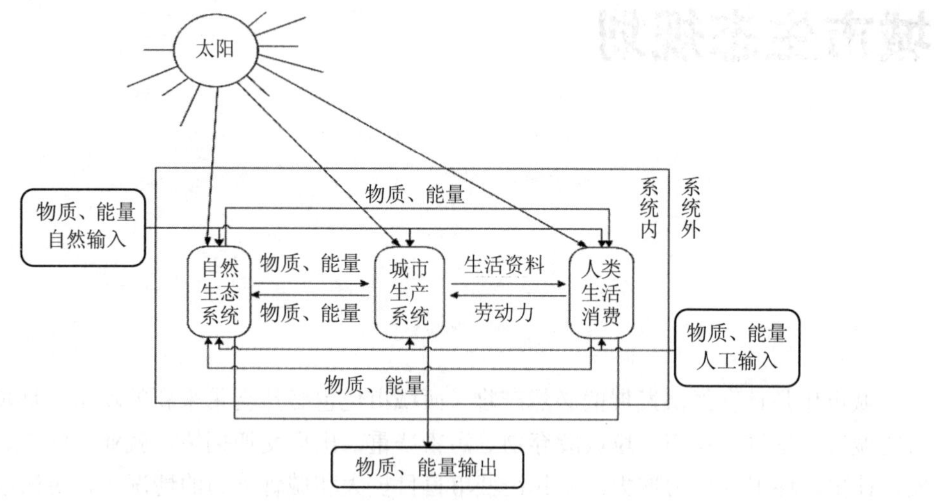

图 4-1 城市生态系统示意图

③生产者的缺乏使城市不可能脱离自然生态系统和农业生态系统而独立存在。

④城市是一个高度耗能和需要大量物质输入并有产品输出的开放系统。外部输入的矿物资源和农副产品为城市内进行的生产和生活提供了原料和动力。

总之，城市是人类对自然环境干预最强烈、自然环境变化最大的地方，城市的结构与功能演变趋向多样化和复杂化，只要某一环节发生问题，就会破坏整个城市的生态平衡，造成严重的环境问题。

4.1.2 城市生态系统的结构

城市生态系统的结构没有统一的划分方法，因研究出发点与研究方向的不同，划分的系统结构也不同。目前主要有两种划分方法：

（1）按组分的性质划分

城市生态系统是由城市居民和城市环境系统构成（图 4-2）。

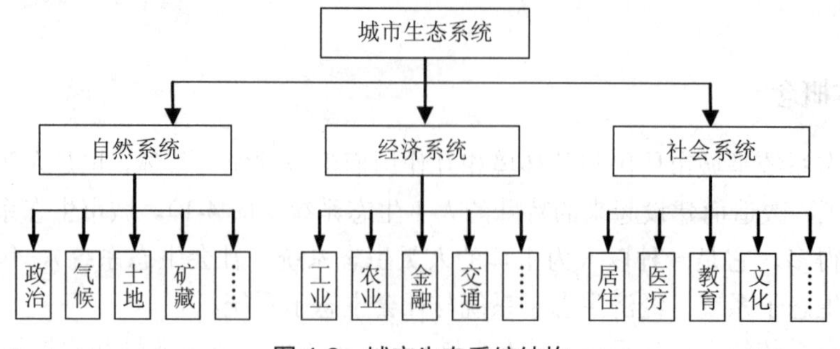

图 4-2 城市生态系统结构

（2）按组成的层次划分

城市环境包括生物环境和非生物环境。生物环境是指城市中的动植物、微生物和人，非生物环境是指城市中的气候、水文、地质、土壤等（图 4-3）。

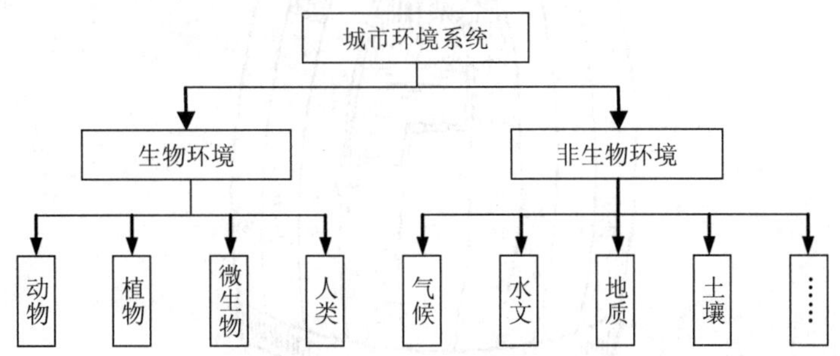

图 4-3　城市环境系统结构

一个符合生态规律的生态城市应该是结构合理、功能高效、关系协调的城市生态系统。这里所谓的结构合理是指适度的人口密度、合理的土地利用、良好的环境质量、充足的绿地系统、完善的基础设施、有效的自然保护；功能高效是指资源的优化配置、物力的经济投入、人力的充分发挥、物流的畅通有序、信息流的快速便捷；关系协调是指人和自然协调、社会关系协调、城乡协调、资源利用和资源更新协调、环境胁迫和环境承载力协调（图 4-4）。

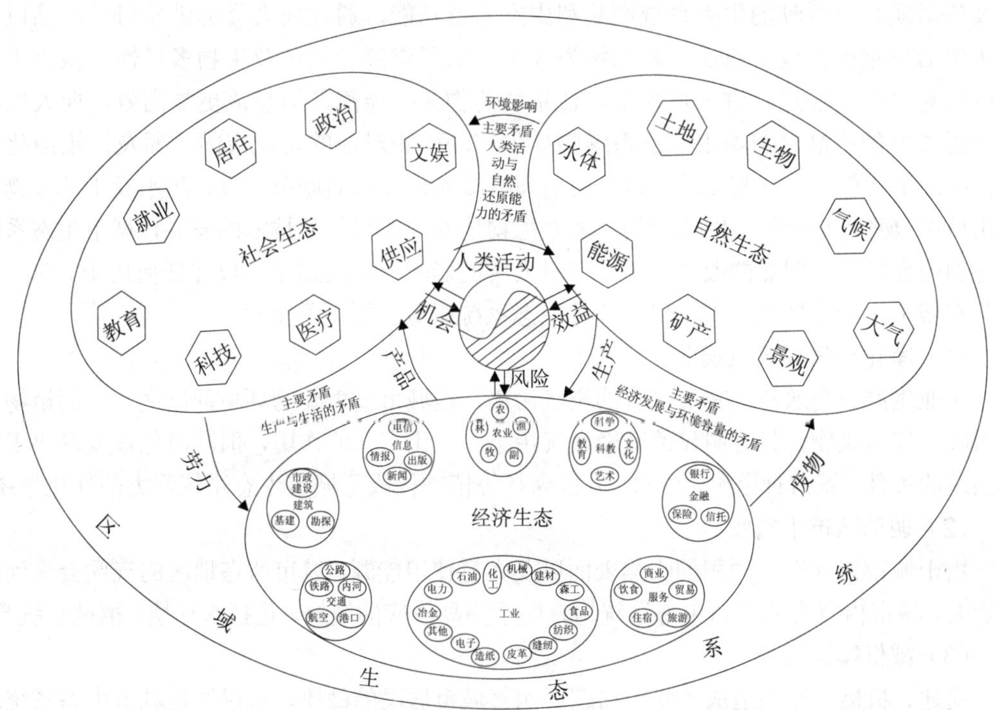

图 4-4　城市生态系统的三个子系统（王松如，1988）

任何一个子系统的不完备都会影响整个系统的功能，因为城市生态系统正像“生态木桶”原理那样（图 4-5），一个城市生态系统的好坏取决于该系统诸要素中处于“最低状态”

的那个要素，而不能用其余处于优良状态的环境要素去弥补或代替。

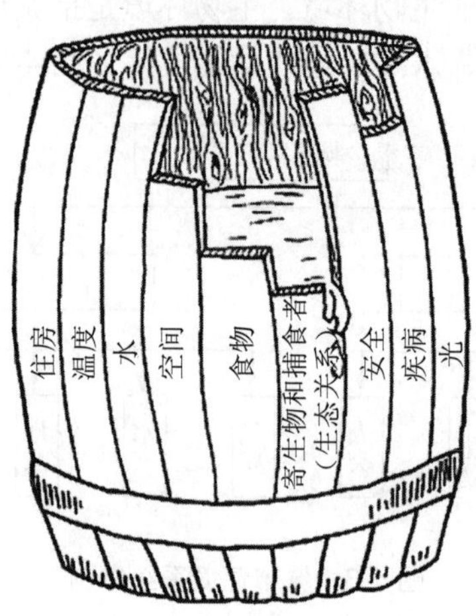

图 4-5 “生态木桶”原理示意图（曹伟，2004）

4.1.3 城市生态系统的功能

城市生态系统的功能主要体现在它的服务功能上。城市生态系统服务是指对人类生存及生活质量有贡献的生态系统产品和生态系统功能，通过向人类提供原料、产品以及改善生活质量而实现。自然生态系统为人类提供了资源、能源及生物多样性，城市生态系统则对这些资源进行进一步加工，使系统的物流、能流及信息流更加高效，向人们提供高附加值的产品。与城市生态系统物质生产功能相对应的是城市的还原及污染净化功能。经济生产供养了高密度的人口，而由高密度人口排放的城市垃圾、污水及工业废物多数由城市自身进行分解及回收利用。随着生物技术等现代科学技术的发展，城市生态系统服务的内容发生了明显的改变，使城市对人类的影响已大大超出了以往任何历史时期。

在城市生命支持系统中，以下 5 种生态系统服务功能至关重要。

（1）净化空气（大气调节）

工业生产、交通和供暖所导致的空气污染，是城市最主要的环境问题之一。而植物可以吸收大气污染物，具有明显的减轻大气污染、净化空气的作用，但其净化程度取决于城市当地的条件。城市行道树、公园、城市森林等植被构成了城市生态系统强大的净化系统。

（2）调节城市小气候

由于城市内存在大面积的吸热表面以及大量使用能源，城市所在地区的气候会受到很大影响。城市内所有的自然生态系统均有助于热岛效应的缓解，包括水环境、植被系统等。

（3）减低噪声污染

交通、机械等原因造成的噪声问题影响着城市居民的健康，可以通过城市生态系统的绿化建设来降低噪声污染。

（4）降雨与径流的调节

表面覆有水泥、柏油等的基础建筑物，由于表面密实、坚硬，使大部分降水汇成地面径流。植物根系深入土壤，使土壤具有更强的渗透性，根系吸收水分后植物叶片以蒸腾的方式将水分释放到空气中，增加了大气湿度，从而调节了降雨和径流。植被还能减缓水流速度，减少洪水危害。

（5）废水处理（废物处理）

城市废水处理量极大，而且废水处理中所产生的营养物质，又会引起周围水域生态系统的富营养化问题。由于湿地内生物可吸收大量营养物质，并且可减慢污水流速，使颗粒物质沉淀于底部，因此，城市湿地生态系统在城市水循环系统中有着重要作用。

与城市生态系统功能服务相辅相成的是城市的文化服务功能，可称之为文态功能。如果说生态环境有污净之分，文态环境则有俗雅之别。一个和谐城市生态系统的维持离不开优秀文化传统的支撑。同时，带有特色的城市文化又会服务于城市居民，并随着经济及社会的发展而进一步丰富和发展。

4.2 生态城市

生态城市（Ecopolis）是城市生态学家亚尼科斯基（Oleg Yanitsky）于 1987 年提出的一种理想城市模式，是环境和谐、经济高效、发展持续的人类住区。依照 Yanitsky 的理论，生态城市应该做到技术与自然充分融合，人为创造力和生产力得到最大程度的发挥，而居民的身心健康和环境质量得到最大程度的保护。生态城市是城市生态化发展的结果。从其概念的产生过程来看，“生态城市”是以反对环境污染、追求优美的自然环境为起点的。但随着研究的深入和思想的发展，这一概念已经远远超出其初始意义，简单地说，它是社会和谐、经济高效、生态良性循环的人类住区形式，自然、城市、人融为有机的整体，形成互惠共生的结构。

在生态城市概念的发展历程中，由于侧重点不同以及认识水准的不断提升，对其的诠释也在不断地发生着变化，并逐步得以完善。对生态城市概念要义的综合分析表明，其理论依据可归纳划分为五大类（表 4-1）：田园都市理论、生态系统理论、复合生态系统理论、工程学原理和可持续发展理论。在建设指导思想方面，生态城市由乌托邦式的田园都市理论上升至当今人类社会发展战略的可持续发展理论；在建设对象及目标方面，则从传统的城市生态系统发展到“社会—经济—自然”复合生态系统。最后一类是关于技术途径的阐述。

表 4-1 生态城市概念比较分析（达良俊等，2008）

代表人物	概念要义	理论依据
Richard Register（1987）	生态健康、与自然和谐共存、保留城镇社会、美学的丰富多样	田园都市理论
Paul Downton（2009）	提升、改善居民文化、生活方式	田园都市理论
Oleg Yanisky（1981）	“物质、能量、信息”三要素的高效利用、良性循环	生态系统理论
宋永昌（1994）	结构合理、功能高效、关系协调的生态系统	生态系统理论
王如松（1988）	“社会—经济—自然”复合生态系统协调发展、有效利用、良性循环	复合生态系统理论
黄光宇等（1997）	生态工程、社会工程、系统工程等现代科学与技术手段	工程学原理
黄肇义等（2001）	自然和谐、社会公平、人与自然、人与人的和谐	可持续发展理论
郐建国（2009）	可持续发展城市经济发达、生态高效的产业生态健康、景观适宜的环境	可持续发展理论
王如松（2009）	体制合理、社会和谐的文化、人与自然和谐共生的生态社区	综合理论

著名的城市设计师凯文·林奇（Kevin Lynch）在他的《城市形态》（*Good City Form*，1981）中，考察了人的价值和城市自然形态的关系，评价了今天我们所熟悉的一些概念，如“城市是居住的机器”“城市是一个有机体”。林奇解决设计和科学研究难题的办法是生态系统理论。该理论用于人类聚落，必须重新认识由生命和非生命成分所构成的一个开放系统的复杂性，以及循环过程和一个复杂的网络系统。无论是对聚落的描述还是对聚落的解释，它都不是一种隐喻。从试图形成一种规范的约束力层面而言，生态系统理论已不失为一个有力的工具。

一个生态城市的内涵具体应该表现在：优美、协调的城市环境；合理化、高级化的城市经济结构和产业体系；高素质、多样化的城市人文社会生态文明；高水平、现代化的城市基础设施。

生态城市规划就是遵循生态学原理和城市规划原理，运用系统分析手段、生态经济学知识和各种社会、自然和经济信息，规划、调节和改造城市各种复杂的系统关系，在城市现有的各种有利的和不利的条件下，寻找扩大效益、减少风险的可行性对策而进行的规划。城市生态规划的目的，是为城市人类提供一个良好的学习、工作和生活环境，把城市的经济、社会系统纳入自然环境承载力允许的范围之内。生态城市规划与城市自然系统、经济系统、社会系统的发展相辅相成。

生态城市的规划与传统的城市规划区别在于它强调以可持续发展理论为指导，以人与自然相和谐为价值取向，应用各种现代科学技术手段，分析利用自然环境、社会、文化、经济等各方面信息，模拟设计和调控系统内的各种生态关系，从而提出人与自然和谐发展的调控对策。生态城市的规划设计把人与自然看作一个整体，以自然生态优先的原则来协调人与自然的关系，促使开放、多元的网络系统向更有序、稳定、协调的方向发展，最终目的是实现人、自然、城市的和谐共存、持续发展。

4.2.1 城市生态规划理论

（1）城市生态规划的理论基础

1）景观格局

景观格局是景观元素的空间布局，是城市生态系统的一个重要组成部分。依照景观生态学理论，景观结构可以分为斑块（Patch）、廊道（Corridor）及基质（Matrix）。其中，斑块是基本结构单元；廊道是线状或带状结构体；基质是具有高度连接性的大的结构体。

2）生态因子和生态位

生态因子是多元复合的相关元素；生态位是指物种在群落中，在空间和营养关系方面的功能和地位。城市生态位是一个城市提供给人们的或可被人们利用的各种生态因子和生态关系的集合。它不仅反映了一个城市的现状对于人类各种经济和生活活动的适宜程度，而且也反映了一个城市的性质、功能、地位、品位、作用及其人口、资源、环境的优劣，从而决定它在人们心目中的舒适度和信誉度、吸引力和离心力。城市生态位是决定城市竞争力的根本因素。城市生态位大致可分为两类：生产生态位和生活生态位。前者包括城市的经济水平、资源丰富度（如水、能源、原材料、资金、劳力、智力、土地、基础设施等）；后者包括社会环境（如物质生活和精神生活水平以及社会服务水平等）及自然景观（物理环境质量、生物多样性、景观适宜度等）。对于城市居民个体而言，在城市发展过程中，不断寻找良好的生态位是人们生理和心理的本能。人们向往生态位高的城市地区和行为，从某种意义上说，这是城市发展的动力和客观规律之一。

3）生物多样性

大量事实证明，生物群落与环境之间保持动态平衡的稳定状态的能力，是同生态系统内物种、结构的多样性、复杂性正相关的。也就是说，生态系统结构越多样、复杂，其抗干扰的能力则越强，因而也越容易保持其动态平衡的稳定状态。城市生物多样性，是指城市范围内除人以外的各种活的生物体，在有规律地结合在一起的前提下，所体现出来的基因、物种和生态系统的分异程度。城市生物多样性与城市自然生态环境系统的结构、功能直接联系，与大气环境、水环境、岩土环境共同构成了城市居民赖以生存的生态环境基础，是生物与生物间、生态环境与人类间的复杂关系的体现。城市生态环境是指特定区域内的人口、资源、环境通过复杂的相生相克关系建立起来的人类聚居地。由于与自然界的生物生存的环境有较大的差异，城市生物多样性也表现出自身的特点。在经济价值、丰富度、地球物质循环与能量代谢等方面，即物流、能流、人流、智流、文流、信息流等方面，城市生物多样性虽然与自然界生物多样性无法相比，但由于城市生物多样性是在一个相对狭小的面积上，近距离地为城市人口服务，因而它是非常重要的。

4）生态承载力

城市生态承载力是指从生态学角度来看，城市发展以及城市人群赖以生存的生态系统所能承受的人类活动强度的极限。城市发展是动态的、有一定规模的，而自然生态环境、人口总量则是限定城市发展的主要因素。城市发展不能无边界地膨胀，应有一个与其生态承载力相适应的全面而长远的科学的城市发展规划。

5）可持续发展思想

可持续发展思想与许多城市生态系统所遵循的生态学原理相一致，这些原理包括：复合生态系统原理、物质循环与能量流动原理、系统相关与相生相克原理、系统开放原理、生态位原理及限制因子原理等。

6）场所的敏感性

土地是一种基本的敏感资源，它通过依法规划政策来强化管理。而城市开放则要充分注意到一些特殊的地质、景观、水、生物以及气候方面的情况。

（2）生态城市规划的原则

生态城市是以可持续发展思想为指导的，同时兼顾不同时间、空间、条件，合理配置资源，使之既满足当代人的需要，又不至于“寅吃卯粮”对后代人满足其需要的能力构成危害，保证其健康、持续、协调的发展。1984 年，联合国在其“人与生物圈”（MAB）报告中提出了生态城市规划的五项原则：生态保护战略，包括自然保护、动植物区系及资源保护和污染防治；生态基础设施，即自然景观和腹地对城市的持久支持能力；居民的生活标准；文化历史的保护；将自然融入城市。

生态城市规划的关键在于把生态观念作为一种设计思维方式，其主要特点是强调人与自然的相互关联与相互作用，以及保持和维护人类与自然界的和谐关系。其主要目的在于利用自然生态过程循环再生规律，实现人与自然和谐共生。为达到此目的，在做生态城市规划设计时，应遵循以下几个方面的准则和要求：

1）以环境为本

环境质量的优劣直接影响着人类的生存与发展，而环境质量的优劣又是从人类的生理和心理需求来评价的。

2）将自然融入城市

充分利用当地自然环境条件，在可能的情况下，应尽量维持原有的地理环境和历史文化，以保持原有自然环境和历史遗存不被破坏，并得以延续。

3）掌握规律

遵循大自然生态制衡、循环再生与自我调节规律，用生态观念去研究、分析和解决问题。

4）合理布局，节能、低耗、无污染

在规划设计时，要力争做到布局合理，并综合考虑城市的地理特征和水、气、地质等条件及长远发展的要求。在建筑材料的使用上要坚持环境保护原则，从源头避免由于建筑材料的原因造成的化学污染和放射性污染等。

4.2.2 城市生态规划方法

生态城市规划建设可以分为三个阶段：生态环境规划阶段、经济社会规划阶段以及规划评价与调整阶段，而人文生态的规划始终贯穿于整个过程。规划的技术路线应以生态环境为核心，在此基础上确定开发建设的空间范围及开发次序，对规划的实施进行评价和调整，以使整个规划处于一种动态和互动的过程中。生态环境规划是对城市生态环境进行调查、划分、评价、分级和保护的规划；经济社会规划应在生态环境框架下进行，以生态环境保护为出发点。要对规划实施中的结果进行跟踪分析与评价，从而不断进行规划方案的调整，使规划更能适应城市环境与发展（图 4-6）。

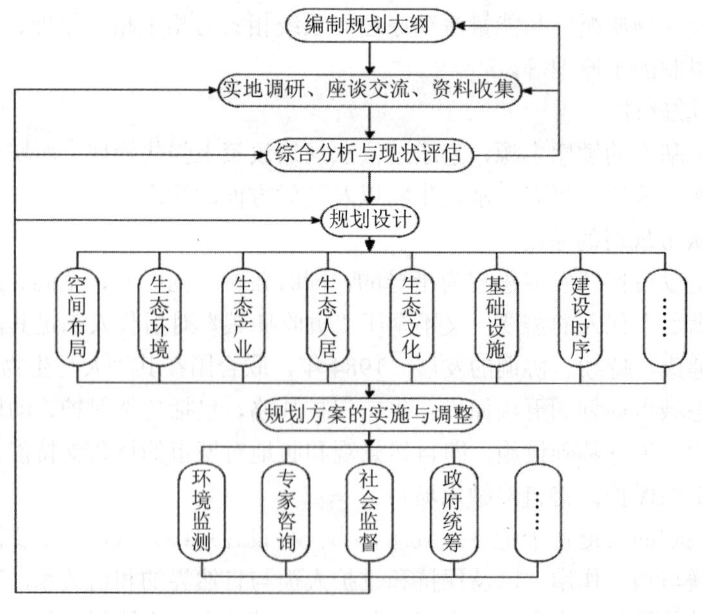

图 4-6 城市生态规划方法概图

（1）城市生态规划的框架

生态城市的规划是系统规划，包括战略规划、总体规划，既有意识形态的规划，也有对于时空的规划，通过专题规划落实（图 4-7）。

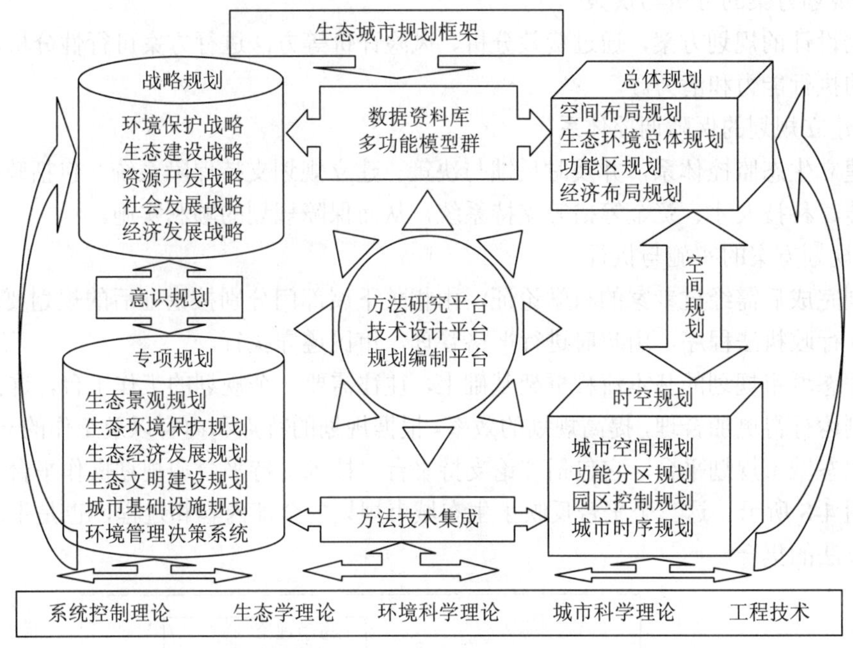

图 4-7　城市生态规划的基本框架（海热提・涂尔逊，2005）

城市生态规划的过程起源于控制论的思想，最简单的控制论系统包括：辨识环境、确立目标、价值度量、构成系统概念、系统分析、开发求解方案、决策。根据控制论的思路，生态城市规划的要求内容、生态城市规划基本程序如下。

1）编制规划大纲

研究局势，分析背景，提出问题或提出规划总体目标。

2）资料的调查与收集

这是规划的基础。资料收集包括历史、现状资料，卫星照片、航片资料，访问当地人获得的资料，实地调查资料等。然后进行初步的统计分析、因子相关分析以及现场核实与图件的清绘工作，并建立资料数据库。

3）系统分析与评估

系统分析与评估是生态城市规划的重要内容，为规划提供决策和规划依据。主要是分析生态系统结构、功能的状况，辨识生态位势，评估生态系统的健康度、可持续度等；提出“自然—社会—经济”发展的优势、劣势和制约因子。

4）生态环境和功能区划

这是对区域空间在结构功能上的聚类和划分，是空间规划、产业布局规划、土地利用规划等规划的基础。

5）规划设计与规划方案的建立

根据区域发展要求和生态规划的目标，以及研究区域的生态环境、资源及社会条件在内的适宜度和承载力范围，提出城市发展战略，制定发展目标，设计自然、社会、经济各项规划，包括生态环境保护与建设发展规划、生态化产业发展体系建设规划或循环经济发展战略规划等，最后提出生态城市建设的规划方案和措施。

6）规划方案的分析与决策

根据设计的规划方案，通过费效分析、风险评价等方法进行方案可行性分析，分析规划区域的执行能力和潜力。

7）建立规划的保障调控体系

即建立生态监控体系，并及时反馈与决策。建立规划支持保障系统，包括政策法规、管理宣传、科技人才、资金筹措等支持系统，从而保障规划的顺利实施。

8）规划方案的实施与执行

规划完成后需经过专家的科学论证，由相关下属部门分别按论证后的规划要求实施，并应列入行政执法程序，由政府进行严格管理，市民遵守执行。

在生态城市规划的基本流程框架基础上，往往需要一个规划的工作平台，这样可以使规划编制运行得更加合理，提高规划的效率。根据规划的特点和内容以及工作的一般方法，设计了生态城市规划平台，它包括理论支持平台、技术支持平台和规划操作平台。其详细内容如图 4-8 所示。这三个平台反映了生态城市规划的全部内容和过程，也是生态城市规划技术方法的集合。

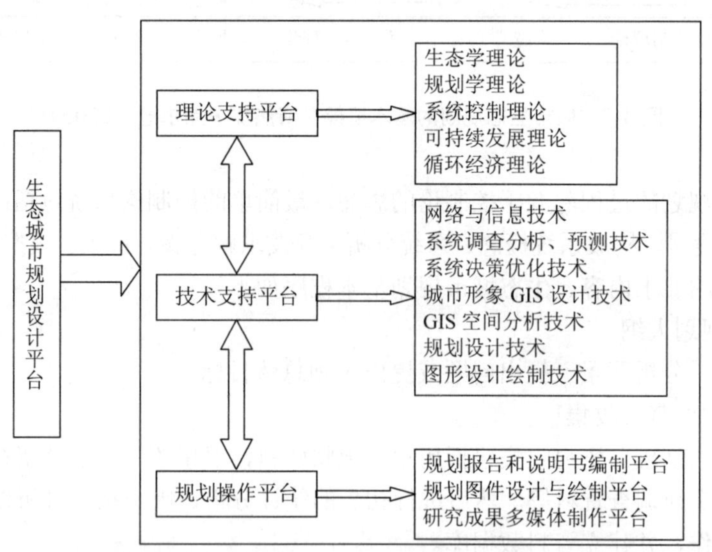

图 4-8　生态城市规划设计平台（罗钰等，2009）

（2）城市生态规划的类型

1）模式

按照土地利用模式、交通运输方式、社区管理模式、城市空间绿化等方面，可将城市生态规划划分为以下几种模式：

①紧缩城市开发模式：主要是指集约化利用土地，在减少资源的占用与浪费的同时，提高土地功能的混合使用率。紧缩城市思想包括八大方面：高密度居住、对汽车的低依赖、城乡边界和景观明显、混合土地利用、生活多样化、身份明晰、社会公正、日常生

活的自我丰富。国外许多城市都是以这种开发方式向生态城市的目标迈进的。如美国的克利夫兰，为了将其建设成为一个大湖沿岸的绿色城市，市政府制定了 12 项明确的生态城市议题，其中“精明增长”是这些议题中重要的一项。其核心内容是：用足城市存量空间，减少盲目扩张；加强对现有社区的重建，保护空地以及土地混合使用；城市建设相对集中，密集组团，生活和就业单元尽量混合，拉近距离，少用汽车，步行上班、上学等。如今，克利夫兰市内绿地众多，公园面积约 7 500 hm^2，占市区面积 1/3 以上，有“森林城市”之称。

②“绿色交通”开发模式：这种模式主要为了解决城市中人们过度依赖机动车所带来的局限及环境问题。例如，巴西的库里蒂巴市是世界公认的公共交通模范城市，该市沿着 5 条交通轴线进行高密度线状开发，改造内城，优先发展公共交通而不是私人汽车，优先发展步行交通而不是机动车交通。目前，该市 75%的人出行乘坐公共汽车，日平均往返 17 300 次，输送 190 万人次，行程 23 万英里（约 37 万 km），相当于绕地球 9 圈，全市一年节约 700 万加仑（约 3 182 万 L）的燃料。哥本哈根市拥有 300 多 km 长、与机动车一样宽的自行车专用道，市内还分布着许多“车园”，每个“车园”里放置 2 000 多辆自行车向行人免费提供。市民只要交纳约 3 美元的押金就可以在任一“车园”中将车子骑走，然后可以把车子归还到任一“车园”，并可以领回自己的 3 美元。该市 1/3 的市民选择骑自行车上班，因为这样既方便又无废气污染，还能锻炼身体。“绿色交通”使得库里蒂巴和哥本哈根走上了低成本（经济成本和环境成本）的交通方式和人与自然尽可能和谐的生态城市发展道路。我国杭州等城市效仿此法，颇受市民欢迎，收效明显。

③社区驱动开发模式：这种模式与公众参与密切相关，强化了公众是城市的生产者、建设者、消费者和保护者的重要作用。例如，澳大利亚的阿德莱德在其 1997 年实施的生态城规划中提出了“以社区为主导”的开发程序。该程序采取了鼓励社区居民参与生态开发的一系列措施，包括将生态意识贯穿到生态社区发展、建设、维护的各个方面。通过这种渠道，提高了公众的生态意识，促进了生态城市的合理建设和健康发展。

④生态网络化和原生化兼具开发模式：这种模式主要是在自然环境与城市发展相互作用的过程中，利用环境优化和区域网络结构培育既对立又统一的关系，通过工业技术来实现生态城市的目标。例如，日本的千叶市在规划上高度尊重原有自然地貌，精心规划城市地区的湖泊、河流、山地、森林等，将其与市民交流活动设施紧密结合并辅以相应的景观设计，形成十几个大小不一、景观特色各异、均匀分布于城区的开放式公园。

⑤绿色城市技术开发模式：一些发达国家在生态城市开发过程中，将生态系统作为城市中的重要组成部分加以考虑，高度重视城市的自然资源，同时，倡导和实施可再生的绿色能源、生态化的建造技术。例如，日本的九州市从 20 世纪 90 年代初就将减少垃圾、实现循环型社会作为生态城市建设的主要内容；西班牙马德里与德国柏林合作，重点研究与实践用绿色植被覆盖城市空间和建筑物表面、雨水就地渗入地下、推广建筑节能技术材料、使用可循环材料等，改善了城市生态系统状况。

2）类型

按照城市建设侧重的方面不同，可将其建设模式划分为规划调控型、环境美化型、污染治理型、资源循环型以及功能转化型五大类型。

①规划调控型：在城市建设过程中，从城市整体规划、土地利用模式和交通运输体系

规划等宏观调控层面上，应用生态学原理，制定明确的生态城市建设目标、原则和途径，并指导和落实到城市生态化建设的具体措施上。以澳大利亚阿德莱德为代表的一些城市在这方面取得了一些成功的经验。

②环境美化型：都市生活的便利与乡村优美环境的完美结合是霍华德（Ebenezer Howard）所追求的理想城市。其田园都市理论立足于建设城乡结合、环境优美的新型城市，体现了人们要求与大自然融合、恢复良好生态环境的愿望，是城市与自然平衡的良好展示。"花园城市"新加坡，环境优美、生活富裕、社会和谐，是世界公认的最适宜居住的城市之一，是环境美化型生态城市建设的典型代表。

③污染治理型：继工业革命使欧洲城市出现严重环境问题之后，20 世纪 50 年代以来以日本为代表的亚洲工业化国家的城市环境也逐渐恶化。全球范围内都市环境污染问题日益严重，灾难性事件频发，逐渐危害人类的健康和生存。针对城市发展中普遍存在的环境和生态窘状，从治理污染、维护居民健康、改善人居环境的角度，以世界七大公害，即大气污染、水质污浊、土壤污染、噪声、振动、地基下沉、恶臭为对象进行环境治理成为城市发展中的重要环节。其中，德国弗赖堡即是针对城市环境污染进行生态城市建设的典型。

④资源循环型：循环型城市的建设将循环经济模式贯穿和渗透在城市发展的产业结构、生产过程、基础设施、居民生活，以及生态保护各个方面，是建立在城市功能的合理定位、充分有效利用现有资源和高科技基础之上进行生产消费活动的城市。这是新形势下实现城市新发展思路的重要探索。其中，日本北九州即是该类生态城市建设的典范。

⑤功能转化型：资源型城市是依托资源开发而兴建或发展起来的城市，其城市发展必然要经历"建设—繁荣—衰退—转型—振兴或消亡"的过程。因此，资源枯竭城市的功能转型是个世界性难题，通过生态城市建设进行资源枯竭型城市功能转型是这些城市发展的新的出路。法国洛林的城市转型即走出了一条成功的道路。

（3）城市生态规划的内容

1）生态环境规划

城市生态系统的生存与发展取决于其生命支持系统的活力，包括区域生态基础设施（光、热、水、气候、土壤、生物等）的承载力、生态服务功能的强弱以及景观生态（时、空、量等）的整合性。生态城市规划建设必须充分利用自然生态基础。所谓充分利用，一是保护，二是提升。前者是充分利用的基础，因为原生态的环境是任何人工生态都不可比拟的，故必须采取有效措施，最大限度保护自然生态环境；后者是在切实保护的基础上的提高和完善。换言之，只有充分利用自然生态基础，构建绿色循环的工程体系，才能建成真正意义上的生态城市（图 4-9）。

①高质量的环保系统：对城市的大气污染物、废水、废渣以及餐饮业、屠宰业、农副产品市场、大众娱乐场所、医院、电镀、造纸、冶炼、养殖等系统排出的各种废弃物，都要按照各自的特点及时处理和处置，同时加强对噪声的管理，各项环境质量指标均应达到国家先进城市的最高标准，使城市生态环境洁净、舒适。

②高效的资源利用系统：在城市用水方面，应该开发各种节水技术来节约用水，实施雨水、污水分流，建设储蓄雨水的设施，路面宜采用不含锌的材料，下水道口采取隔油措施等，并通过湿地等进行自然净化。同时，在饮用水水源地，需强化源头管理，坚决实行

退耕还林，注意保护城市附近农田灌溉水不受农药和化肥污染，切实控制农业水源污染和禽畜牧场污染。集中居民用地应更有效地建设、利用水处理设施，并列为城市用水规划的一部分。在节约能源方面，建筑物都应该充分利用阳光，开发、使用密封性能好的墙体材料，使用节能电器等；要大力开发永续能源和再生能源，充分利用太阳能、风能、水能和生物制气。

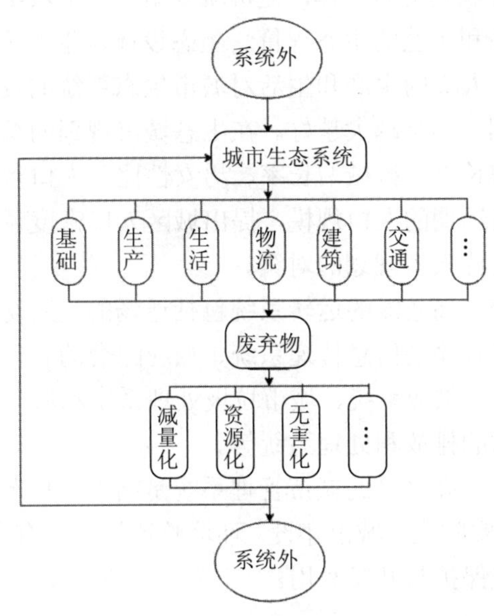

图 4-9　生态城市建设绿色循环系统概图

③完善的绿地生态系统：应该打破城郊界限，扩大城市生态系统的范围，努力增加绿化量，提高城市绿地率、覆盖率和人均绿地面积，调控好公共绿地均匀度，充分考虑绿地系统规划对城市生态环境和绿地游憩的影响。联合国生物圈生态与环境保护组织规定，城市绿地覆盖率应达到 50%，城市居民每人应有 60 m^2 绿地。我国要求 20 世纪末人均公共绿地达到 7～11 m^2。目前我国的大多数城市离上述的要求差距尚较大，在城市生态建设的过程中，仍应努力朝着高标准的绿化方向发展，以改善城市生态环境质量，丰富及美化城市景观。

考虑生物多样性的保护，为生物栖息和迁移通道预留空间。不仅应有较高的绿地指标，如绿地覆盖率、人均绿地面积和人均公共绿地面积，而且还应按美学原理，做到疏密相间，刚柔相济，色调和谐，错落有致，四时有变，动静相宜，布局合理，点、线、面有机结合，乃至惠及城乡接合部，使之美化城市，并拥有较高的生物多样性，组成完善的复层绿地系统，成为真正的宜居城市。

2）经济社会规划

经济社会规划也是生态城市建设不可或缺的一部分。“生态城市”作为对传统的以工业文明为核心的城市化运动的反思、扬弃，要转变传统的经济增长模式，坚持低碳、环保的原则，坚决落实节能减排措施，向经济、社会、生态有机融合的理性发展模式转变。

①高度发展的城市生态产业：城市生态产业是按生态经济原理和生态经济规律组织起

来的基于生态系统承载能力，具有高效的经济过程及和谐的生态功能的网络型、进化型产业。它通过两个或两个以上的生产体系之间的系统耦合，使物质、能量、智力、资力能多级利用、高效产出，资源、环境能系统科学开发、持续利用。生态产业要注重改变生产工艺，合理选择生产模式。循环生产模式能使生产过程中向环境排放的物质减少到最低程度，实现资源、能源的综合利用。生态产业规划通过生态产业将区域国土规划、城乡建设规划、生态环境规划和社会经济规划融为一体，促进城乡结合、工农结合、环境保护和经济建设结合，为其提供具体产品和工艺的生态评价、生态设计、生态工程与生态管理。

②适宜的人口规划：人类的生产和生活对城市生态系统的发展起着决定性的作用。因此城市规模必须得到控制，不是越大越好。在生态城市规划的编制工作中，必须通过研究人口分布、规模、自然增长率、机械增长率、男女性比、人口密度、人口组成、人口流动等基本情况，从而确定近远期的人口规模，提出城区人口密度调整、提高职业技术培训质量、提高人口素质以及实施人口规划的对策。

③高效能的运转系统：高效能的运转系统包括通畅的道路交通系统、充足的能流、物流和客流运输系统、快速有序的信息传递系统、相应配套的有保障的物资（主副食品、蔬菜、材料、水电、燃料等）供应系统、城市垃圾处理系统和城郊生态支持圈，以及完善的专业服务系统和污水废物的排放和处理系统等。

④高水平的管理系统：高水平的城市管理系统是指人口控制、资源利用、社会服务、医疗保险、劳动就业、治安防火、城市建设、环境整治等都应有高水平的管理，以保证水、土、气、声等资源的合理保护与开发利用。

3）人文生态规划

生态城市的发展不仅仅是追求物质文明的发展，更是追求精神文明的进步，即更加注重人与人、人与社会、人与自然之间的紧密联系，追求高度的社会文明和生态环境意识。生态的城市应具有较高的人口素质、优良的社会风气、井然有序的社会秩序、丰富多彩的精神生活和高度的生态意识，这是城市生态建设非常重要的基础和智力条件。

虽然生态城市的做法在各地有所不同，但任何一种做法都要跨越五个阶段，即生态卫生、生态安全、生态整合、生态景观和生态文化。

①生态卫生：鼓励采用生态导向、经济可行和与人友好的生态工程方法，处理和回收生活废物、污水和垃圾，减少空气和噪声污染，以便为城镇居民提供一个整洁健康的环境。

②生态安全：为居民提供安全的基本生活条件，即清洁安全的饮水、食物、服务、住房及减灾防灾等。生态城市建设中的生态安全包括水安全、居住区安全、减灾、生命安全等。

③生态整合：强调生产、消费、运输、调控之间的系统耦合，工厂生产与周边农业生产及社会系统的区域耦合。同时应将生态产业纳入政府规划，增加投入，扩大现代农业规模，发展有机和绿色食品，充分发挥农村专业生产合作社和供销社的作用，积极实施农超对接，减少中间商业环节，发展平价果蔬供应店，以让利于民，实现城乡互利。开发多样性、灵活性和适应性的工艺和产品结构，提供管理、研发和售后服务业等就业机会，实现增员增效和非减员增效，使人格和人性得到最大的尊重和保护。

④生态景观：强调通过景观生态规划与建设来发掘地方自然资源和人文资源，做到优化景观格局、减轻热岛效应和温室效应、水资源消耗及水环境恶化等环境影响。生态景观

包括地理地貌格局、水文过程、生物活力、人类影响和美学上的和谐程度在内的复合景观。生态景观规划是一种整体论的学习，通过系统的设计，达到物理的、生态的、美学效果上的创新，它遵循整合性、和谐性、流通性、安全性、多样性和可持续发展性等科学原理。

⑤生态文化：是物质文明与精神文明在自然与社会生态关系上的具体表现，是生态建设的原动力。它具体表现在管理体制、政策法规、价值观念、道德规范、社会风尚、生产方式及消费行为等方面的和谐性。其核心是如何影响人的价值取向和行为模式，从而诱导一种健康、文明的生产消费方式。

4.2.3　城市生态规划进展

（1）国外城市生态规划进展

国外生态城市的思想起步很早，大体来说，国外生态城市的形成和发展主要经历了以下三个阶段。

1）萌芽阶段

20 世纪以前，追求人与自然和谐的朴素的生态学思想。古希腊哲学家柏拉图提出过“理想国”的设想。古罗马建筑师维特鲁威（Marcus Vitruviius）在《建筑十书》中总结了希腊、伊达拉里亚和罗马城市的建设经验，对城市选址、城市形态与规划布局等提出了精辟的见解，把对健康、生活的考虑融汇到对自然条件的选择与建筑物的设计中。文艺复兴时期的建筑师阿尔伯蒂（Leon Alberti）、费拉锐特（Antonio Filarete）、斯卡莫齐（Vincenzo Scamozzi）等师承维特鲁威，发展了“理想城市”的理论。16 世纪英国摩尔（Thomas More）的“乌托邦”，18—19 世纪傅立叶（Jean Fourier）的“法郎基”、欧文（Robert Rowen）的“新协和村”、西班牙索里亚（Auturo Soria Mata）的“线状城”等设想中都蕴涵有一定的城市生态规划哲理。霍华德建立的“田园城市”理论被认为是现代生态城市思想的起源。

2）形成阶段

大约在 20 世纪 80 年代以前，生态学思想开始运用到城市问题中。生态规划源于 19 世纪末，乔治·马什（George Perkins Marsh）在《人与自然》（*Human and nature*，1864）中首次提出合理地规划人类活动，使之与自然环境协调，而不是破坏自然环境。1945 年芝加哥人类生态学派倡导创立城市生态学，强调发展要与自然相协调。美国景观生态学家麦克哈格（Ian McHarg）在 1960 年指出，生态规划是在没有任何有害的境况下或在多数无害的情况下，对土地的某种有效用途进行规划。直至 1980 年，包括日本学者在内的大多数人所认同的生态规划仍大部分倾向于土地的生态利用规划。1971 年“人与生物圈”研究计划（Man and Biosphere Program）开展了城市与人类生态的研究课题。

3）发展阶段

大约从 20 世纪 80 年代到现在，关于生态城市的研究迅猛发展。众多学者分别从不同角度研究生态城市的建设原则、内涵、主要特征、具体目标、指标体系及规划思路和步骤等，在生态城市的理论研究与实践基础上也积累了不少这方面的经验，主要包括以下几个方面：

一是建立科学合理的评价指标体系和规划目标；

二是城市与区域规划相结合，使城市与其影响区域共生、共发展；

三是城市和区域产业布局的调整规划与生态功能区划匹配；

四是分层次规划与复合生态系统综合规划相结合；

五是城市空间利用规划与生态规划、社会经济发展规划结合考虑；

六是生态城市规划管理机制研究。

理查德·雷吉斯特于1990年提出了“生态结构革命”的10项计划。此后，生态城市的研究与示范建设逐步成为全球城市研究的热点，目前世界上许多城市，如华盛顿、法兰克福、墨西哥、东京、首尔、罗马、莫斯科都开展了生态城市的研究，生态城市已成为国际第四代城市的发展目标。

目前国际生态城市建设的特点：

一是阶段式发展原则与生态规划原则；

二是对《21世纪议程》的本土化应用；

三是政府主导下的系统建立市场化的发展模式，企业化的城市运营模式。

（2）国内城市生态规划进展

生态城市的概念在国内提出较晚，但生态城市的理念由来已久。最初的“田园城市”“山水城市”的提出，已经融合了中国传统文化里深刻的生态学思想。到了近代，城市人口的剧增和环境污染等一系列问题的涌现也让生态城市成为热点，生态规划亦在各地蓬勃开展。如欧阳志云等根据可持续发展理论的要求，探讨了生态过程、景观格局、生态敏感性、生态风险以及土地质量及区位的生态学评价；而马世骏、王如松等根据复合生态系统理论，提出“辨识—模拟—调控”的生态规划方法和泛目标规划方法；王祥荣（1995，1998）提出，从区域和城市人工复合生态系统的特点、发展趋势和生态规划所需解决的问题来看，生态规划应不仅限于土地利用规划，而是以生态学原理和城乡规划原理为指导，应用系统科学、环境科学等多学科的手段辨识、模拟、设计人工复合生态系统内的各种生态关系，确定资源开发利用与保护的生态适宜度，探讨改善系统结构与功能的生态建设对策，促进人与环境关系持续协调发展。

近年来，随着我国经济的快速发展和城市化进程的加快，城市生态环境问题日益凸显，国内对城市生态规划的研究也进一步深入。在理论方面，“生态伦理学”作为一门新兴的学科正逐步受到关注，它的出现完善了人们固有的“以人为中心”的价值观念，促进了“生态价值观”的发展。在国家战略上，党的“十七大”和“十八大”报告中提出的“建设生态文明”为城市发展与城市生态规划设定了更高的目标，充分体现了我国对生态建设的高度重视和对全球生态问题高度负责的精神，也为全社会如何落实科学发展观指明了方向。另外，城市生态网络理论、城市景观生态模式理论已逐步形成，人工神经网络、“边缘效应”思想的创新应用也丰富了城市生态规划的理论内涵。在规划理念方面，“生态基础设施”（Ecological Infrastructure，EI）、“基础设施生态化”研究得到了进一步的实践与发展。在俞孔坚等关于 EI 的定义中，将生态系统服务思想与生态“基础性”价值和生态结构相结合，使生态基础设施概念更趋清晰，也促成了理论体系的逐步完善。在规划技术方面，信息技术的突破与生态技术的快速发展为城市生态规划提供了更加科学、准确的决策工具，摆脱了定性描述的局限性。

（3）城市生态规划发展展望

1）城市生态规划应致力于城市与区域持续发展的同步化

城市发展离不开一定的区域背景，城市活动的影响也绝不仅限于城市本身。因此城市生态规划的概念不应仅限于城市这一狭窄的范围，而应扩展到区域甚至更大的范围。从区域整体的观点出发探索使城市与区域持续发展同步化的城市生态规划的理论与方法，维护城市与区域的生态完整性，这样才能真正改善生态环境，达到经济、社会和环境全方位的持续发展。

2）加强基于城市复合生态系统的生态规划

20 世纪 70—80 年代的城市生态规划，多数偏重于“麦克哈格法”的土地利用规划。随着城市生态系统理论的完善，融合系统论和控制论的原理方法，借助现代计算机技术，研究城市生态系统的结构与功能，对城市和区域复合生态系统内的各种生态关系进行辨识、模拟、设计，进而对系统的功能和过程进行动态调控的生态对策规划逐步发展起来。王如松强调，生态规划不限于生态学的土地利用规划；于志熙也认为城市生态规划是实现生态系统的动态平衡，调控人与环境关系的一种规划方法。从区域和城市复合生态系统的特点和城市生态规划应解决的问题来看，这种在规划过程中更加强调公众和决策者参与的规划方法将得到更广泛的应用和发展。

3）在规划中加强对城市生态极限问题的研究

吴良镛认为可持续发展的概念隐含着极限。Register 和 Timothy Beatley 等也曾强调了生态城市的极限问题。城市和区域生态系统的生态极限问题，不论人们是否愿意面对它，其已经在现实中得到反映。目前对城市的承载能力和各种物质规划的负荷容量问题，虽然研究较多，但由于没有从生态系统服务功能供应极限的高度来制定规划，而且定量分析方法的说明性不够强，也不够系统，往往难以成为城市生态规划的约束前提，其具体方法还有待进一步发展。

4）从定性分析向定量模拟方向发展

从单项规划走向综合规划，从定性的描述走向定量的模拟是今后城市生态规划发展的一个趋势。这是由城市及区域生态系统的特点决定的，即结构复杂、因子众多、多层次、多属性、多目标。因此应对城市及区域的物流、能流以及信息反馈进行整体研究，从单项规划走向综合的系统规划，这就对城市生态规划的定量化提出了诸多要求。随着计算机技术的迅速发展和地理信息系统的广泛应用，对系统的生态关系进行定量模拟分析也已成为可能，城市生态规划也在向定量化发展的过程中变得更加完善。

5）致力于向生态城市规划建设演进

生态城市已成为国际第四代城市的发展目标，它是城市发展的一个高级阶段，是城市人类与其他生物高度协调的标志，也是城市人居环境与自然环境高度融合的象征。城市生态规划应该将生态城市的规划建设作为其目标，研究和制定为生态城市建设服务的规划理论和对策。目前对于组成生态城市的各要素的研究较多，但还没有形成一个成熟的综合的概念。生态城市规划应在分析考察城市的生态环境现状的基础上，为实现生态城市勾画蓝图。

4.3 经典案例

世界各国对生态城市的理论进行了不断的探索和实践。目前，美国、巴西、新西兰、澳大利亚、南非以及欧盟的一些国家在土地利用模式、交通运输方式、社区管理模式、城市空间绿化等方面都已经成功地进行了生态城市建设。我国以天津、北京、杭州等城市为先导也加速了生态城市建设的步伐，为其他地区的生态城市建设提供了范例。

4.3.1 文化依托型——日本奈良新风水城

奈良是位于日本奈良辖区的一个古老城市。为了使古老的城市奈良恢复生机，1994年日本政府提出在城市郊区依照风水原则进行城市复兴计划。风水的意思是“风向和水的流向”，是古老的中国在特定的环境下用于占卜其潜在的财富和运气的方法，可以看作是人类社会与自然环境共生的结果。这种理念试图将这个地区丰富的传统艺术和工艺、文学和哲学与现代建筑环境和原始自然环境编织在一起。

这个项目的规划包括七项指导原则（图 4-10）：

1）组织框架

中国传统的城市规划框架（高度合理性和组织性）以及向 Amida（佛教中的神）求签（一种机会游戏），将这些古老的城市元素和新城市元素结合在了一起。

2）自然的玫瑰园

整个城市由相互联系的自然要素包围，包括植物、自然风向（东北—西南风）和自东向西穿过奈良的水系。

3）平衡的生态资源

通过与自然的共生关系支持着生态系统，包括过去的（恢复原有的天然水系）和将来的（开发微生物循环系统，包括水、土壤和垃圾）。

4）土地和生命的舞台

奈良位于由小山包围的盆地的最低点，建筑高度的限制加强了对地形学的理解（例如外围是高层建筑，中间是低层建筑）。

5）Jobo 合作体系

与当地居民一起管理他们居住的街区的自然和社会环境（图 4-11）。

6）享受美景

保护现存的风景并且控制将来的发展，创造一个贯穿城市的新的美景。

7）由过去构筑的未来建筑特性

通过结合自然风光、艺术和工艺变化的外形和精神哲学文化的永恒属性，创造城镇新的特征。

概念图（图 4-12）表现了整个城市区域设计的七项指导原则，城市模型（图 4-13）表现了这七项原则在奈良城市结构中的自然变换。

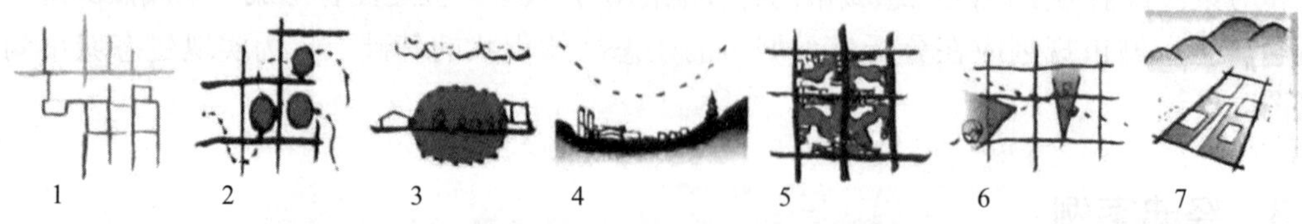

图 4-10 奈良风水城规划的七项指导原则（Miguel Ruano 著，吕晓惠译，2006）

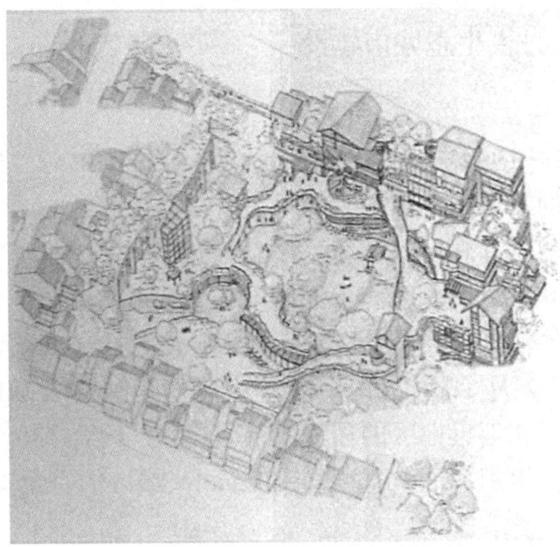

图 4-11　一个 Jobo 合作单元（Miguel Ruano 著，吕晓惠译，2006）

图 4-12　奈良风水城规划概念图（Miguel Ruano 著，吕晓惠译，2006）

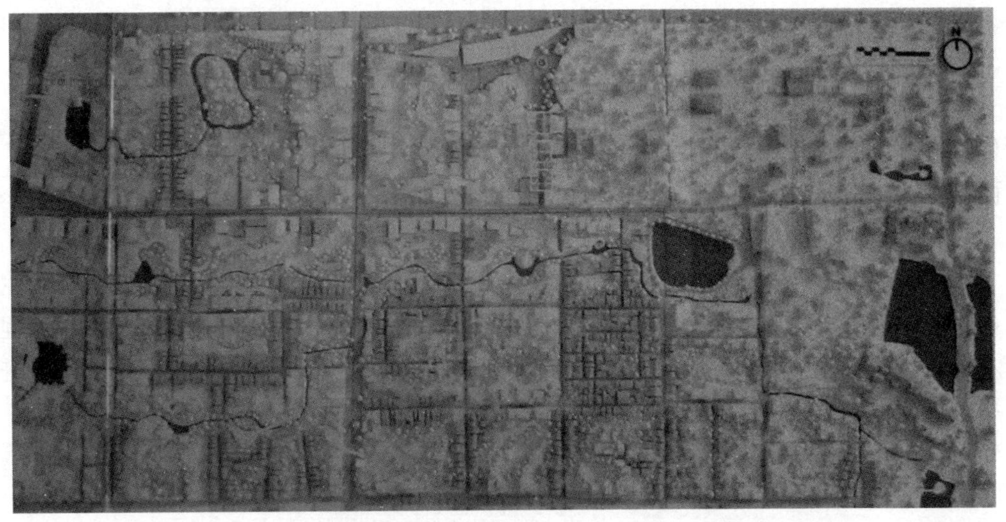

图 4-13　奈良风水城规划模型（Miguel Ruano 著，吕晓惠译，2006）

4.3.2 理念整合型——丹麦生态城市建设

（1）项目概况

丹麦生态城市 1997—1999 年项目是一个内容十分丰富的综合性项目。该项目在丹麦首都哥本哈根人口密集的 Indre Nonrrebro 城区进行，区内有 3 万人。开展该项目是为了建立一系列策略和方法，在地方规划和管理（《21 世纪议程》）中把环境因素整合为一体，提高市民对地方环境和全球环境的意识和责任感，减少城市的资源消费量，并推动有利于城市环境的地方生产和其他活动。项目采取基层组织和区议会之间的合作形式，增加了市民参与性。项目从 1997 年 2 月 1 日启动，主要资金来源是欧盟的 LIFE 项目（LIFE 项目旨在通过发展经济推动欧盟和邻近地区的环境改善）拨款，约合 136 万美元，此外还有区议会、地方生态组织、绿色组织和瑞典哥德堡市 Lundby 城区的资金支持。

（2）项目目标

1）组织和制定实施办法

制定一套指导手册并促进地方居民和其他欧洲城市进行同样的建设；建立绿色账户作为地方管理、公共学校和住宅区进行一体化可持续发展的工具；制订适合于地方管理部门的 21 世纪议程行动计划；通过生态城市项目的准备和实施，促进不同层次民间组织和政府部门的密切协作。

2）环境目标

试验区内的水消费量减少 10%；电消费量减少 10%；回收家庭垃圾减少城区垃圾生产；通过建立 60 个堆肥容器回收 10%的有机垃圾制作堆肥；回收 40%的建筑材料。

（3）项目内容

生态城市的建设内容围绕上述目标进行，其别具特色的内容包括以下三个方面。

1）建立绿色账户

绿色账户记录了一个城市、一个学校或者一个家庭日常活动的资源消费，提供了有关环境保护的背景知识，有利于提高人们的环境意识。这样使用绿色账户，能够比较不同城区的资源消费结构，确定主要的资源消费量，并为有效削减资源消费和资源循环利用提供依据。在学校和居民区建立绿色账户，确定水、电、供热和其他物质材料的消费量和排放量。

2）生态市场交易日

这是改善地方环境的又一个创意活动。从 1997 年 8 月和 9 月开始，每个星期六，商贩们将携带生态产品（包括生态食品）在城区的中心广场进行交易。通过生态交易日，一方面鼓励了生态食品的生产和销售，另一方面也让公众了解到生态城市项目的其他内容。

3）吸引学生参与

吸引学生参与是发动社区成员参与的一部分。丹麦生态城市项目十分注重吸引学生参与，其绿色账户和分配资源的生态参数和环境参数试验对象都选择了学校，在学生课程中加入生态课，甚至一些学校的所有课程设计都围绕生态城市主题，对学生和学生家长进行与项目实施有关的培训，还在一所学校建立了旨在培养青少年儿童对生态城市感兴趣、增加相关知识的生态游乐场。

（4）项目实施效果

根据项目实施的中期报告，项目进展良好，尤其在垃圾分拣和堆肥制作项目上，取得了相当大的环境收益。初步的结果表明，垃圾量减少了 50%，垃圾回收率也由原先的 13% 提高到 45%。

4.3.3　生态先导型——中新天津生态城规划

中新天津生态城规划的选址、指标体系、产业选择、生态适宜性评价、生态格局优化、绿色交通、生态社区、历史文化保护、水资源和能源节约高效利用都体现着生态城市的十大建设原则。

（1）“选址”体现自然生态原则和经济生态原则

中新天津生态城选址在天津滨海新区，选址范围内以非耕地为主，体现了保护和节约利用土地资源的自然生态原则；同时，生态城也在以下两个方面体现了经济生态的原则：

1）生态城选址

靠近中心城市，能够依托大城市交通和服务的优势，使其融入国际、示范全国、带动区域。

2）节约水资源

选址位于水资源缺乏地区，在规划中将重点研究和推广节约、循环利用水资源的先进适用技术，体现了高效利用水资源的目标。

（2）“指标体系”体现复合生态原则

中新生态城的最终目标是要创建一个人与自然社会和谐共处的城市，这个城市既要顺应区域生态系统的要求，构建符合自身生态特征的空间，又要满足人类社会发展需求，为人类提供适宜的居住场所，并提供高效的经济流及物质流的运转平衡。

为此，规划以“经济蓬勃”“环境友好”“资源节约”“社会和谐”作为 4 个分目标，提出指标 26 项（表 4-2），突出了生态保护与修复、资源节约与重复利用、社会和谐、绿色消费和低碳排放等理念，既体现了先进性，又注重可操作性、可复制性。

表 4-2　中新天津生态城建设指标（部分）（杨保军等，2008）

<table>
<tr><th colspan="7">控制性指标</th></tr>
<tr><th></th><th>指标层</th><th>序号</th><th>二级指标</th><th>单位</th><th>指标值</th><th>时限</th></tr>
<tr><td rowspan="10">生态环境健康</td><td rowspan="7">自然环境良好</td><td rowspan="2">1</td><td rowspan="2">区内环境空气质量</td><td>天</td><td>好于等于二级标准的天数≥310 天/年（相当于全年的 85%）</td><td>即日开始</td></tr>
<tr><td>天</td><td>SO_2 和 NO_x 好于等于一级标准的天数≥155 天/年（相当于达到二级标准天数的 50%）</td><td>即日开始</td></tr>
<tr><td>2</td><td>区内地表水环境质量</td><td></td><td>达到《地表水环境质量标准》（GB 3838—2003）现行标准Ⅳ类水体水质要求</td><td>2020 年</td></tr>
<tr><td>3</td><td>水喉水达标率</td><td>%</td><td>100</td><td>即日开始</td></tr>
<tr><td>4</td><td>功能区噪声达标率</td><td>%</td><td>100</td><td>即日开始</td></tr>
<tr><td>5</td><td>单位 GDP 碳排放强度</td><td>t（碳）/10^6 美元</td><td>150</td><td>即日开始</td></tr>
<tr><td>6</td><td>自然湿地净损失</td><td></td><td>0</td><td>即日开始</td></tr>
<tr><td rowspan="3">人工环境协调</td><td>7</td><td>绿色建筑比率</td><td>%</td><td>100</td><td>即日开始</td></tr>
<tr><td>8</td><td>本地植物指数</td><td></td><td>≥0.7</td><td>即日开始</td></tr>
<tr><td>9</td><td>人均公共绿地</td><td>m^2/人</td><td></td><td></td></tr>
</table>

（3）“产业选择”体现经济生态原则

实现“职住平衡”是生态城建设与运营成功的关键（规划在指标体系中要求“就业住房平衡指数≥50%”）。因此，生态城必须发展一定规模的产业。从产业类型上看，应围绕“生态产业”这个主题，并且选择产业链的高端，也就是研发设计阶段和市场营销阶段，从而起到示范和带头作用。规划确定的主导产业之一就是“生态环保科技研发转化产业”，坚持把自主创新作为转变发展方式的中心环节，积极开发和推广节能减排、节约替代、资源循环利用、生态修复和污染治理等先进适用技术。依托高校和科研院所，建立产学研合作的创新模式，发展生态环保教育产业，增强创新能力。

（4）“生态适宜性评价”体现自然生态原则

规划范围内地质条件复杂，生态环境较为脆弱。规划采用了层次分析法与地理信息系统叠加结合的方法对规划范围用地进行基于生态因子的适宜性评价，分别对砂土液化区分布、天然地基利用、桩基利用、多年地面沉降累计量分布、地震烈度分布、地下水水位、盐渍化等因子进行了评价和叠加分析。在评价分析结果基础上，结合蓟运河古河道、污水库缓冲带和廊道宽度限制要求划分禁建区、限建区、可建区和已建区（图 4-14）。

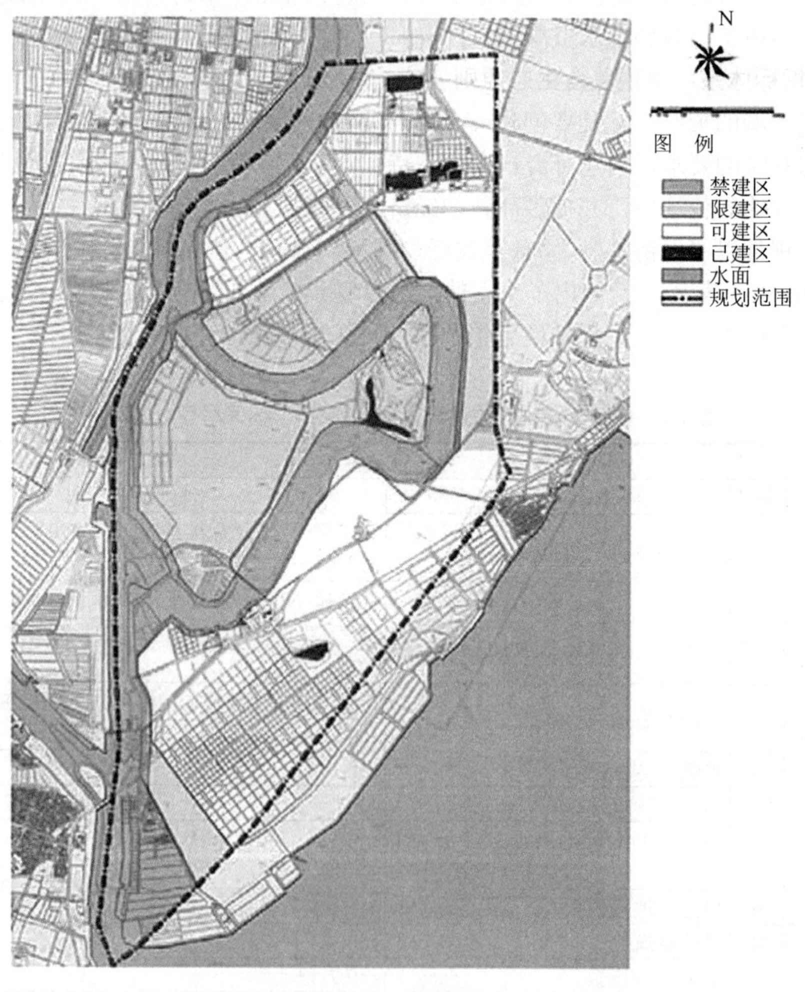

图 4-14　基于生态适宜性评价的“四区”划定（杨保军等，2008）

以上述环境和土地承载力分析为基础，辅以基于紧凑城市理念、宜居城市理念、就业居住平衡理念的容量分析，规划最终确定生态城的合理人口规模为 35 万人左右，人均城市建设用地约为 60 m^2。

（5）“生态格局优化”体现自然生态原则

区域的整体生态格局与生态网络是城市生态发展的基础和保障，也是建设一个稳定健康的城市生态系统的前提。规划保留了从七里海湿地连绵区通向渤海湾的区域生态廊道，同时强调了内部生态结构与区域生态格局网络的衔接。依据景观生态学的原理，理想的生态“斑块”是接近圆形并保持自然曲线边界的，它应当与向外放射的指状“廊道”连接在一起，通过廊道与外部的“基质”相连。以此为理论依据，规划形成了以中心水域为核心的放射型、网络式生态格局（图 4-15）。

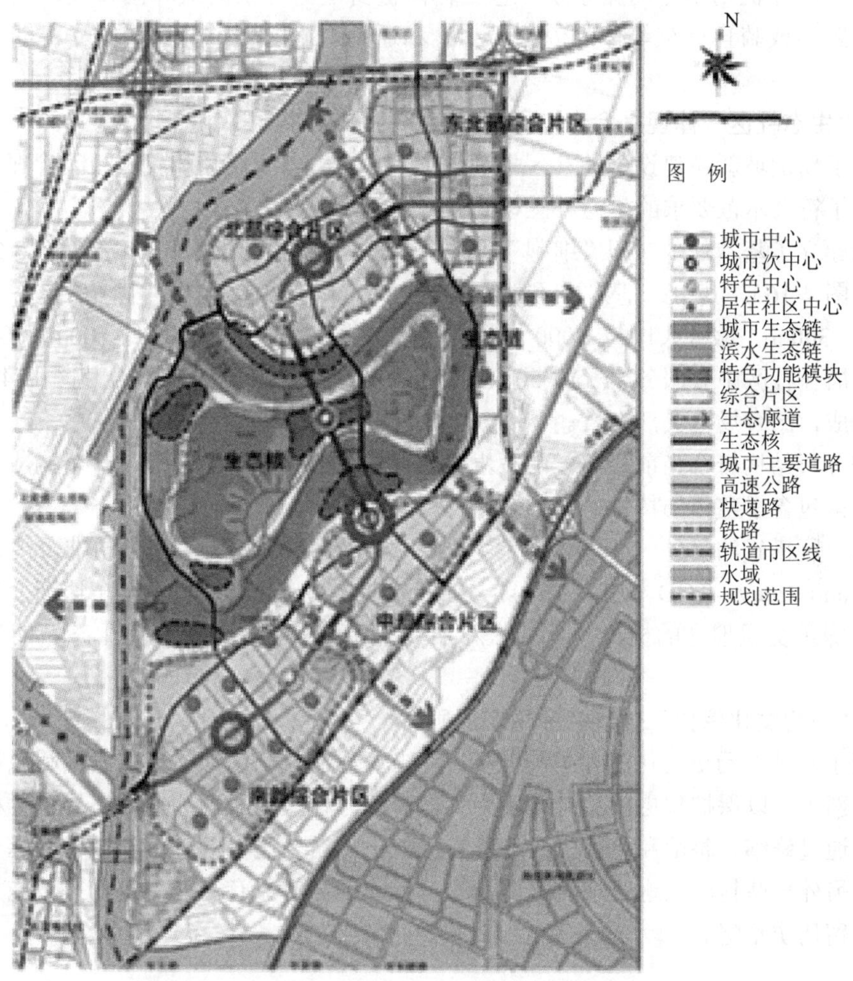

图 4-15　天津中新城空间结构（杨保军等，2008）

（6）“绿色交通”体现社会生态原则和经济生态原则

绿色交通理念的核心是从“以车为本”到“以人为本”，创建以绿色交通系统为主导的交通发展模式；实现绿色交通系统与土地使用的紧密结合；提高公共交通和慢行交通的出行比例，减少对小汽车的依赖；创建低能耗、低污染、低占地，高效率、高服务品质、有利于社会公平的城市绿色交通发展典范。

规划认为，减少机动化出行需求是实现生态城节能减排的重要方式，而尽可能地实现“职住平衡”是减少出行需求的首要途径，规划在指标体系中要求“就业住房平衡指数≥50%”；在空间布局上，规划要求步行 300 m 内可到达基层社区中心，步行 500 m 内可到达居住社区中心，80%的各类出行可在 3 km 范围内完成。

以“职住平衡”和“生活服务便利”为前提，规划要求内部出行中非机动方式不低于70%，公交方式不低于 25%，小汽车方式占总出行量的 10%以下。

为了实现“以人为本”、贯彻“健康环保”理念，规划将非机动车作为最主要的交通出行方式，并将非机动车出行时的外部公共空间环境作为本次规划重点考虑的内容，为此建立了一套非机动车专用路系统，包括休闲健身道路（滨河或环湖设置，满足城市居民散步、跑步或骑自行车等休闲健身活动）和通勤道路（城市居民日常非机动方式出行的道路）。

（7）“生态社区”体现社会生态原则和经济生态原则

借鉴了新加坡新城建设中的社区规划理念，并与生态型规划和我国社区管理要求相结合，确定了符合示范要求的生态社区模式。

规划建立了基本社区（即“细胞”）—居住社区（即“邻里”）—综合片区 3 级居住社区体系（图 4-16）。其中：基本社区由约 400 m×400 m 的街廓组成，基本社区中心服务半径为 200～300 m，服务人口约 8 000 人；居住社区由 4 个基本社区、约 800 m×800 m 的街廓组成，居住社区中心服务半径约 500 m，服务人口约 30 000 人；综合片区由 4～5 个居住社区组成，结合场地灵活布置。

这种分形结构符合当前最科学的“生成整体论”的哲学思想，即每一个构成系统整体的局部，都包含了整体的特性，局部是整体的表现。

生态社区模式的另外一个理念就是上面所述的绿色交通理念，包括机非分离、P&R 模式（Park and Ride）、TOD 模式（Transit-oriented Development）、机动车车速渐变体系等概念，正是绿色交通理念的植入，使其从新加坡的新城社区模式演化为生态城的生态社区模式。

（8）“历史文化保护”体现社会生态原则

强调了对既有历史文化的保护与弘扬，突出体现在对蓟运河文化的发掘和原有村庄的保护与更新上。以保护和更新原有村庄为主，对部分村庄的肌理和空间格局进行积极地保护利用，通过修缮、整治和更新，改造成为集特色旅游、民俗活动等于一体的综合文化功能区；对另外一些村庄则进行适度改造，结合景观设计对原有工业构筑物等设施加以妥善利用，保留历史记忆。

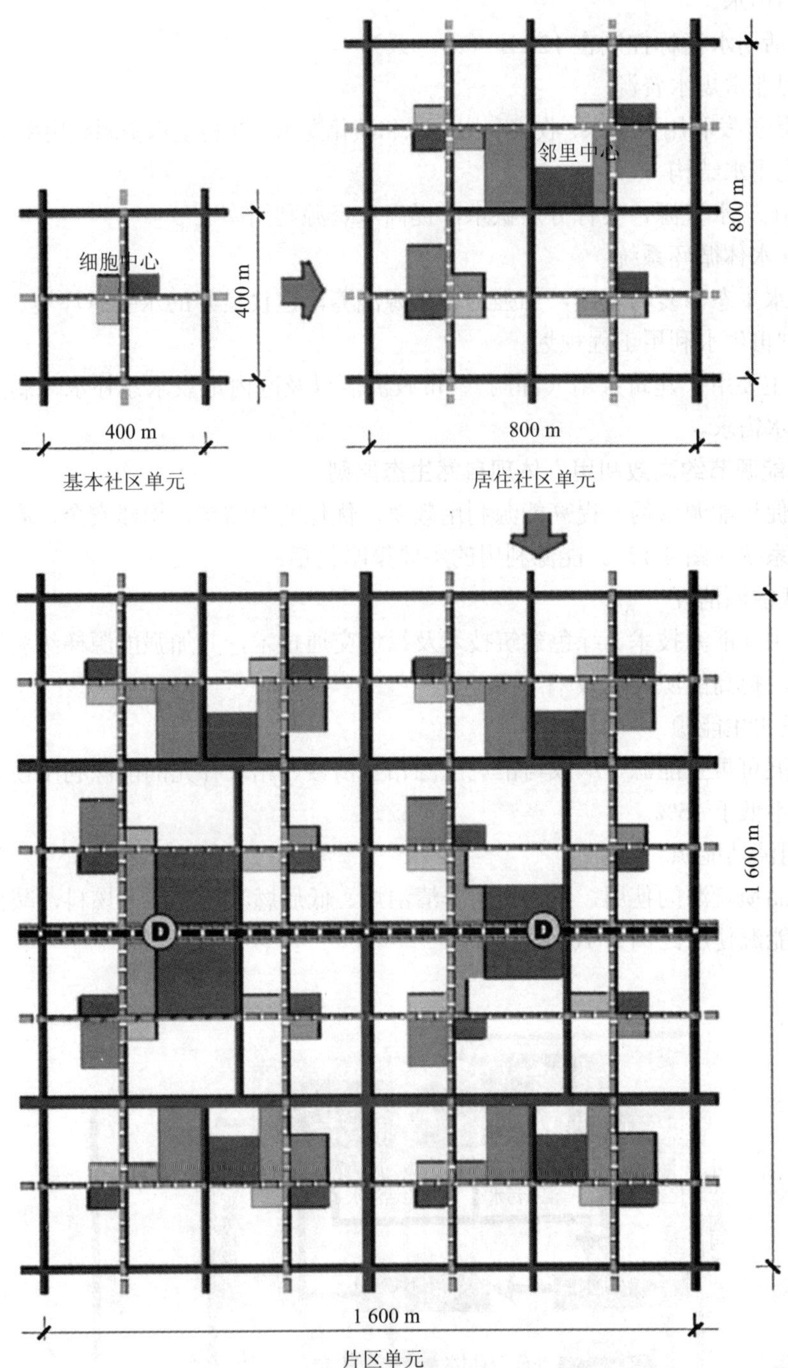

图 4-16　生态社区模式（杨保军等，2008）

（9）“水资源节约高效利用”体现自然生态原则

目标是以节水为核心，推进水资源的优化配置和循环利用，构建安全、高效、和谐、健康的水系统。利用人工湿地等生态工程设施进行水环境修复，并纳入复合生态系统格局。水资源利用的主要策略包括：

1）节约用水

人均生活用水指标控制在 120 L/（人·天）。

2）采用非常规水资源

即多渠道开发利用再生水、收集利用雨水和淡化海水，非传统水资源利用率不低于 50%。

3）优化用水结构

即合理配置水资源，实行分质供水，提高水资源利用率。

4）建立水体循环系统

即加强水生态修复与重建，加强地表水源涵养，建设良好的水生态环境。

5）编制再生水利用工程规划

再生水主要用于建筑杂用（冲厕）、市政浇洒以及区内地表水系补水，剩余水量用于周边地区用水需求。

（10）“能源节约高效利用”体现自然生态原则

目标是促进能源节约，提高能源利用效率，优化能源结构，构建安全、高效、可持续的能源供应系统（图 4-17）。能源利用的主要策略包括：

1）降低能源消耗

充分利用新能源技术、绿色建筑技术及绿色交通技术，并加强能源梯级利用，增强居民节能意识，提高能源使用效率。

2）开发再生能源

优先发展可再生能源，形成与常规能源相互衔接、相互补充的能源利用模式。可再生能源使用率不低于 15%。

3）利用清洁能源

促进高品质能源的使用，禁止使用非清洁煤、低质燃油等高污染燃料，减少对环境的影响。清洁能源使用比例为 100%。

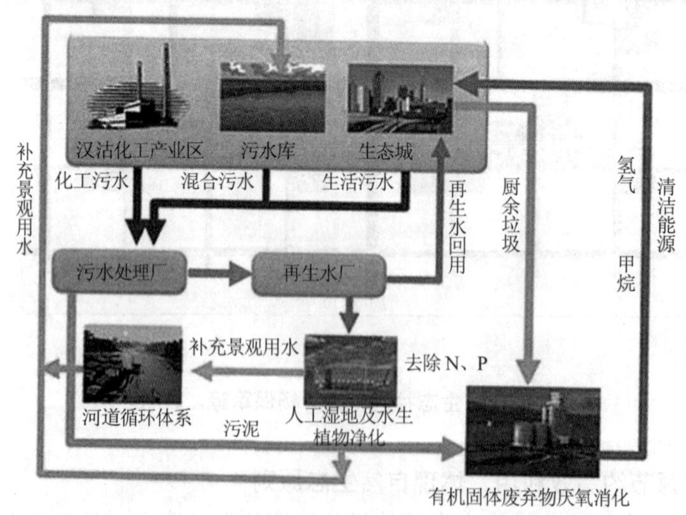

图 4-17 天津中新生态城——世界级生态示范项目的美好愿景（杨保军等，2008）

对各种能源的利用方式如下：

①太阳能利用　利用太阳能热水系统为居民提供生活热水，全年太阳能热水供热量占生活热水总供热量的比例不低于 60%。在技术经济条件许可的情况下，鼓励发展太阳能光伏发电。可在主要道路敷设路面太阳能收集系统，用于建筑供暖和制冷。

②风能利用　可利用风电建筑一体化技术为建筑供电，远期可利用外围风力发电厂为生态城供电。

③地热能利用　分散供热，区内优先利用地热为建筑供热，地热占全部采暖供热量的比例不小于 8%。

④能源综合利用　可采用热泵回收余热、热电冷三联供以及路面太阳能利用等技术并合理耦合，实现对能源的综合利用。

参考文献

[1] 陈巧云．生态城市规划要点[J]．山西建筑，2009，35（28）：42.

[2] 崔朋．基于 BP 人工神经网络的小城镇生态规划研究——以梅河口市中和镇为例[D]．东北师范大学，2008.

[3] 达良俊，田志慧，陈晓双．生态城市发展与建设模式[J]．现代城市研究，2009，7：11-17.

[4] 董德明，包国章．城市生态系统与生态城市的基本理论问题[J]．城市发展研究，2001，8（增刊）：32-36.

[5] 冯启凤，曹荣林．国内外生态城市建设比较研究[J]．浙江大学学报：理学版，2006，33（3）：346-350.

[6] 侯爱敏，袁中金．国外生态城市建设成功经验[J]．城市发展研究，2006，13（3）：1-5.

[7] 黄光宇，陈勇．生态城市概念及其规划设计方法研究[J]．城市规划，1997，6：17-20.

[8] 黄光宇．中国生态城市规划与建设进展[J]．城市环境与城市生态，2001，14（3）：6-8.

[9] 黄肇义，杨东援．国外生态城市建设实例[J]．城市规划，2001，25（1）：59-65.

[10] 焦民顺．对生态城市规划和建设相关问题的思考[J]．山西建筑，2009，35（9）：11-12.

[11] 鞠美庭．国外生态城市建设经典案例[J]．科技潮，2007，10：24-25.

[12] 鞠美庭，王勇，孟伟庆，等．生态城市建设的理论与实践[M]．北京：化学工业出版社，2007：180-219.

[13] 凯文・林奇．城市形态[M]．北京：华夏出版社，2001.

[14] 李迅．国内外生态城市研究[J]．建设科技，2009，15：20.

[15] 梁咏华．浅析生态城市建设的理论与实践——由国外生态城市建设的三个例子想到的[J]．环球博览，2004，7：88-89.

[16] 刘苏蓉，母冠桦．中国生态城市建设模式初探[J]．四川建筑，2008，28（9）：28-30.

[17] 刘洁，吴仁海．城市生态规划的回顾与展望[J]．生态学杂志，2003，22（5）：118-122.

[18] 龙泳合．新加坡花园城市建设经验对百色的启示[J]．广西经济，2008，5：50-60.

[19] 罗钰，彭利，孙浩轩．生态城市建设的理论探讨[J]．环境科学与管理，2009，34（6）：150-154.

[20] 马世骏，王如松．社会-经济-自然复合生态系统[J]．生态学报，1984，4（1）：1-9.

[21] 沈清基．城市人居环境的特点与城市生态规划的要义[J]．规划师，2001，17（6）：14-17.

[22] 徐伟，葛大兵．浅析生态城市规划设计[J]．科技资讯，2009，18：228.

[23] 邢忠．边缘效应与城市生态规划[J]．城市规划，2001，25（6）：44-48.

[24] 王建廷，李旸．以中新天津生态城为龙头的天津生态城市建设模式与对策研究[J]．城市，2009，8：22-25.

[25] 王青．国外生态城市建设的模式、经验及启示[J]．青岛科技大学学报：社会科学版，2009，25（1）：21-24.

[26] 王爱兰．建设生态城市[J]．中国社会经济发展战略，2009，3：22-24.

[27] 王思元，牛萌．生态城市理论研究与创建探讨[J]．山西农业科学，2009，37（5）：59-61.

[28] 王如松．转型期城市生态学前沿研究进展[R]．中国扬州，2000.

[29] 王如松．城市生态学[M]．北京：科学出版社，1990：53-87.

[30] 王如松，欧阳志云．天城合一：山水城建设的人类生态原理[M]．北京：中国建筑工业出版社，1994：43-78.

[31] 吴人坚，王祥荣．生态城市的理论与实践[M]．上海：复旦大学出版社，2000.

[32] 杨志峰，徐琳瑜．城市生态规划学[M]．北京：北京师范大学出版社，2008.

[33] 杨建森．生态城市的构架理论研究[J]．城市环境与城市生态，2001，14（5）：59-61.

[34] 杨保军，董珂．生态城市规划实践——以中新天津生态城规划为例[R]．中国廊坊，2008.

[35] 叶麟珀．浅议生态城市规划[J]．山西建筑，2009，35（14），21-22.

[36] 尹锴．在城市生态规划中充分挖掘植被潜力[J]．厦门科技，2007，3：17-19.

[37] 于志熙．城市生态学[M]．北京：中国林业出版社，1993.

[38] 张智铭．谈生态城市规划建设[J]．和田师范专科学校学报：汉文综合版，2009，28（5）：8-9.

[39] 张泉，叶兴平．城市生态规划研究动态与展望[J]．城市规划，2009，33（7）：51-58.

[40] 张婧．浅谈如何做好生态城市规划设计[J]．生态与环境工程，2009，12：171.

[41] 中新天津生态城规划联合工作组．中新天津生态城总体规划（2008—2020 年），2008：4.

[42] 张侃．区域生态规划的 3S 技术应用方法研究[D]．浙江大学，2006.

[43] Miguel R．生态城市 60 个优秀案例研究[M]．吕晓惠，译．北京：中国电力出版社，2006.

[44] Beatley T. Planning and sustainability：the elements of a new paradigm[J]. Planning Liter，1995，9（4）：383-395.

[45] Register R. Eco-city Berkeley：Building Cities for A Healthier Future[M]. CA：North Atlantic Books，1987：13-43.

[46] Yanitsky O. Social Problem of Man’s Environment[J]. The City and Ecology，1987（1）.

[47] http://www.dljs.net/showart.asp?art_id=10534.

[48] http://www.cihaf.cn/Html/NewsCenter/newstwo/171841174.shtml.

[49] http://www.archdig.com/Article/ArcPlan/200611/11756.html.

[50] http://www.compogas.com.cn/cityplan.html.

[51] http://www.bhswjl.com/newsread106.html.

[52] http://www.compogas.com.cn/cityplan.html.

[53] http://www.xhwww.com/lt/lilun/011.htm.

第 5 章

农村生态规划

近些年来，由于农村产业结构的调整和城市化进程的冲击，我国部分农村地区已处于传统农业景观向现代农业景观过渡的阶段。原有的一些农业生产方式逐渐被放弃，大批年轻劳动力外出打工，农业生产无形中被边缘化、口号化；原来普遍施用的有机肥也大量被化肥所取代，从而造成了土壤板结和盐碱化等问题；农业景观中生物栖息地多样性降低和自然景观高度破碎化，土地利用和土地覆盖方式的变化使得农村的生态效益遭受严重损害。与此同时，许多农村的发展因缺乏合理有效的规划管理，而导致大量优质耕地被侵占，土地利用效率低下，光能、地力、劳动力的潜力未能充分利用；农村居民点布局分散无序，环境污染、水土资源破坏严重，严重影响到农村居民的生活质量，还有损于农村的景观风貌和区域生态质量。因此，运用生态学、系统学、经济学、环境美学等原理，对我国农村进行合理的规划和设计，对促进农村资源的合理利用及农业的持续发展，具有重要的现实意义。

虽然农村与城市在生态系统的结构与功能上有着密切的联系（图 5-1），但是城市规划是在已有的“人类创造的要素”的背景上做规划，农村规划则是在已有的“自然进化的要素”的背景上作规划，因此，城市规划与农村规划的设计要素有所不同。

在进行农村生态规划与设计时，应该注意其十大基本特征，不能把城市规划的一套理论与方法随意置于农村。

①非农业使用的土地叠加在至少 10 倍于它的自然开放空间上；

②人的尺度与农村自然尺度的巨大反差；

③农村空间基本保存着原有自然地理形态和多样性的相互联系；

④土地和空间的非农业化会对生态循环链发生影响；

⑤农村生活与生产在土地与空间使用上的融合；

⑥开放空间与其他使用在土地分配上的比例和在空间布局上存在特殊规律；

⑦农村居民点所在区域对乡村居民的资源供应能力和废物吸收能力是确定的；

⑧农业用地的保护与对农业用地调整的生态约束；

⑨农村居民点自然文化特征和地域文化特征的融合；

⑩城市是典型的人工生态系统，而农村是介于自然和人工生态系统之间的系统。

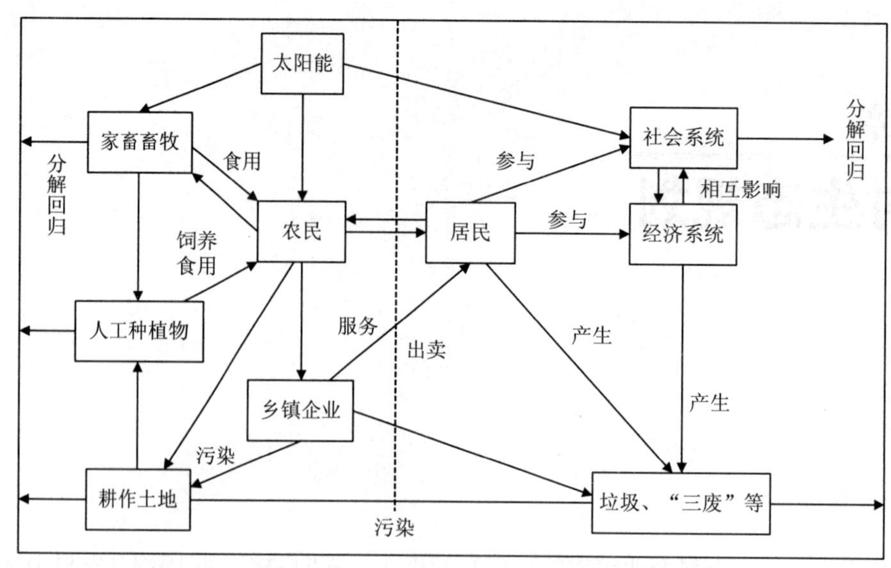

图 5-1 农村与城市生态系统的关系（傅睿等，2007）

5.1 农村生态系统

5.1.1 农村生态系统的结构

（1）农村生态系统的组成

农村生态系统是自然生态系统经过漫长的发展过程，逐渐演变形成的。一般认为农村生态系统是一个以自然为主的半人工生态系统，是农村区域内由人类、资源、各环境因子（包括自然环境、社会环境和经济环境）通过各种生态网络机制而形成的一个“社会—经济—自然”的复合体。

农村生态系统的组成按人类影响程度，可分为自然生态子系统、农业生态子系统、村落生态子系统三部分。在农村生态系统中，自然生态子系统是基础，农业生态子系统是主体，村落生态子系统则是农村生态系统的核心。

自然生态子系统是自然界选择—适应过程的产物。系统内复杂的相互作用关系可以有效地调控生物种群水平，使系统具有能够抵御外界变化的缓冲能力和较高的综合生产力。例如在沿海台风重灾区，村落周边的森林对保护和抵御台风或热带风暴破坏农户的瓦房或草房等起到极为重要的作用。可以说自然生态子系统的能量流动是一个由绿色植物自我启动的持续过程，能量通过生物物质在系统中积累、流动，其中一部分在流动的过程中散失于环境，各种生物营养元素随着地质循环和生物循环过程在生物体和土壤中富集。因此，自然生态子系统基本上受自然规律的制约，其运行主要由太阳能与生物能支配，表现出较为强烈的自然节律性。

农业生态子系统则是自然与人类交互作用的结合区。它既受自然规律的制约，又受到经济规律的支配。在农业生态子系统中，生产者和消费者在空间上是分离的，大量能量、养分随产品输出到系统之外，具有明显的开放性。每次作物收获或畜禽出栏就意味着能量流动的结束。系统的继续需要人类的投入来重新启动。能量流动出现间断，造成能量浪费，影响了系统的能量转化效率和生产力。农业生产子系统的持久性弱、生物量低，循环养分数量少，自然维持系统养分平衡的能力很弱。由于近几十年来地面覆盖下降，还有相当数量的养分随淋溶、侵蚀而散失。对于人工选择的农业生物物种来说，尤其在产出水平较高的情况下，自然系统的资源条件与农业生物生长发育的资源需求不相适应。此外，自然循环过程也不能恢复转移或流失的能量和养分。

村落生态子系统由农村人口及村落各环境要素所组成。系统的演变与发展主要受人类社会的经济规律所主宰，农村能源（在欠发达地区以非商品能源为主，在发达地区以商品能源为主）是系统运行的主要能量。在这里，原有的自然生态系统的结构和功能发生了根本的变化，人类的社会经济活动及人类自身的再生产成为影响生态系统的决定性因素。因此，村落生态子系统具有人工系统的典型特征。

对农村生态系统组成部分的划分，并不意味着这些子系统是相互独立的。任何农村生态系统的组成部分都是有机联系的，它们通过物质循环和能量流动而有机地结合成整体。在子系统间也是相互影响、相互联系的。随着子系统的自身演变和相互影响，农村生态系统也逐步发生变化。

（2）农村生态系统的结构

农村生态系统的结构是指组成该系统的各个组分在系统中的配合或组织方式，它反映了系统内部各个组分之间的联系，是实现系统功能的基础。多样化的结构不仅是所有生命系统和农村生态系统持续稳定发展的基本特征，也是现代化生产和生活对人工生态系统的基本要求。

1）景观生态结构

农村生态系统是一个受人类干预的半人工生态系统，是一个自然与人工的混合体。按景观生态学原理，其结构可分为斑块（如农村聚落建筑、房屋）、廊道（如农村道路、桥梁、管道等纯粹的人工构筑物）和基质（如农村的森林、草地、山体、水域等自然要素和经人类改造的农田、人工林地、园地等半自然元素），所有这些有机结合成一个不可分割的生态整体。在这个生态整体内，合理的农村生态系统结构是形成系统较高的生产力和实现农村生态系统良性循环的基础和前提。

2）生态系统结构

类似于自然生态系统，农村生态系统有明显的结构特征，即组成系统的结构元素、结构链和结构网。农业生态系统结构是基于食物链（或者网）结构上的产业结构。

结构元素：它是构成系统的基本结构单元，是完成系统功能的基本组分。农村生态系统的结构元素包括生物元素、加工产业元素、环境元素、资源元素、决策者和消费者。其中，生物是指参与生产活动的各种生物；产业是指系统中的各种工业及加工业；环境是指对系统结构和功能产生作用的因子。

结构链：不同结构单元通过一定方式连接而成的、能完成一定功能的链状结构即为结构链。在农村生态系统中它是食物链的类似物，是实现物质循环和能量流动的主要途径，是实现产品增值的必要过程。结构链中所包含的组分不同、组分之间的耦合关系不同，实现的功能就完全不一样。结构链包括生物生产链、加工链、销售链、消费链、资源利用链、污染治理链和管理链。消费链直接反映市场情况，管理链则与技术、政策、体制等密切相关。

结构网：结构网是多条结构链通过一定耦合方式形成的网络关系，是系统结构的高级形式和较完整形式。适宜的结构网络关系一般能达到良好的效果。农村生态系统的网络结构在系统内部表现为结构元之间的共生和再生关系，在系统之间表现为某一系统的竞争能力。结构网包括资源结构网、生产网、市场网、基础设施网、社会文化网和信息网。系统网络关系建立的关键包括两个方面，一为加环，即在原有的简单食物网中加入一些有益的环节或者在复杂无序的食物网中去掉某些无益或有害的环节，从而实现结构网各环节之间的适宜耦合；二为接口，即将原来构不成循环关系又互不相关的两条或多条食物链通过适宜的配置连接起来，形成一个闭合循环的结构网。它是能量、物质和信息的汇集交换场所。

农村生态系统并非“纯”自然生态系统，它是一种复杂的生态—经济结构。随着农村商品经济的发展，大量的农、畜产品作为商品输出到城市后，原先只存在于农村生态系统内部循环的许多养分脱离了原先的系统，从而使农村生态系统的物质循环的封闭性不断降低，系统开始需要不断地从外界（城市生态系统生产的化肥、农药等）输入相应的养分以保持系统平衡。

5.1.2 农村生态系统的功能

农村生态系统的具体功能分为生态系统对人类产生直接影响的供给功能、调节功能和文化功能，以及对维持生态系统其他功能具有重要作用的支持功能。

①供给功能：指生态系统向人类提供各种产品，如食物、燃料、纤维、洁净水及生物遗传资源等，它是农村生态系统最基本的功能。它为人类提供初级生产和次级生产的产品，除了满足城乡居民的基本生活需求，也为相关工业生产发展供应大量的原材料，为社会经济的快速发展提供了重要的物质基础。

②调节功能：指人类从生态系统的调节过程中获得的效益，如调节气候、控制疾病、调节水分、净化水源等。调节功能是农村文化发展和经济发展的重要依托。近年来，农村开始吸纳大量外来人口入住，其丰富的旅游资源、独特的生产方式、自然景观、风土人情对城市人群具有强烈的吸引力，成为当代旅游业发展的一枝奇葩。

③文化功能：指通过丰富精神生活、发展认知、大脑思考、消遣娱乐及美学欣赏等方式，而使人类从生态系统获得的非物质效益。现代农村系统为维持人类文化的多样性和特有性、传统文化的传承、现代知识体系和教育体系的构建提供了灵感来源。中华民族文化源远流长，众多的民族文化，特别是众多少数民族的文化基本上都产生于农村，依存于当地农村特有的自然和历史人文环境，它们作为中国文化的源头和根基，是民族精神和情感的重要载体，是百姓世代相传的文化财富。

④支持功能：指生态系统生产和支持其他服务功能的基础功能，如初级生产、制造氧气和形成土壤等。生态系统服务是人类生存和发展的物质基础和基本条件，既为人类提供实物性的生态产品，还以其丰富的生物多样性向人类提供更多类型的非实物型生态服务，这些生态产品和服务给人类带来了巨大的福利。

5.2　农村生态规划

5.2.1　农村生态规划理论

（1）农村生态规划的理论基础

1）共生原理

共生的概念来源于生态学中生物与生物的关系，指的是不同种生物基于互惠关系而共同生活在一起。该理论可以使人类通过共生，控制人类—环境系统，实现与自然的合作，与自然协同进化。一个系统内多样性越高，其共生的可能性越大。小尺度空间结构的镶嵌常导致共生。大的单一结构，如集中供热，工业区域或农业中的单一经济，单一居住用地的城镇管理等，往往缺乏共生机制及相应的稳定效应，不能产生多重效益。为了获得共生效益，系统必须着眼于创造小的空间结构，并确保它们之间的相互耦合与镶嵌，从而使得整个反馈向着有利于系统稳定的方向发展。

农村生态规划必须围绕人与环境的共生原理展开。人类的各种社会经济活动不能违背生态特点，两者的互利共生是景观优化利用的前提，是生态规划设计的终极目标。人文、半人文景观是人与自然的共创之物，生态规划设计的目标和任务在于寻求人与景观协调稳定关系及发展的一种新途径。以农村为例，整合农村聚居环境的自然生态、农业与工业生产和建筑生活三大系统，协调各系统之间的关系，是农村生态规划设计的重要任务。农村规划的目标即是要从自然和社会两方面去创造一种充分融技术和自然于一体、天人合一、情景交融的人类活动的最优环境，诱发人的创造精神和生产力，提供高的物质与文化生活水平，创造一个舒适优美、卫生、便利的聚居环境，以维持景观生态平衡和人们生理及精神上的健康，确保生活和生产的方便。

2）景观生态学原理

景观生态学为生态规划提供了许多重要的基本观点，它是生态规划的最佳指导思想。运用景观生态学原理分析我国生态农业的主要景观特征，得出如下结论：

①景观异质性较高：生态农业景观最明显的特征是斑块类型多样且差异性大。如我国煤矿塌陷区挖塘造林形成的林鱼型生态农业模式、平原低洼地区采用挖大沟和填小沟方法营造水利廊道形成的农田排灌系统以及传统农田间作套种混种模式和轮作休耕制度。可利用生物相生互克原理获得生态系统整体优化效应，且多样化农业产出能取得较好的生态和经济效益，并减少农业灾害如盐碱化等风险。

②斑块生态位互补：景观内不同斑块是各类物种的集聚地，也是景观中的生态流场所，合理规划和人工调控生态农业的不同斑块生态位，在空间和时间上趋向互补，充分利用景观生态系统中的不同资源，并利用共生原理加大要素之间的生态循环，可发挥整体优势。如生物养地技术中养地作物和普通作物轮作、间作，在时间上改变斑块构成，通过用养结合，能优化经济产出，增强系统稳定性，而立体种养技术在系统尺度上互补也是同理；基塘模式中鱼塘和基岸斑块之间物流和能流交换量很大，因而这两种斑块之间的空间关联性，如基岸廊道的宽窄、鱼塘斑块的形状、面积和连续性面积比例以及空间结构均关系到基塘系统效率。

③景观环境服务功能较强：由于生态农业多样性高且稳定性和持续性好，并且生态上更为协调，因而更近似于自然生态系统。如生态环境治理区域通过模拟自然顶级群落，山顶、陡坡建造林草景观，可对重力作用下水土流失起到遏制源头的作用。

④有限的人工调控：如低洼湿涝地区一般需建设排灌渠道以建立适合农业生产系统的水分循环，干旱地区采用喷灌有助于作物吸收和农田生态系统的平衡与维持。我国北方防护林网建设主要起防风固沙和增加大气湿度的作用，而南方林网的作用是参加系统物流交换和提供经济产出。另外，我国农村通过建设薪炭林和沼气池，以及近些年来相继涌现的"屋顶花园""屋顶菜园""屋顶养殖""阳台盘景""壁架蔬菜""无土栽培""大棚养蜂""池塘养蚌""稻田养鸭""层架种菇""立架种菜"等，在一定程度上也有助于充分利用空间与地力，提高立体光合效益，恢复区域生态环境。

3）适宜的协调原理

农村生态规划的目的是通过对农村景观格局的优化、生态过程的调控、生态产业的规划等手段，来协调农村发展的各种关系，包括农村聚落的生产、生活与生态功能的协调，局部利益与整体利益的协调，近期利益与长远利益的协调等。实现农村协调发展的关键在于增强其自我调节能力。因此，适宜的协调原理主要包含以下两个方面的内容：

①最适功能原理：农村生态系统是一个自组织系统，其演替的目标在于整体功能的完整，而不是其组分结构的增长。同时，其所具有的自组织特征决定了农村生态系统的调控重点不在于寻求生态系统外部的最优控制，而在于依靠系统内部人类及其他生物的能动性去进行内部关系的自我调节。农村生态系统的这种自我调节能力的高低取决于它能否像有机体一样控制其组分的不适当增长，以和谐地为其整体功能服务。该原理决定农村生态系统调控应着眼于对系统过程的学习、了解，然后依靠系统的自我调节能力，进行各种生态关系的调节，以达到系统的整体功能最适，而不是寻求系统的某种最终发现或解决问题的最优方案。

②最低限制因子原理：在自然生态系统的长期生态演替过程中，只有生存在与限制因子上、下限相距最远的生态位中的生物物种，其生存机会才最大。同样，在复合生态系统长期生态演替过程中，也存在这种最低限制因子原理。因此，要使农村复合生态系统实现协调发展，也应该采取最低限制因子对策，调控系统内外的各种人类活动，使其处于限制因子的上、下限风险值距离最远的位置，使农村生态系统获得最大的可持续发展机会。

（2）农村生态规划原则

成功的规划在于规划者对规划区所在的大区域背景的理解程度。不同于欧美国家，我国人口众多，生态负荷重，人地矛盾突出，在长时期高强度的土地利用之下，农村景观中自然植被斑块所剩无几，加上工业化、城市化进程加快，有些地方耕地保护红线被突破，空心村、劳力老龄化、季节性抛荒现象呈现上升趋势。清洁水源也成为一个新问题，尤其在云、贵、川等易旱地区的山区，时有"水荒"发生，即使是南方多雨地区也有季节性旱情出现。因此，中国农村的生态规划和建设要立足于自己的国情。首要的问题是协调提高人口承载力与维护生存环境之间的关系，经济开发必须结合生态保育来进行，通过人类生产活动有目的地进行生态建设，如调整农业生产结构、营造防护林、水源保护林、兴修农田水利、防治水土流失、修建水保工程等。

理想的农村生态规划应能体现出农村资源提供农产品的第一性生产、保护及维护生态环境及成为一种特殊的旅游观光资源这三个层次的功能。现代农业的发展，不仅要满足第一层次的需要，同时还要注重后两个层次功能的开拓。通过生态规划，使生态规律建设的农业生态系统不仅要获得超过自然系统的生产力，还要保持生态的可持续性。

1）农村地域的经济功能

即要建立高效的人工生态系统。因为农村是重要的经济地域单元，不同社会发展阶段，农村形态不同，经济地域功能不同，农村资源利用方式也不同。由于受农业技术、自然条件、自然资源和耕作方式等多种因素的制约，传统农业的粗放性和低效性一直是困扰农村经济发展的重要环节。建立高效的人工生态系统是农村景观规划的原则和出发点。

2）农村地域的自然生态功能

即要保持自然景观的完整性和多样性。由于在农村地区，人类活动对景观的干扰程度相对较低，因此景观结构保存完好、景观类型多样，景观生态具有多样性的特征，是生物多样性保护的基本场所，是农村的自然遗产。保持自然景观的完整性和多样性，成为景观规划的重要原则。

3）农村地域的社区文化功能

即要保持传统文化的继承性。农村社区文化体系，是相对独立和完整的地方文化，是农村的文化遗产。农村文化的继承性是农村文化得以保存的根本。农村文化反映了特定社会历史阶段的农村风情风貌，是现代社会认识历史发展和形成价值判断的窗口。

4）农村地域的空间组织功能

即要保持景观的合理性和可达性。农村空间结构表现在景观斑、景观道、景观廊和景观基所形成的景观特征；同时，农村居民点体系（中心镇、中心村、建制村与自然村）所形成的结构特征，廊、道、斑的合理性与村镇体系的合理性，也是景观规划的基本原则。

5）农村地域的资源载体功能

即要合理开发利用资源。农村是土地资源、水力资源、森林资源、野生动植物资源、优质种质资源和矿产资源的重要载体。资源的集约、高效和生态化利用，是提高农村经济活动效益、保护资源、保护生态环境、保护农村景观的重要前提，也是推进农村可持续发展的重要基础。

6）农村地域的聚居功能

即要改善人居环境，提高农村居民的生活质量。农村是人类发展和居住的重要地域，在发展中国家和落后地区，农村人口仍然是人口形态的重要构成。关注农村人口老龄化、困难户、因病致穷返贫户和父母外出打工留守儿童生活与教育问题等，是当地政府和农村“两委”都不容忽视的责任。对于不同地区来讲，农村的社会形态发展不同，经济水平差异较大，农村景观也有较大差距。改变农村贫穷落后的面貌，革除农村不良旧习，树立农村正气和新风尚，改善农村人居环境，提高农村住民的生活质量，成为景观规划的重要原则。

7）农村地域的发展目标

即要坚持可持续发展原则。可持续发展理论是对人类未来的重新认识，以及人类在发展过程中重新理解与自然环境关系的基础上，提出的全新的发展理念和发展模式。农村地域的发展目标，是实现区域的可持续发展和人类的可持续发展。

5.2.2 农村生态规划方法

（1）农村生态规划类型

我国农村经过了长久的发展，创造了多样化、各具特色的农村风貌。根据不同农村的不同特点，需要有针对性地进行农村生态规划。在现阶段，我国农村生态规划大致有以下几种类型。

1）典型农村型

该类型针对浅山、丘陵区等农业资源相对比较丰富的地区，是以农产品开发为主导产业，同时兼顾生态环境保护的生态农村发展模式。这种类型保留了我国典型农村地区的特点。

随着社会经济的发展和城市化水平的提高，农业产业的目的不仅仅是满足人们对食物的需求和保证农村人口收入的来源，还要保护自然、稳定生态、保护动植物多样性，使农村成为人与自然和谐相处的一个平台。在这样的区域，一方面既要提高农业生产效率、增加农民收入；另一方面又要进行生态保护，使农业生产可持续发展。该模式发展的主要问题是如何进行传统农业的生态化改造，在不断提高农民收入的同时进行生态环境的保护。

在对典型农村进行生态规划时，尤其要考虑到我国还存在一批古村落和传统村落遗产，这些古村落景观所具有的山水意象、生态意象、宗族意象、吉利意象和辟邪意象等，形成了我国江南水乡、皖南民居、客家村落、傣族村寨、西北窑洞、关中半边盖、新疆地窝子、川西民居与湘西民居等多种富有地方特色的农村聚落。现今这些农村村落，都面临前所未有的两难发展境地。一方面，传统的农村村落为发展农村旅游提供条件，旅游业大规模发展起来；另一方面，旅游者的进入成为破坏农村村落赖以生存的文化环境的直接因素，直接威胁农村的地方性。因此，如何对传统农村进行保护性的开发，成为我国农村发展中最关键的部分之一。

2）偏远山区型

该类型针对广大的山区农村。以传统农业经济为主的山区，因受自然条件的制约，生产意识落后，人才、技术、资金缺乏，农业处在低层次、原始的开发阶段，呈现出分散、零乱的景观特征。农业行业不仅效益低，而且整体亏损经营的范围正逐步扩大，农民经营的主业收入极低，乡村仍然比较贫穷。从平原和山地的对比来看，山区的贫穷尤为突出，“平原—山地”相互作用系统的机理和功能在人口的重压下，发生了畸形变化。山区以粮食自给为目标，放弃了自己的优势，大规模毁林种地，拦河造地，高坡垦殖，形成了梯田层层、高坡累累的景象。在以矿业经济为主导的山区，掠夺式的资源开采使绿地景观系统满目疮痍，山地景观系统遭到严重破坏，不仅导致生态环境的恶化，形成一系列的社会问题，而且导致其他产业发展滞后，出现大规模的撂荒地、矿业废弃地和矿渣堆地。原有的大面积、高标准的经济林、果园因长期缺乏管理，或因采矿需要而大面积被砍伐。星罗棋布的大小矿点和无序的矿业生产为泥石流、滑坡和崩塌等灾害的发生提供了条件。因此，对广大山区农村进行生态规划刻不容缓。

3）城市边缘型

该类型指位于城市边缘、与城市交融的郊区农村。它是城乡作用最频繁和土地利用形态最复杂、属性变化最快、社会机构最复杂而又常常疏于管理的景观综合体。城市边缘的农村地带是城市扩张的首要空间和问题较突出的地区，是城市更新过程中废弃物和流动人口的集中地区，在城市非线性扩张中呈现出城市景观与农村景观交错的特殊性。本类型农村紧邻建成区，可达性好，又具有农村生活的恬静、幽美、乐趣和感受；但同时该区由于城乡作用频繁，土地利用形态变化较大，如何进行合理的土地整理是其中一项实现土地资源可持续利用的战略性基础工程，也是一种综合性的景观结构调整工作。

农村土地整理是景观结构和景观功能存在的基础，只有保证景观结构的完善才能实现景观功能的高效发挥，但农村景观结构往往由于人为的影响而显得十分不稳定（尤其在城市边缘区）。因此，需要通过划分、调整来完善农村土地的基本结构元素，串联起生态系统的各个环节，使其成为一个稳定的系统。这种整理会彻底改变原有生态系统的组成与格局，建立起新的地域生态系统。

近年来，随着社会经济的发展，土地整理的内涵也在不断扩展。目前，景观生态建设与环境保护已逐步纳入土地整理的目标之中，土地整理的综合化、生态化趋势明显，土地景观的恢复和重建越来越受到重视。土地整理的内容逐步向综合化方向发展，土地生态景观建设以及土地生态系统优化是土地整理的必然趋势。

（2）农村生态规划内容

基于生态原则的农村生态规划是一种多层次、多目标的整体性规划，包含了针对各种目标层次的方法手段，这些方法彼此共容、相互补充，共同构成了农村生态规划的内容体系。我国生态农村建设的核心和重点内容包括三个尺度，即景观生态规划、循环系统建设、生物关系重建（图 5-2）。

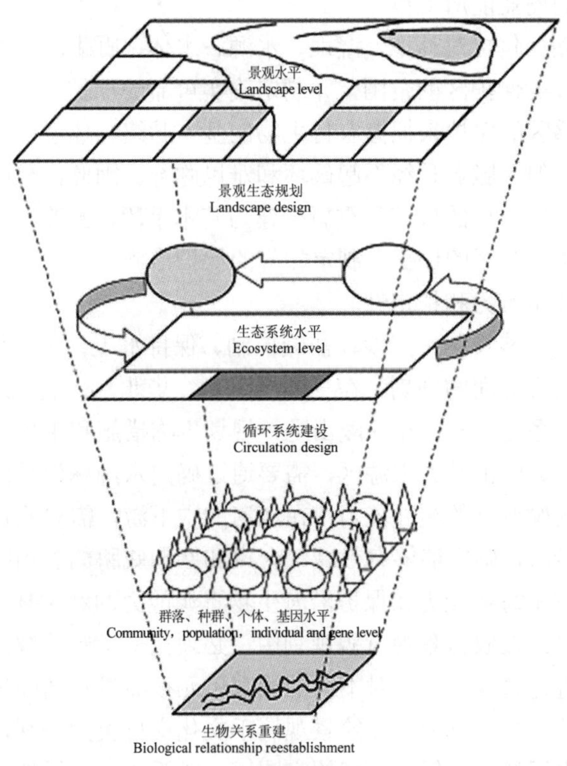

图 5-2 生态农村建设三个尺度的关系（骆世明，2008）

1）景观生态规划

景观生态规划是针对一个流域或者比较大的区域，对关系到生物保护、资源利用、生态安全和景观美学的宏观格局开展的规划。景观生态规划的核心是利用景观生态学原理、生态经济学原理和生态美学原理协调各种土地利用方式的空间关系和数量关系。

①村落整体规划：村落生态子系统是农村生态系统的核心。村落是人类重要的聚居空间，以村落为核心的生态规划是农村生态规划的重要内容。其主要包括村落规模与功能区规划、土地利用规划、村落形态及扩展空间规划、村落道路系统与交通规划、村落基础设施规划、绿地系统与生态景观环境建设规划、生态经济庭院设计。村落的大小规模、经济发展水平、自然景观环境不同，生态规划的需求也相应处在不同的阶段。需要根据实际需求，确定规划的实际内容和规划技术标准。坚持历史风貌保护优先原则，与自然景观环境相适宜的原则，合理用地、节约用地和保护耕地的原则，因地制宜、发挥优势、资源优化配置的原则，功能突出与协调发展的原则，以及改善农村人类聚居环境的原则，才能实现村落生态与景观的高度协调性。

②资源利用规划：包括土地利用格局、水资源平衡、能源利用方式等方面的规划。农业内部各种植业的基本面积、养殖业所占的位置、种养比例等需要在规划中加以体现与规范。在干旱、半干旱区各种取水方式（抽取地下水、小流域集水、地表水灌溉、人工水库、“绿色水库”等）的水源量与各种用水方式（农业、工业、生活等）的耗水量需要在规划中取得平衡。农村生活取暖、炊事、照明、家电耗能以及生产中耕作、收获、加温、保温、照明、运输、储存、加工的耗能必须能够由内部供应的太阳能、水电能、生物质能、人力、畜力以及外部采购的商业能所支撑。

③生物保护规划：包括对林地、湿地、水源、水体、野生动植物的保护的规划等。其中最重要的是划出各类保护区的范围，并制定确实可靠的保护措施。可以通过对农村中重要、特殊的环境敏感区的保护来把握农村生物的基本脉络。环境敏感区往往是表现区域景观突出特征的地区，但又脆弱且经不起破坏和难以弥补。因此，相应的景观规划设计的方法就是以景观单元空间结构的调整和重新构建为基本手段，去改善环境敏感区的胁迫或被破坏状况，强化对这一地区的保护，制定相应的保护措施，防止不当的开发和过度的土地使用，以提高其整体生产力和稳定性。

④生态安全规划：涉及防风固沙、盐碱控制、保持水土、水源植被保护、护林防火、洪水疏导、海岸防浪等方面的规划。在三北（东北、华北、西北）地区，规划退耕还林、还草，建立防护林体系的位置；在丘陵山区，规划生物措施和工程措施相结合的水土保持工程；处于重要大江大河上游的水源区，需要通过确定水源林保护区，减少洪水发生的机会，增加水源区对气候变化的缓冲能力；在江河的中下游，需要确定缓冲洪水的计划行洪区和湿地范围；在沿海，确定能够有效减轻台风和寒潮威胁的农田防护林体系的位置；在南部沿海，确定有抗击海啸能力和保护沿海生物资源能力的红树林区域。

⑤景观美学规划：在农村景观风貌规划中，必须充分了解景观的生态特征。在景观整体优化的基础上，进行景观分类，对不同的景观单元按照景观功能进行规划，最后配置出理想的景观格局。从功能上划分，建筑景观属于文化支持类的景观，是纯人工建造的。要创造良好的生产、生活环境，保持亲切的家园感，就要考虑农村外貌与建筑景观的总体布局，创造优美的景观风貌。相应的规划方法，是根据农村的地理位置、性质规模、现状条

件、美学要求，提出对农村建设艺术布局的总体构思，确定建设艺术的骨架。设计特别要体现自然美与人工美的统一和谐，建筑不仅要保持本地区特色，还要体现一种群体之间的、统一的总体美。

2）循环系统建设

循环系统建设是通过建立系统组分间物质循环链接，来提高生态系统的资源效率并减少其对环境的压力。根据系统的范围，循环系统建设包括农田系统循环、农牧系统循环、农业加工循环、农村内部循环、城市农村循环、生物地球化学循环等。生态农业的循环系统建设核心是利用生态系统生态学原理，根据物质、能量和资金平衡关系，建立经济适用的循环模式。

①农田系统循环：在作物和耕地形成的农田系统中，作物吸收养分后的秸秆还田是最重要的循环体系。秸秆可以通过机械粉碎、微生物分解、化学分解、食用菌培养、蚯蚓利用、堆肥等方式还田。秸秆还田的最优比例也是应当加以考虑的重要循环设计参数。但秸秆还田仅提供“碳”源，尚需补充“氮”源，协调好 N/C 比，方能提高土壤肥力水平。

②农牧系统循环：在耕地、作物、畜禽形成的农牧系统中，禽畜粪便的循环利用是关键。粪便除可以直接还田以外，还可通过沼气、人工湿地、食用菌、厩肥等方式建立循环通道。

③农业加工循环：随着经济生活水平的提高，农产品经加工后进入市场的比例越来越高，加工后的副产品及废物多数是有机物，适宜在农业中加以循环利用。例如，罐头、肉类、食油、纺织、淀粉、制糖、造纸、木材加工等企业产生的副产品和废料，可以循环利用做肥料、饲料、燃料、食用菌培养基等。

④农村内部循环：一段时间以来，由于我国农村建设中公共设施的建设配套计划跟不上需求，导致许多农村的粪便、污水和垃圾污染环境，降低了广大农民的生活质量。村落产生的这些粪便、污水和垃圾实际上多数可以进行农业循环利用。由于农村分散的特点，需要发展和普及分散式的处理方式，例如污水的小型人工湿地处理方式、粪便的沼气处理方式、有机垃圾的堆肥方式等。

⑤城市农村循环：在农村化肥供应缺乏的 20 世纪 70 年代前，由于城镇规模不大，一般城镇粪便和垃圾可以全部被近郊农田加以循环利用。在 20 世纪 80 年代后，这种循环链逐步被打断，垃圾被填埋或者焚烧，粪便被污水处理厂统一集中处理。通过建立城市垃圾分类收集系统，对有机垃圾采取堆肥或其他处理方式，可以实现农用循环。污水处理后的污泥如果没有有害物质，可以直接农用。利用现有方法降低污泥的重金属含量后可开展污泥的作物生产利用。

⑥生物地球化学循环：农业的物质输入和输出加大了生物地球化学循环的规模，在已经过量使用化肥的区域适当减少氮、磷、钾化肥的施用，有利于减少对工业化固氮规模的需求，也减轻对氮矿、磷矿和钾矿开采的压力。通过植物生长固定 CO_2 是一个促进温室气体减少的重要措施。全球植物每年固定的 CO_2 达到 3.6×10^9 t。扩大多年生植被、有机农业和资源节约型农业的规模，都会对与农业资源相关的生物地球化学循环系统产生积极影响。

3）生物关系重建

以作物为核心的农业生产过程可以重建的关系包括：作物与作物的关系；作物与昆虫

的关系；作物与微生物的关系；作物与大型动物的关系；作物与草的关系；作物与树的关系。从获得的效果来分类则包括：改善作物养分供应；实现对害虫、鼠患、草害等灾害的控制；实现对资源的高效利用等。

生态农村建设的三个主要措施分别代表了农村建设的宏观、中观和微观格局。景观生态规划主要是在景观水平上开展的一项宏观生态农村建设内容，循环系统建设是在生态系统水平上开展的中间尺度的生态农村建设内容，而生物关系重建是在群落、种群、个体和基因水平上利用生物多样性开展的微观水平上的生态农业建设内容（图 5-2）。本书重点关注的是前两者。

5.2.3 农村生态规划进展

（1）生态村与生态农业建设研究

1）国外研究进展

生态村（Eco-village）是伴随着人类面临的环境与资源问题而逐渐被认识的。最早是由一位丹麦学者 Robert Gilman（1991）在他的报告“生态村及可持续的社会”中提出：“生态村是以人类为尺度，把人类的活动结合到不损坏自然环境为特色的居住地中，支持健康地开发利用资源及能持续发展到未知的未来。”1991 年丹麦成立了生态村组织并给出了如下的生态村概念：“生态村是在城市及农村环境中可持续的居住地，它重视及恢复在自然与人类生活中四种组成物质的循环系统：土壤、水、火和空气的保护，它们组成了人类生活的各个方面。”

欧美发达国家早已完成了城市化进程，大部分人口生活在城市里，在这种情况下，生态村的发展模式，主要是在一些公共土地、未开发土地新建一个村庄，或者是在私人农场的基础上扩建一个村庄。也有在一些城市街区和城市近郊的居住区，经过引入生态技术进行改造，形成生态街区或生态居住地，这些也被称为“生态村”。

在发达国家，人们创建生态村的目的有三种：生态化、宗教精神化和社会化。其主要内容包括：区域化、本地化的有机食品生产；生态化的建筑；自然环境的保护与恢复（如土壤恢复）；集约、可更新能源系统；减少运输，充分利用现代通信；生态村的大小及社群的决策。

在生态村建设发展的过程中，欧美发达国家形成了各自的特色。德国生态村的建设在 20 多年的实践探索中成为生态建筑新技术的展示地，如太阳能的利用、节能、节水、绿化以及材料绿色化、技术集成化等方面都达到了很高水平。瑞典生态村建设不仅应用大量的节能、节水和材料绿色化技术，而且还力争降低这些技术的成本，使生态建筑不仅具有环境友好性，而且还具有市场竞争力。而发展中国家及南半球的生态村运动则同发达国家有所不同。南半球生态村运动的主要任务：一是为减少大城市的负荷，吸引人流，在大城市周边建立可持续的生态村；二是为维持和重建现在农村社群的持续性，包括创造就业和城市化建设。

2）国内研究进展

国内对生态村的研究始于 20 世纪 80 年代，但我国对于生态农业的概念却早已熟悉。生态农业是运用生态学原理、经济学原理和系统科学方法来组织整个农业生产系统，综合考虑农业生产和农业环境的一种生态合理、良性循环的农业体系。生态农业的目的是实现农业的可持续发展，最终达到生态效益、经济效益和社会效益三者的统一。我国在研究生态农业的过程中始终将农业生态系统与村落生态系统看作是一个整体，即实行“山、水、田、林、路、村、电、气”综合治理，关注这两个系统之间物质、能量的循环与交换。如浙江金华地区低丘红壤综合开发，通过农牧结合，培肥地力，良种良法，因地制宜发展粮、林、果、茶、菜、牧、渔、花、药、杂、苗，促进“一优两高”农业发展，取得了明显效益，原金华石门农场和婺城区蒋堂乡就是两个较突出的实例；开始于 1982 年的留民营生态农业系统研究包括了生态住宅、庭院生态系统、农村生物废弃物综合利用、生物能开发利用等方面的研究；钱塘江南岸的萧山市（现为杭州市萧山区）山一村，从 1984 年开始对山、水、田、林、路、村、电进行综合治理，使全村生产与生态建设同步发展，促进了村庄经济、环境良性循环。当前正在广泛开展的生态村研究，也将农业生态系统和村落生态系统看作是一个整体，对社会经济发展和生态建设进行总体规划设计，科学安排农、工、商、建、运、服和农业系统内部的农、林、牧、渔、副的发展比例，产前、产中、产后服务体系，不断建立更高层次的生态经济平衡，以推动农村经济的不断发展和生态建设的不断完善。

（2）农业与农村景观规划

1）国外研究进展

国外开展农业或农村景观规划较早的主要是欧洲的一些国家，如捷克、德国、荷兰等。一般认为，这些国家在农业与农村景观规划的研究始于 20 世纪 50—60 年代，然后逐渐形成了完整的理论和方法体系，对世界的农业与农村景观规划起了推动作用。如著名的捷克斯洛伐克景观生态规划与优化研究方法 LANDEP 系统，德国 Wolfgang Haber 等建立的以 GIS 与景观生态学的应用研究为基础的用于集约化农业与自然保护规划的 DLU 策略系统，都在农村景观的重新规划和与城市土地利用协调上起到了重要作用。1999 年，戈理（Frank Golley）和贝拉特（Juan Bellot）在《环境系统视角下的农村规划》（*Rural Planning from an Environmental Systems Perspective*）一书中基于西班牙萨拉戈萨的地中海农业协会（Mediterranean Aqronomic Institute of Zaragoza，MAIZ）采用的环境系统观点，提出了一种新的农村规划模式。该模式将规划过程分为线性排列的 6 个步骤：①确定目标和目的；②规划目录的编制阶段，结合公众的参与；③问题的诊断；④待选的解决方案的评价与比较，以及成本效益分析；⑤方案的实施；⑥监测。这看上去与其他基于景观生态的规划模式非常相似。然而该模式突出的特点在于：在规划过程中，它非常关注公众的参与性，并对生态要素的结合进行多标准的分析，还包括对成本效益的分析，从而对待选方案进行评价。以 Van Lier 为主的“国际土地多种利用研究组（The International Study Group on Multiple Use of Land，ISOMUL）”，则是一个由来自世界各国从事农村土地利用和景观规划的著名学者组成的研究组织，在推进农村景观规划的理论与方法、保护和恢复农村的自然和生态价值、协调城镇边缘绿地和农村土地利用之间的特殊关系等方面的研究中起到了核心指导作用。他们提出了以“空间概念（Spatial Concepts）”和“生态网络系统（Ecological Networks）”等描述多目标农村土地利用规划与景观生态设计的新思想和方法论。

在亚洲的韩国和日本，农业或农村景观规划研究在城市化高速发展的过程中，对保护农耕地和传统农村景观起了决定性作用。在韩国，分布于丘陵沟壑和河川平地之间的传统而安静的农村群落和规划有序的梯田稻田、人工草地和果园给人留下深刻的印象，这样的优美景观大大推动了韩国农村旅游业和生态旅游业的发展。对农业与农村景观规划，日本学者 Masao Tsaji 博士曾论述过：农村土地利用与景观规划的实质就是要科学地协调好土地资源利用过程中的“公共资源”和“私有资源”，并且公共资源优化的实现就是通过严格限制和优化各种私有资源来达到的。同时，他还指出在市场经济条件下，这种公共资源的优化经常受到忽视，而必须通过科学的农村土地利用规划或景观规划来保证。

2）国内研究进展

国内对农业与农村景观问题的研究大致可概括为以下三个方面：

一是从传统的农业或乡村地理学方面进行的一些有关研究。例如郭焕成等在 20 世纪 80 年代末开展的“黄淮海平原乡村发展模式与乡村城镇化研究”，总结了改革开放以来乡村发展的经济问题，探讨了区域乡村发展机制与模式。严格来讲，这只是从乡村地理学的角度研究了与农村景观相关的一些问题。

二是比较全面而积极地从景观生态学方面进行的应用研究。目前其主要研究重点是针对一些生态脆弱地区（如黄土高原、西北农牧结合带以及土石丘陵山区等）和城乡交错带进行景观系统分析和景观生态设计的研究。这在 1989 年和 1996 年的第一、第二届全国景观生态学学术研讨会和 1998 年沈阳亚太地区景观生态学国际研讨会上有比较集中的反映。中国科学院沈阳应用生态研究所在组织和推动景观生态学在中国的基础性研究和应用研究方面起了重要作用。肖笃宁等先后主编出版了《景观生态学：理论、方法及应用》（1991）和《景观生态学研究进展》（1999）两本具有代表意义的系统性研究文集。此外，景贵和、傅伯杰、陈昌笃、王仰麟和俞孔坚等在农业景观分析、景观系统分类、景观生态设计和布局等方面做了不少研究工作，其中一些研究成果在国内是具有开创性的。如景贵和（1986）的“土地生态评价和土地生态设计”，肖笃宁等（1990）的“沈阳西郊景观格局变化的分析”，傅伯杰（1995）的“黄土区农业景观空间格局分析”，王仰麟（1996）的“景观生态分类的理论与方法”等。

三是目前在一些高强度土地利用区进行的乡村土地整理或乡村土地利用规划方面的研究和实践。其侧重点主要在优化配置土地利用，以及调整不合理的乡村住宅用地和规模化合并农业用地，改善乡村景观面貌，充分挖掘土地资源潜力上，但并没有深入到更加具体的农业或乡村景观系统分析、景观模型研究和生态规划上去。

（3）未来发展趋势

目前，由于我国农村本身产业结构的调整和城市化的冲击，农村城镇化等已成为当代农村生态规划的新背景。农村城镇化是一个颇为热门的话题。一方面，对“非城镇化”农村来说，农村城镇化能够缓解农村人口压力和土地承载力的矛盾，比“非城镇化”的分散建设节省耕地，促进了农村生产方式、增长方式的转变，利于集中防治污染和保护环境等；另一方面，对“城镇化”的农村来说，由人口压力带来的生态胁迫对城镇化农村的生态建设是个严峻的考验。目前暴露出来的问题主要有以下几个方面：

①自然、半自然景观退化，生态平衡失调；

②景观格局混乱，生态环境质量下降；

③人地关系矛盾突出，土地浪费现象严重；

④农田面源污染严重，生态系统遭到破坏。

因此，如何应用生态学、经济学原理，在农村城镇化过程中进行理性、合理的规划设计，将是接下来我国农村建设中的重点内容。

5.3　经典案例

5.3.1　典型农村型——安吉县“中国美丽乡村”建设总体规划

（1）规划区概况

位于长三角腹地的安吉是浙江省湖州市的市属县，位于东经 119°14′—119°53′和北纬 30°23′—30°53′。全县面积为 1 885.71 km^2，总人口 45.25 万人，辖 10 镇 5 乡。

曾是浙江 20 个贫困县之一的安吉，20 世纪八九十年代走上工业强县之路，造纸、化工、建材、印染等企业的崛起成就了 GDP 的高速增长，贫困县帽子很快摘掉。然而来不及惊喜，安吉人蓦然发现，环境已被破坏，生态已经恶化。安吉的优势是山水，潜力也是山水，生态环境是安吉最大的也是最宝贵的资源。县领导经深入调查和反思，痛定思痛，终于醒悟：安吉应该依靠生态，走生态立县之路！2000 年，安吉县人大作出了《关于实施生态立县——生态经济强县的决议》。2006 年，安吉县被国家环保总局授予“国家生态县”光荣称号（全国首个国家级生态县）。2007 年，安吉县委托浙江大学生态规划与景观设计研究所为其量身打造“中国美丽乡村”，《安吉县“中国美丽乡村”建设总体规划》于 2008 年 6 月完成。

（2）规划思路

“中国美丽乡村”行动，是指安吉县把全县 187 个行政村（社区）都建设成为“村村优美、家家创业、处处和谐、人人幸福”，综合水平领先全国的社会主义新农村行动。“中国美丽乡村”的概念可以从以下几个方面来理解：“乡村”是区域的概念，即整个安吉，它是由各个以村为单位的元素构建而成的，其建设的重点在村庄，建设主体是农民，内容包括产业发展、生态保护、环境整治、基础设施建设、文化素质提升、社会保障等。“美丽”的概念有两层含义，即“外在美”和“内在美”。“外在美”是指村庄生态良好、环境优美、布局合理、设施完善等；“内在美”是指产业发展、农民富裕、特色鲜明、社会和谐等。“中国”代表的是一个国家级的品牌，一个个各具特色的美丽村庄单元组合成为独具魅力的美丽安吉，其“美丽乡村”的品牌培育于安吉、争艳出浙江、闪耀全中国。

从安吉社会经济的发展进程来看，“中国美丽乡村”行动是安吉从最初的以资源特色定位为“中国竹乡”品牌到以生态型为定位的“全国第一个生态县”品牌的第三次提升，是集资源、生态、环境、产业、文化等复合发展的综合型城市新目标（图 5-3）。

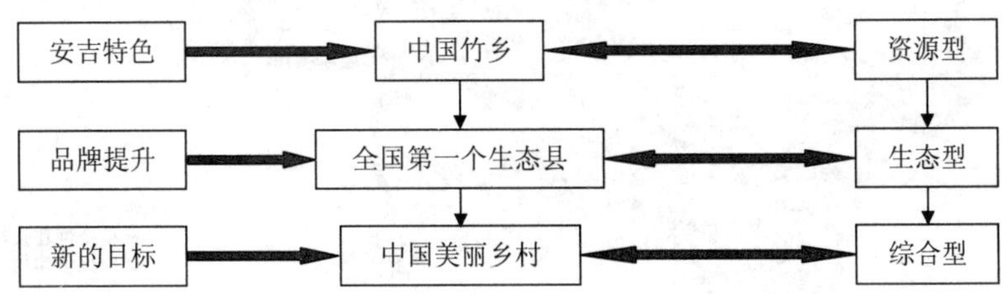

图 5-3　“中国美丽乡村”是安吉品牌的第三次提升（严力蛟等，2008）

(3) **规划亮点**

1) 规划框架

结合安吉实际，“中国美丽乡村”建设针对新农村建设“20 字”方针，即“生产发展、生活富裕、乡风文明、村容整洁、管理民主”，分别制定了相应的政策和措施（如图 5-4 所示）。

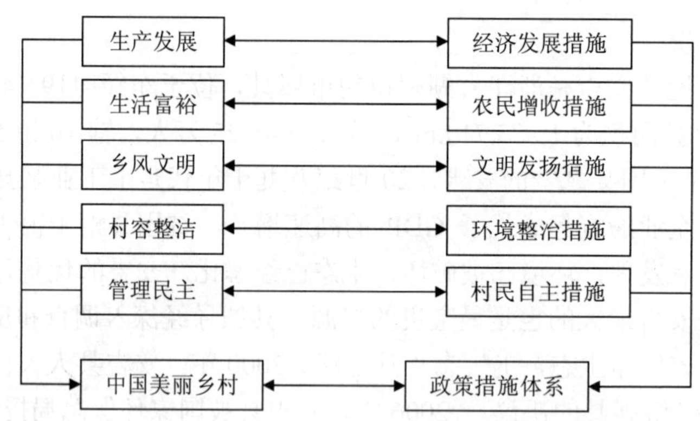

图 5-4 “中国美丽乡村”与新农村建设（严力蛟等，2008）

此框架对探索建立具有全国性示范和推广意义的“环境优美、生活富美、社会和美”的现代化新农村的“安吉模式”，最终将安吉打造成为国家级的“中国美丽乡村”品牌具有指导作用。

2) 村庄分类

借鉴韩国、日本、德国与我国台湾等发达国家与地区乡村建设的成功经验，对安吉 187 个行政村（社区）进行优化配置（图 5-5）。

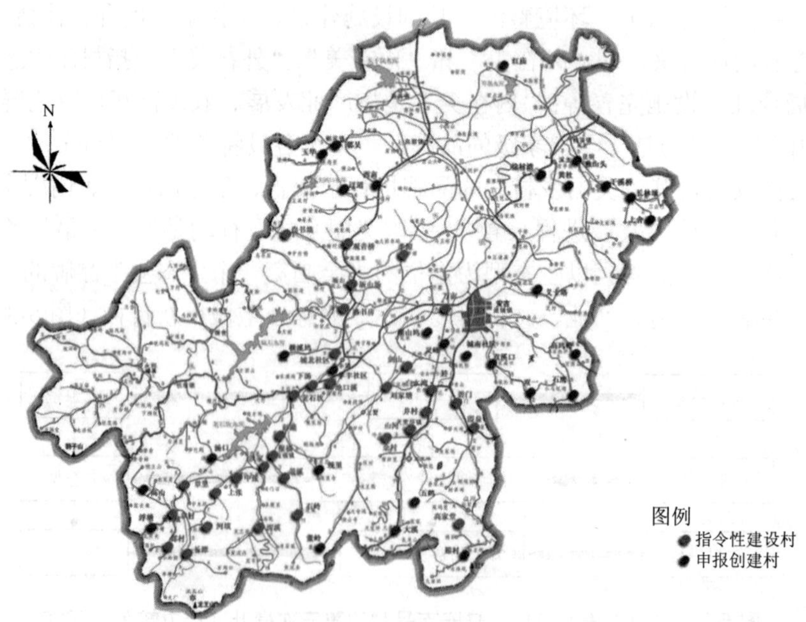

图 5-5 安吉县近期建设村庄布点

按村庄所在区域的自然条件，将“中国美丽乡村”分为平原村、丘陵村和山区村。

按产业特色将“中国美丽乡村”分成工业特色村、高效农业村、休闲产业村、综合发展村、城市化建设村等五个类别。

表 5-1　安吉“中国美丽乡村”建设分类（严力蛟等，2008）

产业	地域		
	山区	丘陵区	平原区
工业特色村	碧门村、霞泉村、义士塔村、赤芝村、独山头村、长林垓村、干溪桥村、上舍村、路西村、松坑村、狮古桥村、彭湖村、河垓村、横路村、马吉村、井村村（16 个）	南北庄村、良村村、西亩村、赤坞村、孝源村、田垓村、上墅村、罗村村、溪龙村、下汤村、刘家塘村（11 个）	安城村、康山村、三官村、塘浦社区、万亩村、东滨社区、净土社区、石龙村、梅溪村、皈山场村、白水湾村、五福村、南店村（13 个）
高效农业村	双一村、高坞岭村、石鹰村、鲁家村、钱坑桥村、三山村、管城村、梓坊村、受荣村、景坞村、上吴村、民乐村、上堡村、唐舍村、缫舍村、桐杭村、尚梅村、新上唐村、和村村、姚村村、磻溪村、七管村、大坑村、高村村、吴村村、文岱村、杭河村、岭西村、桐坑村、大竹垓村、大河村、夏阳村、白杨村、上张村、汤口村、章里村、浮塘村、尚书垓村、西鹤村、港口村、施阮村、龙王村、山川村、马家弄村、大里村、船村村（46 个）	老庄村、青龙村、东山垓村、鞍山村、马家村、横山坞村、剑山村、乌泥坑村、观音桥村、黄杜村、红庙村、甲子村、高庄村、吴址村、张芝村、古苑村、余石村、老石坎村、横溪坞村、横柏村、溪南村、新村村、茅山村（23 个）	六庄村、兰田村、横塘村、垅坝村、双河村、鹤鹿溪村、古城村、蚕桑场村、后河村、徐村湾村、新丰村、池溪口村、竹根前村、洛四房村、板桥村、马村村、龙口村、荆湾村、章湾村、小溪口村、华光村、里沟村、晓云村、长隆村、溪港村、南北湖村、吟诗村、大竹园村（28 个）
休闲产业村	迂迢村、深溪村、景溪村、洪家村、石岭村、统里村、长潭村、高山村、郎村村、大溪村、余村村、银坑村、玉华村、董岭村、五鹤村、铜山村、高家堂村、九亩村（18 个）	赋石村、灵峰村（2 个）	
综合发展村	山河村、章村村、杭垓村、报福村（4 个）	城东社区、城北社区、鄣吴村（3 个）	孝丰社区、晓墅村、良朋村、高禹村（4 个）
城市化建设村	上朗社区、芝里社区、朗里社区、三友社区、递一社区、余墩社区、长乐社区、双溪口村、吉庆桥村、雾山寺村、荷花塘村、银湾村、赵家上村、城南社区、穆皇城社区、递铺社区、山头社区、范潭社区（18 个）		

通过实地调研和访谈，将村庄分类后，分别确定各个行政村（社区）的近期发展思路。以剑山村为例举例说明：

①剑山村基本情况：安吉经济开发区剑山村地处西苕溪中游、灵峰山脚下，是一个典型的丘陵村，距县城 10 km。东接灵峰寺，西邻龙王溪，北连塘浦工业园区。境内最高海拔 337 m。全村共有人口 15 132 人，14 个村民小组，7 个自然村，1 个中心村。全村总面积 6.9 km^2，其中耕地 3 235 亩，旱地 1 220 亩，山林 2 520 亩。

②剑山村创建思路及工作重点：

环境提升工程　主要内容为“一地一溪”整治工程。“地”即剑山湿地；“溪”即龙王溪河道。通过整治及景观营造，打造湿地景观公园及龙王溪景观带，作为剑山两大自然生态品牌。

产业提升工程 主要内容为“两条线”工程。“农业观光线”即充分利用剑山村现有农业发展的优势，建设湿地观光区、果园采摘区、蔬菜种植区、竹笋挖掘区等，建成集观光、休闲、旅游、科教于一体，以体验田园乐趣和劳作为特色的农业观光线；“休闲旅游线”即依托健身中心、航空乐园和汽车俱乐部三个旅游项目，建成若干个有一定社会影响力的上星级农家乐，建成节约能源和资源的老年养生基地、生态屋群落，形成一条以吃、住、娱乐、养生为一体的休闲旅游路线。

3）生态文化规划

①传统民居风格和建筑尺度：地方性文化是历史的积淀，存留于空间和建筑之中，融合在人们的生活中，对城市的营造、居民的观念和行为起着无形的影响。作为中国竹乡，安吉拥有特有的民居风格。在规划中，部分建筑设计严格控制层高在 3 层以下，采用传统民居形式，利用竹材、石材等符号，突出当地特色。

②生态文化：安吉的文化是复合的、多元的，经过历史的沉淀和社会经济的不断发展，深厚的历史文化融合当今的现代文化，使得安吉的文化内涵异常丰富。从安吉的文化现状考虑，可以归纳为九大文化体系：历史文化（以上马坎遗址为代表）；地域文化（以黄浦江源为代表）；军事文化（以独松关为代表）；物产文化（以竹子、白茶为代表）；传统文化（以孝丰为代表）；名人文化（以一代宗师吴昌硕为代表）；宗教文化（以灵峰古寺为代表）；民族文化（以畲族文化为代表）；现代电站文化（以天荒坪电站为代表）。这些文化都可以统筹在生态文化之下。安吉的生态文化可谓无处不在，不同的产业特色，不同的人文风俗，都是安吉开展生态旅游，建设“中国美丽乡村”不可多得的宝贵资源。

自 2008 年至今，安吉县“中国美丽乡村”建设已经踏入稳步发展阶段，成为中国新农村建设的鲜活样板！

5.3.2 偏远山区型——北京市房山区史家营乡山地生态规划

（1）规划区概况

史家营乡位于北京市房山区西北百花山南麓，属京西矿区南部边缘区。土地总面积 109.9 km^2，辖 12 村，总人口 9 829 人，其中农村人口占 94.2%。社会总产值 3.44×10^8 元，其中农业占 2.49%，煤炭采掘占 59.3%，运输业占 28.8%，商饮服务业占 9.19%，其他行业占 0.22%，煤炭采掘业是该乡的经济主体与核心。煤炭资源较为丰富，但水资源缺乏。山地面积广阔，山势陡峻，林草资源丰富（图 5-6），适宜林牧发展的现有耕地 4.512 3 km^2，为梯田旱地或果粮间作地，地块小而零散，耕作原始，产量低而不稳，年产粮食 1.273×10^6 kg。因煤炭资源是门头沟主矿区的边沿矿区，属于国家大煤矿管辖范围之外，因此成为各村采矿致富的重要资源。正因为如此，资源的无序开发已导致景观生态严重破坏，环境污染突出，贫富差距大，社会分配不公，社会矛盾加剧等一系列问题，在京西矿区乡村中具有典型代表性（王云才等，2003）。

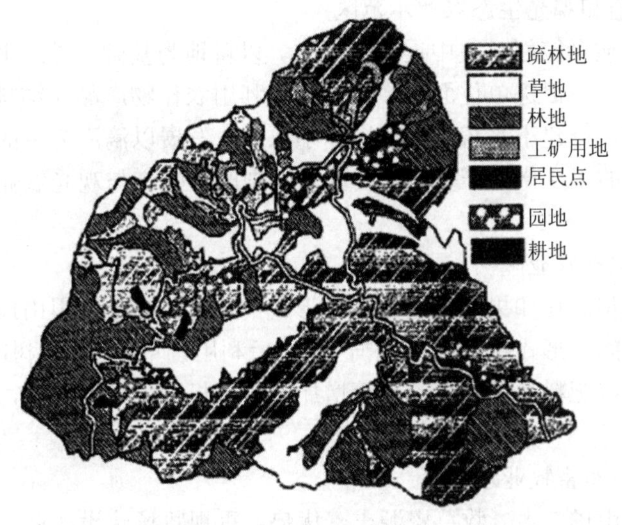

图 5-6 史家营土地利用类型现状（王云才等，2002）

（2）存在问题及规划思路

1）存在问题

史家营乡地处深山，山高坡陡，土地贫瘠，景观生态系统破坏严重。在历史上森林资源曾多次受到大范围严重破坏，目前全乡整个自然生态系统正在由森林生态系统向旱生灌丛生态系统退化，特别是地处阳坡的北山地带。自 1981 年大规模开采煤炭资源以来，矿点密度大、煤炭乱采滥挖、采空塌陷区广布，人为加大了对生态环境的破坏，使本已脆弱的生态环境进一步退化。具体表现在水资源减少且污染急剧恶化，洪旱灾害加重，泥石流及采空塌陷区危害范围扩大等。这些直接影响了当地社会和经济的发展。

2）规划思路

依据山区特点，因地制宜，充分利用自然资源，依靠科技进步和集约经营管理来实现提高煤炭采出率、人均工效、设备利用率和经济效益，达到建立北京西部“集约、高效、生态”型矿业基地的目标；搞好以集水、节水为重点的农田基本建设，促进土地质量提高，使农业实现低耗高效，生态环境得到改善；依据区域景观生态格局和产业发展情况，建立可持续的产业发展模式。

（3）规划亮点

根据史家营乡的自然景观特征、水土条件、植被覆盖、居民点分布、煤矿分布与开采、工业与交通运输业等自然与社会经济特点，结合景观生态破坏的现状，依据经济建设与生态环境协调发展原则，兼顾保护与开发，将该区域划分为 5 个景观整治与规划区。

1）景观生态环境恢复与重建区

以史家营乡北山矿区为景观生态环境恢复与重建地带，全部关闭年产量小于 1.0×10^5 t 的煤矿，保留年产量大于 1.0×10^5 t 的 3 个煤矿，对煤矿场地进行土地整理，用矿渣回填矿井，清理沟谷堆积物，使原始地表土壤出露。以水土保持为中心，以减轻自然灾害和污染以及恢复土地和破坏的生态环境为目的，建立环境保护森林生态模式，进行“草—灌木”为先行植被和人工植树相结合的人工景观生态恢复。

2）种植、养殖和观光生态农业示范区

主要是指耕地质量较好且集中连片的地区。以耕地为基础，通过平整土地，推广以抗旱为中心的农业技术，促进单位面积产量提高；利用农作物产品（饲料、秸秆）发展饲养业和食用菌培植业，修建小水窖、小截流和小水库，发展以滴灌为主的高标准果园；建设以温室、大棚为主的工厂化生产基地，实现以农副产品生产与观光农业相结合的优化农业结构。

3）果粮养殖生态农业区

主要包括以果粮间作和果园为主要种植形式的地区。充分利用山地通风透光优势，在有限的土地上采取间作形式生产粮食和饲草，然后利用饲草、饲料和树叶发展食草性牲畜，通过过腹还田形式将肥料返还土地，从而增加土壤有机质，增肥地力，提高经济效益，形成良性生态循环。

4）林草放牧生态畜牧业示范区

充分发挥当地山场广大、牧草资源丰富优势，重视牧场建设，划定夏秋及冬春季节牧场，实行放牧与封育轮牧制。在土层较厚的地块种植草、苜蓿等优质牧草，以建设人工牧场或割草场，促进二级养殖业发展。

5）旅游休闲为主的生态旅游区

依托丰富的景观旅游资源和人文历史遗迹，开展山地生态旅游。生态旅游既是一种行为理念和发展模式，也是山区推出的绿色旅游产品。生态旅游遵循的特征有：崇尚自然、亲近自然和保护自然；生态旅游开展的前提是在不污染环境、不破坏生态的基础上进行的；通过生态旅游的开展宣传生态旅游的思想，明确生态保护的意义，改变旅游者的传统观念并提高全民的保护意识；通过山区居民的积极参与，实现生态旅游的发展与当地社区建设的互动推进。生态旅游的开展集中在具有历史影响的百花山和莲花山两个区域，以自然景观旅游为主体，融合历史人文景观，使生态旅游成为替代传统产业、发展绿色产业的重要产业形式。

参考文献

[1] 陈波，包志毅．生态规划：发展、模式、指导思想与目标[J]．中国园林，2003，1：48-51.

[2] 陈佑启．论农村生态系统与经济的可持续发展[J]．中国软科学，2000，8：24-30.

[3] 傅睿，胡希军．浅析我国农村生态系统与城市生态系统的对比[J]．山西建筑，2007，33（14）：6-7.

[4] 高旺，陈东田，董小静，等．生态规划在休闲农业观光园项目策划中的应用研究[J]．山东农业大学学报：自然科学版，2009，40（2）：280-282.

[5] 刘͡．京郊山区生态村理想模式研究[D]．中国农业大学，2005.

[6] 刘黎明．乡村景观规划的发展历史及其在我国的发展前景[J]．农村生态环境，2001，17（1）：52-55.

[7] 刘黎明，李振鹏，张虹波．试论我国农村景观的特点及农村景观规划的目标和内容[J]．生态环境，2004，13（3）：445-448.

[8] 刘黎明，杨琳，李振鹏．中国乡村城市化过程中的景观生态学问题与对策研究[J]．生态环境，2006，15（1）：202-206.

[9] 刘邵权．农村聚落生态研究——理论与实践[M]．北京：中国环境科学出版社，2006.

[10] 鲁迪，杨剑，魏雅丽，等．土地整理中的景观生态规划与设计[J]．甘肃农业，2005，6：26-27.
[11] 骆世明．生态农业的景观规划、循环设计及生物关系重建[J]．中国生态农业学报，2008，16（4）：805-809.
[12] 王锐，王仰麟，景娟．农业景观生态规划原则及其应用研究——中国生态农业景观分析[J]．中国生态农业学报，2004，12（2）：1-4.
[13] 王云才．论都市郊区游憩景观规划与景观生态保护——以北京市郊区游憩景观规划为例[J]．地理研究，2003，22（3）：324-334.
[14] 王云才，郭焕成．沟谷生态经济区的创意与景观规划设计——以北京市西部山区的规划实践为基础[J]．山地学报，2002，20（2）：141-149.
[15] 王云才，郭焕成．北京西部山地景观生态整治与景观规划——以北京房山区史家营乡的典型研究为例[J]．山地学报，2003，21（3）：265-271.
[16] 王云才，刘滨谊．论中国农村景观及农村景观规划[J]．中国园林，2003，1：55-58.
[17] 温璃，王颖．乡村景观的生态规划[J]．安徽农业科学，2009，37（16）：7766-7767.
[18] 肖笃宁，高峻．农村景观规划与生态建设[J]．农村生态环境，2001，17（4）：48-51.
[19] 谢花林，刘黎明，李蕾．乡村景观规划设计的相关问题探讨[J]．中国园林，2003，3：39-41.
[20] 严力蛟，杜良平，郑军南，等．安吉县“中国美丽乡村”建设总体规划[M]．杭州：浙江大学生态规划与景观设计研究所，2008.
[21] 杨家栋，秦兴方，单宜虎．农村城镇化与生态安全[M]．北京：社会科学文献出版社，2005.
[22] 杨小波．农村生态学[M]．北京：中国农业出版社，2008.
[23] 叶齐茂．统筹人与自然和谐发展的乡村规划思路[J]．小城镇建设，2004（5）：24-25.
[24] 于冰沁，王向荣．浅析景观生态学原理在农业景观规划设计中的应用[J]．辽宁行政学院学报，2008，10（3）：75-76.
[25] Kazuhiko Takeuchi，Yutaka Namiki，Hiroyasu Tanaka. Designing eco-villages for revitalizing Japanese rural areas[J]. Ecological Engineering，1998，11：177-297.

第 6 章

自然保护区生态规划

生态系统退化、生物多样性丧失等，已经成为当今全球最主要的生态环境问题，并被公认为是对人类可持续发展的重要威胁，而建立自然保护区是生态保护的最重要途径之一，是保护珍稀濒危物种及各种典型的生态系统的重要手段。新中国成立以来，我国自然保护区事业得到了长足发展，这不仅表现在自然保护区数量和面积上的逐渐增大、类型上的不断丰富、布局上的渐趋合理，更表现在多种效益的共同提高。本章主要介绍自然保护区生态规划的基本内容和规划方法。

6.1 自然保护区生态系统

自然保护区生态系统因保护区空间位置、生态系统结构和组分的不同而差异较大。通常自然保护区是完全天然的自然生态系统，其系统结构异常复杂，生物多样性较高，系统的整体性和稳定性较强，一般具有典型的生态系统、珍稀物种或自然遗迹等，并急需特殊保护。

我国自然条件复杂，区域生态系统的类型繁多，地理分异性明显，不仅有着北半球除了赤道热带雨林以外的各种生态系统，同时又有一系列特有的类型。有些与世界其他地区类型相同的生态系统，由于生物区系的发生历史和自然条件的差异，在我国的分布也有其独具的特点。

我国以保护综合的自然生态系统为主要目的的保护区主要分布在寒温带针叶林区、温带针阔混交林区、亚热带常绿阔叶林区、热带季雨林、雨林区，而在温带草原区、温带荒漠区和青藏高原高寒区则相应较少。同时，这些具有代表性的保护区主要是以保护各种原始的生态系统为对象的，对于受干扰后产生的典型的次生生态系统几乎没有涉及（李文华和赵献英，1995）。

6.1.1 自然保护区的基本概念

20 世纪 90 年代以来，可持续发展的观念逐渐深入人心，我国采取了有利于发展自然保护区的经济、技术、政策措施，将自然保护区的发展规划纳入国民经济和社会发展计划。与国际上广义的自然保护区（Natural Reserve or Natural Protected Areas）概念相对应，《中华人民共和国自然保护区条例》将自然保护区定义为对有代表性的自然生态系统、珍稀濒危野生动植物物种的天然集中分布区、有特殊意义的自然遗迹等保护对象所在的陆地、陆地水体或者海域，依法划出一定面积予以特殊保护和管理的区域。根据条例规定，凡具有下列条件之一的，应当建立自然保护区：

①典型的自然地理区域、有代表性的自然生态系统区域以及已经遭受破坏但经保护能够恢复的同类自然生态系统区域；

②珍稀、濒危野生动植物物种的天然集中分布区域；

③具有特殊保护价值的海域、海岸、岛屿、湿地、内陆水域、森林、草原和荒漠；

④具有重大科学文化价值的地质构造、著名溶洞、化石分布区、冰川、火山、温泉等自然遗迹；

⑤经国务院或者省、自治区、直辖市人民政府批准，需要予以特殊保护的其他自然区域。

6.1.2　自然保护区的分类与命名

自世界上第一个自然保护区建立以来，保护区的建设已经过多年的发展历程，但保护区的命名一直没有统一。直到 1969 年在新德里召开的世界自然保护联盟（International Union for Conservation of Nature，IUCN）第 10 届大会才接受了“国家公园”的定义。然而由于缺乏严格的使用标准和存在性质差异，该定义并不适用于其他类型的保护区。1972 年召开的第二届国家公园世界大会上采纳并制定适当的保护区分类标准，将保护区划分为 7 个类型。而后，又于 1990 年在 IUCN 第 18 届大会上将原分类标准修订为 5 个类型，即：①科学保护区和荒野区；②国家公园和对等的保护区；③自然纪念地；④生境和野生生物管理区；⑤保护性的陆地或海洋景观区。上述划分标准在 1992 年召开的第四届国家公园与保护区世界大会上得到进一步讨论，并建议将荒野区单独列为一个类型，另增加持续利用保护区类型。然而，采用 IUCN 保护区分类系统分类对于我国当时已有的保护区并不完全适合。1994 年，薛达元等确定了我国自己的保护区类型划分原则：①坚持一个主导依据的原则，即依据主要保护对象及其保护对象的景观自然属性；②立足基本国情的原则，注意与国际分类标准的对应和衔接；③穷尽性与界限清楚的原则，即高标准的科学性和类型的穷尽性。根据这些原则，他们将保护区划分为 3 个类别 9 个类型，一直沿用到今天，如表 6-1 所示。

根据自然保护区的管理级别，又可将保护区分为国家级自然保护区和地方级自然保护区。对于在国内外有典型意义、在科学上有重大国际影响或者有特殊科学研究价值的自然保护区可列为国家级自然保护区。除列为国家级自然保护区外的其他具有典型意义或者重要科学研究价值的自然保护区可列为地方级自然保护区。地方级自然保护区一般分级管理，具体办法由国务院有关自然保护区行政主管部门或者省、自治区、直辖市人民政府根据实际情况规定，报国务院环境保护行政主管部门备案。

为了规范我国自然保护区的命名，《中华人民共和国自然保护区条例》中规定自然保护区的命名可以按照下列方法进行：

表 6-1 我国自然保护区类型划分（薛达元和蒋明康，1994）

类别	类型
自然生态系统类自然保护区	森林生态系统类型自然保护区
	草原与草甸生态系统类型自然保护区
	荒漠生态系统类型自然保护区
	内陆湿地和水域生态系统类型自然保护区
	海洋和海岸生态系统类型自然保护区
野生生物类自然保护区	野生动物类型自然保护区
	野生植物类型自然保护区
自然遗迹类自然保护区	地质遗迹类型自然保护区
	古生物遗迹类型自然保护区

①国家级自然保护区，自然保护区所在地地名加“国家级自然保护区”。如黑龙江扎龙国家级自然保护区、陕西长青国家级自然保护区等。

②地方级自然保护区，自然保护区所在地地名加“地方级自然保护区”。如黑龙江五常大峡谷省级自然保护区、黑龙江门鲁河湿地市级自然保护区等。

③有特殊保护对象的自然保护区，可以在自然保护区所在地地名后加特殊保护对象的名称。如黑龙江穆棱东北红豆杉国家级自然保护区、黑龙江新青白头鹤国家级自然保护区。

6.1.3 自然保护区生态系统的结构和功能

（1）自然保护区生态系统的结构

自然保护区生态系统因保护区空间位置和保护对象不同而差异较大，通常自然保护区均包含一定未受到人类干扰的自然生态系统，称核心区，如天然的森林、草原、海洋、湖泊等生态系统，其结构异常复杂，生物多样性较高，其生产者、消费者、分解者和无机环境经过长期相互作用和不断进化已经形成相对稳定的自然生态系统结构，一般包含珍稀物种、濒危物种或自然遗迹等。同时，由于人类对自然生态系统的干扰，在未受干扰的核心区之外通常还包含部分受干扰的区域，称缓冲区，其部分生态系统与核心区相近，但部分生态系统受演替作用的影响而与原始生态系统有较大差别。缓冲区之外为实验区，其生态系统结构受实验和旅游开发等工作的影响，其部分生态系统结构已经遭到一定程度的破坏。

（2）自然保护区生态系统的功能

1）对科学研究具有重要的参考价值

自然保护区生态系统是完整的生态系统，具有丰富的物种、生物群落及其赖以生存的环境。自然保护区生物与环境间长期相互作用后在各种自然地带保留下来的、具有代表性的天然生态系统或原始景观地段，都是极为珍贵的自然界的原始“本底”。它对于衡量人类活动结果的优劣，提供了评价的准则，同时也为探讨某些自然地域生态系统和今后合理发展的方向指出了一条途径，以便人类能够按照需要而定向地控制其演化方向。

2）对维持物种的种类和数量具有重要意义

自然保护区保留着尚未被人类干扰或干扰较轻的自然生态系统，其天然的、稳定的生态系统中生物种类和数量极为丰富。

3）对群众学习和认识自然规律具有重要指导意义

除少数为进行科研而设置的绝对保护地域外，一般保护区都可以接纳一定数量的青少年学生和旅游者进行参观游览。通过在保护区内精心设计的导游路线和视听工具，利用自然保护区这一天然的大课堂，增加人们在生物学、生态学、环境科学、地理学等方面的知识，增强人们的生态保护意识。

4）某些自然保护区生态系统的独特性拥有优越的旅游服务条件，具有重要的旅游功能

自然保护区保存了完好的生态系统和珍贵而稀有的动植物或地质剖面，对旅游者有很大的吸引力，特别是有些以保护天然风景为主要目的的自然保护区，更是旅游者向往之地。在不破坏自然保护区的条件下，可划出一定的地域有限制地开展旅游事业。

5）在改善生态环境质量和调节小气候等方面有重要作用

自然保护区独特的天然生态系统，有利于保持水土、涵养水源、维持生态平衡等。特别是在河流上游、公路两侧及陡坡上划出的水源涵养林，是自然保护区的一种特殊类型，能直接起到环境保护的作用。当然，要维持大自然的生态平衡，仅靠少数几个自然保护区是远远不够的，但它却是自然保护综合措施网络中的一个重要环节。

6.1.4 自然保护区生态功能区的划分和管理

为了科学合理地规划和管理自然保护区，通常从功能上将其划分为核心区（Core zone）、缓冲区（Buffer zone）和实验区（Experiment zone）三个部分（图 6-1）。

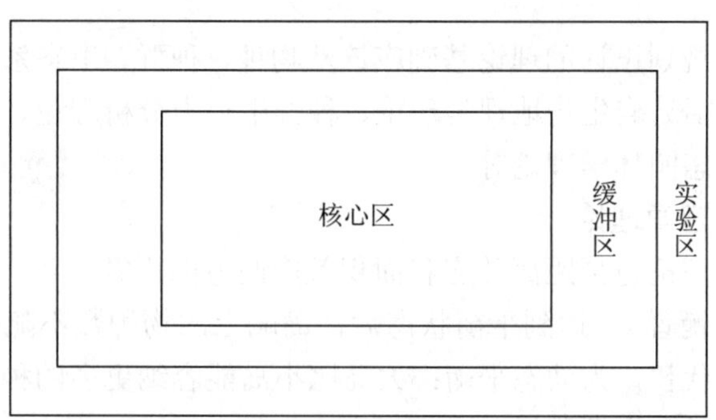

图 6-1 自然保护区功能分区示意（章家恩，2009）

自然保护区内保存完好的天然状态的生态系统，以及珍稀、濒危动植物的集中分布地，应当划为核心区。核心区区划条件：①保护的物种丰富、集中，地域连片；②生态系统完整，环境未遭人为破坏；③有适宜的增长、栖息范围和条件；④区内无不良因素的干扰和影响；⑤在单位面积上保护对象有较充裕的可容量；⑥核心区外围有较好的缓冲条件。核心区禁止任何单位和个人进入，主要保护基因和物种多样性。因科学研究的需要，必须进入核心区从事科学研究观测、调查活动的，应当事先向自然保护区管理机构提交申请和活动计划，并经省级以上人民政府有关自然保护区行政主管部门批准；其中，进入国家级自然保护区核心区的，必须经国务院有关自然保护区行政主管部门批准。

核心区外围可以划定一定面积的缓冲区，应根据保护区性质和实际需要确定，一般不应少于 500 m。可以包括一部分原生性的生态系统类型和由演替系列所占据的受过干扰的地段。只准进入从事科学研究观测活动，禁止在自然保护区的缓冲区开展旅游和生产经营活动。因教学科研的目的，需要进入自然保护区的缓冲区从事非破坏性的科学研究、教学实习和标本采集活动的，应当事先向自然保护区管理机构提交申请和活动计划，经自然保护区管理机构批准。

缓冲区外围划为实验区，可以进入从事科学试验、教学实习、参观考察、旅游以及驯化、繁殖珍稀、濒危野生动植物等活动。在国家级自然保护区的实验区开展参观、旅游活动等，由自然保护区管理机构提出方案，经省（自治区、直辖市）人民政府有关自然保护区行政主管部门审核后，报国务院有关自然保护区行政主管部门批准；在地方级自然保护区的实验区开展参观、旅游活动等，由自然保护区管理机构提出方案，经省（自治区、直辖市）人民政府有关自然保护区行政主管部门批准。

按现行的《中华人民共和国自然保护区条例》的规定，核心区是最具保护价值或在生态进化中起到关键作用的保护区，所占面积不得低于该自然保护区的 1/3，实验区所占面积不得超过总面积的 1/3。三区的划分不应该人为割断自然生态的连续性，可尽量利用山脊、河流、道路等地形地物作为区划边界。

6.2 自然保护区生态规划

6.2.1 自然保护区生态规划理论

自然保护区生态规划设计的理论基础应该从物种、种群、生态系统三个不同层次进行研究。其理论主要包括岛屿生物地理学理论、种群生存力分析理论、复合种群理论（也称异质种群理论）和生态园林学理论等。

（1）岛屿生物地理学理论

岛屿生物地理学理论包括距离效应和面积效应两方面内容。

①距离效应（平衡说）：达到平衡状态后，岛屿上的物种数不随时间而变化；灭亡种不断被新迁入的种所代替，为动态平衡；大岛比小岛能容纳更多的种；随着岛屿距大陆距离的增大，平衡点的种数逐渐降低。

②面积效应（物种—面积关系）：$S=CA^Z$（S——保护区内物种数；A——保护区面积；C——所要研究的群落的参数；Z——参数，取值一般在 0.18～0.35）。

20 世纪 70 年代中期 Jared Diamond 等根据岛屿生物地理学的“平衡理论”，提出了一套自然保护区设计原则。Diamond 等认为：①大保护区比小保护区拥有的物种多；②栖息地是一个同质的保护区，一般应尽可能减少不相连碎片的生成；③同质性的不相连的栖息地保护区，应尽可能地靠近；④同质性的不相连的栖息地保护区，等距排列好于线性排列；⑤将几个保护区用廊道连接起来，会便于物种的扩散，增加物种存活机会；⑥保护区应尽可能接近圆形，以缩短保护区内物种的扩散距离（Diamond，1995；Edward Wilson and Edwin Willis，1975）。Daniel Simberloff 和 Lawrence Abele（1976）首先对 Diamond 的自然保护区设计原则提出不同看法。他们认为不是所有的物种都需要大保护区，许多物种也可以在小保护区内生存，总面积之和等于大面积的几个小保护区可能比一个大的保护区拥有较多的物种。

（2）种群生存力分析理论

20 世纪 80 年代，与群落生态学研究途径（岛屿生物地理学研究方法）并行的种群生存力分析理论（Population Viability Analysis，PVA）发展起来。种群生存力分析理论是一种寻找物种的需求量及其在环境中的资源量，以辨别其生活史中最脆弱阶段的方法。种群生存力分析法用于分析生境丧失、生境破碎效应和生境退化对珍稀物种的影响。预测物种存活力，也就是用分析模拟技术估计物种以一定概率、存活一定时间的过程，它得出的主要结论是最小可存活种群（Minimum Viable Population，MVP）。最小可存活种群的核心是对保护任何生境中的任一物种的隔离种群所必需的个体数作量化的估计。Michael Soule 和 Daniel Simberloff（1986）认为生物多样性保护有三个目标：①保护特有种和稀有种；②保护整个功能群落；③保护物种的最大数量和生物多样性。通过最小种群数量可以估算出种群所需的最小面积。基于此，Soule 和 Simberloff（1986）提出，估计自然保护区的最小面积可以分为三步：①鉴别目标种或关键种，它们的消失或灭绝会明显降低保护区物种多样性和价值；②确定保证这些物种以较高概率存活的最小种群数量；③用已知密度估算维持最小种群数量所需的面积，该面积就是保护区的最小面积。事实上，PVA 理论尚不成熟，缺乏实验证据，其分析所用的资料需要长期的野外生态观察。但是因涉及生物多样性保护的实质性问题，该方法受到人们越来越高的重视（Soule，1987；Soule et al.，1986；李义明等，1994）。

（3）复合种群理论

复合种群理论认为：复合种群的长期续存需要维持生境斑块网络；适度的隔离有利于复合种群的长期生存；生境质量在空间上的较高异质性是有益的。复合种群理论对生境异质性较高的自然保护区保护特有物种的数量和种类具有一定的指导意义。

（4）生态园林学理论

生态园林学是指在生态学和生态经济学理论的指导下，依托原有自然生态环境和资源，运用中国园林学的筑山、理水、构物、造景、借景等自然园林设计手法，在自然保护区规划设计和建设中创造适应生物习性、适宜生物栖息的多样性立体生境。

其他的与之相关的景观生态学理论，在自然保护区生态规划中也十分重要。研究各景观要素在景观格局过程中的相互关系和作用，对景观不仅考虑斑块本身，而且注重斑块与周围环境（基质）的联系和相互作用。景观异质性或时空镶嵌性有利于物种的生存延续和生态系统的稳定。自然保护区只是大尺度系统中的一个组分，应注重保护区与周围组分的关系研究及保护区网络的研究。

我们在实际的规划当中通常依据上述原理，按照以下原则进行规划：

第一，保护区的面积视保护对象和目的而定。应以物种—面积关系、生态系统的生物多样性与稳定性，以及岛屿生物地理学为理论基础来确定保护区面积。通常自然保护区面积越大，保护区生态系统则越稳定，但保护区的面积一定要与国情和社会经济发展相适应。

第二，从保护区的边缘效应来看，圆形的保护区比长形的保护区好，边界越少则越有利于管理。

第三，如果条件限制必须建立几个相邻的分散的自然保护区，宜依据保护对象设计有足够宽度的生境走廊，便于物种迁移和繁衍。

第四，正确理解等面积的一个大保护区和多个小保护区之间功能的差别。如果划分出的多个小保护区能够维持种群数量和生物多样性，那么多个小保护区有利于降低灾难扩散的危险系数，增加生境多样性，保护的物种会更多；相反，划分出的多个小保护区不能够维持种群数量和生物多样性，那么规划为一个大面积的自然保护区具有更重要的生态学意义（李义明等，1996；章家恩，2009；孔繁德，2001）。

近些年来，“系统保护规划”（Systematic Conservation Planning，SCP）的理论框架也逐步形成，并逐渐应用到自然保护区生态规划中，同时，其配套的软件也得到进一步的发展（Clark et al.，2000；Balmford，2003；Crowling et al.，2003）。系统保护规划根据生物多样性属性特征确定保护目标，利用多学科和技术对一个地区生物多样性进行优先保护和保护区规划设计。系统保护规划侧重保护区选址和设计的综合，以保护整个地区生物多样性特征（包括物种、生态系统和景观三个层次的特征）为目的。系统保护主要包括 7 个步骤：

第一步：确定保护规划目标；

第二步：收集区域生物多样性数据及确认信息空缺；

第三步：分析评估生物多样性特征和保护目标；

第四步：分析已建保护区，找出保护空缺；

第五步：评估保护目标的可持续性；

第六步：用数学方法和生物地理的原则对保护区域的保护价值进行评估；

第七步：识别优先保护的地区，并进行新的保护规划。

其中，最重要的步骤是要确定合理的宏观保护规划目标，选择出规划区域内具有指示作用的物种和生态系统。通常选择区域内具有代表性的珍稀濒危物种和具有重要生态功能且脆弱的生态系统作为指标，因为这些物种和生态系统是整个自然生态系统的重要组成部分，具有其他物种和生态系统所不可替代的服务功能。通过对地区濒危动物和生态系统的保护可使整个区域生态系统和其他动物同时得到保护。将系统保护方法应用于区域生物多样性保护规划和保护区网络建设研究，对保护区的宏观规划和保护政策的制定具有积极意义（Margules et al.，2000；Groves et al.，2002；Pressey et al.，1993；栾晓峰等，2009）。

随着系统保护规划理论的发展，在计算机技术和地理信息系统的基础上，出现了一些专门用于生物多样性保护的规划软件，如 C-plan、Sites、Spots、Maxran 等。这些规划软件把整个系统规划的思想、代数运算及地理信息系统的应用连接在一起，方便和规范了系统保护规划的过程。其中，C-plan 软件应用比较广泛，由澳大利亚昆士兰大学生态系、新威尔士州立公园和野生动物保护署首先创立并在该地区应用。C-plan 软件通过对区域生物多样性特征和保护区系统现状进行复杂的数理统计和分析，计算出规划区域内每一个规划单元的不可替代性价值，以评估保护区保护的有效性。不可替代性指一个给定的规划单元所能实现特定目标的可能性。用 C-plan 进行系统保护规划，首先要收集各种基础数据，整理编制表格，在软件的数据编辑器中运行表格，得到 C-plan 数据表，再运行 C-plan 管理器，结合 ArcGIS 软件把数字运算结果转化为图像，最后根据不可替代值运算结果，确定优先保护地区，并划分出不同等级的优先保护区域（栾晓峰等，2009）。

6.2.2 自然保护区生态规划方法

（1）自然保护区总体规划编制的基本内容

自然保护区总体规划一般包括以下几个方面：

1）前言

它是关于国家级自然保护区总体规划的简明阐述，包括该自然保护区基本特征、历史沿革、法律地位及编制和实施该总体规划的目的、意义等要素。

2）基本概况

该部分是依据该自然保护区科学考察资料和现有信息进行的基本描述和分析评价，资料信息应充分和完善。具体包括：①区域自然生态、生物地理特征及人文社会环境状况；②自然保护区的位置、边界、面积、土地权属及自然资源、生态环境、社会经济状况；③自然保护区保护功能和主要保护对象的定位及评价；④自然保护区生态服务功能、社会发展功能的定位及评价；⑤自然保护区功能区的划分、适应性管理措施及评价；⑥自然保护区管理进展及评价。

3）自然保护区保护目标

保护目标是建立自然保护区根本目的的简明描述，是保护区永远的价值观表达与不变的追求。

4）影响保护目标的主要制约因素

包括：①内部的自然因素，如土地沙化、生物多样性指数下降等；②内部的人为因素，如过度开发、城市化倾向等；③外部的自然因素，如区域生态系统劣变、孤岛效应等；④外部的人为因素，如公路穿越、截流水源、偷猎等；⑤政策、社会因素，如未受到足够重视、处境被动等；⑥社区、经济因素，如社区对资源依赖性大或存在污染等；⑦可获得资源因素，如管理运行经费少、人员缺乏培训等。

5）规划期目标

规划期目标是自然保护区总体规划目标的具体描述，是保护区的阶段性发展目标。规划期一般可确定为 10 年，并应有明确的起止年限。确定规划目标的原则，要紧紧围绕自然保护区保护功能和主要保护对象的保护管理需要，坚持从严控制各类开发建设活动，坚持基础设施建设简约、实用并与当地景观相协调，坚持社区参与管理和促进社区可持续发展。规划目标内容包括：①自然生态、主要保护对象状态目标；②人类活动干扰控制目标；③工作条件、管护设施完善目标；④科研、社区工作目标。

6）总体规划主要内容

包括：①管护基础设施建设规划；②工作条件、巡护工作规划；③人力资源、内部管理规划；④社区工作、宣教工作规划；⑤科研、监测工作规划；⑥生态修复规划（非必需时不得规划）；⑦资源合理开发利用规划（如生态旅游等）；⑧保护区周边污染治理、生态保护建议。

7）重点项目建设规划

重点项目为实施主要规划内容和实现规划期目标提供支持，并将作为编报自然保护区能力建设项目可行性研究报告的依据。重点项目建设规划中基础设施如房产、道路等，应以在原有基础上完善为主，尽量简约、节能、多功能；条件装备应实用高效；软件建设应给予足够重视。重点项目可分别列出项目名称、建设内容、工作/工程员、投资估算及来源、执行年度等，并列表加以汇总。

8）实施总体规划的保障措施

包括：①政策、法规需求；②资金（项目经费、运行经费）需求；③管理机构、人员编制；④部门协调、社区共管；⑤重点项目纳入国民经济和社会发展计划。

9）效益评价

效益评价是对规划期内主要规划事项实施完成后的环境效益、经济效益和社会效益的评估和分析，如所形成的管护能力、保护区的变化及对社区发展的影响等。

10）附录

包括自然保护区位置图、功能区划分图、建筑/构筑物分布图。

（2）自然保护区生态规划步骤

通常自然保护区按层次进行设计（图 6-2）。

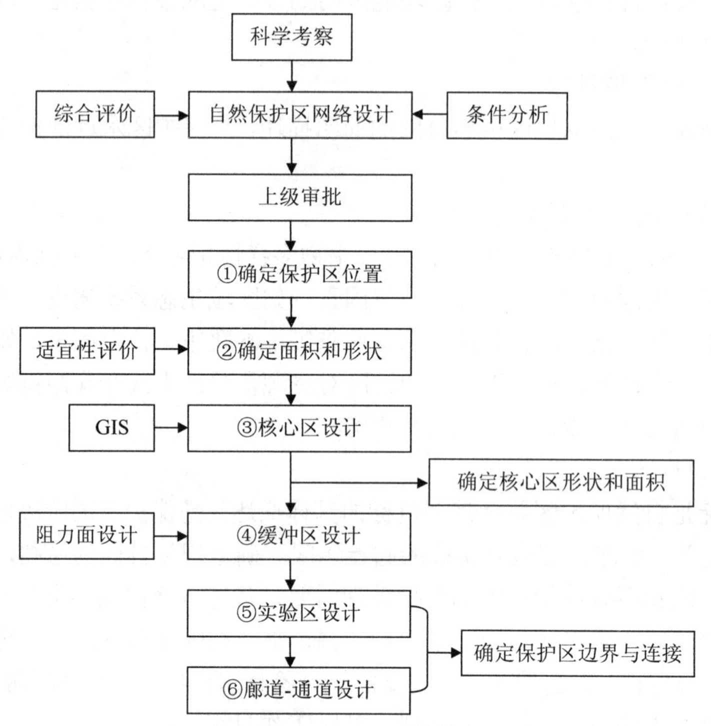

图 6-2　自然保护区生态规划步骤（章家恩，2009）

步骤一：自然保护区位置确定

自然保护区位置确定要经过科学考察、条件分析、综合评价和上级审批这四个阶段。

1）科学考察

对拟建自然保护区的地域进行全面的科学考察，明确保护对象及其周围的生态、经济、市场、交通、人才、资源、人文、社会状况、特征、变化趋势等因素，并编写考察报告和附图。

2）条件分析

将考察结果与《中华人民共和国自然保护区管理条例》第二章第十条的相关规定对照，如果符合规定的五项条件之一，即可认为符合建立自然保护区的条件。

3）综合评价

对符合国家规定的拟建自然保护区，分别进行生态评价、社会经济评价，然后做出总体评价，并编写出自然保护区的可行性研究报告。

4）上级审批

拟建的自然保护区根据拟报的类型按管理部门的分属上报有关主管部门，并根据拟报的级别上报国家或相应的地方政府。其中拟建的国家级自然保护区必须由自然保护区所在的省、自治区、直辖市政府或国务院有关主管部门提出申请，经国家级自然保护区评审委员会评审后，由国务院环境保护行政主管部门进行协调并提出审批建议，报国务院批准；地方级自然保护区的建立由省一级政府批准。

步骤二：自然保护区面积形状确定

①自然保护区面积要适当，要能满足保护自然的起码需求，即不能小于保护自然生态系统、保护珍稀物种、保护自然历史遗迹的最小面积。

②理想的自然保护区形状，以圆形较好。一是边界减少，易于管理；二是核心区尽可能扩大，易于生态系统、珍稀物种和历史遗迹的保护；三是保护区连成片较好，便于管理，使保护更有效。

步骤三：核心区设计

保护区各功能区的不同功能，要求根据保护目标首先进行核心区的设计，继而设计缓冲区和实验区，最后完成整个保护区的设计。其中核心区的设计十分重要，常常借助于 GIS 空间分析技术，利用种群生存力分析方法、栖息地分布模型方法和阻力面分析方法确定核心区的面积。

种群生存力分析方法具体步骤为：①确定目标类群；②用种群生存力分析求解最小可存活种群；③评估目标类群的生物领域面积；④评价适宜生境在空间和时间上的可达性；⑤评价剩余生境（如野生生物廊道）对维持最小面积的有效性；⑥确定最小面积。

栖息地分布模型方法具体步骤为：①变量的初步选取，根据野外观察，初步确定可能影响栖息地选择的变量，对变量进行栅格化处理；②变量的空间采样，运用地理统计学的方法，对变量进行空间采样；③确定相关变量，即运用统计检验方法检验初步选取的变量是否确实与栖息地选择有关；④主成分分析，相关变量可能相互之间有一定的相关性，主成分分析的作用是简化相关变量，将相关变量线性组合成一些新的、相互独立的综合变量，这个综合变量称为主成分（PC）；⑤建立 Logistic 回归模型：$\log[p_i/(1-p_i)]=a_0+a_1\mathrm{PC}_{1i}+a_2\mathrm{PC}_{2i}+\cdots+a_n\mathrm{PC}_{ni}$，其中 p_i 是第 i 个栅格上物种出现的概率，其值位于 0 和 1 之间，（PC_{1i}，PC_{2i}，…，PC_{ni}）为第 i 个主成分，a_i 为回归系数；⑥核心区的确定，对以上栖息地分布模型确定一个分界点 p_0，对大于 p_0 的 p 设为 1，对小于 p_0 的 p 设为 0，这样得到目标种的栖息地预测结果，然后根据目标种的生物领域面积，把大于生物领域面积的栖息地斑地作为核心区，并用栖息地破碎度、景观连接度指标判断核心区设计的合理性。

阻力面分析方法具体步骤为：①源的确定；②最小累积阻力模型的建立；③阻力面的建立；④根据一定的保护目标确定安全阈值，划定核心区。

步骤四：缓冲区的设计

缓冲区的设计不仅涉及生态、地形地貌等自然因素，还要考虑社会经济因素。目前主要利用层次分析法和阻力面分析法两种设计方法。

1）层次分析法

该方法首先针对外界因素对核心区影响程度的不同，将核心区分成若干区段。确定缓冲带宽度的决策方案和影响因素。然后构造缓冲带设计的层次结构，以专家咨询法确定两两比较矩阵。最后，根据两两比较矩阵确定每一区段缓冲带的宽度。这样最终确定的缓冲带宽度在各区段应有所不同。

2）阻力面分析方法

阻力面分析方法与核心区阻力面分析方法的内容相似。该方法利用阻力面的等阻力线来确定缓冲区的边界和形状。阻力面类似于地形表面，其中有缓坡和陡坡，呈现一些阈值特征。据此来划分缓冲区，不但可以有效地利用土地，而且可以判别缓冲区合理的形状和格局，减少缓冲区划分的盲目性。

步骤五：实验区的设计

自然保护区实验区设计应在不影响保护区健康发展的前提下拟划定有限区域，在相关主管部门审批同意后，可以用来进行教学参观、旅游、物种驯化繁殖等活动。

步骤六：廊道-通道设计

如果受条件限制必须建立几个相邻的分散的自然保护区，应针对保护对象设计有足够宽度的生境走廊，便于物种迁移和繁衍。值得注意的是，在提高景观格局的连接度时，不仅要考虑连接度在提高物种运动或扩散能力等方面的积极作用，同时也要考虑连接度在提高外来物种入侵和疾病传播等方面的消极作用（徐海根和包浩生，2004；章家恩，2009；孔繁德，2001）。

6.2.3 自然保护区生态规划进展

自然保护区生态规划的发展进程与生态学基本理论的形成和发展进程是同步的，生态学理论发展推动了自然保护区生态规划理论和方法的革新和完善。

1872 年美国建立了世界第一个国家公园——黄石公园（Yellowstone National Park）。该公园至今虽未采用自然保护区的称谓，但其建立的目的、意义及作用和当今自然保护区是一致的，它的诞生标志着最初的自然保护思想运动的胜利。20 世纪初期，随着国家公园的建立，荷兰、德国、法国等设立了鸟类保护协会，美国于 1916 年设立了国家公园管理处。从 20 世纪 50 年代起，一些有关自然保护的国际组织相继成立，如 1948 年成立的国际自然与自然资源保护联盟（IUCN）和 1961 年成立的世界自然基金会（World Wide Fund For Nature，WWF）等。

Ian McHarg 于 1969 年在“Design with Nature”一书中最早提出“设计结合自然”的生态规划方法，运用生态适宜性和可行性分析模型，把发生在某一地域单元内的地质、水文、植被和动物群落之间的生态过程视为资源，对自然过程进行逐一分析形成单因素图，再通过叠加分析归纳出各级综合图，进行土地适宜性分区（McHarg，1992）。该理论和方法的提出改变了以往规划学只强调规划过程和结果的应用性而忽视了规划与自然生态环境的协调发展的弊端，特别是提出了“千层饼”的分析模式，推动了自然保护区生态规划的发展。

景观生态学原理为自然保护区设计提供了理论框架。1967 年由 Robert MacArthur 和 Wilson 提出的岛屿生物地理学理论（MacArthur-Wilson 学说），对自然保护区处于隔离的状态进行了研究，阐明了“岛屿”与大陆之间的距离效应和面积效应，这种理论对自然保护区设计具有重要的指导意义。20 世纪 70 年代中期，Jared Diamond 等根据岛屿生物地理学的“平衡理论”，提出了一套自然保护区设计原则，引起了著名的“SLOSS”辩论。在辩论过程中，一些方法和技术逐渐发展，在自然保护区设计中起到越来越重要的作用。其中，自然保护区圈层结构的功能区划模式成为现代自然保护区设计的基础，包括生态系统的完整性原则、多样性原则、保护区的面积大小、形状、联系、管理等方面。

20 世纪 80 年代，与群落生态学研究途径（岛屿生物地理学方法）并行的种群生态学途径（种群生存力分析）开始蓬勃发展起来。Soule 和 Simberloff 通过最小种群数量（或最小可存活种群）设计出如何估计种群所需的最小面积的方法。虽然 PVA 理论尚不成熟，实验证据缺乏，分析所用的资料需要长期的野外生态观察，但由于涉及生物多样性保护的实质问题，该方法受到人们越来越高度的重视，已成为保护生物学研究的焦点之一。

1970 年，美国生态学家 Richard Levins 提出了复合种群理论。复合种群是由空间上彼此隔离，而在功能上又相互联系的两个或两个以上的亚种群或局部种群组成的种群斑块系统，这种群斑块之间的“源”“汇”动态关系理论和“岛屿生物地理学”理论、最小种群理论成为自然保护区的早期规划设计的理论基础。

Richard Forman 和 Michel Godren 在 1986 年从结构、功能、变化、干扰与排斥等方面，提出景观生态学的七个基本原理：结构原理（“斑块—廊道—基质”模型）、多样性原理、物种流动原理、养分再分配原理、能量流动原理、景观变化原理、景观稳定性原理，并进一步指出，研究各个景观要素在景观格局过程中的相互关系和作用时，不仅要考虑斑块本身，而且应注重斑块与周围环境（基质）的联系和相互作用，景观破碎度、景观连接度等概念对于自然保护区设计具有重要的指导意义。

我国学者俞孔坚在 1999 年提出景观生态安全格局（Ecological Security Patterns）的概念，将水平生态过程作为一种对景观的控制过程来对待，即通过“源”的确定，建立阻力面，再根据阻力面来判别安全格局、缓冲区、源间联结、辐射道、战略点等，最后叠加组合各种存在的和潜在的景观结构组分，形成某一安全水平上的生物保护安全格局，从而为缓冲区的划分提供了一条新途径。徐海根等（2004）在我国首先根据国内外生物多样性保护的要求和发展趋势，提出了自然保护区生态安全设计的概念。生态安全设计是综合考虑了生态、社会、经济的一种协调设计战略。它首先从区域层次研究保护区网络的优化设计；其次，在网络的每个节点（保护区），研究保护区的面积、形状和内部功能分区；最后，研究网络与节点的连接（廊道）。

自 1956 年中国建立了第一个自然保护区（鼎湖山国家级自然保护区）以来，到 2010 年年初，全国已建有各级自然保护区 2 541 个，总面积达 14 774.7 万 hm^2，使 70%的陆地生态系统种类、80%的野生动物和 60%的高等植物，特别是国家重点保护的珍稀濒危动植物得到了较好的保护。到 2011 年，我国自然保护区总数已达 2 588 个（未计台、港、澳），总面积达到 149.44 万 km^2，相当于国土面积的 14.72%，其中国家级自然保护区总数为 335 个，总面积已达 93.21 万 km^2。我国国家级自然保护区数量上以森林生态系统类型最多；

面积上以荒漠生态系统类型最大；面积分布格局呈现从西向东及从北向南逐渐减少的趋势（任慧等，2012）。我国自然保护区发展历程通常可以分为三个阶段，分别是初始停滞阶段（1956—1975 年）、稳步发展阶段（1976—1995 年）以及迅速增长阶段（1996 年至今）。

初始停滞阶段（1956—1975 年） 从 1956 年实现零的突破到 1975 年年底，共建立了约 21 个自然保护区（其中国家级 3 个），平均每年增加 1 个。全国和国家级的自然保护区的数量、面积、占国土面积比例均呈接近零的水平直线状态，增长极缓慢，而保护区的平均面积则总体上略有上升。

稳步发展阶段（1976—1995 年） 全国自然保护区增至 799 个（其中国家级 99 个），平均每年增加 40 个，全国和国家级的自然保护区的数量、面积、占国土面积比例的发展趋势曲线均呈“S”型，其中面积呈两段台阶式发展，拐点位于 1990 年。全国自然保护区的面积增长高峰出现在 20 世纪 80 年代末 90 年代初。全国和国家级自然保护区在数量、面积上的差距逐渐拉大。全国自然保护区的平均面积总体上升；国家级自然保护区的平均面积在经历了恢复期的短暂下降以及 1985 年的台阶式飞跃后，以更快的速度下滑。

迅速增长阶段（1996 年至今） 我国自然保护区从 1996 年年初的 799 个（其中国家级 99 个）增加到 2005 年年底的 2 349 个（其中国家级 243 个），平均每年增加 155 个，全国和国家级的自然保护区的数量、面积、占国土面积比例均呈指数型增长。全国自然保护区面积增长的高峰出现在 2001 年，而国家级自然保护区面积增长的高峰出现在 2003 年。全国和国家级的自然保护区数量差距继续拉大，而面积的差距在经历一段缩小期后逐渐趋于平稳。全国自然保护区的平均面积不断下降，国家级自然保护区的平均面积增长速度逐步上升。

总体上看，当前自然保护区的建设中还存在很多问题：

①大多数国家级的自然保护区缺乏科学的设计和指导，同时政治因素在保护区建立中起主要作用。原因在于许多保护区的建立早于保护区设计理论的提出，而对扩大已建立的保护区面积较困难。

②尽管已存在一些保护区设计原则，但这些原则很少被应用。大多数国家级的自然保护区缺少科学检验，建立的保护区能否达到保护效果尚属未知。有必要开展保护区的检验研究，以确定保护效果。

③生物多样性和濒危种群保护标准应在保护区设计中起主要作用。

④我国自然保护区的建设过分强调对濒危物种本身的保护，对生态系统的完整性和自然栖息地的整体保护重视不够。由于生态破坏和自然栖息地的丧失会造成野生动植物种群的破碎化，保护区往往成为孤立的岛屿，缺少物种迁移和基因交换的通道。因此，全面的自然保护区设计应以生物等级系统的各个层次或节点作为保护对象，将节点连接成为一个整体的保护网络。

6.3 经典案例——三江源自然保护区

2000 年 8 月原国家环保总局设立了三江源自然保护区。三江源区是指长江、黄河和澜沧江三条江河的源头汇水区，地处“世界屋脊”青藏高原腹地，涉及青海省南部的 16 县 1 乡，面积为 363 124 hm^2，占青海省总面积的 50.3%。其中，黄河源区占三江源区总面积的

46%；长江源区占 44%；澜沧江源区占 10%。该自然保护区是中国面积最大（总面积 31.6 万 hm^2）、海拔最高（平均海拔 4 000 多 m）、生物多样性最集中（仅限于高海拔区域内的保护区之间比较）的保护区。

（1）设计思路

由于三江源区是以“高原高寒湿地生态系统”为主要保护对象，以维护大江大河流域的生态安全为主要目的，如果不在一个大的影响区域内实行保护性政策措施，很难达到所需效果。但是，当地是一个以游牧为主的传统牧业区，还有十几个州、县城区和大型工矿企业，全部划为保护区是不现实的。最好的解决途径是将三江源区作为一个大的生物地理区域，在自然环境与自然资源得到有效保护的前提下，按照当地资源特点和经济建设与环境保护同步发展的要求，由当地政府主导、社会积极参与、自然保护区管理机构有机协调和指导，采取共同管理、利益公平分享的生物区域保护管理模式，最终建成一个多功能、高效益、开放式的高标准自然保护区网络和实施可持续发展战略的地理单元。其核心内容如下。

1）构建生物区域自然保护区网络

将整个三江源地区作为一个生物地理区域，其中，把保护对象相对集中、生态系统极端脆弱、自然性较强，还未遭到严重破坏或未严重退化的区域划为自然保护区，作为生物区域的核心部分。把保护区建设纳入地方社会发展计划；保护区主要负责核心区域的建设与管理，对其他区域的建设以地方政府为主，由各级政府按照共同遵守的准则对其退化的生态系统进行恢复和重建，共建共管、责任共担、利益共享。

2）实行主动和开放式管理

“自上而下”的策略（即政府下达保护计划）与“自下而上”的程序（即当地村庄和其他群体能够拥有和实行他们的发展目标）结合起来。由政府制定有利于生态环境保护和生态建设的产业政策和社会经济发展计划，坚决杜绝可能对自然环境、自然资源和自然景观造成破坏或不利影响的生产经营活动。同时，充分考虑当地群众的近期和长远利益，因地制宜，合理开发利用自然资源，使区内不同的自然生态系统与人工生态系统形成一个各得其所、各占其位，发挥各自主体功能的镶嵌体。

3）突出重点、分层建设

区域建设以保护为重点，保护对象相对集中、自然属性较完整或生态非常脆弱的地带以封禁为主，减少干扰、休养生息；生态系统严重退化区域采用计划放牧、退耕还林、退牧还草、防沙治沙、控制鼠害等手段科学治理，遏制江河源区生态环境的进一步恶化，逐步恢复其生态功能。

（2）设计方法

在进行自然保护区设计时主要采用生物区域规划思路进行宏观指导，立足三江源区的实际情况，结合区域学、生物学和生态学等原理综合考虑并进行设计。在具体方法上，以地理信息系统作为规划平台和分析工具，采用景观规划途径、GIS 分析和阻力面分析相结合的方法。

1）景观规划途径

三江源保护区的设计强调景观系统和自然栖息地的整体保护，把生物等级系统作为一个整体对待，集中针对景观的整体特征如景观的连续性、异质性和动态变化进行设计，力图通过保护景观的多样性来实现系统功能的多样性，包括提高涵养水源的能力和保护生物多样性。

2）GIS 分析

首先在 ArcGIS 中建立数字高程模型；随后将同比例尺的和依据相关分级指标（表 6-2）派生出的各种单项评价等级分布专题图在空间参考一致的前提下，在 ArcGIS 中叠加计算形成景观因子权重评价图；再在矢量图中圈划出景观适宜地区所有潜存斑块的集合作为核心斑块。

表 6-2 不同景观因子各等级阈值与权重赋值（章家恩，2009）

等级	地貌或地被物	植被盖度	栖息地类型	人口密度/（人/km^2）	载畜密度/（头/km^2）	权重
Ⅰ	雪山/冰川/河湖	＞50%	繁殖地	0～0.5	5	1.000
Ⅱ	沼泽	30%～50%	频繁活动区	0.5～3	6～15	0.667
Ⅲ	森林/草甸	15%～30%	一般活动区	3～12	16～30	0.333
Ⅳ	其他	＜15%	较少活动区	＞12	＞30	0

3）阻力面分析

核心区、缓冲区界线和廊道设计采用景观生态安全格局理论。景观生态安全格局理论认为，景观中存在某种潜在的空间格局，它们由一些关键性的局部、点和位置关系所构成，对维护和控制某种生态过程有着关键性作用。对景观生态安全格局识别的关键步骤有：

①源的确定。结合 GIS 分析选择的核心斑块确定源。选择标准为：国家重点保护物种的主要栖息地；有利于保持典型自然生态系统的完整性；有利于为主要保护对象创造良好的生长、生存和繁衍环境；以方便管护为目的，可以打破现有州、县行政界线和流域界线。

②阻力面的建立。阻力面反映了物种空间运动的潜在可能性和趋势，一般采用最小累计阻力模型（Minimum Cumulative Resistance，MCR）建立阻力面。该模型考虑 3 个方面的因素，即源、距离和景观界面特征，其基本公式如下：

$$\text{MCR} = f\min\sum_{j=n}^{i=m}(H_{ij} \times R_i) \qquad (6\text{-}2)$$

式中，f 为一个单调递增函数，反映了根据空间特征，从空间中任意一点到所有源的距离关系；H_{ij} 为从空间任一点到源 j 所穿越的空间单元面 i 的距离；R_i 为空间单元面 i 可达性的阻力值。

③判别安全格局。根据一定的保护目标确定安全阈值，划定无阻力区、低阻力区和高阻力区，以此确定核心区、缓冲区、源间连接和辐射道（廊道）。

（3）功能分区

1）保护区范围

在整个三江源地区 16 县 1 乡行政范围内，采用景观规划和 GIS 等方法划出相对完整的 6 块区域组成一个自然保护区网络。保护区规划面积 152 342 hm^2，占青海省总面积的 21%，占三江源区总面积的 42%，涉及 13 县 1 乡。

2）功能分区

采用 GIS 分析和阻力面分析等方法，将保护区划为核心区、缓冲区和主要起连接作用的实验区。其中，核心区面积 31 218 hm^2，占保护区总面积的 20.5%；缓冲区面积 39 242 hm^2，占保护区总面积的 25.8%；实验区面积 81 882 hm^2，占保护区总面积的 53.7%。

①核心区。核心区有 18 个。其中，主体功能为保护湿地生态系统的核心区有 8 个，占核心区面积的 48%；保护野生动物的核心区有 3 个，占 37%；保护典型森林与灌丛植被的核心区有 7 个，占 15%。各核心区的基本特征见表 6-3。核心区由保护区主要负责管理和建设，以封禁管护为主，开展禁牧、禁猎、禁伐。牧民和牲畜原则上迁出来，实行退牧、退耕、还草、还滩和还泽。通过封禁管护等措施恢复林草植被，防止草地退化和荒漠化，采用拆除网围栏等措施恢复野生动物栖息地与通道。

②缓冲区。在每个核心区周边以及核心区之间，按照阻力面的大小，将低阻力区划出一定范围作为缓冲区或缓冲带。缓冲区总面积 39 242 hm^2，占自然保护区总面积的 25.8%。缓冲区主要缓冲或控制不良因素对核心区的影响，并作为轻微退化生态系统恢复与清理的主要战场。缓冲区由保护区和各级政府、各行业主管部门共同负责管理与建设。区内严格控制人口增长和牲畜数量，以草定畜、限牧轮牧、定点放牧，调整土地利用结构和产业结构。

③实验区。将高阻力区的临界面作为实验区界，总面积 81 882 hm^2，占自然保护区总面积的 53.7%。实验区作为核心区与缓冲区的外围大屏障，要大力调整产业结构、优化资源配置、开展退化生态系统的恢复与重建。主要由地方各级政府指导和协调区域的社会经济发展，按照符合环保与生态要求的产业政策或社会经济发展规划安排建设项目（章家恩，2009）。

表 6-3 三江源自然保护区核心区基本特征（章家恩，2009）

名称	主要保护对象	位置与面积	基本特征
阿尼玛卿山	永久性雪山和冰川	玛沁县西北部，面积 507 hm^2	海拔超过 5 000 m 以上可见冰斗、角峰等，具有完整的高寒冰川地貌。内有冰川 57 条，其中东北坡的哈龙冰川长 717 km，面积 2 350 hm^2，垂直高差达 1 800 m，是黄河流域最大、最长的冰川
星星海	高原湖泊及周围的沼泽	位于玛多县，距县城不到 30 km，面积 984 hm^2	黄河干流从此穿过，内有湖泊、沼泽地 242 hm^2，占核心区面积 25%。区内珍稀鸟类种类多、数量大，有黑颈鹤、玉带海雕、金雕、大天鹅等
年保玉则	雪山、冰川及地下部的湖泊群	又称果洛山，在久治县境内，面积 262 hm^2	巴颜喀拉山东南段，长江、黄河流域的重要分水岭。雪线以上分布有现代冰川 520 hm^2，山体四周有 360 多个大小湖泊，面积 1 490 hm^2，果洛山中、下部有灌木林 6 820 hm^2
当曲	源头沼泽湿地	位于杂多县西部。核心区面积为 5 843 hm^2	地势平坦，沼泽发育湖泊密集。河道曲折、支流众多，呈扇状水系，是三江源区内沼泽面积最大、最集中、发育最好的地区，是长江水量最大的源流。栖息的鸟类和野生动物较多，有黑顶鹤、棕头鸥、赤麻鸭、藏野驴、野牦牛、白唇鹿、猞猁等野生动物群

名称	主要保护对象	位置与面积	基本特征
格拉丹东	冰川地貌和冰缘植被	位于格尔木市的唐古拉乡，面积 1 952 hm^2	是一片南北长 50 多 km，东西宽 30 余 km 的冰川群，共有 50 多条巨大冰川，是冰川集中分布区。长江发源于格拉丹东西南侧的姜根迪如冰川，是一些冰川、冰斗融水汇成的小股溪流，向北接纳了尕恰迪如岗雪山群的冰川融水继续北流形成许多辫套状水网，成为沱沱河上游。雪线下有广袤的高寒草甸
约古宗列	源区河流、湖泊和沼泽	位于曲麻莱县麻多乡的黄河源头，面积 963 hm^2	为一东西 40 多 km，南北 60 余 km 的椭圆形盆地，距雅拉达泽山约 30 km 处的小泉不停喷涌，汇成溪流在星宿海之上进入黄河源流玛曲。盆地内星罗棋布着大小不一、形状各异的水泊和海子，形成了较为完整的高寒湿地生态系统，栖息着黑颈鹤、雪豹、臧羚、藏野驴等珍稀动物
扎陵湖—鄂陵湖	高原湖泊及周边沼泽	位于玛多县境内，面积 1 818 hm^2	是黄河干流源头上两个最大的淡水湖，对黄河源头水量具有巨大的调节功能。扎陵湖约为 520 hm^2，鄂陵湖约为 610 hm^2，周围沼泽地 13 314 hm^2。区内鸟类近 80 种，主要有黑颈鹤、斑头雁、赤麻鸭、玉带海雕、金雕等
果宗木查	雪山、源区河流、湖泊、沼泽	横跨杂多、治多二县，面积 2 883 hm^2	杂多县内是澜沧江的发源地，治多县内河流流入通天河。果宗木查雪山的冰雪融水形成众多河流湖泊，区内河流、湖泊、沼泽近 5 万 hm^2，占核心区面积的 10%
通天河源	沼泽及臧羚、野牦牛、藏野驴等野生动物群	跨曲麻莱、治多两县楚玛尔河和通天河之间，面积 10 684 hm^2	内有青藏高原保存较完整的大面积原始高原面。北部地处长江支流楚玛尔河中下游，是臧羚最主要的集中繁殖地，每年可可西里等地的臧羚要越过青藏公路到这里集中繁殖，然后四散开活动。南部海拔多在 5 000 m 以上，沼泽、河道面积大。野生动物 116 万头（只）以上，种类 50 种以上
江西	猕猴为主的野生动物及栖息地	位于囊谦、玉树县境内，面积 337 hm^2	是澜沧江上游最大的原始林区，有林地 12 766 hm^2，疏林地 2 739 hm^2，灌木林地 13 162 hm^2。主要有川西云杉和大果圆柏。野生动物有猕猴、白唇鹿、金钱豹、雪豹、马麝、黑熊、藏马鸡等
白扎	金钱豹、雪豹、云豹等动物	囊谦县境内，澜沧江支流巴曲河贯穿，面积 419 hm^2	有林地 9 229 hm^2，疏林地 4 871 hm^2，灌木林地 9 140 hm^2。树种主要有川西云杉、大果圆柏和百里香杜鹃等。林区动物有金钱豹、雪豹、云豹、猕猴、黑熊、岩羊、藏马鸡、雪鸡等
通天河岸	天然圆柏疏林和灌木林	玉树、称多县通天河中下游两岸，面积 1 355 hm^2	在这一高寒地带的河流两岸，继续生长着天然圆柏疏林和灌木林，是森林、灌木分布的上限。这些疏林和灌木林生态意义非常大，一旦遭到破坏将无法恢复
东仲—巴塘	大面积原始川西云杉	玉树县巴塘至东仲的通天河岸，面积 493 hm^2	该区分布的大面积原始川西云杉林，是同类型纬度、海拔最高的。核心区内有林地 15 250 hm^2，疏林 2 460 hm^2，灌木林地 34 520 hm^2

名称	主要保护对象	位置与面积	基本特征
昂赛	高海拔地区的森林、灌木	在杂多县境内的澜沧江流域，面积 356 hm^2	是澜沧江源头海拔分布最高的林区，森林、灌木分布比较集中，疏林地面积 4 936 hm^2，灌木林 2 550 hm^2。林区动物主要有雪豹、藏野驴、马麝、藏马鸡等
中铁—军功	青海云杉、紫果云杉等原始林	马沁、同德、兴海 3 县交界处林区，面积 1 341 hm^2	为黄河上游最西部的天然林区之一，区内有林地 24 294 hm^2，疏林地 13 856 hm^2，灌木林 49 526 hm^2。乔木树种主要是青海云杉、紫果云杉、祁连圆柏。动物主要有白唇鹿、棕熊等
多可河	原始针叶林	位于班玛县多可河两岸，面积 110 hm^2	是长江二级支流大渡河的重要源头河流之一。森林、灌木多分布在高山峡谷地带，有林地 3 047 hm^2，疏林地 840 hm^2，灌木林地 3 830 hm^2。树种主要有巴山冷杉、紫果云杉、川西云杉、密枝圆柏等。动物有马麝、雪豹、水獭、藏马鸡等
麦秀	源头天然林	位于泽库县境内，核心区面积 544 hm^2	是黄河一级支流隆务河源头森林集中分布的地区。区内有林地 6 985 hm^2，疏林地 992 hm^2，灌木林 30 942 hm^2。主要树种有青海云杉、紫果云杉、祁连圆柏等。动物有雪豹、马麝、马鹿、蓝马鸡等
马克河	山地落叶阔叶林、针叶林和高山灌丛草甸	位于长江上游大渡河源头玛可河流域，班玛县境内，面积 367 hm^2	青海省最大原始林区之一。因处于青藏高原东南缘的高山峡谷向高原面过渡地带，河谷狭窄，地形切割剧烈。区内有林地 23 385 hm^2，疏林地 963 hm^2，灌木林 30 096 hm^2。主要植被类型有云杉林（川西、紫果、鳞皮云杉）、红杉林、圆柏林（方枝、塔枝）、杨桦林、灌木林（鲜卑木、沙棘、山生柳、杜鹃、河谷柳）。重点保护动物有白唇鹿、金钱豹、雪豹、雉鸡、马麝、马鹿、蓝马鸡等 30 余种

参考文献

[1] 陈伟烈．中国的自然保护区[J]．生物学通报，2012，47（6）：1-6.

[2] 环境保护部自然生态保护司．全国自然保护区名录 2008[M]．北京：中国环境科学出版社，2009：6-7.

[3] 姜素红，程真．发展自然保护区生态旅游的思考[J]．中南林业科技大学学报：社会科学版，2010，4（4）：47-51.

[4] 孔繁德．生态保护概论[M]．北京：中国环境科学出版社，2001.

[5] 李文华，赵献英．中国自然保护区[M]．北京：商务印书馆，1995.

[6] 李义明，李典谟．自然保护区设计的主要原理和方法[J]．生物多样性，1996，4（1）：32-40.

[7] 李义明，李典谟．种群生存力分析研究进展和趋势[J]．生物多样性，1994，2（1）：1-10.

[8] 李永翎．三江源自然保护区生态旅游开发的 SWOT 分析[J]．青海民族研究，2007，18（4）：178-180.

[9] 李永忠，张可荣．自然保护区综合评价标准初探[J]．甘肃林业，2010，5：23-25.

[10] 刘静，欧阳志云，苗鸿，等．自然保护区与周边社区的可持续发展[J]．中国人口·资源与环境，2010，20（8）：109-114.

[11] 刘康，李团胜．生态规划——理论、方法与应用[M]．北京：化学工业出版社，2004.

[12] 刘小航．张家界旅游资源的可持续开发与利用[J]．国土资源科技管理，2004，6：179-183

[13] 卢燕华．中国自然保护区达 2 500 多个[J]．广西林业，2011，5：48.

[14] 栾晓峰，黄维妮，王秀磊，等．基于系统保护规划方法的东北生物多样性热点地区和保护空缺分析[J]．生态学报，2009，29（1）：144-150.

[15] 栾晓峰，孙工棋，曲艺．基于 C-Plan 规划软件的生物多样性就地保护优先区规划——以中国东北地区为例[J]．生态学报，2012，32（3）：715-722.

[16] 梅燕，谢萍．自然保护区生态旅游开发模式研究[J]．安徽农业科学，2010，38（20）：10925-10927.

[17] 欧阳志云．海南自然保护区发展规划[Z]．海南：中国科学院生态环境研究中心，海南省国土海洋环境资源厅，1999.

[18] 权佳，欧阳志云，徐卫华，等．中国自然保护区管理有效性的现状评价与对策[J]．应用生态学报，2009，20（7）：1739-1746.

[19] 苏扬．改善中国自然保护区管理的对策[J]．绿色中国：理论版，2004，18：25-28.

[20] 唐永锋．自然保护区生态旅游规划设计[R]．咸阳：西北农林科技大学，2005.

[21] 佟玉权，王辉．环境与生态旅游[M]．北京：中国环境科学出版社，2009：78-90.

[22] 王岐海．自然保护区管理转型：核心问题探析[J]．林业经济，2012，3：77-80.

[23] 吴兆录，闫海忠．生物多样性保护的一个理论框架——生物最小面积概念[J]．生物多样性，1996，4（1）：26-31.

[24] 肖化顺，方躬勇，陈端吕．湖北自然保护区现状和生态旅游开发对策[J]．湖南文理学院学报：社会科学版，2003，6：81-84.

[25] 徐海根，包浩生．自然保护区生态安全设计的方法研究[J]．应用生态学报，2004，15（7）：1266-1270.

[26] 薛达元，蒋明康．中国自然保护区类型划分标准的研究[J]．中国环境科学，1994，14（4）：246-251.

[27] 俞孔坚．生物保护的景观生态安全格局[J]．生态学报，1999，19（1）：8-15.

[28] 张宏，杨新军，李邵刚．自然保护区社区共管对我国发展生态旅游的启示——兼论太白山大湾村实例[J]．人文地理，2005，3：103-106.

[29] 张伟，刘延滨．我国自然保护区的管理现状和未来发展对策[J]．中国林副特产，2012，116（1）：95-98.

[30] 章家恩．生态规划学[M]．北京：化学工业出版社，2009.

[31] 郑允文，薛达元，张更生．我国自然保护区生态评价指标和评价标准[J]．农村生态环境学报，1994，10（3）：22-25.

[32] Balmford A. Conservation planning in the real world：South Africa shows the way[J]．Trends in Ecology and Evolution，2003，18：435-438.

[33] Clark F S，Slusher R B．Using spatial analysis to drive reserve design：a ease study of a national wildlife refuge in Indiana and Illinois（USA）[J]. Landscape Ecology，2000，15：75-84.

[34] Crowling R M，Pressey R L，Rouget M，et a1. A conservation plan for a global biodivemity hotspot-the Cape Floristic Region，South Africa[J]. Biological Conservation，2003，1（12）：191-216.

[35] Diamond J M. The island dilemma：Lessons of modern biogeographic studies for the design of natural reserves[J]. Biological Conservation，1975，7：129-146.

[36] Forman R T T，Godron M. Landscape Ecology[M]. New York：John Wiley & Sons，1986.

[37] Groves C R，Jensen D B，Valutis L L，et al. Planning for biodiversity conservation：putting conservation science into practice[J]. BioScience，2002，52：499-512.

[38] MacArthur，R H，Wilson E O. The Theory of Island Biogeography[R]. Princeton N J：Princeton University Press，1967.

[39] McHarg. Design With Nature[M]. New York：John Wiley & Sons，Inc. 1992.

[40] Margules C R，Pessey R L. Systematic conservation planning[J]. Nature，2000，405：243-253.

[41] Pressey R L，Humphries C J，Margules C R，et a1. Beyond opportunism：key principles for systematic reserve selection[J]. Trends in Ecology and Evolution，1993，8：124-128.

[42] Simberloff D S，Abele L G. Island biogeography theory and conservation practice[J]. Science，1976，191（4224）：285-286.

[43] Soule M E，Simberloff D. What do genetics and ecology tell us about the design of nature reserve?[J]. Boilogical conservation，1986，35：19-40.

[44] Wilson E O，Willis E O. Applied biogeography. In M. L. Codyand J. M. Diamond（Eds.）. Ecology and evolution of communities[R]. Massachusetts：Harvard University，1975：522-534.

第 7 章

社区生态规划

21 世纪是人类进入物质文明高度发达的时代，人类对自然的改造和影响也达到了空前的程度。随着社会的进步、经济的发展和生活水平的提高，人类对其起居的主要场所——社区提出了更高的要求，即不仅能提供居住的场所，而且能够提供健康、舒适、安全的生活环境。同时，由于早期以资源消耗和生态破坏为代价的经济发展使得人类的生存环境受到了威胁，人类必须寻求使自身得到生存与发展的道路，因此保护生态环境、实现可持续发展成为共识。但人类选择可持续发展战略往往关注的是全球尺度，对局域尺度上的可持续发展则关注较少。

社区是人类生存、发展和进化的基地。环境心理学的研究表明，生态环境作为人以外的客体环境，会影响人的情绪、心理，进而影响人们的行为模式。因而，社区生活环境质量的高低对人的发展会产生极大的影响，一个健康、文明、舒适的社区是整个社会发展的前提和基础。社区作为城市的基本单元，是居民生产和生活的起点和终点，必然成为可持续发展的重中之重。建设人与自然相和谐的人居环境，是实现可持续发展的重要组成部分。建设生态社区作为 21 世纪解决人居环境恶化和生态破坏问题的方法，正日益受到重视和肯定。

从 20 世纪八九十年代以来，世界各国，特别是欧美等发达国家，纷纷开始探索可持续的人类聚居模式——生态社区。生态社区是社区可持续发展的理想模式，提倡人与人、人与自然和谐，注重环境保护并达到自然、经济、社会复合系统的高度统一。当今生态社区的研究汲取了生态学、环境科学、环境美学、社会生态学和经济学等学科的思想，寻求综合解决环境、社会、经济与社区发展之间关系问题的新方法。

本章从社区生态系统的结构和功能等基本概念出发，对生态社区及社区生态系统做了较为详细的阐述，系统地讲述了社区生态规划的理论基础和具体方法，并结合国内外经典案例进行分析，针对国外发展趋势和我国存在的问题，提出生态社区今后的发展方向及对策建议，以期能为推动可持续生态社区研究提供一些有益启示。

7.1　社区生态系统

社区是“一定地域内人类社会生活的共同体”。但是，社区不仅是一个简单的地域概念，它还涵盖了人与自然、人与社会的关系，被看作是“社会—经济—自然”三个子系统相结合的复合生态系统。麦肯齐（Roderick Mckenzie）在《人类社区研究的生态学方法》中将社区分为四类：

①基本服务社区：如农业村镇捕鱼、采矿、林业社区等；

②商业社区：在生活资料分配过程中履行次要功能的社区；

③工业城镇：是商业制造中心，工业制造占据着支配其他功能的地位；

④其他社区：即那些缺乏明确的经济基础的社区，在经济上依赖外界其他地区求得生存，且在商品的生产及分配过程中不承担任何功能。

7.1.1　社区生态系统的结构

社区环境既包括有形的物质空间环境，又包括无形的精神空间环境。社区生态系统包括自然生态环境、人工建筑环境和人类文化环境三大部分。自然生态环境由大地、山川构成，包括大气、水文、土地、矿产及生物等原生的自然环境及被人类改变了的次生自然环境。人工建筑环境（或称技术物质环境）由人工的建筑物、道路及各项配套设施组成。社会文化环境是由人类政治、经济、文化和社会活动形成的，体现人的存在和价值。

一个良好的社区生态系统是通过调整人居环境生态系统内生态因子和生态关系，使社区成为具有自然生态和人类生态、自然环境和人工环境、物质文明和精神文明高度统一、可持续发展的理想城市居住区。通常表现为主体建筑与周围环境有机结合为一体，富有美学意境，舒适而居，体现人与自然的有机统一（图 7-1）。

图 7-1　社区生态系统的环境（唐泉等，2005）

7.1.2　社区生态系统的功能

社区生态系统作为一个完整的生态系统，首先具有空间功能，即社区为人们的生存和发展提供空间，没有这个空间，人们就无法生存、繁衍，更无法发展。空间功能是社区最基本、最主要的功能之一。其次，具有联结功能，即社区在为人们提供空间的基础上，将具有不同文化背景、生活方式、人生观和价值观的个人、家庭、团体聚集在一起，提供彼此沟通、交流的机会。此外，社区作为一个独立的生态系统，具有小环境的物质循环和能量流动，保证社区生态环境的稳定和平衡；同时又与外界接通，构成对外的物质和能量交流和流通。

7.2 生态社区

生态社区（Ecological Community）是20世纪末出现的新名词。目前，国际上对生态社区虽尚无明确、统一的定义，甚至不同国家和地区对其称谓也不尽相同，在我国以称“生态社区”“绿色社区”居多，而在欧美国家以称“可持续社区”“健康社区”“可居性社区”“生态村”等较为普遍。不同的称谓反映了其关注和强调的不同点，比如“绿色住宅”是强调绿色环境，追求高绿化率、低容积率；“健康住宅”追求人的舒适以及生理与心理健康。但这些社区所推崇的“生态”理念较为片面，都没有涉及生态住宅的真正内涵，属于不完整的生态社区。

总体来说，生态社区建设是在社区的概念基础上，以可持续发展为目的，以生态（自然与人文）系统的良性循环为基本原则，以生态学原理为指导，结合系统工程方法和多学科的现代科技成就，设计、组织社区内外的空间环境，合理（最高效、最少量）地使用资源和能源，寻求自然、建筑、环境和人四者之间的和谐统一，以达到生态设计整体化、社区环境生态化、居住环境舒适化以及人与自然和谐化。生态社区概念强调环境对人的养成作用和直接功能，同时，它还重视对人类居住地各种非自然物质构成环境的生态作用的认识，即重视住宅以及多层次生活活动区域的设施环境的作用。生态社区是一种规划理念，提倡人与自然和谐、室内小环境与室外大环境和谐，注重内外环境保护、室内装修适度而环保节能，寻求综合解决环境、社会、经济与社区发展之间关系问题的新方法。生态社区规划对保护城市生态环境、提高人居环境质量、实现城市居住区的可持续发展目标具有重要的意义。

现在的社区建设正由以人为核心的传统型社区向生态型社区发展（图7-2）。

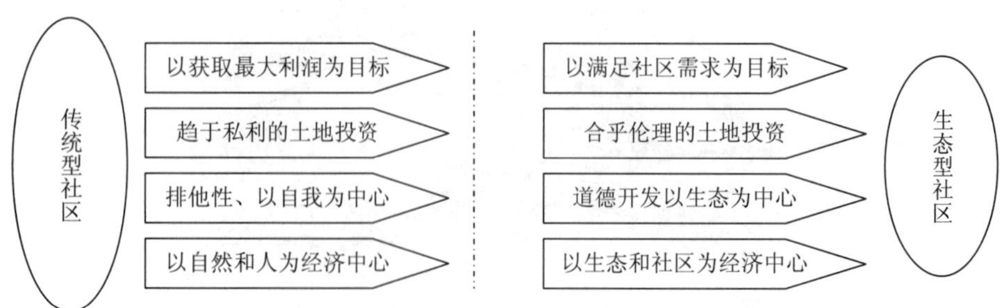

图7-2 由传统型社区向生态型社区过渡（刘茉等，2006）

7.2.1　社区生态规划理论

（1）社区生态规划的理论基础

西方对生态系统的研究已发展出了许多分支，如景观生态学、应用生态学、人类生态学、城市生态学、生态伦理学等，而其中每一方面的成果都补充甚至改变着生态社区的理论。具体可归纳如下：景观生态学是生态社区最表象的基础，为生态社区建设提出最为基本的外在要求；人类生态学和应用生态学是生态社区的核心，前者为生态社区的发展进行定位，后者则为之提供建设方法和准则；生态伦理学从本质上阐明了“生态”的内涵，从人的道德层面上明确了生态社区的必要性，并且强调了它的价值，以致当生态与经济发生冲突时，成为衡量生态与经济之间冲突的尺度和扬弃标准。

不能把生态社区建设片面地理解为“美观社区建设”或“绿化社区建设”等。生态社区的建设需要建立系统而全面、合理的标准和指标体系，使社区的建设在各方面充分体现其基本内涵以及优越性。生态社区应该是一个艺术性的、具有自然特性的、多功能的社区，应充分体现人、建筑与环境的和谐统一，在规划建设中体现“以人为本”及人与自然协调发展的理念。

1）深层生态学

深层生态学（Deep Ecology）与浅层生态学（Shallow Ecology）是性质截然不同的两种生态思想。例如在解决污染问题时，浅层生态学通常利用技术来净化空气和水，缓和污染程度；与此相反，深层生态学则从生物圈的角度来评价污染，它关注每个物种和生态系统的生存条件，而不是把注意力集中于污染对人类健康的作用方面。它的口号是“输出污染不仅是对人类的犯罪，也是对所有生命的犯罪”。对于社区也是如此，如果一个社区生态系统能在自己的系统范围内实现“自净”，那将会大大减小对整个城市系统和自然界的压力。

深层生态学的这种主张颇类似于舒马赫（Ernst Friedrich Schumacher）的佛教经济学。与这种经济模式相适应，深层生态学并不追求技术的复杂化、大型化，且对高技术的未来前景持审慎态度。它主张走中间道路，更倾向于人性化的、对环境有利的技术。适宜技术、软能源道路（Soft Energy Paths）是深层生态学的主要目标。深层生态学认为，软能源道路是摆脱能源危机的唯一途径。软能源道路是指“更有效地利用能源的资源保护，理智地使用非更新能源作为过渡燃料，加快发展用于可更新能源生产的软技术”。

2）生态位

生态社区的生态位，从客观层面上讲，是指社区提供给人们的可被人们利用的各种生态因子（如水、能源、土地、气候、建筑、交通、区位等）的集合，反映了社区的现状对于人类各种活动（主要指生活活动）的适宜程度及吸引力大小；从微观层面上讲，是指生态社区提供给居民的居住条件。这就要求生态社区规划应以生态位的观点为指导，在规划上将提高居住区各地段的生态位水平作为规划的重要目标。

3）开发权转换和灵活分区

开发权转换（Transfer of Development Rights，TDR）和灵活分区（Free Zone，FZ）的概念给业界带来了一些新的规划理念。关于 TDR，西蒙兹（John Simonds）认为：由于生态、风景或别的价值，应对一些土地和水体区域加以保护。认识到这一事实，TDR 规则允许并鼓励发展商从那些最初区划时允许开发，但是生态或风景敏感的区域里转移出来。灵活分区主要针对较大地带，是指只要建成区域可重新达到平衡态，不超过规定并与社区发展目标保持一致，就允许在区域内自由安排或进一步研究土地利用和交通图。

（2）社区生态规划的原则

1）增强自主权

减少可能对社会造成危害的输入和输出环节，这是居民对社区在技术、社会、环境方面的基本要求。该原则与能源、水、废物处理等具有直接的关系，但是该原则的主要意义体现在工作和事务处理中。

2）增大可选择性和多样性

在生态系统中，人类以各种方式对不同尺度的生态系统起着重要作用。社区作为生态系统，人们通过不同的选择来满足各自需要，以适应当地的条件。关键领域的选择包括交通、家、工作、服务以及开放空间。一般而言，选择住房要考虑一定的地段范围；选择工作，人们也许更钟情于小的商业和工业领域；便利的选择还表现在能就近购物、上学；至于开放空间的选择应该是贴近自然，最好能提供一个大的交往空间。另外，多样性还强调物种、景观、建筑、文化及生态系统的多样性和异质性。

3）相关性和整体性

住宅群与其他群落总是相互关联的，社区以一种复杂的方式与其他社区或城镇市区有着相互的联系。

4）可变性或适应性

对于建成环境的设计，经常会有一些忠告性的原则，如最好能保证建成环境有一个开放的空间，充分考虑今后对资源的利用。这就意味着建筑设计可随功能而变，房屋也可根据家庭需要、基础设施供应的冗余量、多功能开放空间和公共空间的需要而扩展。

5）用户控制性

中央集权式的市场或官僚政治控制，总是忽视特殊的需要而阻碍了创造性的发挥。从属性的一般原则，应遵循“适宜水平”为决策底线而适应于社区，同时也适应于每个住户或公司。这一原则可能关系到其他的许多方面，例如居委会管理的停车场，住宅公司管理的供水和排水系统等。

6）经济性

以尽可能小的物理空间容纳尽可能多的生态功能；以尽可能小的生态代价换取尽可能高的经济效益，实现资源效率的最优化。

7）人文性

社区的生态设计应强调有利于居民的精神需求，使生态寓于人文与自然之中。

7.2.2 社区生态规划方法

早期的生态设计以小规模、实验性、局部应用为特征。当今社区生态设计更着眼于一种整体的、长期的系统策略，注重汲取生态学、环境科学、社会生态学和经济学等学科的思想，寻求综合解决环境、社会、经济与社区发展之间关系的新方法。

（1）社区生态规划的类型

目前，国外或国内各地区的生态社区实践大都从可持续发展原则出发，根据各自的经济、社会、资源、环境等方面的条件和特点，采取因地制宜的生态策略。大体上，因地理环境不同，环境尺度不同，社区生态实践的重点和形式也不大一样。由此，生态社区实践可以分为城市型生态社区、郊区型生态社区和村落型生态社区。

1）城市型生态社区

城市社区面临的重大挑战之一是人口稠密、用地紧张。在这种情况下，紧凑型的社区成为城市发展的一种合乎逻辑的选择，它不仅可以节约土地，也提高了资源的使用效率，从而有利于城市的可持续发展，这对人多地少的亚洲城市尤其有意义。我国香港可以说是这种紧凑型发展模式的代表，其高密度的城市形态被一些学者认为是生态城市的雏形。空中发展的垂直社区，布局紧凑，有着极高的土地利用率，并有效地减少了资源的消耗。除此之外，诸多更为深入的生态策略涉及总体规划、建筑设计和建造过程等层面，如以高低错落的线性建筑取代高度一致的十字形塔楼、因地制宜设置“通风塔”等措施，很好地适应了亚热带气候条件和垂直居住区环境。

2）郊区型生态社区

郊区环境中注重生态社区实践的以北美地区较为活跃，比较有代表性的是“新城市主义”的郊区社区。这是由建筑师所推动实施的社区理念，其代表人物是卡尔索普（Peter Calthorpe）、杜阿尼（Andres Duany）、普拉特（Elizabeth Plater-Zyberk）。针对美国郊区无序蔓延所带来的一系列问题，如密度过低，占用大量农业用地和自然开敞空间，市政设施投入大、利用率低，通勤时间与距离拉长，对私人小汽车交通过分依赖，能源浪费严重，形式千篇一律等问题，“新城市主义”主张从工业革命前的传统社区中汲取养分，创造紧凑的、多功能的和以步行交通为主的居住社区，以此重新设计郊区的发展模式。以亚利桑那 J.I.I. Civario 社区为例，整个社区除了紧凑的社区感和人性化的氛围，社区的建筑中运用了诸多生态技术，包括生态建筑材料、自然能源利用系统和生态循环系统，使社区的能源消耗、用水、固体垃圾和空气污染等都大幅度降低。

3）村落型生态社区

村落型生态社区一般人口规模较小，拥有较多的自然资源，并且有适于耕作的农业用地，其生产、生活与社区内的自然资源密切相关，是一个较为独立的、自给自足的社会单元。村落型生态社区是在传统农业地区进行的社区可持续发展计划，其实践借鉴了城镇社区的不少生态策略，如强调紧凑的邻里结构、以公交与步行为主导的交通系统、均衡的用地结构等。此外，这类社区在自然资源的保护和利用方面给予了更多的关注。一个较典型的实例是西班牙 Majorca 的 Parc Bit 社区，其规划将水、农业、交通、能源与社会发展等整合成为一个有机的体系，通过集景观与灌溉功能于一体的水利系统及农田生态系统，形成内部自循环。

（2）社区生态规划的内容

生态社区的规划包括两个方面的内容：一方面，政府对一个城市的生态社区建设要有一个总体规划，要根据城市的自身特点，在空间上划定商业区、居民区、科技区、娱乐区、办公区、工业区等特定功能区域范围，最终确定生态社区的区域定位，使一个城市区域的各功能区协调、均衡地发展；另一方面，建设生态社区的政府及项目开发部门，在建设生态社区的过程中，要坚持以人为本和可持续发展理念，以优化居民的生活环境为目的，统筹考虑生态社区的环境效益、社会效益，根据各个社区的不同特点，严格划定社区绿化用地界限，科学安排绿化布局，促进社区的功能作用和环境质量不断提高。现有的社区生态设计大致在三个层面上进行。

1）生态空间布局

采用紧凑的布局模式，通过多功能的土地使用方法和完善的服务设施创造可居性强的社区，提供可负担的住宅。保护社区及周边的生态资源，促进区域发展等。

生态社区应具有相当的自然化程度，即必须拥有相当比例的自然空间（Ecological Function Area，EFA），因为自然空间的环境容量是城市生态系统中最活跃、最有生命力的部分，它能有效地调节居住区的生态环境。EFA 对于维护人类聚居地的生态功能，提高居民生存环境质量，促进人类聚居地的持续发展具有重要作用。另外，生态社区对于自然空间还需要表现出良好的亲和性，如保留居住区地域中生物觅食、迁徙的路径，保留生物的生态环境地以及地域与城郊自然生态系统之间的连接廊道等。

2）生态循环体系

生态社区的循环体系包括绿地系统、能源系统、中水系统、雨水收集和利用系统、废物处理系统等。这些社区循环体系的设计要与自然的循环体系一致。自然过程包括水文、气候、动植物与地形地貌、地质、土壤资源构成等来暗示特定场地的“固有适应性”。生态社区的设计只有延续了这种固有的适应性才能有助于社区和自然共生。

①绿地系统设计：绿地系统是社区内唯一具有负反馈功能的生态系统，因此，绿化的功能在生态社区的建设中是极其重要的。目前对社区绿地系统的建设往往偏重于景观上的美化，而忽略了绿地系统调节小气候、净化空气、减少噪声、调节社区布局的生态作用。同时，在绿地系统建设中只满足于追求绿化覆盖率，绿化质量不高，采用的植被往往过于单一。研究表明，复合的绿地生态系统，其生态效益远高于一个单一的草坪。一个生态稳定的绿地系统，其结构和功能要高度统一和谐，不仅外部形式符合美学规律，内部和整体结构更应符合生态学原理和生物学特性。因此，生态社区应采用乔、灌、花、草相结合的多层次的复合绿地系统，充分发挥其生态功能。

②能源系统、雨水收集和中水处理系统设计：生态城市社区要求增加辅助能源系统，对于安装太阳能集热系统要求与建筑设计相协调，管道安装与给排水系统配套，同时做好防雷与防雨处理；利用太阳能发电、风能发电技术等，并与地区电网并网；将地热用作户内中央空调系统的冷热源；水环境系统中使用节水器具，全部污水处理率和排放率达标，建立中水处理系统和雨水收集与利用系统。秦皇岛“在水一方”生态社区的雨水收集系统是一个典型的成功案例（图 7-3）。

③废物处理设计：生态社区应具备内部废物（主要是生活垃圾和生活污水）的基本处理措施，或是能够将废物就近进行处理，以达到废物在社区内部或最小范围内的转移和消化。例如，可以开展垃圾分类回收和加强污水处理，就地回用（图 7-4）。

④整体环境设计：设计者要设身处地，在满足日照、通风等条件下，适时适地地造景或组景，最大限度地争取良好的视觉景观。此外，通过环、契、廊、道、水等景观生态要素，恰如其分地与住宅小区外部的生态环境相衔接，将外部生态“借入”小区之中，充分利用自然生态资源，将静态的建筑布局与动态的环境景观按照系统生态的原理有机整合，在注重生态系统功能的前提下，努力创造生物、建筑、景观、文化的多样性。

图 7-3　秦皇岛“在水一方”生态社区的雨水收集系统（李威，2008）

注：秦皇岛“在水一方”生态社区的雨水收集方式包括下凹式渗透绿地、下凹式非渗透绿地、透水停车场和渗透沟、植物滤池、渗透井、透水管等。

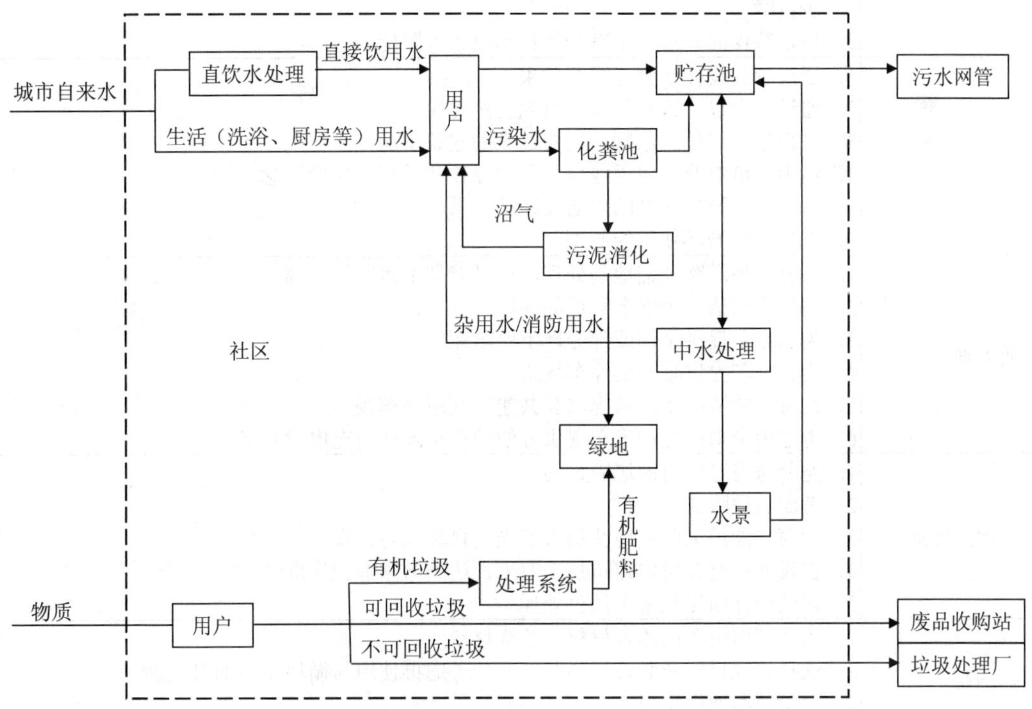

图 7-4　生态社区废物处理流程（许天啸，2006）

3）居民参与机制

较之一般社区，生态社区实践更加重视开放的参与机制，社区成员的参与是社区可持续发展的基本保障。这种参与既体现在前期的决策过程中，即需要吸收不同阶层的意见，寻找最大的利益共同点，又反映在其后计划的实施与落实上，即需要每一位成员的支持与合作。实际上，离开了社区成员的参与，任何可持续计划都无法真正实现。同样，社区外部成员的参与也不可或缺，大多数的生态社区实践中都强调了广泛的社区参与，参与者包括普通民众、企业、学术机构、政府、环保和社区组织等各个方面。富有成效的社区参与机制是以广泛的社区活动为基础的，如建立社区的协调组织，举办环保、生态方面的培训，开展社区的互助活动，提倡绿色消费生活方式，举行社区事务会议等，以培养共有价值观，增强个人和集体的归属感，使成员积极、自愿地参与到生态社区实践中。参与机制的重点是促进各方面、各阶层的交流与合作，求得利益平衡，从而为社区可持续发展提供强大的动力。

发达国家在生态居住社区的研究方面取得了不少经验，但由于国情不同，他们的经验常常难以为我们直接所用。结合我们的国情，我国在生态居住社区建设方面应坚持如下的设计原则（表 7-1）。

表 7-1　我国生态居住社区的规划设计原则（陈易等，2005）

项目	具体内容
场地选择	1．选择安静、安全、无污染的基地 2．尽量使居民能利用公共交通出行
建筑设计	1．尽量保证获得较好的自然通风、天然采光与景观效果 2．通过调整建筑物的位置与朝向，使建筑物在冬天能得到较多的热量，而在夏天能减少日晒 3．使建筑物的外形利于减少能耗和收集太阳能
景观设计	1．通过景观设计达到遮阳的效果 2．通过景观设计改善气流，组织自然通风 3．贯彻生态园林的原则，反对过多的建筑小品 4．运用都市农业、屋顶绿化、阳台绿化和垂直绿化的概念 5．考虑都市野生动物的生活及迁徙要求 6．充分考虑循环使用的原则
交通处理	1．注意各种道路及铺地的处理，尽可能把雨水回给大地 2．为行人创造一个安全舒适的环境 3．为私家车提供全部或部分地下停车库 4．为自行车提供较好的停车场所 5．在可能的情况下，考虑与公共建筑共用停车场 6．考虑为未来的电动汽车提供方便的停车场地与充电设备
建筑围护处理	1．充分考虑遮阳时的遮阳设施 2．考虑屋顶隔热 3．使窗户能最大限度地获得天然光、自然风与景观 4．在设计中充分考虑建筑热工要求，达到国家节能标准 5．建筑外饰面尽量采用浅色处理
材料使用	1．选择使用耐久的建筑材料与装饰材料 2．选择建筑材料和装饰材料时，充分考虑再使用与循环使用的可能性 3．尽量节约使用木材 4．采用绿色建筑材料与装饰材料，减少室内空气污染

项目	具体内容
水系统	1. 尽量采用节水与节能设备 2. 通过组织中水与屋顶雨水的利用，减少水的消耗量 3. 采用高效率的热水设备 4. 设法回收废弃热水中的热量
电气系统	1. 采用节能性照明设备与电气设备 2. 充分运用天然采光，使天然采光与人工照明完美地结合起来 3. 在条件许可的情况下，考虑在建筑中采用光电系统 4. 尽量考虑为今后电动汽车的充电提供方便
空调系统	1. 减少因机械系统而造成的室内空气污染 2. 对可能造成室内空气污染的污染源进行特别处理 3. 尽量保证进入空调系统的室外空气不受污染 4. 尽量使室外空气有效地均匀分布 5. 减少在制冷设备中使用氟利昂 6. 选用高效率的制冷与制热机械，以节约电能
控制系统	1. 通过对照明和空调系统的控制而降低能耗 2. 空调分区控制，以节约能源 3. 使用变速风扇和水泵 4. 使建筑物在夜间制冷，以节约电能
施工管理	1. 注意节约使用材料，注意材料的再利用与循环使用 2. 在工地上使用安全材料 3. 在工地上提高照明效率，减少各种可能产生的污染及对工人的伤害 4. 在已使用的建筑物内施工时，注意保护正在使用该建筑的使用者的安全与健康 5. 在正式使用前，应让建筑物通风一周以上，并把内部打扫干净
验收计划	1. 制订正式的验收计划 2. 所有的设备均需经过验收，一旦发现问题，立即进行维修 3. 对大楼管理员进行操作与维修方面的培训 4. 向业主和物业公司提供最终的验收报告

生态社区并不是一个终极产品，而是一个不断演进的、追求可持续发展的过程。在很大程度上，生态社区既是一种理想社区的理念，又是一个远景发展的目标。因而在迈向这一目标的过程中，需要运用具有长期影响力的政策和方法，持续不断地努力。从这个角度看，尽管一些社区在可持续发展方面取得了初步的成就，但其成功与否还有待长期发展的检验。综合考察社区环境、社会和经济的健康、稳定，及其对子孙后代的影响，现有社区距离真正意义上的生态社区还相去甚远，纵使在社区可持续行动较为活跃的北美地区，大多数专家也持这样的看法。

7.2.3 社区生态规划进展

（1）国外社区生态规划进展

生态社区规划在国外的发展比较快。纵观国外生态社区发展历程及建设实践，其发展趋势可简单归纳为以下几个方面。

1）系统综合

运用系统论的思想，把社区作为一个整体，综合考虑自然环境和人文因素，实现社区生态循环最大化，并将此思想贯穿到规划、设计、建设、运行等各个阶段。

2）多功能组合

最初研究集中在生态建筑本身，后来针对西方城市郊区化、分散化发展所带来的交通、环境、社会等问题，提出“新都市主义”，代表人物有 DPZ 夫妇（Andres Duany，Elizabeth Plater-Zyberk）和彼德·卡尔索尔普（Peter Calthorpe）。该理论提倡将居住、工作、商业和娱乐设施结合在一起，成为一种紧凑的、适宜步行的、混合使用的新型社区，以达到节约资源和能源，减少环境污染，保护自然环境的目标。

3）生态技术发展

全球环境危机的加剧，促使建筑师致力于关注本地文化和地域气候，走出一条从“高技术”到“生态技术”的探索之路，如太阳能的使用，供暖和通气系统以及雨水循环利用等。同时，这些单项技术和产品被集成贯穿于社区建设的全过程中。

4）新工具和新方法应用

社区建设所涉及的问题庞杂，传统的方式难以进行，需要新方法的不断引入。这些新的方法大多是建立在 GIS 数据共享平台上，例如公众参与工具（Community Process Tools）、视觉预演工具（Visualizing the Future）和冲击分析工具（Impact Analysis）。它能促进公众了解社区未来的发展模式，参与到规划中，并对已有方案做出及时的反馈。同时，这些新的方法也能让规划人员更好地了解社区未来的发展情形，帮助控制设计工作的进行。

5）公众参与

国外生态社区建设特别强调公众的参与性，合作居住（Co-Housing）是国外生态社区建设公众参与的重要体现。社区居民参与社区的规划、设计、建设与管理，一起生活，共享财产和资源，组成一个有理念、有目标的社区。

有国外学者对全球生态社区网（Global Eco-village Network，GEN）所登录的已建成或正在实施的生态社区项目进行统计分析，并按生态社区所处的位置、规模大小等特征，把它分为乡村生态社区（Rural Eco-village）、城市绿化带地区项目（Urban Greenfield）、城市更新项目（Urban Renewal）、生态城镇（Town/Township）等四种类型（表 7-2）。

表 7-2 全球生态社区调查一览表（Hugh Barton，2000）

		乡村生态社区	城市绿化带地区项目	城市更新项目	生态城镇	合计	比例/%
分布	北美洲	7	3	0	3	13	24
	欧洲	14	9	9	0	32	58
	大洋洲/亚洲	5	0	2	0	7	13
	其他	2	0	0	1	3	5
人口规模	20～100 人	12	1	2	0	15	28
	100～300 人	9	3	4	0	16	29
	300～1 000 人	4	3	3	0	10	18
	1 000～3 000 人	3	3	2	0	8	15
	3 000～10 000 人	0	2	0	1	3	5
	10 000 人以上	0	0	0	3	3	5
建设主体	政府部门	0	5	6	1	12	22
	开发公司	1	3	1	0	5	9
	志愿组织	27	4	4	3	38	69
项目总数		28	12	11	4	55	100

（2）国内社区生态规划进展

生态住宅思想最早萌芽于我国，中国住宅的古典园林与后花园就是比较成熟的生态住宅模式，蕴涵着丰富的生态思想。但是，我国对生态社区的理论研究起步较晚，在可持续思想发展后，其理论才得以蓬勃发展。1984 年，著名生态学家马世骏和王如松提出了生态社区的“社会—经济—自然”复合生态系统理论，以及生态控制论原则。王如松进一步发展了这个理论，于 1994 年提出了“天城合一”的中国生态城思想。

国家有关部门和机构也相应出台了一系列规范和标准，用以指导生态社区的建设。从 1994 年通过的《中国 21 世纪议程——中国人口、环境与发展白皮书》，到 2001 年建设部颁布了《绿色生态住宅小区建设要点与技术导则（试行）》，从不同方面系统地提出和阐述了生态居住区的技术标准，使我国的生态社区实践由原来的自发初始状态，走上了有章可循的发展轨道。

追随国外生态社区建设的步伐，我国学者近年来也开始注重生态社区的研究，重点集中在生态社区的功能、建设内容以及指标体系、标准的研究。沈清基和石岩（2003）论述了生态社区社会生态关系的组成类型，提出完善社会生态关系的思路；颜京松等（2003）阐述了生态社区与生态循环、风水和生态文化的关系；也有学者阐述了民间环保组织与生态社区的关系。在社区评价上，有学者初步建立了社区指标评价体系，并运用单因子、多因子方法进行社区评价。这些标志着我国社区建设已经跨上新的台阶。

然而，我国目前对生态社区的理解还存在着误区，许多房地产开发商的炒作令大多数人对它的理解停留在“绿化”的肤浅层面上。事实上，生态社区绝不是多种点花草，或挨着绿化带、公园、水域，使用某种节能建筑材料或加上废物处理设施等。目前，我国生态社区建设存在的问题主要包括以下几个方面：

①缺少系统的生态思想。现有许多社区在建设中缺乏系统生态思想的灌输，在社区规划中缺乏对建筑、人、自然环境和社会环境的综合考虑，没有构成良性的生态循环，资源利用效率低下，大量污染物、废弃物的产生对环境造成严重破坏。

②过度强调功能分区。城市郊区化、分散化，以及过度强调功能分区导致居住、商业和生产区分离，形成城市孤岛，带来交通、社会、环境等一系列问题。

③缺乏公众参与。社区规划沿袭传统设计方法，设计师从感性角度出发，结合自身经验综合处理住宅、公共设施、道路交通及建筑内部绿化景观和外部环境质量等的相互影响。设计师与城市规划师、环境工程师和公众合作较少。

④缺少规范。我国的社区规划和建筑设计规范中，涉及建筑节能、环保、健康等方面的技术规范太少，对生态社区评价指标体系的研究亦不完全。现有的中国生态住宅技术评估手册缺乏必要的权重系数，不能直观表达社区整体生态性，从而使不同生态社区间缺乏可比性。

⑤缺乏建筑生态技术实质性研究。国内往往只停留在常规技术层面，且不分地域文化和气候的采用，仅是形式上符合绿色建筑涉及的部分规则而已，在高技术层面与发达国家存在很大差距。

⑥缺乏地域性，缺乏文脉延续。适应于不同地域的生态环境，生态社区没有相同的模式。但是我国生态社区建设中存在盲目抄袭国外建筑形式和环境处理手法的现象，致使千城一景，城市原有的风貌不复存在，民族特色和文化传承方面欠缺。

（3）社区生态规划发展前景

未来的社区生态规划正在走向生态与社区的高度融合化，强调人的活动要高度遵循自然环境的规律，主要包括以下几个方面。

1）强调对用地"生态决定因素"的分析

即对场地的自然地理因素、地表地貌因素与人文因素做出调查记录后，在尊重自然规律的基础上进行设计，即反规划的思想。在适度综合信息的基础上，再配置与之相适应的开发项目。

2）倡导科技依托与环境协调共融的设计

科技依托是指对于科技型节能设计、资源处理模式设计的推广。环境协调，一方面要针对不同环境中的社区因地制宜地进行研究；另一方面强调对于自然能源的利用，包括太阳能设计、水设计、土地设计的"三个结合"。此外，涉及建筑节能、环保、健康等方面的技术规范太少，因此，如何提高建筑节能、环保标准，完善生态社区建设规范，推动居住区生态适应性技术发展，也将是未来发展的一个热点。

3）贯穿聚居的网络系统思想

未来的生态社区规划将摒弃树形结构理论，取而代之的是网络联系的思想。在这一网络系统中，不仅相同等级的系统相互依存构成水平网络，而且还表现为不同等级的系统在纵向上的相互联系。要抛弃过去那种结构清晰的"单体住宅—组团—小区"的树形结构模式，取而代之以住宅体系与生态支持系统、交通系统、公建体系等综合交叉的近似网络结构的模式。

4）从宏观到微观，多角度、多层面、系统化研究生态社区

未来对于生态社区的研究，不仅仅着眼于住宅本身，而是扩展到从社区、城市，乃至区域层面研究社区生态化问题。换句话说，就是从微观到宏观整体考虑社区的可持续发展。这是因为，城市生态环境保护是全球性的大问题，涉及面很广，比如大气环境的保护、物种多样性、水污染的治理等问题，这些都不是单独一个小区或者一栋住宅单体的建设就能实现的目标。同时，社区作为构成城市的基本细胞，生态社区的发展依赖于城市的发展，如城市的功能结构、生态环境建设、交通网络等都对社区的发展产生巨大影响。

7.3 经典案例

目前，生态人居环境建设正在面临四种类型的生态转型：从物理空间需求到生活质量需求；从污染治理需求到生理和心理需求；从城市绿化需求到生态服务功能需求；从面向形象的城市美化到面向过程的城市可持续发展。在这些方面，人们做出了许多有益的实践。

7.3.1 科技依托型——英国伦敦拜得零耗能小区

拜得零耗能小区（BedZED）为自主型住宅（Autonomous Housing），力图将住宅各相关系统（包括能源、供水、废物处理回收等）构成一种类似封闭的生态系统，维持自身的能量流动与物质循环，以达到对环境影响的最小化。该小区位于英国伦敦西南的萨顿市，由 Peabody Trust 公司承建，环境咨询组织 Bioregional 和建筑师邓斯特（Bill Dunster）合作规划建设。小区包括 82 套联体式住宅和 2 500 m^2 的社区公共设施用地（包括工作室、

办公室、健康中心、幼托、咖啡厅等）。该小区曾获得 2000 年英国皇家建筑协会“可持续建设最佳范例”奖，并被英国皇家建筑师协会选择作为 2000 年伦敦“可居的城市”展览中可持续开发的范例（图 7-5）。该小区的环境保护策略主要包括以下几方面。

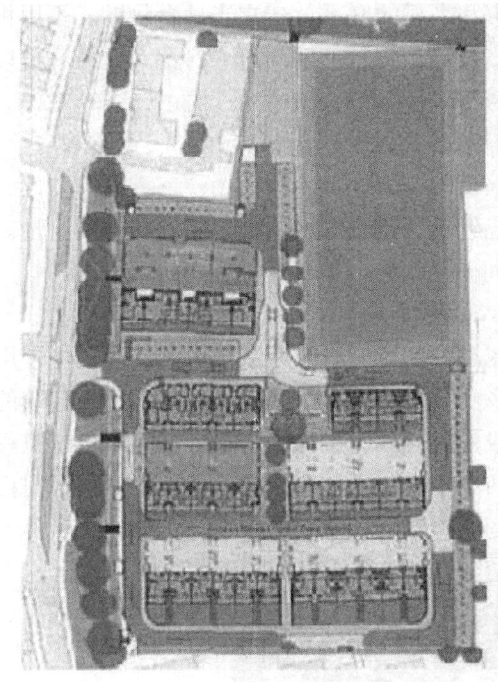

图 7-5　英国伦敦拜得零耗能小区（翁奕城，2006）

（1）绿色的生活方式

1）工作生活一体化

为了减少占用更多的土地，减少人们每天长距离上下班的奔波，从而降低能源的消耗，获得更多的主动时间，BedZED 提供了工作与生活相结合的模式。具体途径是增加住宅的密度，并且在住宅区设置工作场所。

2）碳平衡

英国政府实行碳排放税，而且有逐渐提高的趋势。因此，零排放不仅具有理论意义，对于开发商或居住者来说，还有直接的经济利益。生活在一个零排放的社区中，于己于社会都有益。

3）健康环境

充足的日照：尽管社区的建筑密度很高，但由于在设计上采取了有效措施，所有的房间都能获得良好的光线。所有居室都朝南，而办公室则利用北向的天然光，既可获得充足的光线，又免除了日晒造成的过热。大部分 BedZED 的住户都拥有位于工作室屋顶上的空中花园。

良好的通风：住宅设置通风设备，可获得新鲜空气，并保持合适的相对湿度。

良好的健身设施：BedZED 设计了运动设施如足球场、会所等，可以方便人们在家附近就能进行体育锻炼。

密切的邻里关系：社区提供了很多能增加人们交往的机会。居民可以在社区广场、汽车共享社、有机咖啡屋或者运动场等见面、交谈、活动。

4）健康食品

有人做过统计，英国人的食物从农场到饭桌平均要旅行 2 000 英里*，就是说运输食品时会消耗大量的能源。BedZED 试图恢复城市和乡村的联系，建立当地食物链。不用再从地球的另一边进口有机蔬菜，设在当地的农产品店可提供四季新鲜农产品，在社区可以方便地购买到无任何污染的有机食物。

（2）资源的有效利用

1）土地资源

利用棕地（Browfields），即城市地区中已经进行过开发、现处于闲置状态的土地。通过开发棕地，减少城市的扩张，保护自然空间。

2）建筑材料

BedZED 的所有材料在选择时均以尽量减小对环境的影响为基本原则，尽可能使用天然材料、再生材料或回收材料。如具有当地乡土风格的橡木护墙板，不仅增添了建筑的乡土气息，而且也减少了因长途运输建材而形成的能耗和污染（图 7-6）。社区不仅在工程中体现了材料循环使用的原则，而且在日常生活中也将这一理念贯穿下去，例如向居民提供回收箱等废物循环利用设施。

图 7-6　BedZED 墙体建筑材料（ZEDfactory，朱晓琳，2011）

3）能源

整个社区的能量由树木修剪废料（CHP 木屑锅炉）、太阳（被动式太阳能光电板）以及风（先进的热回收通风系统）提供，加上性能优异的保温隔热系统、电动车互享俱乐部、节水系统等的共同作用，使建筑的能量需求比相同规模的普通住宅大幅度降低。

被动式太阳能利用：当许多外国建筑师在中国推行东西向住宅的时候，邓斯特却在英国本土排起了行列式。BedZED 的房屋均为南向，目的很简单，为了获取最大限度的日照。围护结构的热工效能高，能很好地收集太阳能（图 7-7）。屋顶、墙体及地面，均采用性能优良的保温隔热材料，并通过各种构造措施以加强其效果。例如，外墙是一种夹心构造，

* 1 英里=1.609 344 km。

墙体的内芯为 300 mm 厚的保温隔热棉；外窗为木窗框，具有良好的断热构造；外窗玻璃采用三层中空玻璃。由于围护结构优良的热工性能，BedZED 没有设中央取暖系统，这是住户在采暖方面比常规住宅节省 90%的能源的主要原因（图 7-8）。

图 7-7　BedZED 被动式太阳能利用方式（ZEDfactory，朱晓琳，2011）

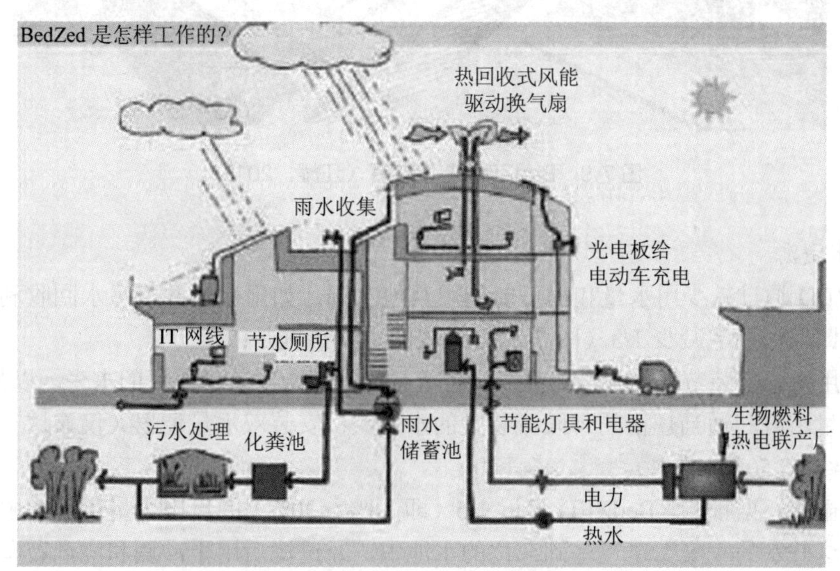

图 7-8　BedZED 能源循环利用系统示意（夏菁，黄作栋，2004）

热电联产工厂：BedZED 所有的热能和电能均由该社区的热电联产工厂 CHP 提供。CHP 的燃料为附近地区的树木修剪废料。这种燃料有两大优点：一是修剪下来的废料得到了利用，而往常这些废料是被丢弃并填埋而成为城市的负担；二是该燃料不是化石燃料，而是一种生态平衡型的燃料。

光电板的设置：BedZED 为每家住户设计了温室式的阳光房，形成了一个非常舒适的休闲空间。在阳光房的玻璃顶及建筑的南立面上均安装了太阳能光电板。光电板有双重作用：既可以遮阳，又可以收集太阳能并将其转化为电能。

节能装置的设置：在 BedZED 社区的屋顶上，矗立着一排排色彩鲜艳而外观奇特的节能装置，构成其独特的建筑外观（图 7-9），这是一种被动式热压通风扇。这种被动式通风装置完全由风力驱动，内部设有热交换器，风扇在完成通风功能的同时，通常可从排出废气中回收 50%～70%的热量。社区全部使用节能灯，即使一户中所有房间的灯都打开，其总功率仅为 120 W。

图 7-9 BedZED 节能装置（汪耀，2013）

4）水资源

BedZED 通过减少用水量和尽可能利用其他水源，如雨水，并将污水回收利用，使得水消耗量比普通住宅减少 1/3（图 7-8）。采取的主要措施是：

节约用水：安装节水设施，如洗涤设备等；在厨房中安装了醒目的水表，以鼓励节水；使用小容量浴缸和适当规格的带限流装置的水龙头；安装双水量便器（仅靠这一项每户每年就可节约 55 500 L 的水）。

利用雨水：据预测，BedZED 将近 1/5（即 18%～20%）的日用水量可以由雨水和回收水获得。这些水的收集在建筑基础部位的水池中，经过滤后用于冲厕和浇灌花草。停车场用带孔地砖铺砌，可以减少地面径流。经屋顶花园、路面和铺地流走的雨水被排向社区入口一侧的曾经是干涸的渠道里，形成了水景，也增添了野趣。

回收污水：BedZED 安装了小型生物污水处理设备，称做“生活机器”，可以将污水中的养分提取出来作为肥料，并将污水处理后与收集好的雨水一起用于冲洗厕所。“生活机器”设在温室中，当温室中长满了绿色植物时，也形成了非常宜人的景观（图 7-10）。

图 7-10　BedZED 污水回收机器（ZEDfactory，朱晓琳，2011）

（3）绿色交通

1）减少交通需求

BedZED 的生活与工作混合模式，使部分住户有了就地从业的机会，避免了远途上下班，也促进了当地的经济发展。

2）鼓励公共交通

BedZED 拥有良好的公交网络，它提供了 2 个火车站、2 条公共汽车线；虽然并未禁止使用汽车，但停车场的数量有所限制；步行者优先的政策提供了很方便的步行路；设置了良好的照明系统、童车和轮椅的停靠路牙；道路的形状使得车速被迫降低到步行速度。

3）为私家用车提供其他选择

自行车有充足的自行车停车场，并有与萨顿区连接的自行车道路。每个家庭拥有 2～3 辆自行车的储存空间。电动车的设计减少了对传统汽车的依赖，居民可以使用共享制的电动车，其电能由社区安装在每户的光电板自产的电力供给。另外，在萨顿区的镇中心也设置了公共的电动车充电站。互享车辆体系是 BedZED 的一大特色，鼓励汽车的低保有量，希望通过互享车系统实现这一目的，并希望以使用电动车的方式解决短距离交通。

7.3.2　环境友好型——美国休斯敦林地社区

林地社区是美国 20 世纪 70 年代中后期建设的具有自然主义特征的居住区，位于美国得克萨斯州休斯敦以北 45 km 的森林中。该社区占地面积为 10.9 km^2，由麦克哈格为主的团队规划和设计。麦克哈格团队为该居住区规划、设计确定的基本原则是规划应该与地区的原有地形特征和森林环境相结合，规划的目的是尽量减少人为活动对自然造成的破坏。

林地社区的总体规划包括 7 个已经建成的村和 1 个正在开发的村——格根磨房村（Grogan's Mill）、科卡恩十字路口村（Cochran's Crossing）、纯正山脊村（Sterling Ridge）、印第安春天村（Indian Springs）、奥尔登桥梁村（Alden Bridge）、黑豹小溪村（Panther Creek）、学院公园村（College Park）和卡尔顿森林村（Carlton Woods）。村与村之间由商业及社区服务建筑和广阔的开放绿化空间分隔开来，每个村都有供精力充沛的年轻人选择的各种类型的住宅和郊野公共设施。

（1）尊重场地特征

休斯敦的郊野地区是大面积的草原，地势平坦，有微小的起伏，基地上覆盖着大面积的浓密的松树林和橡树林。麦克哈格规划组的成员认为，规划应该与该地区的原有地形特征和森林环境相结合，因为无论是从景观视觉角度还是从生态角度来说，森林环境对平坦的草原地带都具有极其重要的自然景观价值和人文价值，规划的目的应该是尽量减少人的活动对自然的破坏，在森林中营造现代居住空间，以解决自20世纪50年代以来美国中高收入阶层在追求郊野生活过程中所引发的郊野生态问题与环境问题（图7-11）。

图7-11 林地社区入口景观（裘鸿菲等，2006）

1）保持以林地景观为特色的社区环境

社区规划中将1/4的土地作为森林保留地带、公园、高尔夫球场及其他类型的开放空间，并且鼓励居民沿着排水道和主要公路在所有居民区内保护和恢复当地的植被系统（图7-12）。规划保持了林地社区以森林景观为特色的场地精神，在密林中营造人类现代聚居环境，实现规划初期就定下来的“人与自然和谐共处”的规划目标。这一做法使规划能够成功营造出完全不同于其他社区的独特的生活空间。

图7-12 林地社区林地湖（裘鸿菲等，2006）

2）道路网络顺应自然地形

道路设计避开了人工硬质地和人类活动对生态系统的干扰，将主干道设置在远离泄水区的脊线上，使主干道附近和交叉路口的开发密度最高，敏感地带的开发密度较低。因此，开发密度高的地带主要在土壤渗透性差的区域。社区内的街道被设计成与场地斜坡垂直的步道，以留出大面积的原生态的渗透性土壤。总体规划结构中没有运用任何几何线形，如轴线、环路或者其他对称结构，而是基于场地的自然肌理，形成契合自然的道路网络体系。

（2）尊重人类生活与居住行为

20 世纪 50 年代中期以来，美国的中高收入家庭开始追求郊区社区的行为反映了人类对优美自然环境的向往。然而，社区作为人类聚居生活的一种载体，除了要具有优美的户外环境，还需要有一个复杂的、能辅助人们生活的网络系统，以满足人们对教育、休闲、娱乐、工作、消费的需求。林地社区的投资者米切尔（Michel Godron）在麦克哈格的总体规划的框架上，对社区的各个组分进行了精细而复杂的设置，合理安排了各种类型的住宅（包括独户住宅、联排住宅、住房、公寓、短期合租房等）、娱乐设施、文化设施、休闲场所、零售店、商业建筑和公共建筑。

1）合理布置消费娱乐设施

在社区的框架内，每一个村都有一系列的消费娱乐设施，居民步行或者开车都可以很快到达。整个林地社区的市镇中心设在场地的东部区域。规划将市镇中心定位为能够提供零售、餐饮、娱乐和社区活动的多功能中心。一条平直的大道贯穿整个市镇中心，成为社区连接其他几个未来城镇的主通道。

2）在社区内解决居民就业问题

米切尔认为，一个适合居住的社区应该能够为居民提供充足的就业机会。米切尔在社区内确立了一系列商业区域，希望通过合理的商业布局，使社区的家庭数量与工作岗位的比例在近期达到 1∶1，远期达到 1∶5。林地社区市镇中心项目占地 167 km^2（图 7-13，图 7-14），将成为可容纳 4 万名工作人员的商业空间。这样，林地社区的家庭数量与工作岗位的比例将达到 1∶1。米切尔相信，社区高品位的环境质量与吸引人的生活方式，可以形成对高层次人才的强大的凝聚力，吸引并留住这些人才，形成高品位的人文居住社区。最近对林地社区的调查显示，25 岁以上的人群中获得学士学位及其以上学历的人占总人口的 55.7%，获得硕士学位及其以上学历的人占总人口的 18.8%，失业人口仅占 2.7%，这表明米切尔的规划理想得到了很好的实现。

图 7-13 市镇中心鸟瞰图（裘鸿菲等，2006）

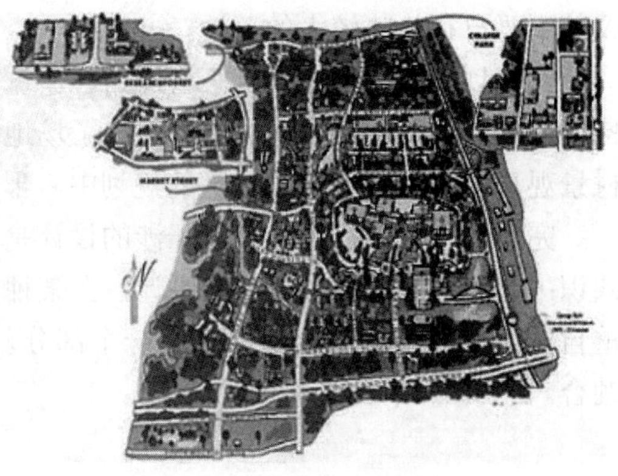

图 7-14 市镇中心平面图（裘鸿菲等，2006）

3）营造以家庭为中心的融洽的邻里氛围

林地社区规划对一些新近开发的邻里，作了更为人性化的考虑，更多地关注以家庭为中心的生活，社区内采用以步行为主的交通方式，建筑沿着蜿蜒曲折、被植物覆盖的尽端式小路两旁布置，以增强邻里归属感。规划通过对社区内公共活动空间的设计，促进邻里间的交往，增进邻里间的感情。此外，社区开发商通过市场调查，还专门为大龄单身群体设计了专门的社区。

（3）尊重社区自然生态系统的自我调节能力

麦克哈格在林地社区规划中较早地引入了生态规划的思想，在总体规划型社区的发展史上具有里程碑式的意义。整个规划充分考虑了场地的所有生物因素，重点是保证动植物的生存与繁殖，维持自然原生生态系统的平衡。因此，规划在初期就定下了 6 个目标：将对地表及次地表的水文生态的破坏减至最小；保护好场地原有的森林系统；建立一个自然的排水系统；保护场地的植被层；为野生动物提供栖息地和活动走廊；将社区的开发成本降至最低。

在林地社区后来 20 多年的建设过程中，这些目标的制定对保护林地自然生态系统起到了巨大的作用。

1）减少人类开发活动对地下水位的影响

麦克哈格认为，常规的人类开发方式会减少基地内地下水的补充，加大地表水的流失程度，导致城市地下水位的下降，引发河流下游的洪灾。麦克哈格主张利用环境覆盖制约因素系统地确定最合适的土地开发原则，建筑物的保护层能够对地下水位进行最大限度的补充，保护渗透性土壤、维持地下水位、减少水土流失、防止淤积与冲刷、保护自然植被与野生动植物的栖息地。

2）采用天然排水系统，减少地表水的流失

格根磨房村第一阶段的开发规划，抛弃了过去常采取的用井栏、雨水道、水泥管道、地下通道将雨水直接排入河流的做法，而主要利用天然的排水系统（如长有植被的洼地、沟渠、堤坎）收集雨水，这种天然排水系统被广泛地运用到社区的建筑环境、公共活动场所和娱乐场所中。

3）尽量保持原生态的自然结构

基于场地的特殊性，林地社区规划的一个构想就是保持原生态的自然结构，降低社区建成后的人工维护成本。因此，投资者在居民入住之前，鼓励居民保留院中的落叶层，建议其不要自行修建较大的草地。

在规划设计中，麦克哈格将道路、建筑等所有的人工构筑设施与该地区以森林为主要特征的场地要素相结合来考虑，强化了场地的地形特征，保护了原有场地的自然景观和乡村景观，将自然引入现代社区的规划中，形成了富于场地精神的特色居住空间。

完全顺应自然、不加任何干涉的设计是没有的。但是，今天越来越多的人已经形成了共识：设计，特别是大尺度的设计，在某种程度上就是对自然过程进行管理，设计应该尊重自然，将创作作为自然演进的一个部分，保持区域的自然特征，达到人与自然的高度融合。

参考文献

[1] 曹伟．J. 巴尔巴及其“整合生物气候建筑”——兼谈生态社区的整合[J]．建筑学报，2003，7：63-66.

[2] 曹伟，董卫．社区生态系统的规划及其未来走向[J]．规划师，2002，18（11）：67-72.

[3] 陈易，张靓．生态居住社区的概念与设计原则[J]．中外建筑，200，3：8-9.

[4] 陈伟．城市生态社区的环境规划设计与研究[J]．中国住宅设施，2005，12：14-16.

[5] 程世丹．生态社区的理念及其实践[J]．武汉大学学报：工学版，2004，37（3）：85-86.

[6] 崔英姿．论可持续发展生态社区建设[J]．常州工学院学报，2008，21（2）：8-11.

[7] 丁勇．英国绿色建筑见闻[J]．新建筑，2007，4：105-108.

[8] 傅小东．生态社区的内涵与发展方向[J]．建设科技，2007，8：95.

[9] 高吉喜，田美荣．城市社区可持续发展模式“生态社区”探讨[J]．中国发展，2007，12：6-10.

[10] 黄一如，王鹏．居住社区规划领域的新技术与新工具[J]．城市规划汇刊，2003，3：34-36.

[11] 何静．关于生态型社区发展状况与趋势的研究[D]．同济大学建筑城市规划学院，2002.

[12] 凯文·林奇（Kevin Lynch）．城市形态[M]．北京：华夏出版社，2001.

[13] 雷毅．深层生态学思想研究[M]．北京：清华大学出版社，2001.

[14] 李东．走向生态与社区的融合——21 世纪住区规划思想展望[J]．规划师，1999，15（3）：71-74.

[15] 李威．绿色生态社区秦皇岛“在水一方”[J]．建设科技，2008，24：60-62.

[16] 李睿煊，李香会，张盼．从空间到场所——住区户外环境的社会制度[M]．大连：大连理工大学出版社，2009.

[17] 刘茉，宋戈，王川，等．住宅开发建设中社区生态环境评析[J]．科技成果纵横，2006，4：34-35.

[18] 裘鸿菲，陈益峰．现代居住区规划的审美价值取向——以得克萨斯州林地社区规划为例[J]．规划师，2006，22（2）：98-100.

[19] 单晓菲，李京生，何静．社区生态网络的研究[J]．规划师，2002，18（2）：66-69.

[20] 沈清基，郁海文．生态住区支持技术探讨——兼谈银河生态实验小区详细规划[J]．城市规划汇刊，2004，4：65-70.

[21] 沈清基，石岩．生态住区社会生态关系思考[J]．城市规划汇刊，2003，3：11-15.

[22] 唐征宇，厉双燕．英国 BedZED 社区规划的启示意义[J]．住宅与房地产：综合版，2006，10：62-63.

[23] 唐泉，宣蔚．浅析我国居住区会所建筑设计的价值取向[J]．工程建设与档案，2005，19（6）：494-496.

[24] 王剑云，金晓波．德国生态建筑几例[J]．新建筑，1999，2：66-68.

[25] 王如松，迟计，欧阳志云．中小城镇可持续发展的生态整合方法[M]．北京：气象出版社，2001.

[26] 王新军，郑晓兴．生态社区的规划建设理念[J]．上海建设科技，2005，5：25-27.

[27] 王勇辉，焦黎．关于生态社区的几点思考[J]．新疆师范大学学报：自然科学版，2006，25（3）：198-200.

[28] 翁奕城．国外生态社区的发展趋势及对我国的启示[J]．建筑学报，2006，4：32-35.

[29] 吴智刚，缪磊磊，周素红．城市生态化的演进与生态社区的构建[J]．规划师，2002，18（12）：80-83.

[30] 徐慧．可持续发展生态社区建设研究[J]．科技广场，2006，9：122-124.

[31] 许天啸．生态社区的构建初探[J]．资源与人居环境，2006，10：52-54.

[32] 薛明．绿色生活的创造——生态社区 BedZED[J]．重庆建筑大学学报，2004，z1：61-66.

[33] 薛明．BedZED——综合应用生态策略的典范[J]．建筑知识，2004，24（4）：1-8.

[34] 颜京松，王如松．生态住宅和生态住区（Ⅰ）：背景、概念和要求[J]．农村生态环境，2003，19（4）：1-4.

[35] 严涛，陈柏旭．提升人居环境质量的创新设计模式[J]．建筑学报，2005，10：26-29.

[36] 杨仁杰．生态居住园区的内涵[J]．住宅科技，2002，3：43-45.

[37] 杨芸，祝龙彪．建设生态社区的若干思考[J]．重庆环境科学，1999，5：18-20.

[38] 伊恩·伦诺克斯·麦克哈格．设计结合自然[M]．黄经纬，译．天津：天津大学出版社，2006.

[39] 曾庆华．关于生态社区的一些思考[J]．中国科技博览，2009，20：255-256.

[40] 张涛．生态社区及社区生态文化建设初探[J]．甘肃科技纵横，2008，37（5）：6-6，27.

[41] 赵小汎，韩英．可持续生态社区研究进展述评[J]．上海环境科学，2009，28（4）：162-170.

[42] 周熊飞．可持续发展的生态城市社区讨论[J]．城市管理，2009，7：45-46.

[43] Hugh Barton.Sustainable Communities[M].London：Earthscan Publications Ltd，2000：68.

[44] J·O·西蒙兹（John O. Simonds）．景观设计学[M]．北京：中国建筑工业出版社，2000.

[45] Robert H. Guidelines and Principles for Sustainable Community Design（Thesis for Master Degree）[M]. Chair of Committee：Keith Grey.Florida A& M University，1996.

[46] The Housing Design Awards 2000-BedZED，Winner of the Sustainability Award & Most Promising Scheme.

[47] http://www.advarc.org/newjs_view.asp?id=1092.

[48] http://www.theoildrum.com/story/2006/6/21/14232/0257.

[49] http://greenlineblog.com/wp-content/photos/SVGallery_BedZED/BedZED_Image%2016.jpg.

[50] http://www.craes.cn/c/cn/news/2008-07/11/news_918.html.

[51] http://www.greenroofs.com/projects/bedzed/bedzed1.jpg.

[52] http://www.iwapublishing.com/template.cfm?name=features_in_the_june_2004_edition_of_water21.

[53] http://www.zedfactory.com/bedzed/bedzed.html.

第 8 章
人居生态规划与设计

人类聚居生活是人类与自然之间的相互作用、相互选择、相互适应的结果。根据生态学观点，地球生物圈由自然生境和人居环境两大系统组成，它们之间具有模糊边界和相互包容的互补共轭关系。人居环境是人类聚居的环境，它是一个由人类的社会、经济、自然等因素组成的复合生态系统，是以人为中心，由“人—建筑—环境”构成的综合体。其中的各项生态因子都直接受到人类活动参与的影响，是人类生存行为中利用自然、改造自然的主要场所。

在人类生产活动中，构建适宜的人居环境具有极其重要的地位。人居环境的建设可以改善人与环境之间的关系，为人类生活和行为发展提供必要的物质保证，因此人居环境在技术、功能、构成方式和形象等方面总是与当时的人同自然、社会的关系相适应并受到社会经济发展水平的制约。在文明的历史进程中，人类积累了丰富的人居环境营建经验。在生产力水平相对较为落后的农耕文明时代，当时的人类以朴素的生态观顺应自然，针对居住地的气候条件，因地制宜、因势利导，自觉运用自然材料创造出理想的生活居住空间。但是，在工业革命之后的 200 多年里，伴随着生产力的飞速发展，人类创造了祖先无法想象的巨额物质财富，同时对自然的无节制开发也导致了人类居住环境的恶化，甚至威胁到了人类的生存和发展。作为人类改变自然生态系统的一个重要方面，人居生态系统的角色也要顺应人类发展的潮流，在其构成和功能上进行调整和改造，从而与人类社会和自然环境和谐相处这一宗旨相统一。

8.1 人居生态系统

人居生态系统是指人类、建筑、自然环境和社会环境所构成的一个有机的、具有结构和功能的整体系统，它的创造是人类有目的、有计划地改造和利用自然环境的创造性活动的结果。其中，人是唯一的消费者，处于绝对支配地位，而建筑作为人们生产、生活的最主要承载体，在人居生态系统中处于至关重要的地位。

8.1.1 人居生态系统的结构

人居生态系统是受人类行为活动改造和干扰最为严重的生态系统之一，从某种意义上也可以理解为人造生态系统。人居生态系统具有部分生态系统的明显的结构和特征，但是并不是完整意义上的生态系统。

（1）人居生态系统的构成因子

人居生态系统包括人类、建筑、自然环境、社会环境等因子。其中，人类因子是人居生态系统的建造者，也是其中占支配地位的消费者；建筑因子是完全人造的，由人类的活动作用于自然环境而形成，并最终回归于自然环境；自然环境因子包括土地、空气、光、热、水、风、矿物质等与人类生存密不可分的自然资源以及台风、地震、泥石流、地陷、海啸等自然灾害因素；社会环境因子是指在人居生态系统中人与人之间复杂的社会关系。

（2）人居生态系统的内部关系

人居生态系统的构成因子之间相互依存、相互制约。这些因子并不是孤立的，而是彼此联系、相互促进的，任何一个单因子的变化都会引起其他因子不同程度的变化及反作用。人居生态系统的核心是人类因子。人类为了减少自然环境对人类自身的一些不利影响，同时追求自然环境对其有利的作用，凭借技术手段对自然环境进行改造，创造出人工建筑。人工建筑为人类提供居住等功能，并为人类的生产、生活提供物质基础，在自然生态环境的生态平衡系统中负担着重要的作用，这是人与自然生态环境产生矛盾的根源，同时也是调节人与自然生态环境关系的重要手段。在人居生态系统中，人类并非是一个独立的个体，它们之间通过错综复杂的联系，构成了社会环境因子，而人类又可以通过各种机制作用于系统中的其他因子。

（3）人居生态系统的特征

生态系统具有多样性特征，即在一定时间和空间内，每一个生态系统都由一定的生物因子和环境因子组成，这些因子之间通过一定的物质流、能量流以及信息流相互联系、相互制约。生态系统具有明确的服务功能，同时能够承受一定的干扰以维持相对稳定的功能。人类的生活及生产需要的是一个较为稳定的“定量”，而为了满足这些需要而存在的人居生态系统，则出于能量节省及过程简化等方面的考虑，必然会弱化同级自然系统的多样性特征；而此种特征的减弱或丧失，也就必然导致系统抗干扰功能方面的缺陷。因此，需注意以下三点：

第一，在人居生态系统中，由于生产者的生产能力被人为地弱化，作为消费者的人类对于物质和能量的需求是系统内部各级生产者所无法提供的，因此整个系统需要从外界不断地输入能量和物质，一旦外界物质和能量的输入中断，系统很快会趋于不稳定状态直到崩溃。

第二，人居生态系统中处于分解者地位的生物是缺失的，也就是说整个系统将不具备自我循环能力。物质的正常循环渠道被人为阻断，物质流和能量流只能从最初级的生产者以及各级消费者向处于最高级消费者的人类单向流动。物质流和能量流的单向流动以及分解者的缺失导致人居生态系统会不断产生难以直接循环利用的物质。这些物质需要人类借助一定的工具并消耗一定的物质能量才能再次进入循环。

第三，外界输入人居生态系统的能量在人类的控制下，在各种非生物因子之间转化流动。这样的转化和流动会造成一定程度上的损耗，而这种损耗通常会高于自然生态系统。这部分损失的能量会进入环境中，导致环境熵值的增加。

8.1.2　人居生态系统的功能

同其他生态系统一样，人居生态系统的组成结构决定了它相应的功能，其核心功能就是服务于人类，同时兼具了其他方面的功能。

（1）支撑功能

支撑功能是指人居生态系统为人类提供了生产、生活所必需的物理空间和物质载体，这也是它的使用价值。从原始社会直至今日，人们对人居生态系统所能提供的庇护和支持要求伴随着社会生产力的进步不断提高，也促使了人类对高水平的营造产生孜孜不倦的追求。

（2）审美功能

审美功能是指人居生态系统从时空、远近、高低、意境、动静、虚实、疏密、刚柔、音形、冷暖、浓淡、疾徐、曲直、跌宕、起伏等方面模糊的、混沌的、非线性的动态变化中，寻找到视觉、听觉、触觉的良性冲击，以求得精神上的愉悦感、欢快感、幸福感和归属感，体现出不同年龄段人生的价值、地位和尊严，说到底是为人类提供一切美的享受。它虽涉及人文、自然生态和美学等范畴的方方面面，但最主要的是体现在建筑本身的构建和对自然环境的感受。审美功能与人居生态系统中的人类的舒适度有着重要的关系。作为人类改变自然环境的一个重要方面，人居生态系统在维持地域文化艺术的多样性上有着重大的作用。

（3）循环功能

人居生态系统可以理解为“有生命的开放系统”，能够与外界环境不断地产生物质、能量和信息的交换。为了维持其正常运作，需要有一定的物质、能量、信息流的输入，同时人居生态系统也做了相应的输出。因此，循环功能作为更大尺度下生态系统的一部分，是其能量、物质和信息流动的一个环节。

8.2　人居生态规划与设计

生态人居的核心就是生态建筑。20 世纪 60 年代的美籍意大利建筑师保罗•索勒瑞首次提出“生态建筑”的概念。他把生态学（Ecology）和建筑学（Architecture）两词合并为 Arcology，即从生态学的角度来认识建筑，将生态学的理论应用到建筑设计中，以期达到与自然的和谐共生。从生态学角度来讲，生态建筑首先应该具备节能的特征，并充分考虑绿色能源的使用，提倡使用再生和循环利用、可重复利用的材料，注重环境保护以及尊重所在地的地域特有的历史文化，与乡土景观环境有机结合。

8.2.1　人居生态规划与设计理论

人居生态规划与设计的核心就是以有机物循环、无机物循环、水资源循环、能源循环和建筑物生命周期循环为基本理念，利用相应的生态工程技术实现人居环境的可持续发展。人居生态设计与规划的核心在于生态建筑的设计。生态建筑是根据当地的自然生态环境和气候条件，运用生态学、建筑技术科学的基本原理，采用适当的技术科学手段，合理地安排并组织建筑与其他领域相关因素的关联，使其与当地自然生态环境结合并成为一个有利于人类健康的有机整体，同时能在全生命周期中减少能源和资源的消耗、降低环境污染、积极保护生态环境。

（1）人居环境理论

广义的人居环境是指围绕人这个主体而存在的一定空间内的构成主体生存和发展条件的各种物质性和非物质性因素的总和。从聚居的角度出发，我们可以将其理解为人口的聚集地，它是包括城市、集镇和村庄以及维护人类活动所需物质和非物质结构的有机组合体。按照吴良镛先生的观点，人居环境不仅仅涵盖了人类活动所存在的物质空间，还包括在这个空间中所存在的人与人之间的社会关系以及人与环境之间的利用关系。基于道萨迪亚斯（Constantinos Doxiadis）的人类聚居科学理论，吴良镛先生将人居环境划分为五大系统（图 8-1）。

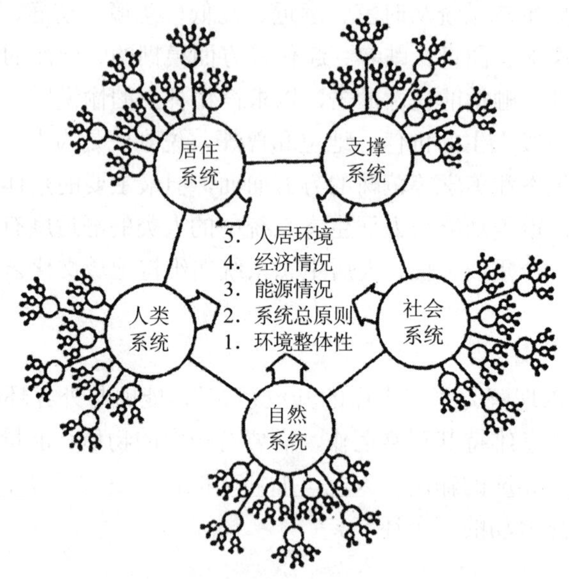

图 8-1 人居环境系统模型（祁新华等，2007）

1）自然系统

指整体的自然和生态环境。自然是指气候、水、土地、植物、动物、土壤微生物、地理、地形、环境分析、资源、土地利用等。自然系统是聚居产生并发挥其功能的基础。自然系统侧重于与人居环境有关的自然系统的机制、运行原理及理论和实践分析。

2）人类系统

主要指作为个体的聚居者。侧重于对物质的需求与人的生理、心理、行为等有关的机制及原理、理论的分析。

3）社会系统

主要指由人群组成的社会团体相互交往的体系，包括公共管理和法律、社会关系、人口趋势、文化特征、社会分化、经济发展、健康和福利等。

4）居住系统

指人类系统、社会系统等需要利用的居住物质环境。

5）支撑系统

指为人类活动提供庇护的所有构筑物，所有人工和自然的联系系统，以及经济、法律、教育和行政体系。

（2）绿色建筑理论

Ken Yeang 在其著作《设计结合自然：建筑设计的生态学基础》中对绿色建筑的理论探讨方面做出了有意义的尝试。绿色建筑理论认为传统的建筑学并没有把建筑看做是生命循环系统的有机部分，没有从生态系统的角度来研究建筑学科的发展。而生态建筑学要求建筑师和设计者有足够的生态学和环境生物学方面的知识，研究和设计应当与生态学相结合。Ken Yeang 指出生态设计必须从以下四个方面来考虑对环境的影响：

第一，能量和材料由内及外的相互交换或系统生存周期内输入物资所产生的影响。

第二，能量和材料由外及内的相互交换或系统生存周期内输出物资所产生的影响。

第三，系统内部的相互关系或系统生存周期内其自身及其用户活动所产生的影响。

第四，系统外部的相互关系，或者地理位置及其环境对系统产生的影响，它们为被设计系统提供了文脉关系。

在建筑设计中，使用者的需求应优先得到考虑，然后才是建筑的硬件与设施。同时，设计者必须在选址、朝向、构型、布局以及机电系统的选择等方面做出安排，通过设计对当地的气候和生态环境做出创造性的解答，充分利用当地的自然资源。当然，这种“工程策划”的设计结果，绝不是限制创造性的发挥。基于某种工程的建造逻辑，设计能够被定量地加以评价。但是必须认识到：生态设计的方法并非是由一套不容改变的、标准化的设计法则构成，并由此导出一系列确定的建筑形式。变化是可能的，任何其他偏离了规划，但是富有创意的设计方法都能被采纳。

8.2.2　人居生态规划与设计方法

（1）生态建筑设计原则

生态建筑设计以生态学理论为基础，注重合理利用资源和环境保护，使建筑与城市、环境成为一个健康平衡的有机整体。不同于传统建筑，生态建筑的设计是一个知识密集型的过程，二者的区别如表 8-1 所示。完成一个复杂的生态设计，将牵涉到建筑、物理、化学、工程学等大量的知识，是一门综合性的科学。

在生态建筑设计中要组织建筑内外空间中的各种物质因素，使物质、能源在建筑系统内有序地循环转换，寻求自然环境、建筑和人三者之间的统一，创造一种高效、低耗、低污染的人居生态环境。生态建筑设计需遵循一定的设计原则：

1）环境友好原则

人居生态系统是一个开放的系统，在其生命周期内能够与外部环境不断地产生物质、能量和信息的交换。理想的人居生态系统应该与其他生态系统一样，依赖外界的输入维持其结构和功能的协调，在受到外界的扰动时能够通过一定的自身调节机制恢复到新的稳定状态，同时输出系统产生的废弃物进入周围的自然生态系统中。人居生态系统的环境友好性，体现在其内部过程能够有效减少甚至消除废弃物的产生，实现物质、能量、信息在相

表 8-1 传统建筑和生态建筑设计的区别（周振民，2008）

	传统建筑设计	生态建筑设计
对自然的态度	以人为中心，意欲以“人定胜天”的思想征服自然，让人能凌驾于自然生态系统客观规律之上，成为自然环境的统治者	正确看待人类在自然生态系统中的地位，尊重自然生态系统的客观规律，把人的活动融入生态系统中去
对资源的态度	没有考虑或很少考虑有效的资源利用和资源循环再生，忽视建筑对生态系统的影响	要求设计人员在构思以及设计阶段必须考虑降低能耗、资源高效重复利用，以及对自然生态环境的影响
设计依据	依据建筑的功能、性能以及要求来设计	依据环境效益和生态环境指标与建筑空间的功能、性能及成本要求来设计
设计目的	以人的需求为主要设计目的，力求达到人的安全、舒适和愉悦	兼顾人的需求和自然生态环境的保护，目的是改善人类居住与生活环境，创造自然、经济、社会的综合效益
对施工技术和工艺的要求	在设计过程中不考虑或者很少考虑施工和使用过程中材料的回收再利用	在设计过程中采用在施工和使用过程中可拆卸、易回收、不产生毒副作用并保证产生最少废弃物的材料

互关联的过程中循环往复。因此，在生态建筑设计过程中，按照生态控制论的总体原则（整体、协调、循环再生），使得建筑系统能够维持最小的物质、能量的输入和输出，以及最小的废弃物的生成和排放。具体体现在以下几个方面：

①保护资源：整体全面地考察设计地段内部与外部相互依存的环境关系，减少人工层次，合理地保护土地、植被以及自然环境。

②节能减排：面对全球气候变暖的发展趋势，全人类都应重视节能减排，尤其要采用多学科、综合性设计的方法使建筑产生的废弃物和向外界自然环境的废弃物排放量达到最小，并通过一定的技术流程使不可避免的最终废弃物能够被更大尺度的生态系统中的物质循环过程所利用。

③绿色安全：以建筑材料的无害化和高效利用为宗旨，使用无污染、低能耗、易降解、易再生的当地材料，因地制宜地使用本地无污染的材料技术。

④和谐宜居：人类作为人居生态系统中的一个重要因子，其活动必须与环境建立起和谐共存和协作的关系，避免人类社会性行为活动对环境的破坏。

2）资源合理利用原则

自然资源通常可以分为可更新资源和不可更新资源两大类。前者是指人类开发利用后可更新、可循环、可再生的资源，包括水资源、生物资源等；后者指在人类生存的世界尺度里不可更新、不可循环、不可再生的资源，包括煤、石油等矿产资源。人居生态系统的构建需要消耗一定的资源，而资源的有限性成为其设计的一个基本的限制条件。在这一条件下，应当最小程度地耗费资源，尽量使用可再生资源，以减轻对整个自然生态系统的压力，同时保证资源利用的可持续性。生态建筑设计的资源持续利用原则，具体体现在以下几个方面：

①建材环保耐用：注重建材的节能、环保、可再生以及耐用等特性，尽量降低建筑材料的能耗，提高建筑材料的使用效率。另外，要优先采用本地特有的建筑材料和建筑技术以降低成本，提高生态建筑同环境的协调度。

②节能实用：在设计中充分考虑建筑对于可再生能源利用的能力，包括太阳能、风能、

水能、地热能等。同时，积极尝试自然采光照明、自然通风和降温等手段，降低整个建筑因为照明、制冷以及取暖的能耗。

③空间布局：设计过程中充分构思建筑结构和建筑形式，同时在设计中留有余地，便于在使用阶段内充分发掘其使用潜力。对于建筑在拆除之后的循环使用也要予以充分的考虑。灵活的空间规划和多种功能设置与布局，能够避免建筑因为功能的单一而限制其使用价值。

④节能降耗：建造过程中资源的开采、制造、运输、装配等阶段采用先进合理的管理措施和技术，减少其能耗。

⑤设计科学：设计规划过程中理性地使用材料，通过合理的建筑形式和布局，减少建筑材料和人力资源的浪费；通过建筑整体以及外部环境合理的布局以及细部的设计，对建筑整体的能量流动进行人为调控，减少潜在能源的消耗。

⑥节省材料：高效设备和控制系统能够非常显著地减少建筑在使用过程中的资源消耗。

⑦再生利用：通过引入适宜的生态工程技术，能多层次提高废弃物和资源利用率。

3）设计与地方结合原则

不同的地域条件和自然环境，会形成不同的居住习惯和建筑形式，这一点最直接的反映就是建筑的外观。这些特点在建筑的演变过程中逐渐发展并形成具有地方特色以及社会凝聚力的乡土文化。从系统学角度来讲，人居生态系统与其更大尺度上的自然生态系统有着密不可分的关联，本地自然环境的地域特征以及文化特征都会深刻地影响着该区域内建筑的设计思想和实践。地域特征包括气候条件、土壤植被条件、地形、区位条件等，而文化特征包括意识形态、宗教伦理、道德礼制、思想行为、风尚习俗等。因此，传统的建筑文化对于生态建筑的设计活动具有多方面的参考价值，主要体现在两个方面：第一，具体的建筑方式和建筑方法是针对本地地域条件和自然环境而形成的；第二，传统建筑在文化层面上具有其自身的特征，也就是鲜明的个性价值，在继承保护地区特色、实现文化多元化上具有重大意义。生态建筑的设计与地方结合原则体现在以下几个方面：

①因地制宜：根据建设地的场地因素和气候因素，包括地形地势、朝向、方位、海拔高度、日照条件、温度、湿度、风力和风向、土壤和植被条件，以及周边建筑布局，合理规划设计，充分利用有利的自然环境因素，以减少建筑运行的能耗，减少对自然环境因子的干扰和人为改造，力求以最小的资源和能源成本，为人类构建舒适的人工气候条件，使建筑环境和自然生态系统能够融合共生。

②人文理念：在生态建筑设计过程中，注重对建筑文化信息的继承。主要有两个方面：第一，对传统建筑的表象以及具体建筑形态进行继承，包括具有历史价值和特殊保护价值的建筑、街区、地段以及对特殊景观的保护和继承；第二，对传统建筑文化中内在的、本质的继承，包括传统的适宜地方建造技术的保护和继承、对传统建筑材料的利用，以及对传统建筑文化中朴素的生态思想和有价值的设计原则的继承和发扬。

③环境协调：生态建筑的设计要与所在地的其他建筑相协调，不能破坏建筑群的自然生长性和延续性。

④以人为本：人类是文化的创造者和传承者。在生态建筑设计过程中要充分保护当地传统的生产、生活和贸易方式，尊重传统的生活风俗、伦理制度、信仰以及其他日常生活的行为习惯。保持人们对原有地域的认知特性，使其对建筑及其环境具有认同感和归属感。

4）宜人性设计原则

人居生态系统是人类所创造的以为人类服务为基本目标的特殊的生态系统，人造的建筑及其环境是人居生态系统中人类活动对自然环境进行大规模改造的结果，同时也是人居生态系统的重要组成部分，是人类生产、生活的主要场所。这就要求建筑应以人为本，创造一个能够令人类安全、舒适，并有益于人体身心健康的空间。在生态建筑设计过程中，不能仅仅以满足其使用功能为目标，还应当满足人的基本生理、心理、健康、行为、文化，以及社会活动上的要求，为人类的物质文明和精神文明的发展提供保证。生态建筑设计宜人性原则体现在以下几个方面：

①融合自然：遵循人与环境和谐相处的人文原则，在生态建筑中尽量引入自然要素，从而避免建筑将人类与自然生态环境割裂开这一局面的产生。创造开敞的空间环境，结合建筑内外的各层次绿化系统，为建筑的使用者提供一个能够与自然环境亲密接触的人居空间，并且让使用者通过视觉、听觉、嗅觉、触觉同自然环境充分融合。

②舒适宜居：对于不同使用性质的生态建筑，对其内部热环境的要求也不同。在生态建筑设计过程中，要注意室内热环境的四大要素（空气温度、相对湿度、室内气流流速和平均辐射温度），为使用者提供舒适、有益于健康的室内热环境。

③通风透光：通过高效的自然采光以及人工照明系统，结合合理的室内结构设计，为使用者创造健康舒适的光环境。对人体生理和心理健康均有益的光环境，不仅要求根据房间使用性质达到行之有效的照度和亮度，而且对室内光分布也存在一定的要求，它直接关系到工作效率和室内气氛。舒适健康的光环境包括易于观看、安全美观的亮度分布和炫光控制、照度均匀控制等。此外，在室内照明系统光源选择方面，需要选择环境友好、对人类健康无害的绿色光源。

④安静舒适：各种噪声不仅破坏了声环境的舒适，甚至还会对人类身心健康产生危害，因此噪声问题是生态建筑室内声环境营造的重中之重。生态建筑设计过程中，要特别注意防噪措施以控制噪声污染，为使用者创造安静、舒适的声环境。

⑤空气新鲜：为了给使用者提供一个健康舒适的室内空间，良好的室内外风环境是必不可少的。同时，对于一般意义上的建筑而言，通风是最有效的空气净化手段。通过合理的生态建筑设计，建立自然通风系统，形成良好的室内通风对流环境，可以为建筑室内引入健康、清新的空气，排出由于建筑中的污染源以及人员呼吸产生的各种影响室内空气品质的污染物，有效解决室内热舒适性和空气质量问题。

⑥个性设施：在生态建筑设计过程中，宜针对特殊使用者，包括不同程度伤残缺陷者和正常活动能力衰退者，提出富有针对性的解决方案，配备能够应答、满足这些人群需求的服务功能和装置，把尊重人和关心人的宗旨体现在设计中，为特殊使用者营造一个方便、舒适的人居环境。

⑦公众参与：注重公众参与机制的建立，鼓励生态建筑的使用者参与设计，在建筑设计方案中融入使用者的意愿和要求，使方案更加合理、更具可操作性，从而获取更多使用者的心理认同。

（2）生态建筑规划设计方法

生态建筑的设计应该依据其设计原则，综合考虑资源和能源效益，力求以最小的资源、能源耗费以及最轻微的环境破坏和污染，满足人类生产生活的需求，换取最大的社会、经济、生态利益。

1）资源与材料的利用

生态建筑的资源利用主要涉及两个方面：建设过程和维持使用过程，即要求在满足人类需求的前提下，减少资源的占用和消耗，实现资源的重复、循环再利用。

①珍惜资源：对现有资源进行充分利用，深入挖掘其使用潜力，确保不会浪费资源。其中包括合理延长现存建筑的使用寿命、对现存建筑的改造等。

②节约资源：在建设项目主要材料的选取过程中，应考虑建筑材料的生产、运输、使用、维护、废弃、再生利用的全生命周期里资源的消耗和对环境的影响。优先选取具有环境亲和性、健康无害、可降解、可再生、节约资源、耐久性好，且易于维护和管理的建筑材料，保护生态环境，降低建筑材料对生态环境和人体的影响。尤其要避免选取会对环境和人体产生毒害的建筑材料，例如具有放射性的石材等。

③就地取材：重点扩大本地生产的建筑材料的使用范围，在设计过程中尽量采用本地生产建筑材料，这样既可减少能耗和污染，又能发展地方经济，降低建筑成本。

④综合利用：以全生命周期的观念来看待建筑物，使其拆除后的部分建筑结构、建筑材料能够重复使用。在拆除旧的建筑物时，对可利用的旧建筑材料进行分选，在保证安全和质量的前提下，宜最大限度地使用可回收利用的旧建筑材料。

⑤高新技术：新型建筑材料在环境保护和节约能源方面扮演着重要的角色，在生态建筑材料选取过程中，应综合考虑投入产出因素，选择适当的新型建筑材料。譬如透明绝热材料（Transparent Insulated Material，TIM），它可以与外墙复合成透明隔热墙（Transparent Insulated Wall，TIW），在冬季可以阻止吸热面向室外散热，在夏季可以避免室外过多的热量进入室内；玻璃材料，它通过具有特殊属性的玻璃制品进行组合，能够达到生态建筑保温和采光的要求；太阳能光电材料，能够利用太阳光能发电，为建筑提供能源。太阳能无污染、无噪声，并且对环境无损伤，是一种安全、清洁的新型能源。太阳能光电材料可以和建筑构件结合，成为建筑的一部分（例如太阳能光电屋顶，太阳能电力墙，太阳能光电玻璃等）。

⑥循环利用：结合生态工程学措施，为生态建筑运行设计资源循环、多层次利用的机制，例如中水回用系统以及雨水收集系统等。中水是非传统水资源，是生活污水就地处理后，达到规定的水质标准，可在一定范围内重复使用的非饮用水，其水质介于清洁水和污水之间。中水利用是对水资源利用潜力的开发，可缓解当前水资源短缺的现状，提高水资源的利用率，大量节约淡水资源，具有明显的环境、经济和社会效益。雨水收集系统是通过设置一定的屋面、屋顶设施，对自然降雨进行收集，以满足浇灌、冲刷、洗车等非饮用水的需求。它是由集雨区、输水系统、截污净化系统以及配水系统等几部分组成。

2）能源的利用

在生态建筑设计与建造过程中，在技术经济合理的条件下需遵循高效、清洁与可持续发展的要求，从常规能源系统优化利用、可再生能源和新能源利用以及节能等方面进行总体统筹优化，寻求生态建筑能源利用系统与自然生态环境的和谐。

①新能源的利用：生态建筑中所需要的能源主要是电能和热能。在生态建筑中引入这些无污染、可再生的能源，可以减少甚至完全取代常规能源的消耗。

②节能低碳：在经济、技术条件都允许的情况下，应当采用合理的能量转换方式，提

高能源转换效率，降低系统内部各能量转换环节的损失，实现能源的阶梯利用。同时，应尽量避免系统向环境的能量排放，通过对排放能量的回收利用可减少建筑的能源需求，例如利用排出的热（冷）风对新进入的风进行预热（冷）。

③设计创新：针对不同建筑能量的需求，采用科学合理的建筑围护结构，提高其保温、隔热和通风性能，缩短人工维持系统运行的时间，减少建筑能耗。例如，采用墙体外挂保温板可有效降低墙体的传热系数，从而降低建筑空调采暖能耗；利用一定规格的透明储水装置作为墙壁，可以增加建筑内部对太阳能的利用程度；直接与住宅平面连接的日光温室或花房，形成直接高效获取太阳能量的区域，把日光温室或花房设计成被动式太阳能贮存、散布和利用的装置；利用屋面上种植植物阻隔太阳能防止房间过热，同时也可以起到吸收二氧化碳、净化空气的作用；在东、南、西朝向的大面积窗户和玻璃幕墙设计可调节外遮阳结构，防止过高强度的太阳辐射直接进入室内，减少室内空调负荷，但需要注意的是，遮阳的设计还必须处理好室内采光与室外遮阳的矛盾，以及夏季有效遮挡、冬季避免遮挡的矛盾；在窗户玻璃及其相关固定、支撑构建的选取上，尽量采用导热系数低的材料，譬如选用覆膜、中空/真空玻璃取代传统玻璃，选用 PVC 塑料窗、玻璃钢窗框等取代传统的金属型材，可大大降低窗户的隔热保温性能（表 8-2）。

表 8-2 不同材料窗框的大致传热系数（汪亿等，2006）

窗框材料	铝合金	断热铝合金	PVC 塑钢	木材	玻璃钢
窗框传热系数 k/[W/（m^2·K）]	4.2～4.8	2.4～3.2	2.0～2.8	1.5～2.0	1.4～1.8

④降低能耗：在技术经济合理的前提下，最大限度地使用被动式能源系统，以减少建筑对主动式能源系统的依赖，降低建筑的能耗。

⑤降低污染：在生态建筑建造和使用过程中，充分考虑能源消耗对环境的影响，依据供能方式对环境的作用效果，尽量选取高效、低污染的供能系统。

3）自然通风

自然通风是由于建筑物与外界环境的通道存在压力差而产生空气流动从而进行的通风换气的方式。不同于机械通风，自然通风不需要或者很少需要专门的动力。自然通风能够提供新鲜空气，减少室内污染源产生的对人类健康不利的污染物，调节室内温度和相对湿度。生态建筑的自然通风是决定使用者健康和舒适的重要因素之一，同时也能有效降低建筑运行的能耗。在生态建筑设计阶段，根据本地区年际风向变化，选择合适的建筑布局和朝向，有利于自然通风。在可能的条件下不设计全封闭的建筑，即使是全封闭的建筑，也需要设置一定的通风空隙以满足建筑自然通风的需求；在进行建筑内部布局时，也需要考虑自然通风的需求，对空间进行科学合理的划分，对空间内部气流分布进行分析，通过建筑设计和建筑结构对气流的诱导，形成高效的自然通风系统，创建健康、舒适的室内热环境，并降低能耗。

自然通风主要是利用风压通风和热压通风。对于不同类型的生态建筑，实现建筑通风的技术手段也各不相同。风压通风就是利用建筑迎风面和背风面的压力差完成整个通风过程。风压通风的压力差与建筑形式、建筑与风的夹角以及周围建筑布局等因素相关。当建筑垂直于主导风向时，其风压通风效果最为显著。当自然风不够稳定，建筑周围无法形成足够的风压时，就需要利用热压原理进行自然通风。热压通风就是所谓的“烟囱效应”，其原理为：热空气上升，引发建筑内部的空气流动，从建筑上部排出污浊的空气的同时建筑底部吸入室外新鲜的冷空气（图 8-2）。热压的大小取决于室内外空气温度差以及进出风口的高度差。但是利用热压通风所产生的空气流速较慢，需要同风压通风相配合。一般来说，在生态建筑设计过程中要综合考虑风压通风和热压通风，对进深较小的建筑多利用风压来直接通风，而进深较大的建筑就需要结合使用热压通风和风压通风。常用的通风设计方式有以下几种：

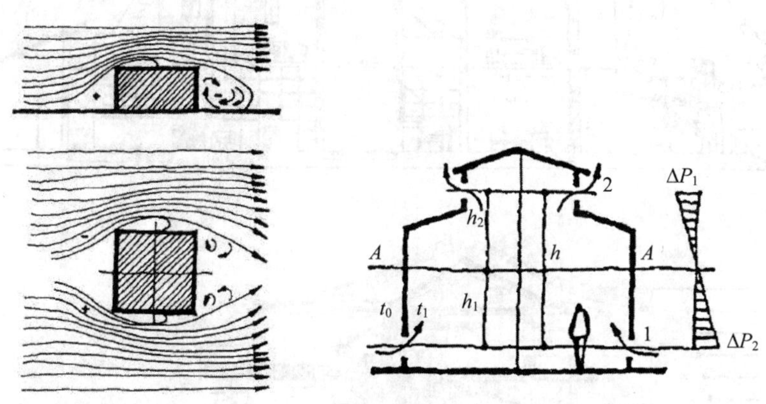

图 8-2　风压作用下的自然通风和热压通风（吴耀华和宋德萱，2008）

①开口优化设计：建筑开口的优化设计包括合理的室内空间布置、适当的门窗面积和相对关系等。开口位置和面积设置恰当，可以保证室内的气流达到一定的流速和流场的均匀。在进出风口设计过程中要注意进出风口之间的相对高度、相对面积大小，这些因素都会对风速和流场分布产生影响。

②建筑构造导风：一些建筑内部构造，包括门窗、挑檐、挡风板、通风屋脊、内隔断等都会对室内自然通风产生影响，因而在这些构件的设计过程中要充分考虑发掘其对自然通风效果的强化作用。窗扇的开启和关闭能够有效影响室内通风效果，因此，适当的门窗设置能够增强通风效果。在不同季节、不同风速、不同风向的情况下，可设置气窗、百叶来调节室内气流状况；在空气流动不符合建筑通风需要的时候，可以适当设置挡风板来改善室内通风。

③室内空间设计导风：住宅室内空间布置和不同功能房间的合理利用能够有效改善自然通风。太阳能烟囱、中庭或者风塔的拔风效应在设计过程中要充分考虑，另外在中央楼梯、坡屋顶设计过程中可综合利用风压、热压和文丘里效应促进自然通风。例如，完工于 2001 年的英国新国会大厦的设计中，将通风塔的设计同哥特式建筑基底有机结合起来，取得了较好的自然通风效果；张家港生态农宅采用的室内“文丘里管”式渐缩断面的设计策略，成功地对自然通风进行了引导（图 8-3）。在室温高于外温的时间段（例如夏季的夜晚），在无风的条件下，可以利用热压形成局部的负压区域，加强自然通风效果。

④进风优化：在气候炎热的地方，进风口尽量布置在建筑背阳温度较低的一侧。可以考虑通过冷却的管道（如地下通道）来吸入空气，这是自然降温的有效手段。在热空气进入室内之前，可以利用地层 1～3 m 以下的恒温层来吸收热量，同样，更深层的地下水也

可以在维持建筑的热平衡中起到重要作用。可能的条件下，在进风口周围设置水面、植物等，可以使建筑进风质量得到提高。另外，可以在进风口设置过滤器等设备对进入室内的空气进行清洁和过滤。

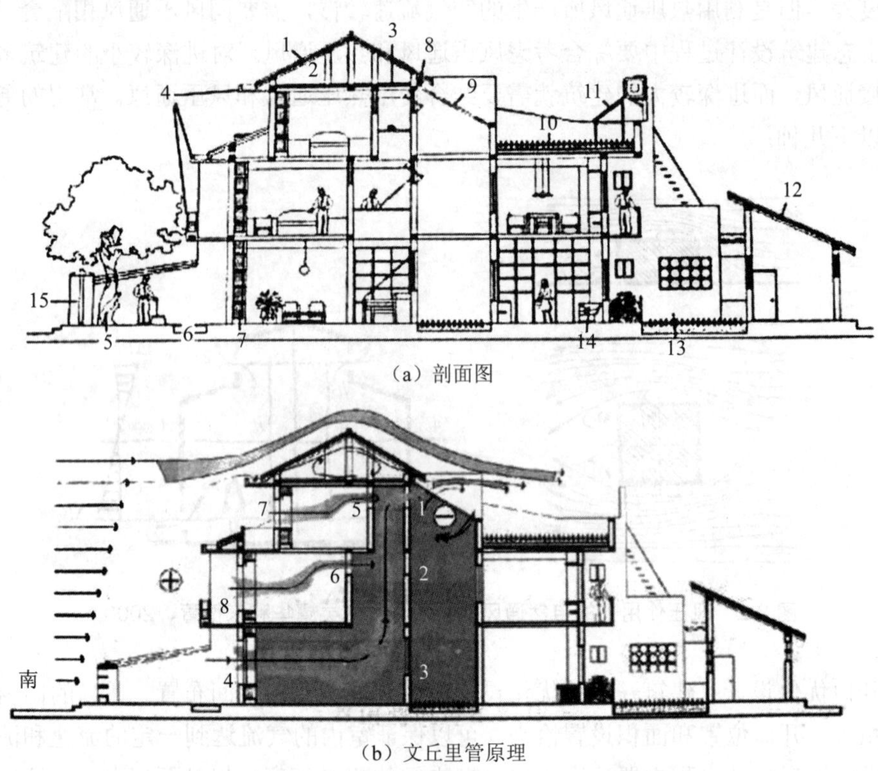

（a）剖面图

（b）文丘里管原理

图 8-3 张家港生态住宅自然通风设计原理（汪亿等，2006）

注：1—双层坡屋顶；2—空气间层；3—保温层；4—遮阳挑檐；5—园内乔木；6—门前草坪；7—水桶墙；8—薄膜卷帘；9—种植棚架；10—屋顶覆土；11—集热器；12—单坡屋顶；13—浮罩式沼气池；14—节柴灶；15—通风院墙。

4）自然采光

生态建筑设计过程中，要充分发掘建筑利用自然光照明的可能性，这不仅是节能的有效途径，而且对建筑使用者的生理和心理健康都有着重要的影响。因此，自然光照程度成为考虑室内环境质量的重要指标之一。建筑设计之初，在考虑场地条件时，要特别注意周边有无障碍物影响采光。如果有障碍物，为减少其影响，宜适当调整设计方案。天然采光通常用开侧窗和天窗的方式来满足。根据不同的建筑使用方式，合理设置采光口的大小和数量，可以部分满足室内采光需求。利用一定的措施则可以进一步改善自然光在室内的分布：在窗户的设计过程中，要考虑到人的心理舒适度，确保人能在室内看到大面积的天空；透明屋顶将提供良好的、更为广泛的自然光照，但要注意，这同时也会引起室内温度过高，影响人们居住的舒适度；玻璃墙体的选材要慎重，防止玻璃幕墙的有害光反射造成的光污染；在设计过程中考虑中庭的形式和形状，保证建筑内部良好的自然光照。而当室内受到过多太阳辐射时，则要考虑对采光进行控制，以达到改善室内光环境和建筑节能的要求。

①反射光利用：通过反射面和反光装置的配合，把昼光引入室内，增加室内可利用的昼光数量，提高离窗远的区域的昼光比例，使不可能接收到天然光的地方享受自然光照明。目前已经提出的方法大体有三类：

第一，利用镜反射面，将日光反射到需要的空间。这种反光装置可与水平遮阳板结合。

第二，通过室外的反射装置配合阳光追踪装置将获取的直射日光汇集成光束，经过光学系统的多次反射、折射后，引入需要的空间，再经过发散供室内环境照明。这种方法在美国明尼苏达大学土木矿业馆地下室照明中得到了应用（图 8-4）。

第三，通过光导纤维或者输光管道将日光送到需要照明的空间，譬如日本筑波宇航中心西侧办公建筑（图 8-5）。

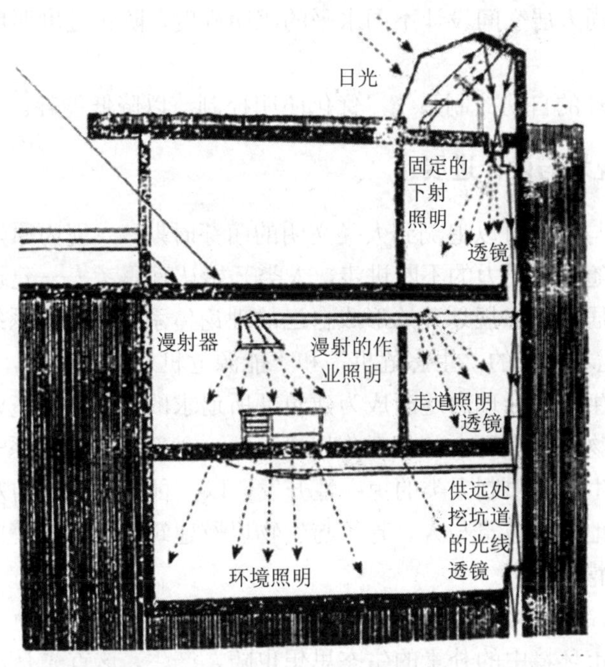

图 8-4　美国明尼苏达大学土木矿业馆的太阳光学系统为地下室提供天然光照明（汪亿等，2006）

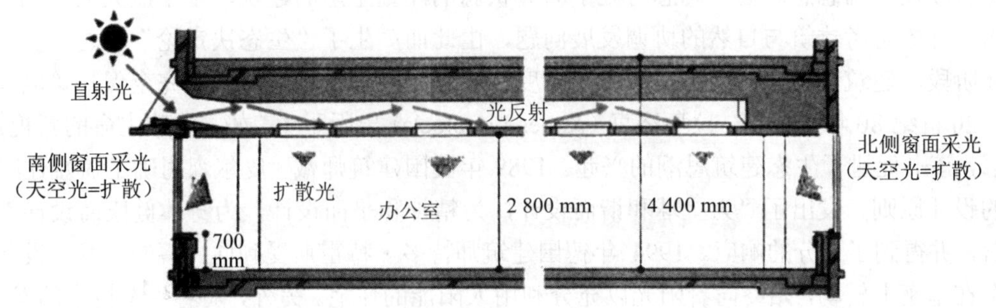

图 8-5　筑波宇航中心（汪亿等，2006）

②光线控制：采光的调节和控制措施分为固定遮阳和活动板遮阳两种。固定遮阳是指在光线进入室内的过程中设置遮阳挡板进行阻挡。遮阳板的设置位置和尺寸都会对室内光环境造成很大影响，不合理的布置方式很可能造成室内光环境整体变差，无法满足人的视觉要求。活动板遮阳采光能够随天气变化和太阳位置的移动而调节遮阳角度，从全开敞到全封闭，控制光线灵活性大，节能效果好。

5）室内照明

自然采光存在一定的时空局限性，需要人工照明对其进行弥补。但人工照明应该将能耗降至最低，并保护环境。这需要：

第一，对照明装置进行全生命周期经济比较，在满足使用者需求的前提下，选择节能环保的照明材料和设备。

第二，对照明数量和质量进行合理分析和设计，使得灯具能够高效利用。

第三，对于不同人居空间设计不同水平的照明程度，防止过度照明造成不必要的能源浪费。

第四，采用合理的自动控制系统，优化照明控制，以降低能耗。

8.2.3 人居生态规划与设计进展

人居生态规划与设计可以追溯到人类文明的萌芽时期，表现为原始人类对自己聚居方式的零星构思。伴随着生产力的不断进步，人类开始认真思考人—建筑—自然环境—社会环境的关系，对人居的生态规划开始形成自己的理论体系，并逐步系统化和完整化。

自20世纪六七十年代的“生态危机”和“能源危机”爆发以来，以节约能源、资源，减少污染为核心的生态设计理念逐渐成为建筑师所追求的方向。在正确认识建筑环境、生态系统以及地球生物化学循环之间相互作用之后，一种新的建筑体系——生态建筑开始产生。生态建筑的产生意在限制人类的掠夺性开发，以一种顺应自然的友善态度和展望未来的超越精神，合理地协调建筑与人、建筑与生物以及建筑与自然环境的关系。

（1）国外发展情况

工业革命之后，城市人口出现惊人的增长，工业污染严重，城市变得非常混乱。近现代西方在建筑与城市环境中的朴素的生态思想也随之产生，这首先是基于对工业生产造成环境恶化的反思，其次是心理上对20世纪中叶乡村田园景观的怀旧。

在20世纪60年代末至70年代初，伴随着《增长的极限》一书的发表，学者们提出了可持续发展的思想。这一思想对处于萌芽状态的注重生态的建筑产生了巨大的推动力，建筑师开始思考建筑与自然的协调发展问题，由此而产生了“生态决定论”的建筑类型。在此阶段，建筑设计中对待自然环境的态度比较消极，对自然资源采取完全保护策略。

20世纪80年代中期，拉乌洛克（James Lovelock）出版了《盖娅：地球生命的新视点》一书，该书促进了生态建筑思潮的兴起。1989年英国建筑师戴·皮尔森明确了盖娅住区宪章的设计原则，发出了“为星球和谐而设计，为精神和平而设计，为身体健康而设计”的号召，并得到了充分的响应。1994年德国建筑师特多·特霍斯受到向日葵的启发，设计了一个在基座上转动，始终向着阳光以充分利用太阳能的住宅。另外，随着生态技术的发展，出现了以高新技术为特征的注意生态的建筑设计理论与实践，即力图通过技术的发展和进步，改善建筑的使用方式和存在形式，实现建筑和环境合理的能量流动、物质循环和信息交换。该理论强调能量和物质的高效利用。例如，埃森 RWE 总部大楼的设计中改变了传统的外围护结构，使用相对于外部气候变化可以进行自我调整的、“可呼吸的”玻璃幕墙技术来控制建筑系统与外界生态系统间物质和能量的交换。

（2）国内发展情况

我国对生态建筑的研究与实践至少比发达国家晚了 10～20 年。20 世纪 80 年代，我国学者顾孟潮先生提出了“未来的世纪是生态建筑学时代”的观点；余谋昌先生在《建筑的生态设计》一文中也曾指出，随着人们对于生态环境的关心，生态观点逐渐渗透到建筑领域，从而对建筑文化产生影响，因此出现了建筑的生态设计，成为国内生态建筑思想的萌芽。

1993 年以后，著名建筑学家吴良镛先生创立了“人居环境科学”，真正意义上的人居环境系统研究开始得以迅速发展。1996 年国家自然科学基金委员会正式将“绿色建筑体系研究”列为“九五”重点资助课题，1998 年将“可持续发展的中国人居环境研究”列为重点资助课题，这为生态建筑的研究提供了明确的导向和有力的支持。吴良镛先生在其著作《人居环境科学导论》中提出了人居环境建设的五大原则，同时确立了人居环境科学的学术框架。在设计理论方面，国内学者也有不少的突破，譬如延安枣园地区进行的“新型窑洞”的工程试点研究；冬冷夏热地区（湖南）居住建筑生态技术的应用与探索；中国南极中山科考站改扩建规划设计等。

在生态设计实践方面，比较有代表性的生态建筑有上海生态办公示范楼、台湾大学的“绿房子”以及清华大学的伍威权楼等。

（3）未来研究重点

就目前而言，面对全球性的资源、能源短缺以及环境危机，生态建筑的发展趋势是以保护环境与节约资源为出发点，基于生态学原理，通过研究和实践寻求建筑系统、生态环境系统和人类之间的和谐共生，建立科学的、系统的生态建筑观及其相应的宏观生态设计框架，以此为原则，进一步建立中观层面的生态建筑设计原则，为微观层面具体的生态建筑设计提供可行的、具有操作性的理论依据。

8.3　经典案例

8.3.1　低能耗生活建筑——德国单身母亲公寓

（1）设计背景

该建筑位于汉诺威 2000 年世界博览会展览中心附近，建筑师为布林克曼（Brinkmann）和康哈迪（Kang Hardy），委托者为拉岭镇的圣托马斯教区，是为单身母亲提供的公益住宅。建筑师的设计出发点是把该公寓建成一座生态的低能耗的建筑。

（2）生态策略

建筑物为 3 层，共有 10 套 1～4 居室、面积为 27～84 m^2 的住宅，便于单身妇女和有不同数目孩子的单身母亲居住，其中部分户型为跃层式，总建筑面积为 750 m^2。为了利于节能和促进社交，底层部分设计为公共空间，有宽敞的门厅、洗衣房、会议室和茶水间，贮藏室单独于主体建筑之外，是属于屋顶覆草的单层建筑。汽车实行共享，故只提供三个停车位（图 8-6）。

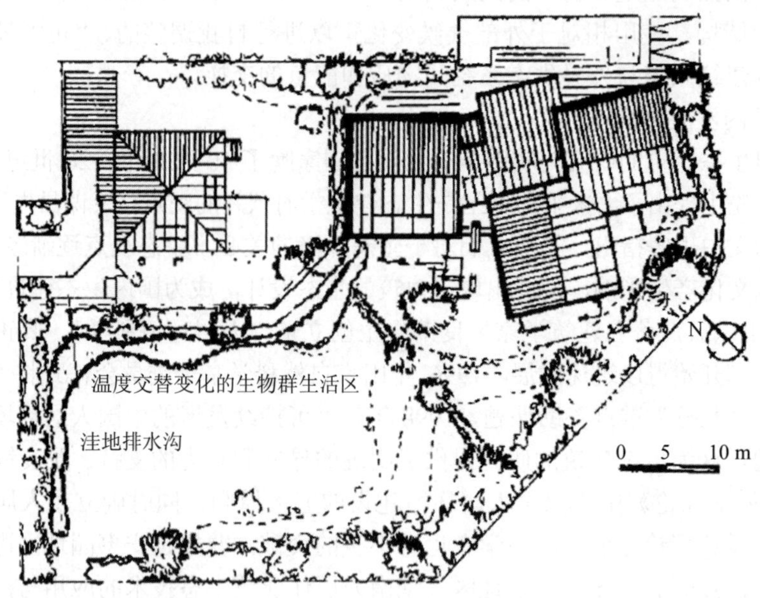

图 8-6 单身母亲公寓总平面图（王剑云和金晓波，1999）

建筑屋顶的西南分别装置两片太阳能光电板，可供电能 5.94 kW 和 4.32 kW，为住户提供部分生活用电。屋顶的东南部分则装置 30 m^2 的太阳能集热器为住户提供热水（图 8-7、图 8-8）。

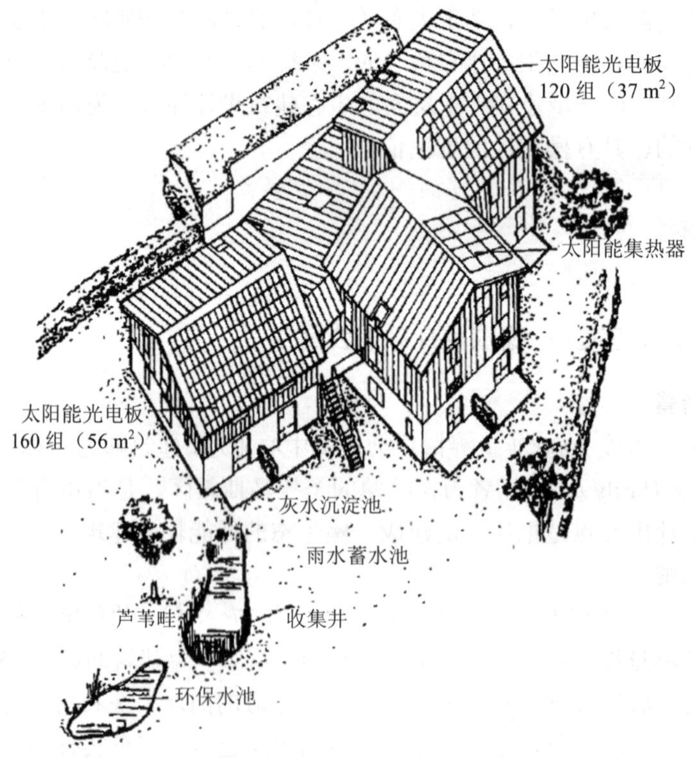

图 8-7 循环系统鸟瞰图（王剑云和金晓波，1999）

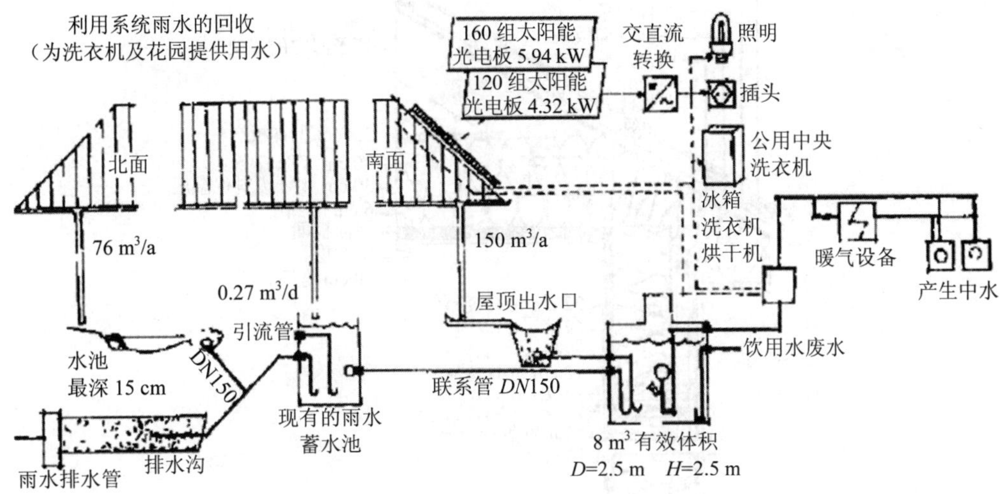

图 8-8 太阳能利用系统与雨水回收利用系统（王剑云和金晓波，1999）

雨水和废水的利用也得到了精心的设计。屋面的雨水分别被收集到可渗漏的浅水池和蓄水池。前者可为儿童提供嬉水场所，后者则通过管道接向洗衣机等作为水源使用，并为花园提供灌溉用水。由洗衣机、淋浴和浴盆排放的“灰”水也被收集于另一个蓄水池，再导入一个 30 m^2 的芦苇畦进行自然净化，然后进入收集井最终成为抽水马桶冲洗水源（图 8-9）。

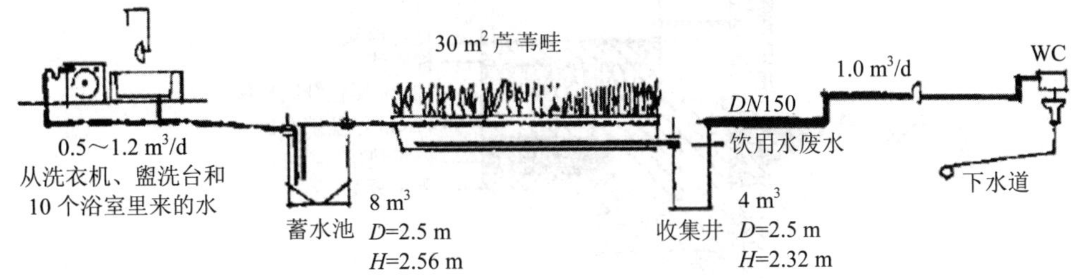

图 8-9 灰水回收利用系统（王剑云和金晓波，1999）

建筑为木结构，外墙底部用砖体砌筑，上部为木质预制墙板。木质窗与墙体及窗棂间都进行了密封处理，外墙、屋顶和首层地面均设保温层（图 8-10），建筑外墙和屋顶的热传导系数均较小，分别为 0.20 W/（m·K）、0.14 W/（m·K），底层地面为 0.30 W/（m·K）。据预测，此建筑的节能效果非常显著，与 1997 年常规的同类建筑比较，节电 29%、节水 30%、CO_2 排放减少 36%、垃圾减少 30%（汽车共享未计在内）。设计者认为，这是把生态和公益住宅相结合的好例子，它的节能和环保效果足以使其成为一个范例，促使单身母亲公寓作为一项持久的居住工程计划纳入 21 世纪的议事日程。与同类建筑相比，该建筑的额外造价约为 400 马克/m^2（使用面积）。

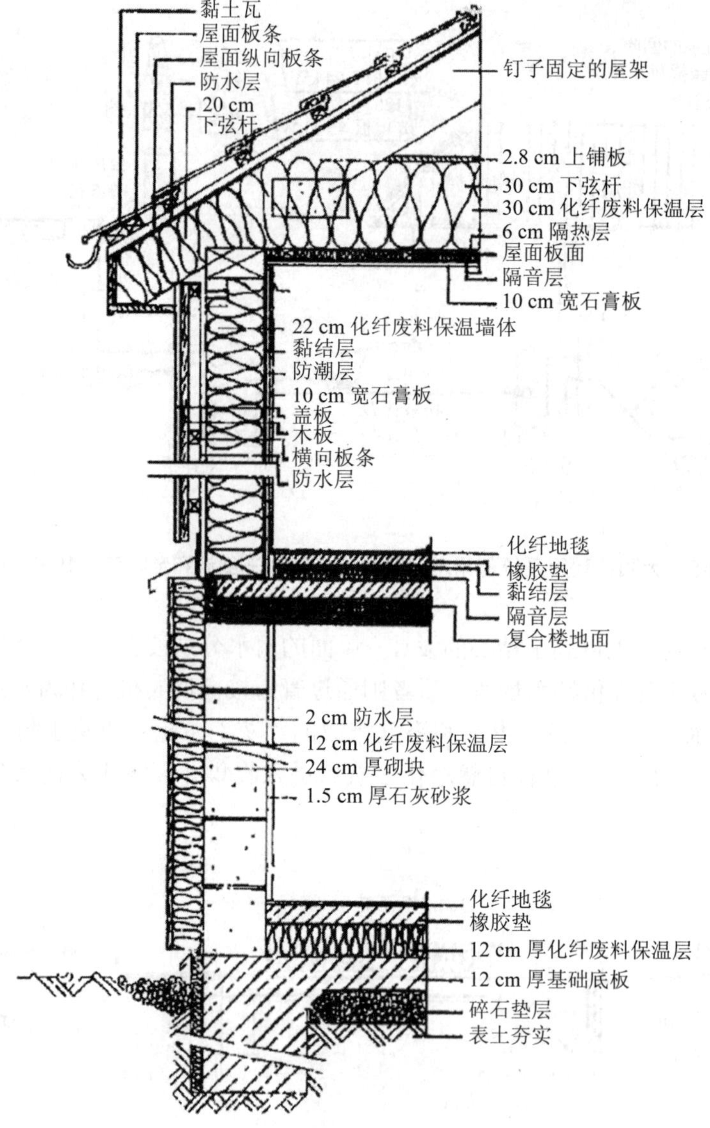

图 8-10　屋顶与外墙构造（王剑云等，1999）

8.3.2　绿色办公建筑——清华大学设计中心楼

清华大学设计中心楼是从 1997 年开始进行设计的，到 2000 年该楼交付使用。设计的总体目标是运用常规建造技术（可适宜技术）和生态建筑理念把该楼建成一座现代化的绿色生态办公建筑，为清华大学设计研究院的员工提供一个健康、高效、舒适的工作环境。该建筑是结合我国国情，采用常规技术，运用绿色建筑理念进行设计的一次成功范例。

（1）总体布局

中心楼位于清华大学校园内，建筑平面呈长方形，地上 4 层，建筑面积 7 046 m^2，独立柱基，框架结构。整座建筑造型简洁明快，富有时代感，室内设计以蓝、白、黑为基本色调，室内空间亲切宜人、朴素典雅（图 8-11）。

图 8-11　清华大学设计中心楼外观和内部（李金芳，2002）

（2）生态策略

1）缓冲层设计

在设计中采用“热缓冲空间”的手段，对建筑的外部围护结构的保温隔热性能进行了优化，使之提升了抵御和缓解外部气候影响的能力，取得了良好的调节气温的效果。主要措施如下：

①热缓冲中庭（边庭）：建筑南部设置了一个体积较大的绿化中庭。在冬季，通过温室作用，中庭成为一个封闭的大暖房，大量吸收太阳热辐射，将热能转移到建筑空间内，降低了建筑内人工制热系统的能耗，起到了保温节能的作用；春秋过渡季节，中庭能够保证建筑良好的自然通风；夏季，通过调节百叶窗，遮挡太阳光辐射，保证中庭有较适宜的温度，调节了整个办公空间的温度。中庭顶部设有天窗，南侧为全玻璃外墙，有利于自然通风和办公室的天然采光（图 8-12）。

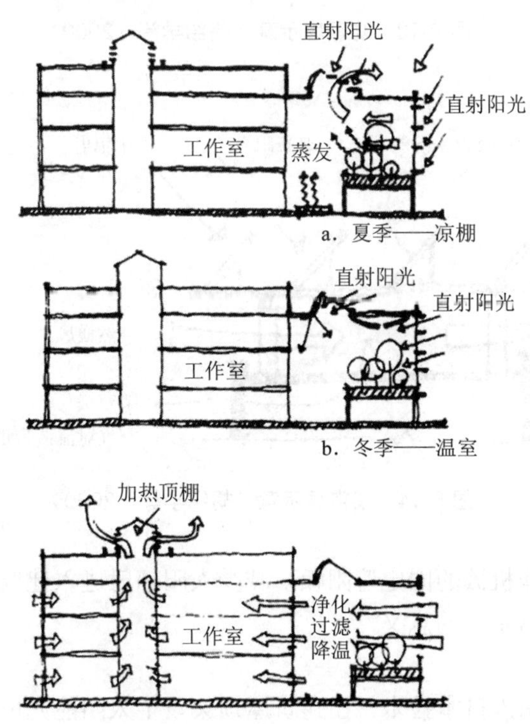

图 8-12　绿色中庭分析（胡绍学等，2000）

②防晒墙与架空屋顶：在建筑西向建立了防晒墙。防晒墙由混凝土支撑，与建筑主体之间夹有 4.5 m 厚的空气层，在太阳辐射较强的夏季以及过渡季节可以阻挡西晒的直射阳光，同时防晒墙与主体建筑之间形成拔风效应，有利于室内自然通风。在冬季，防晒墙不仅能够阻挡西北风，还可以充当热量贮存体，为建筑提供一个热的保护层（图 8-13）。防晒墙能够有效降低外部气候因素对室内的影响。架空的天棚在夏季有着明显的热缓冲作用，通过架空层的空气流动还可以带走热量（图 8-14）。另外，在天棚上架设太阳能板，通过光电转换装置为建筑提供了一定的能源。

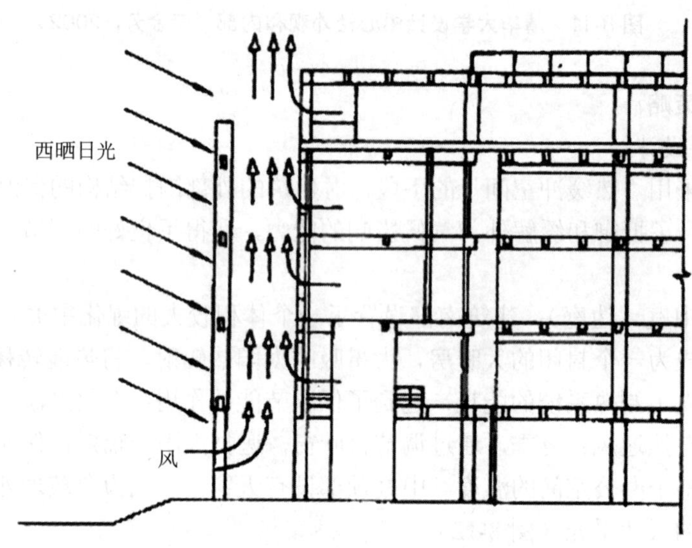

图 8-13　防晒墙示意（胡绍学等，2000）

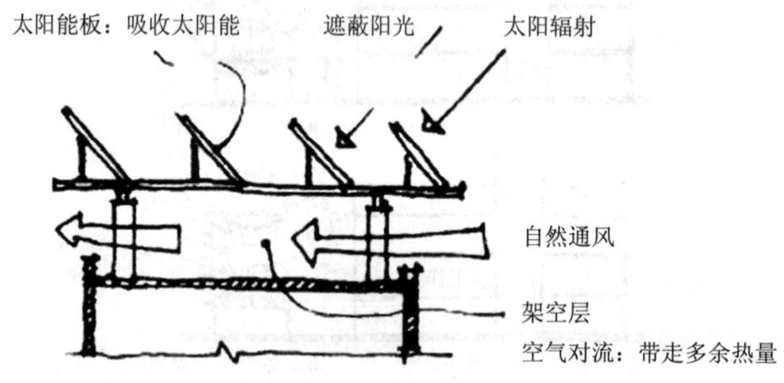

图 8-14　架空层示意（胡绍学等，2000）

③遮阳板：采用非机械的固定遮阳板，减少太阳辐射进入建筑内部，对维持建筑内部适宜的办公环境有非常重要的意义。

2）自然能源利用

通过比对筛选，引入日本技术，在建筑屋顶架设了太阳能光电板，为建筑提供了一定的能源。

3）健康、无害化设计

①自然通风：在该楼设计中利用南侧中庭大面积开窗和南北过道顶部加开天窗，以加强自然通风。在主要的工作空间——设计室内，南北均设置推拉式落地窗，通过窗户的开闭，控制自然气流顺畅地进入室内，带走室内热空气，而污浊的空气从天窗排出。通过合理设计，使得建筑内大部分房间具有较强的利用自然通风调节室内温度和稳定室内热参数的能力。

②绿化引入室内：在设计过程中，对二层南向中庭进行大面积绿化。室内绿化改善了建筑内部小气候，增加了相对湿度，降低了温度，消除了空气中的有害物质，还通过负氧离子调节了建筑内员工的情绪，缓解了疲劳。

③材料无害化：在建筑材料以及室内装修材料的选取上，遵循了健康、无污染、节约的原则，尽量多地使用了可再生建材。

4）整体节能设计

①绿色照明：采用背景照明和工作照明两种方式，既满足低标准的背景照度，又符合工作面照度要求；对背景照明灯具采用分区开关控制，减少了不必要的照明；针对不同情况，譬如阴天、晴天、会议、夜晚，设置了不同的照明场景，根据不同要求和外界情况提供背景照明，避免了照明的能源浪费；对于工作照明，由每个员工自主调控，以表达对工作者的尊重，也达到了节能目的；选取照明灯具时，选择了高效、节能的灯具。

②暖通方案绿化：采用水—水热泵机组，在冬季时可回收内区人体、设备产生的热量供外区房间采暖，这样使得冬季采暖负荷降低了 20%；在全空气系统和新风系统中增加了转轮除湿机，以消除空气中的细菌污染。

③楼宇控制系统：通过楼宇自动控制系统降低了建筑能耗，创造了健康高效的工作环境。

④生活、饮用分质供水：为员工提供冷水和热水两种饮用水，既满足了不同需要，又降低了能耗。

参考文献

[1] 彼得·格雷汉姆．建筑生态学[M]．王幼松，译．北京：中国建筑工业出版社，2008.

[2] 陈茜．西方生态建筑理论与实践发展研究[D]．西安建筑科技大学，2004.

[3] 崔敏．生态建筑设计策略初探[J]．建筑节能，2008，2：43-45.

[4] 胡绍学，黄柯，宋海林．生态办公建筑的有效实践——清华大学设计中心楼综合评价[J]．建筑学报，2004，3：36-40.

[5] 胡邵学，宋海林，胡真，等．“生态建筑”研究绿色办公建筑——清华大学设计中心楼（伍威权楼）设计实践和探索[J]．建筑学报，2000，5：10-17.

[6] 黄娟，崔念迅．生态建筑思想与建筑学科发展趋势[J]．华北科技学院学报，2006，3（2）：94-98.

[7] 李金芳．一座绿色办公楼——清华大学设计中心楼（伍威权楼）[J]．建筑创作，2002，10：6-9.

[8] 李升峰．城市人居生态环境[M]．贵阳：贵州人民出版社，2002.

[9] 刘云胜．高技术生态建筑发展历程——从高技派建筑到高技术生态建筑的演进[M]．北京：中国建筑工业出版社，2008.

[10] 麦尔比，开尔卡特．可持续景观设计技术：景观设计实际运用[M]．张颖，李勇，译．北京：机械工业出版社，2005.
[11] 尼宁．生态建筑设计原理及设计方法研究[D]．北京工业大学，2003.
[12] 潘雄伟．生态建筑的实践与理论[J]．宁波大学学报：理工版，2001，14（1）：83-88.
[13] 祁新华，程煜，陈烈．人居环境系统生态流作用机制研究[J]．江西农业大学学报：社会科学版，2007，6（4）：117-120.
[14] 祁新华，毛蒋兴，程煜，等．改革开放以来我国人居环境理论研究进展[J]．规划师，2006，22（8）：14-16.
[15] 戚影．生态建筑与可持续建筑发展[J]．建筑学报，1998，6：19-21.
[16] 任飞．南极地区建筑设计生态策略研究——中国南极中山科考站改扩建规划[D]．清华大学，2005.
[17] 孙钢柱，袁俊利．我国发展生态建筑的策略及展望[J]．建筑经济，2009，6：99-101.
[18] 汪亿，林波荣，曾剑龙，等．住宅节能[M]．北京：中国建筑工业出版社，2006.
[19] 王剑云，金晓波．德国生态建筑几例[J]．新建筑，2007，2：66-68.
[20] 王丽逸，胡永红，秦俊．上海莘庄生态建筑立体绿化的植物配置[J]．风景园林，2006，4：63-65.
[21] 吴良镛．人居环境科学导论[M]．北京：中国建筑工业出版社，2001.
[22] 吴耀华，宋德萱．生态建筑中的风井设计[J]．同济大学学报：自然科学版，2008，36（5）：598-602.
[23] 吴瑛，朱伟君．公共建筑中的中水回用技术研讨[J]．工程建设与设计，2009，11：65-69.
[24] 伍昭翰．夏热冬冷地区（湖南）居住建筑生态技术的应用与探索[D]．东南大学，2006.
[25] 西安建筑科技大学绿色建筑研究中心．绿色建筑[M]．北京：中国计划出版社，1999.
[26] 徐皓．生态社区与生态居住建筑[D]．天津大学，2004.
[27] 许家涌，李振宁．浅谈生态建筑屋面与建筑节能[J]．山西建筑，2008，34（27）：258-259.
[28] 许艳，俞林波，赵洪启．中水回用现状分析及展望[J]．环境科技，2009，22：84-86.
[29] 薛孔宽．生态人居建设内涵与技术特点[J]．城市建筑，2007，4：19-20.
[30] 叶炯，张鸣，朱达莎．关于生态建筑设计的几点思考[J]．华中建筑，2009，27（6）：47-51.
[31] 张国强．生态建筑研究[D]．内蒙古大学，2005.
[32] 张林妹，胡彩霞，杜鸿，等．中水回用现状与发展前景[J]．水科学与工程技术，2008，1：1-3.
[33] 周振民．气候变迁与生态建筑[M]．北京：中国水利水电出版社，2008.

第 9 章

生态恢复规划与设计

目前，生态恢复已经成为一个概括性术语，包括重建、改建、改造、再植等一系列过程，而一般意义上，则泛指改良和重建退化的生态系统，使其重新得以有益利用。本章将从生态演替的原理，恢复生态学的研究内容，生态恢复的具体操作过程以及应用实例这几个方面，介绍如何在时间过程上对一个地区进行生态恢复规划。

9.1 生态演替理论

9.1.1 生态演替的基本概念

关于生态演替（Ecological Succession）的定义有很多种，这里采用 Eugene Odum 在 1953 年出版的经典著作“Ecology”中的定义方法对生态演替进行说明：在一个给定区域内，群落内发生的一个群落替代另一个群落的整个过程被称为演替。演替过程中，相对短暂出现的群落被称为演替系列阶段（Seral Stages）或发育阶段（Developmental Stages）。最初的演替系列阶段被称作先锋阶段（Pioneer Stage），其特征是演替早期的先锋植物物种占据优势。先锋物种一般生长率高、个体小、生活时间短、种子产量高且扩散能力强。最终阶段或成熟的稳定群落被称为顶极阶段（Climax Stages），理论上说，顶极状态会持续存在，直到系统受到严重干扰。

Odum 对生态演替的定义包含三个特征：①演替是群落有序发展的过程，其发展结果是能预见的；②演替是由群落引起物理环境改变的结果，也就是说，虽然物理环境决定演替型、变化速度和发展到多远的限度，但演替是受群落本身所控制的；③演替以稳定的生态系统为发展的顶点。

9.1.2 生态演替的分类

生态演替的划分方法有很多种。按演替发生的起始条件可以分为原生演替（Primary Succession）和次生演替（Secondary Succession）；按演替起始的地点可分为水生演替

（Hydrorarch Succession）和旱生演替（Xerarch Succession）；按控制演替的主导因素可分为内因性演替和外因性演替；按群落的代谢特征可分为自养性演替和异养性演替；按演替发生的时间进程可分为千年演替、世纪演替和快速演替等。

9.1.3 生态演替的特征

方向性 大多数群落的演替都有着共同的去向，而且是不可逆的。演替的去向一般是群落构成成分从低等生物逐渐发展到高等生物；从小型生物逐渐发展到大型生物；生活史从短到长；群落空间层次从少到多；生态系统营养级从低到高，复杂性增加；生物间竞争从无到有，再发展到很激烈，最后趋向于动态中的稳定。

演替速度 一个先锋物种中的某些个体，要首先在一个荒原上形成一个种群，再在种群的基础上发展成为一个初级的群落，这可能是一个艰难的长期自然选择过程。一般来说，这个过程是极为缓慢的。当一个初级群落建立起来以后，每一个定居下来的新物种都面临着繁殖、扩散、巩固的问题。物种之间开始激烈的竞争，也就是对有限的资源，或生境空间展开争夺。群落内物种的竞争力是不同的，因此，群落内物种组成的更替是很频繁的。但“动态的稳定平衡”是演替的必然结果，即在一系列交错复杂的中间竞争及自然环境的作用下，有一些最适合当地环境的物种获得了主导地位，而有的弱小物种则逐渐被边缘化或淘汰，从而使演替的速度缓慢下来，最后在群落的稳定平衡中表现出某种相对的波动。

9.1.4 生态顶极学说

任何一个演替系列，不管发展速度如何，其最终总是会发展到一个相对稳定的状态，这个终点称为演替顶极或顶极群落（Climax）。关于顶极群落的性质，主要有三种不同的学说：单元顶极说（Monoclimax Theory）、多元顶极说（Polyclimax Theory）和顶极群落格局假说（Climax Pattern Hypothesis）。

单元顶极说最初是由美国生态学家 Henry Cowles（1901）和 Frederic Clement（1916）提出的。他们认为，在任何一个特定的地区，一般的演替系列的重点决定于该地的气候性质，主要表现在顶极群落的优势种能够很好地适应地区的气候条件，这样的群落称为气候顶极群落。这个学说认为，在一个稳定的气候区，只有一个潜在的气候顶极群落。

多元顶极说是英国生态学家 Arthur Tansley 在 1939 年提出的，他认为一个群落在某种生境中基本稳定，能自行繁殖，直到结束演替，就可以看作是一个顶极群落。一个气候区可以有多个顶极群落，并且除了气候顶极之外，还会有土壤顶极、地形顶极等。

顶极群落格局假说是由美国学者 Robert Whittaker 在 1953 年提出的，他主张组成群落的种群具有“个体性”，每个物种都是各自单独对外界的因素作出反应，并作为独立的一员进入到群落中。植物种群的分布取决于环境的变化，由于环境条件在时间和空间上都是连续变化的，植物种群彼此之间难以彻底分界。根据这种种群分布的独特性和环境的梯度分布，他提出了顶极格局假说，认为顶极群落是种群内结构、能量流动、物质循环以及优势种替代的稳固状态。在这个假说中，一个景观的植被所包含的与其说是明确的块状镶嵌，不如说是一些有连续交织的物种参与的、彼此相互联系的复杂而精巧的群落配置。

9.1.5 生态演替理论在生态规划中的指导作用

对于一些已退化的生态系统，在制定生态恢复治理规划时，需要遵循生态演替规律。

第一步，根据生态系统的退化现状以及当地的自然生态条件，确定生态退化的阶段和恢复方向。

第二步，制定具体的生态恢复技术措施。例如，对一个被完全破坏的山坡地生态系统，首先必须采取水土保持工程技术措施，以改善水土条件；其次，引入先锋生物群落，如耐寒性、耐瘠性的草本或灌木植物；在生态环境条件有所改善后，再考虑逐步引入乔木植物，这样方能起到良好的效果。

9.2 生态恢复

9.2.1 生态恢复规划与设计理论

（1）生态系统退化与恢复生态学

生态系统退化是指某一生态系统在自然、人为，或两者的共同干扰下，要素或系统整体发生不利于生物和人类生存的量变和质变，而这种发生了量变和质变之后的生态系统就称为退化生态系统。与自然系统相比，退化生态系统中的物种组成、群落或系统机构都已发生改变，生物多样性减少，生物生产力降低，土壤和微环境恶化。通常生态系统退化的过程由干扰的强度、持续时间和规模所决定。一般地，在生态系统的组成成分尚未被完全破坏前排除干扰，生态系统的退化会停止并开始恢复；在生态系统的功能过程被破坏后，即使排除干扰，生态系统的退化也很难停止（图 9-1）。

恢复生态学（Restoration Ecology）是研究生态系统退化的原因、退化生态系统恢复与重建的技术和方法，以及退化生态系统恢复的生态学过程和机理的学科。这里所说的“恢复”是指生态系统原貌或其原先功能的再现，“重建”则指在不可能或不需要再现生态系统原貌的情况下营造一个不完全雷同于过去的甚至是全新的生态系统。目前，“恢复”已被用作一个概括性的术语，包含重建、改建、改造、再植等含义，但一般情况下则泛指改良和重建退化的自然生态系统，使其重新有益于利用，并恢复其生物学潜力。

（2）自我设计与人为设计理论

自我设计与人为设计理论来源于恢复生态学。自我设计理论认为，只要给以足够的时间，退化生态系统就能够根据生境条件合理地组织和改变自身成分；人为设计理论则认为，通过植物重建或者工程的方法可以直接恢复退化生态系统，而且恢复后的生态系统类型会是多种多样的。这两种理论的区别在于前者把恢复放在生态系统的层次上考虑，其恢复的只能是生境决定的群落，即顶极群落；而后者则把恢复放在个体或种群的层次上考虑，由于人为因素的干预，恢复的结果会呈现多种化。

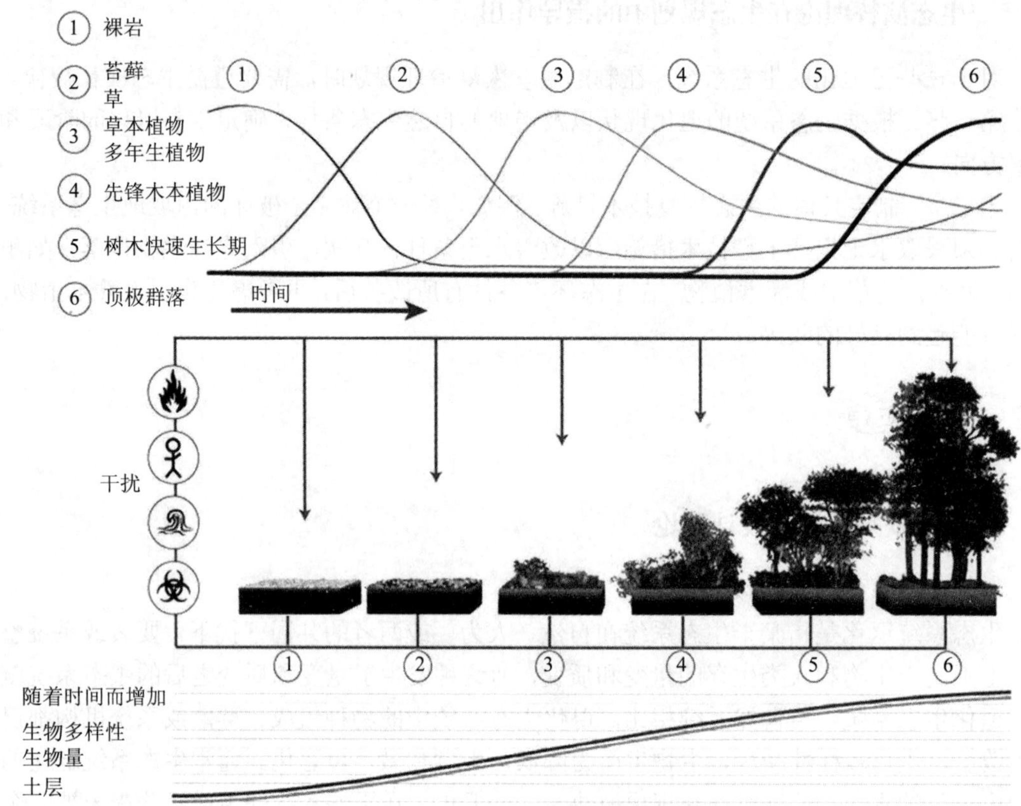

图 9-1 森林生态系统演替过程示意（改绘自 Lucas Martin Frey，2011）

9.2.2 生态恢复规划与设计方法

（1）退化生态系统恢复与重建的目标、原则、操作程序及恢复成功标准

1）退化生态系统恢复的基本目标

根据不同的社会、经济、文化与生活需要，人们往往会对不同的退化生态系统制定出不同水平的恢复目标。但是无论对什么类型的退化生态系统，应该存在一些基本的恢复目标或要求，主要包括：

一是实现生态系统的地表基底稳定性。因为地表基底（地质地貌）是生态系统发育与存在的载体，基底不稳定（如滑坡），就不可能保证生态系统的持续演替与发展。

二是恢复植被和土壤，保证一定的植被覆盖率和土壤肥力。

三是增加生态群落的种类组成和生物多样性。

四是实现生物群落的恢复，提高生态系统的生产力和自我维持能力。

五是减少或控制环境污染。

六是增加美学享受。

2）退化生态系统恢复与重建的基本原则

退化生态系统的恢复与重建要求在遵循自然规律的基础上，通过人类的能动作用，根据技术上适当、经济上可行、社会能够接受的原则，使受害或退化生态系统重新获得健康，并使之有益于人类生存与生活。生态恢复与重建的原则，一般包括自然法则、社会经济技术原则、美学原则三个方面（图 9-2）。自然法则是生态恢复与重建的基本原则，也就是说，只有遵循自然规律的恢复与重建才是真正意义上的恢复与重建，否则只能是背道而驰、事倍功半；社会经济技术原则是生态恢复重建的后盾和支柱，在一定尺度上制约着恢复重建的可能、水平与深度；美学原则是指退化生态系统的恢复与重建应给人以美的享受。三者相辅相成，缺一不可。

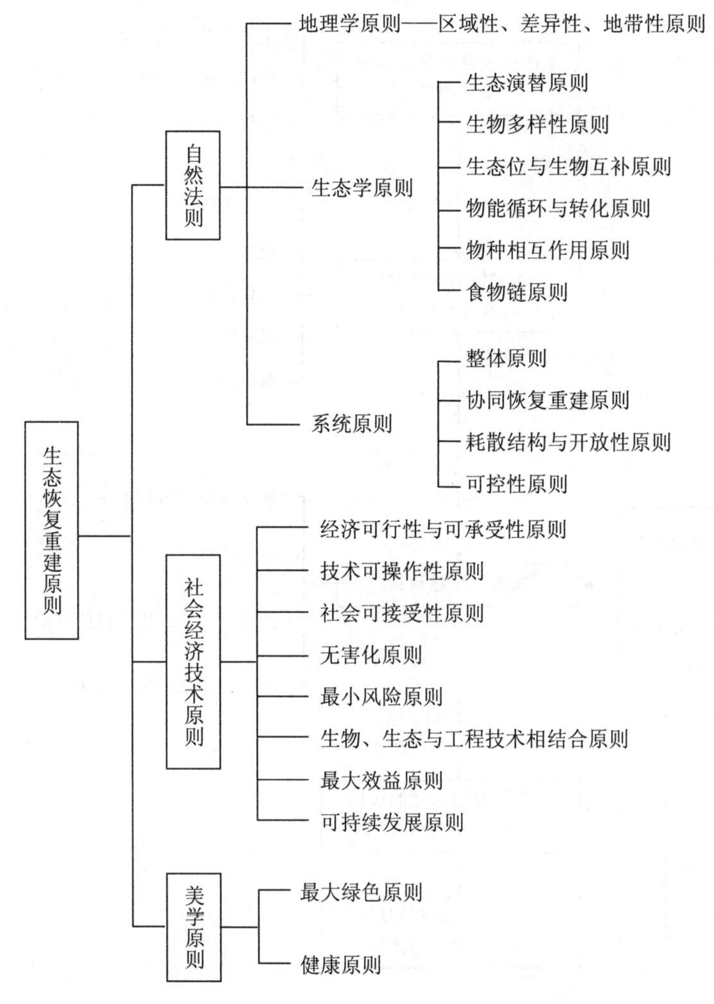

图 9-2　生态恢复重建原则（任海等，2002）

3）生态恢复与重建的一般操作程序

退化生态系统的恢复与重建可分为下列几个步骤（图 9-3）：

第一，明确被恢复对象，并确定系统边界。

第二，进行退化生态系统的诊断分析，分析对象包括生态系统的物质和能量流动与转化、退化主导因子、退化过程、退化类型、退化阶段与强度。

第三，进行生态退化的综合评判，确定恢复目标。

第四，进行退化生态系统恢复与重建的自然、经济、社会、技术可行性分析。

第五，进行恢复与重建的生态规划与风险评价，建立优化模型，提出决策与具体的实施方案。

第六，进行实地恢复与重建的优化模式试验与模拟研究，通过长期定位观测试验，获取在理论和实践中具有可操作性的恢复重建模式。

第七，对一些成功的恢复与重建模式进行示范与推广，同时加强后续的动态监测与评价。

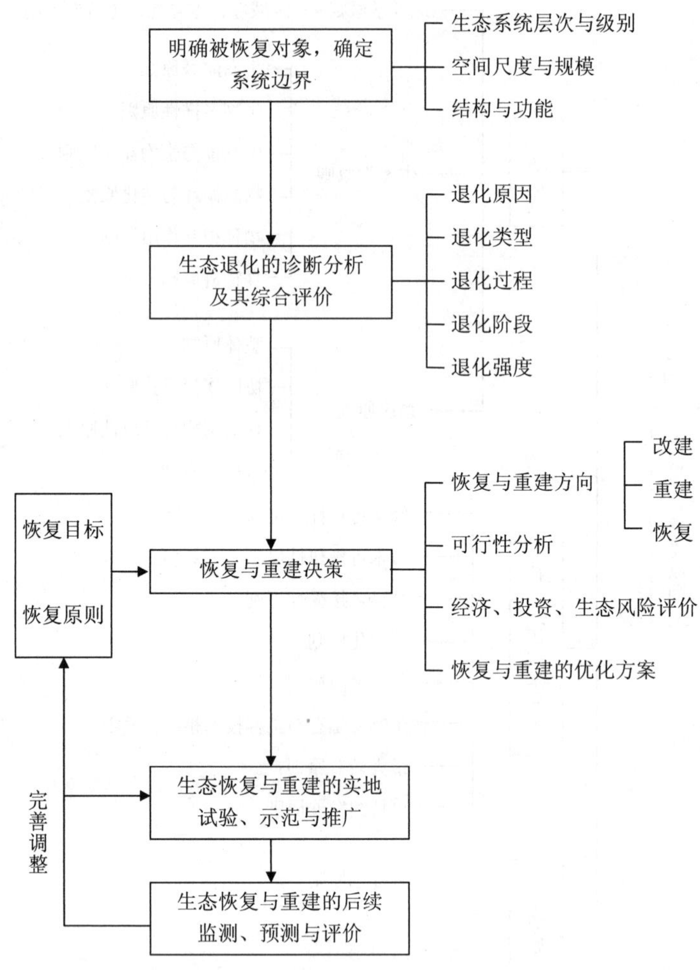

图 9-3 退化生态系统的恢复与重建步骤（任海等，2002）

4）生态恢复成功的标准

由于生态系统的复杂性，生态恢复成功的标准一直非常难以制定。John Cairns（1977）认为，恢复至少包括被公众社会感觉到的，并被确认恢复到可用程度，恢复到初始的结构和功能条件（尽管组成这个结构的元素可能与初始状态明显不同）。Amy Bradshaw（1987）提出可用如下 5 个标准判断生态恢复：一是可持续性，要可以自然更新；二是不可入侵性，像自然群落一样的抵御入侵的能力；三是生产力，与自然群落基本相当；四是能保持养分含量；五是具有物种之间的相互作用，包括植物、动物和微生物。Mark Davis（1996）和

Margaret Kinnaird（1997）等认为，恢复是指系统的结构和功能恢复到接近其受干扰以前的结构与功能，结构恢复指标是乡土种的丰富度，而功能恢复的指标包括初级生产力和次级生产力、食物网结构、在物种组成与生态系统过程中存在反馈、确认群落机构与功能键的联结已经形成。任海和彭少麟（1998）提出森林恢复的标准包括结构（物种数量、密度和生物量）、功能（植物、动物和微生物之间形成食物网，生产力和土地肥力）和动态（可自然更新和演替）。

生态系统恢复的终极目标应该是恢复整个生态系统的服务功能，也就是说能使人类直接或者间接地从生态系统中获取利益。然而，到底生态系统破坏到什么程度会失去其服务功能，或者恢复到什么程度能够重新出现服务功能，这个临界点仍然十分难以界定。任海和彭少麟（2001）提出了一个生态系统的服务功能框架，即希望生态系统恢复后能具有如下的生态系统服务功能：提供生物产品，具有生物多样性，能为人类创造和丰富精神生活与文化生活，自然杀虫（害虫），传粉播种，净化空气和水，减缓旱涝灾害，废物的去毒和分解，保护海岸带，防止有害辐射，以及帮助调节气候。

（2）陆地生态恢复

对陆地的生态恢复主要可分为沙漠化土地生态恢复、酸土生态恢复和盐碱地生态恢复三个方面。

1）沙漠化土地生态恢复

工程措施：工程治理是利用杂草、树枝及其他材料，在沙丘上插设风障的一种措施。工程治理因材各异，种类繁多，一般分为草方格沙障、篱笆墙沙障、立式沙障、平铺沙障、卵石固沙、黏土固沙以及沥青乳液固沙等十余种。其中最常用的是草方格沙障和黏土沙障。草方格沙障是用麦草、稻草、芦苇等材料，在流动沙丘上插成方格状的挡风墙，以削弱风力的侵蚀。黏土沙障是将黏土在沙丘上堆成高 20～30 m 的土埂，间距 1～2 m，走向与风向垂直。

在工程技术中也采用“引水拉沙”技术，即利用沙区的河流、湖泊或地下水开渠将沙丘重开、拉散、摊平，使高低起伏的沙漠变成平坦而湿润的沙地。在“引水拉沙”之前，需要勘察水源，计算用水量，在水源不足的地方可先筑坝蓄水或利用季节性洪水来进行拉沙。然而，沙漠化土地中，水是最大的限制因子，因此，“引水拉沙”技术应用范围非常有限。

生物措施：沙漠化土地生物恢复的措施主要有防风固沙林生态恢复技术和植草生态恢复技术两种。不同的沙漠化土地利用类型，其治理模式和指标是不同的，要根据当地的自然气候特点、地形、地貌、立地类型、土地利用现状、社会经济情况等，科学而合理地布局多林种、多树种，宜灌则灌、宜乔则乔、宜果则果、宜草则草，形成多层次、多功能、生物学稳定的生物群落，形成带、网、片、块、线、点有机联系的生态恢复系统。

2）酸土生态恢复

工程措施：主要是建设水利工程和实施梯田工程。

生物措施：主要有以下几个方面：

①种植先锋植物：酸化的土壤 pH 值较低，往往在 5.0～6.5，通常只适宜马尾松、杜鹃花、茶树等乔灌木生长，而不适宜种植大部分农作物和果树等经济作物。此时，可先种植一些耐酸的草本植物，逐步降低土壤的酸性，然后再种植其他植物。

②种植防护林带：对山顶进行植树保护，将高于一定海拔的山地规划为林业用地，不

进行开发利用，而是作为水土保持林地，种植林木幼苗，进行封山育林。

③农牧结合，恢复土壤肥力：发展畜牧业，不仅是因为畜牧业能给农民带来经济收入，更重要的是畜牧业能充分利用种植业所产生的秸秆，生产大量的有机肥，从而有效改善土壤理化和生物性状，达到培肥土壤的目的。

3）盐碱地生态恢复

工程措施：水是盐碱地形成中的关键限制因子。现代盐土绝大部分是在地下水影响或地下水、地表水双重影响下形成的，而改良盐碱土地，淋洗和排除土体中的盐分需要水利工程措施。盐碱地生态恢复的工程措施主要有以下几种：

①排水工程：排水是盐碱地脱盐的关键，盐与水一起离开土体，土壤中的盐分才会降低。修建排水系统，可有效地控制地下水位，排水沟越深，控制地下水位的作用越大，土壤脱盐越明显。

②种稻恢复工程：目前我国不同盐渍地区、不同类型的盐渍土上，凡是水源充足的地方，利用种稻的方法改良利用恢复盐碱地，均取得良好效果。这是一种利用与恢复相结合的办法。水稻是一种需水量较多的作物，整个生长期内要经常保持一定的水层，水能持续地淋洗土壤盐分，逐渐加深土壤脱盐层。盐渍土种稻，除了淋洗盐分，还能改良土壤的盐碱化程度，同时还能改变盐分粒子的组成。

③基塘系统工程：基塘系统是经过人为加工而形成的水路交互系统，是种植业和养殖业的有机结合体，是根据因地制宜、用中求治的原则，采用挖鱼塘、建台田的生态工程措施。基塘系统一方面使低温洼地的浅层地下水地表化，解决基塘系统的水源问题；另一方面由于挖塘土抬田，相对降低了地下水的高程，抑制了台田土壤的次生盐碱化。同时，洼地池塘养鱼能改碱治水，使原来偏微碱水质达到适合水产养殖、高产稳产的水质条件，改变了洼地原有的自然状况。

生物措施：生物措施主要是指用种树、种草的办法来改良利用盐渍土。其目的就是保护地面，减少蒸发，降低地下水位并阻碍土壤水和盐分向上迁移的速度和强度。很多盐生或耐盐生植物在其生长过程中可以吸收不少盐分，这些植物中的盐分，有些随着植物的收获转移了地方，也起到了降低土壤盐分的作用。

（3）水域系统生态恢复

水域生态系统在整个地球上有着举足轻重的生态作用，水域生态系统一旦遭到破坏，其后果会比其他系统更为严重。

1）水域生态系统恢复的生态指导原则

对于水体生态恢复从生态学角度的技术运用上需要考虑以下几点：一是现有湿地与湖泊生态系统的保存与维持；二是恢复生态完整性；三是恢复或修复原有的结构与功能；四是兼顾流域内的生态景观工程与修复；五是生态恢复要制定明确、可行的适度目标；六是自然调整与生物工程技术相结合。

2）水域生态系统恢复技术

通常污染水体的生态恢复技术需要通过水体生态系统中各种生态群落的综合作用而去除其中的污染物。常见的污染水体治理措施有换水法、截污法、清淤法、曝气法和使用非毒性改良剂。

植物修复技术：某些植物（如水草、水生花卉等）能忍耐或超量截留某种或某些化学物质。植物修复技术就是利用植物及其共生生物体系清除水体中的污染物的一种环境污染治理技术。

动物与微生物修复技术：水生动物群落的恢复是水体生态系统恢复的重要内容，同时也是维持重建水生植物群落结构和功能稳定的重要保障。在通常情况下，污染水体中动物修复技术需利用周丛动物、底栖动物和鱼类等，但利用微生物技术处理废水是目前最重要的废水处理方法。微生物在废水处理中除了能直接分解污染物（毒物）外，还对水体中其他有害生物的防治具有显著效果。目前，建立综合型的“水草—动物—微生物”共生体技术清除污染，已成为水体修复技术的一个重要方向。

（4）生态脆弱地区生态恢复

生态脆弱带是指生物链简单、生态系统易被破坏、系统抵抗力和恢复力较差的地区。我国生态脆弱区分布广泛，面积占我国国土面积的 1/5，对这些生态脆弱地区的生态恢复，关系到区域生态、社会经济的持续发展，是实现人与自然协调发展的重要保障。

基质性脆弱带的生态恢复：以喀斯特山区生态环境为例。喀斯特山区是一种相对独特的地域环境单元，具有环境容量低、生物量小、群落易被替代、生态环境系统变异敏感度高、空间转移能力强、承载能力弱、稳定性低等一系列脆弱性特点。该区灌木再生萌发力强，石山、半石山地段封育 15～20 年后大多能演替成种类较多、结构层次较复杂的林分，郁闭度大于 0.8，一些断流的暗泉亦重新涌水。重建喀斯特荒山植被的易行途径是封山育林。同时制定建设开发规划，积极推进退耕还林还草，控制区域人口增长，减缓人口对环境的压力，建立环境监测和预警系统。

青藏高原生态脆弱带生态恢复：青藏高原生态脆弱带的生态恢复重建措施主要有如下几点：一是人工群落结构优化与调控，提高生物生产力。对干旱河谷地区各种不同果粮人工植物群落模式的生物生产力和能流动态及优化的研究表明，果粮间作不仅提高了对环境资源尤其是光能资源的利用率，而且明显提高了土地的生产力和效益。二是在干旱河谷造林，正确选择树种，以减少水土流失。潘开文等（1998）采用顶级适应值法、生理生态指标测定和植物的有效成分综合实验技术等，初步筛选了适应干旱河谷地区的生态环境经济型造林树种 60 余种，如油松、连香树、薯蓣。三是改良草场，提高草地承载力，发展区域经济。

湿地系统的生态恢复：对不同的湿地类型，恢复的指标体系及相应的技术手段也不同。从各类湿地恢复项目研究的进展来看，湿地生态恢复过程中拟采用的关键技术包括废水处理技术（物理、化学、生物氧化塘技术）和生物修复技术（原位或异位修复、生物操纵、生物控制和生物收获技术）。

（5）景观的恢复与重建

与以往的生态恢复不同，景观恢复以单地块为单元，研究景观要素间的物质、能量交换与动态平衡。景观恢复往往涉及两个或更多因素相互作用的生态系统和（或）生态交错带，强调对景观中历史、文化和其他非人类因素对景观格局的影响进行量化描述或对比分析，以推测景观的演化轨迹。通过恢复与重建，建立适于人类生存与发展的可持续发展景观模式，可控制和改善生态脆弱区景观的演化，增强景观异质性和稳定性，这对区域生态安全格局的构建具有重要的现实意义和生态意义。

从景观尺度考虑生态恢复与重建问题，虽已逐渐引起恢复生态学家的关注，但这方面开展的有效工作却并不多，也很少有人提出比较具体而实用的方法。建立景观生态恢复与重建模式，首先需要攻克两个问题：一是对景观的模糊认识，它需要科学地处理生态学与人文地理的交叉问题；二是清晰界定景观的空间位置及生态地位。景观生态学的迅速发展与不断深入，将为景观尺度的生态恢复提供可能。

根据景观退化的过程，景观生态恢复与重建应该包括三个层次的内容：退化景观的恢复与重建，复合种群的管理与景观生态建设。对于不同类型的退化景观，如荒漠草原景观、湿地退化景观、农田退化景观、采矿废弃地景观等，需采用不同的恢复与重建技术，但大致都按以下模式进行：

①明确被恢复对象，确定系统边界：景观生态恢复与常规的退化生态系统的恢复最根本的区别在于，景观生态恢复的对象是两个或两个以上的相互作用的生态系统，还可能包括彼此之间的生态交错带（也称为景观界面）。另外，景观在生态系统的基础上还增加了人文要素，人文景观是大多数陆地景观的主要组成部分。

②退化景观的诊断分析：包括景观中物质、能量与信息的流动与转化分析，退化主导因子、退化过程、退化类型、退化阶段与强度的诊断与识别，如生物聚集的变化（物种消失或减少、入侵等）、景观结构变化、景观流的变化（物种、水分、养分运动等）、美学价值变化（如宜人景观类型的减少）等。

③生态退化的综合评判：即以退化前景观的文化与社会经济背景为依据，分析发生问题的原因，选择参考景观，确定恢复目标，但目前参考景观的建立标准还不完善。

④恢复与重建的生态规划与分析评价，建立优化模型：包括决定在不同的景观类型和条件下行动的优先权、管理者和土地所有者的可接受程度和所有权、必要时可以对过程进行修正的可靠方法等。在这一步骤中需要提出决策与具体的实施方案，并进行“自然—经济—社会—技术”可行性分析。

⑤进行实地恢复与重建的优化模式试验与模拟研究：即通过长期定位观测试验，从景观结构与生物组成、景观中各生态系统间功能联系两方面，来量化评价景观恢复与重建的阶段性成果，以获取在理论和实践中具有可操作性的恢复与重建模式。同时，景观评价要能解释跨景观的各种生态流运动过程的断裂和发生植被演替的初始阈值，并且将人作为一种景观中的主要生态因子，将景观的健康状况与人类管理水平相联系，通过模拟景观结构及其对其中生态系统的影响，来预测在社会经济、气候诸多因子，以及彼此间相互作用的共同耦合下，景观与生态系统的演替方向与发展动态。

⑥示范推广成功经验：对一些成功的恢复与重建模式，宜进行示范与推广，同时需要加强后续的动态监测与评价。

9.2.3 生态恢复规划与设计进展

生态恢复规划主要依托于恢复生态学的发展。而恢复生态学研究的起源则可以追溯到20世纪20—50年代，当时侧重于采矿业和地下水开采所造成的各种塌陷环境及其生态恢复方面的研究。1975年，在美国召开了题为“受害生态系统的恢复”的国际会议，这次会议讨论了受害生态系统的恢复与重建等许多重要的生态学问题，并呼吁要加强对受害生态系统的基础数据的收集与生态恢复技术措施等方面的研究。1980年，John Cairns主编的《受害生态系统的恢复过程》从不同角度探讨了受害生态系统恢复过程中的重要生态学理论和应用问题。1983年，在美国召开了题为“干扰与生态系统”的学术会议，系统探讨了人类的干扰对生物圈、自然景观、生态系统、种群和生物种的生理学特性的影响。1985 年 John Aber 和 William Jordan 两位英国学者正式提出了“恢复生态学”的概念。在此期间，国际上召开了一系列的学术会议，成立了国际生态恢复学会，并出版了有关生态恢复方面的专著。

目前国外恢复生态学主要研究森林、草地、灌丛、水体等生态系统在采矿、道路建设、机场建设、放牧、采伐、山地灾害、工业大气及重金属污染等干扰体系的影响下退化和自然恢复的机制和生态学过程，涉及植被、土壤、气候、微生物、动物等多方面。其中，欧洲偏重于矿地的恢复；而北美则偏重于水体和林地的恢复；新西兰和澳大利亚比较偏重于草原的管理。从 20 世纪 70 年代至今，国外比较成功的恢复样板有：热带的土地退化现状及恢复技术；昆士兰东北部退化土地的恢复；坦桑尼亚的毁林地恢复；退化的石灰岩矿地的造林；湿热带的自然林恢复；玻利维亚、巴西、东南亚、赞比亚等国的土地恢复；干旱和半干旱地退化生态系统的恢复与重建。

我国也是较早开展恢复生态学实践和研究的国家之一，但由于我国人口数量庞大，在生态恢复方面往往侧重于综合利用。从 20 世纪 50 年代开始，我国就开始退化生态系统的长期定位观测试验和综合整治研究。20 世纪 50 年代末，余作岳等（1959）在广东的热带沿海侵蚀台地上开展了退化生态系统的植被恢复技术与机理研究，经过近 40 年的系统研究，提出了“在一定的人工启动下，热带极度退化的森林可恢复；退化生态系统的恢复可分三步走；恢复过程中植物多样性导致动物和微生物多样性，植物多样性是生态系统稳定性的基础”等观点。此后，先后有多个单位开展了退化生态系统恢复研究，其中包括：南京大学仲崇信自 1963 年起就从英国、丹麦引进大米草在沿海滩涂种植以控制海岸侵蚀，至 1980 年推广至 3 万多 hm^2；中国科学院兰州沙漠所开展的沙漠治理与植被固沙研究；中国科学院西北水土保持研究所开展的黄土高原水土流失区的治理与综合利用示范研究；中国科学院水生生物研究所开展的湖泊生态系统恢复研究；中国科学院西北高原生物研究所开展的高原退化草甸的恢复与重建研究；中国科学院成都生物研究所开展的岷江上游植被恢复研究；中国科学院南京土壤所开展的红壤恢复与综合利用试验；广西科学院和中山大学开展的红树林恢复重建试验等。1983 年中国科学院内蒙古草原站开展了不同恢复措施下退化羊草草原恢复演替研究。1990 年东北林业大学开展了黑龙江省森林生态系统恢复与重建研究，同期中国林业科学研究院开展了海南岛热带林地的植被恢复与可持续发展研究。另有中国环境科学研究院、中山大学、中国矿业大学等单位开展的大量废弃矿地和垃圾场的恢复对策研究。在国家层面，从 20 世纪 70 年代末开始，启动了一系列的生态恢复工程，如“三北”防护林工程；长江、沿海防护林工程；太行山绿化工程；农牧交错区、风蚀水蚀交错区、干旱荒漠区、丘陵、山地、干热河谷和湿地退化或脆弱生态系统恢复重建与试验示范；淮河、太湖、珠江、辽河、黄河流域防护林工程；大兴安岭火烧迹地森林恢复；阔叶红松林生态系统恢复；山地生态系统的恢复与重建；毛乌素沙地恢复等。这些研究与实践有力地促进了我国恢复生态学的研究与发展。

9.3　经典案例——黑岱沟露天煤矿排土场土地复垦

（1）矿区环境概况

黑岱沟露天煤矿位于内蒙古自治区伊克昭盟准格尔旗东部，北距呼和浩特市 130 km，属于晋、陕、蒙接壤的黄土高原地区，是我国水土流失最严重的地区之一。黑岱沟露天煤矿煤田南北长 65 km，东西宽 21 km，总面积约 1 365 km^2。宏观上，全区地形西北高，东南低，主要水流方向由西北流向东南。全区冲沟极为发育，主侧脉相源侵蚀力极强，形成十分发育的树枝状冲沟。周边矿区以农业为主，主要农作物有谷子、糜黍、荞麦、土豆等。长期以来，农业耕作粗放，“广种薄收，靠天吃饭”，生产力水平极低下，一般亩产 50～100 kg。开山耕地、超载放牧使得林木稀少、草场退化，加上粗放的、不合理的经济活动，使本区域水土流失和风蚀沙化非常严重。

（2）排土场土地复垦

通过对该矿排土场不同时期植被的调查，可把复垦过程分为水土保持、生态效益和经济效益三个阶段。

1）初期阶段

以速生植物为主迅速恢复植被，有效控制水土流失。矿区植被恢复最主要的限制因子是土壤肥力，而排土场土壤质地差、无任何土壤结构、土壤质地坚实、渗透性差、土壤有效水分和有机质含量极低，不利于植物生长，因此，在初期阶段必须进行土壤改良和熟化。根据矿区的实际情况需要增加土壤养分，加速土壤熟化。复垦土地在采用粉煤灰改良的基础上，通过种植豆科牧草迅速恢复植被，控制水土流失。首先种植豆科灌木或牧草（如苜蓿、三叶草、草木樨、沙打旺、黄豆、甘草等），通过其不同类型根瘤细菌的一系列生理生化代谢活动，把空气中的游离态氮转化为有效态氮；然后将植物（有机物）通过多种方法归还土壤，如绿肥压青、秸秆还田等，这样能增加土壤有机质和有效氮，加速土壤改良与熟化。黑岱沟露天煤矿排土场种植固氮植物土壤的理化性质见表 9-1，复垦地牧草的生长情况见表 9-2。

表 9-1　种植固氮植物土壤的理化性质（刘志斌等，2002）

项目	紫花苜蓿	草木樨	沙打旺	沙棘	红豆草	黄豆	平均
有机质/%	0.32	0.23	0.25	0.23	0.30	0.30	0.27
全氮/%	0.02	0.01	0.02	0.02	0.02	0.02	0.02
全磷/%	0.09	0.09	0.58	0.09	0.09	0.14	0.10
全钾/%	1.62	1.62	1.77	1.78	1.78	1.79	1.70
有效氮/（mg/kg）	15.7	17.8	10.6	6.4	17.8	3.6	12.0
有效磷/（mg/kg）	8.6	7.6	11.8	10.4	14.2	12.4	10.8
有效钾/（mg/kg）	96.4	76.0	70.4	50.6	81.1	65.9	73.2
pH	8.34	8.42	8.20	8.42	8.26	8.38	8.34

表 9-2　适宜矿区生长的草本植物生长状况（刘志斌等，2002）

植物名称	播种方式	成活率/%	分盖度/%	根长度/cm	鲜草产量/（g/m^2）	参照产量/（g/m^2）
沙打旺	单播	98	95	≥150	2 960	3 490
杂花苜蓿	混播	90	35	≥100	1 000	1 360
紫花苜蓿	混播	95	60	≥100	1 260	1 435
草木樨	单播	95	85	≥90	1 944	2 345
草木樨状黄耆	混播	50	15	≥30	600	912
山竹岩黄耆	混播	40	15	≥60	850	1 120
冰草	混播	80	10	30	425	630
羊草	混播	30	5	20	450	590
老麦芒	混播	85	5	25	380	432

从复垦地的肥力及种植的牧草产量水平来看，通过种植豆科植物使复垦土地的生产力有了较大的改善和提高，为中期阶段土地复垦打下了基础。

2）中期阶段

建立可持续改善排土场生态环境的永久植被。经过初期阶段土壤的改良和熟化后，即可对排土场种植永久性植被，也就是复垦的中期阶段。该阶段主要任务是进行植被配置，植被配置应适应当地的自然条件和立地条件，符合先锋植物和适生树种的生理生态习性，符合植被自然演替规律，有利于植被的稳定和持续发展。黑岱沟露天煤矿排土场土地复垦在中期阶段平台植被配置模式如下：

①永久性林牧用地平台植被配置模式：主要分布在离公路、铁路、工业广场较近范围的平台，东排土场、北排土场和西排土场的平台，对美化矿区环境、防止粉尘污染和防风固沙等起着重要作用。主要树种有杨树、刺槐、油松、沙棘等防护用材林树种；草本植物有沙打旺、苜蓿、草木樨，按一定比例混播。配置模式：纯刺槐林、纯新疆杨林、油松＋沙棘混交林、纯油松林、纯沙棘林。

②过渡性林木用地＋最终耕地平台植被配置模式：主要分布于东排土场和内排土场的最终平台，这部分的土地利用方向为育苗基地和高产农作物区。树种以刺槐、杨树、沙棘、柠条为主，豆科牧草以草木樨、沙打旺、苜蓿、甘草为主。配置模式：林网杨树＋网间豆科牧草、林网刺槐＋网间药用植物（甘草）、最终耕地平台规划农田林网永久性植被。平台种植豆科植物后，土壤肥力得到改善，筑设道路与林网结合纵横交错。

③排土场西北向防风林带配置模式：该地区主要风向为西北风，因此在各最终平台的西侧及底部周边设防风林带，种植宽度 20 m，主要栽植杨树、沙棘。配置模式：杨树＋杨树、杨树＋沙棘混交林。

④斜坡林木植被配置模式：根据斜坡水土流失规律，植被林木沿等高线布置。一般在坡体中上部栽植以沙棘、柠条为主的灌木与豆科、禾本科牧草混播的灌草结构，中下部是以乔木、灌木为主和乔灌草混交林结构。配置模式：沙棘、柠条＋豆科、禾本科草；油松＋沙棘＋豆科、禾本科牧草。

在这一阶段，通过初期植被配置模式，使边坡的冲刷基本得到防治，并起到稳定边坡、保持水土的作用，坡上的水土流失量大为减少，冲刷小沟比以前减少 85%以上。而生态结构模式的建立更为生态系统向顶极阶段演替奠定了坚实的基础。以油松—沙棘—沙打旺模式为例，就其模式的垂直分布看，可分为“三个层次”[即乔木层（油松），层高 245 cm；灌木层（沙棘），层高 110 cm；草本层（沙打旺和其他草本），层高 95 cm]和“四个层片”（即油松层片、沙棘层片、沙打旺层片和杂类草片），同时根系在地下也形成不同深度层次。从边坡的测定结果看，入土较深的是沙棘和沙打旺，均在 1.5 m 以下；油松次之，达 1.0 m，最浅的是乔草类，入土深在 0.15 m 以内，可见该复垦区已由以地下居多的呈层现象形成了较为复杂的生态结构。

3）后期阶段

根据市场变化，着眼于矿区生态环境的综合治理和土地开发利用的经济效益。在排土场覆土造田模式中，按照生态演替进程，首先选取耐贫瘠、速生的牧草以改良土壤，恢复地力，种植苏丹草、沙打旺、铁扫帚、红豆草等，进而采取豆科作物（大豆、绿豆）与蔬菜、杂粮轻作或间作方式，实现用地养地相结合，从而达到生态演替的先锋期；然后再根据土壤元素组成及肥力状况，辅之一定的水、肥措施，培肥土壤，并选择种植紫穗槐、洋槐、臭椿、泡桐等耐受性较强的树种；最终通过对复垦过程进行三阶段调整，形成立体化景观生态结构，进而逐步达到生态演替的顶级期。将黑岱沟露天煤矿复垦土地转换地规划为农业、牧业、林业、养殖业等用地，形成有地区特色的生态产业链和旅游休闲度假的园林区。

①苗圃经济林区（东排土场）：东排土场地处背风向阳处，由于上部采用排土机排土，待复垦土地表层的土壤覆盖层较厚，且多为原始地表的上层土，土质相对较好，有利于植物生长。因此，最终利用方向是生产苗木和种植经济林为后期各排土场的再植被提供苗木，以降低土地复垦成本，节约费用。

②景观生态园林绿化区（北排土场）：北排土场面向工业广场，排土方式为汽车排土，土壤质地较硬，土质多为栗钙土，土层覆盖层薄，位于西北迎风向。因此，利用方向主要为永久性防风林用地，建设防风林的同时应注意整体景观的美化，最终利用方向为景观生态园林绿化区。

③生态防护林区（西排土场）：西排土场位于采场西北侧迎风面、选煤厂附近，除排弃露天矿剥离土岩外，也是选煤厂的排矸场地，受排矸粉尘污染严重。因此，西排土场复垦土地的主要利用方向为永久性防风林，以预测化和水土保持为主要目的。

④牧草、农田规划区（内排土场）：内排土场下部为汽车排土，上部为排土机排土，整个排弃土岩层与原地层柱状基本相同，覆土层较厚，而且覆土后，地表将成为一片面积很广阔的“人造平原”。因此，内排土场复垦土地的最终利用方向为耕地，作为牧草、农田规划区。

参考文献

[1] 常杰，葛滢．生态学[M]．杭州：浙江大学出版社，2001：271-221.

[2] 范志平，曾德慧，余新晓．生态工程理论基础与构建技术[M]．北京：化学工业出版社，2006：21-25，39-41.

[3] 郝桂玉，黄民生，徐亚同．环境工程与生态工程复合体系发展动态[J]．环境科学与技术，2004，27（4）：84-87.

[4] 侯玉平，彭少麟，李富荣，等．论丹霞地貌区生态演替特征及其科学价值[J]．生态学报，2008，28（7）：3384-3389.

[5] 赖发英，卢年春，牛德奎，等．重金属污染土壤生态工程修复的试验研究[J]．农业工程学报，2007，23（3）：80-84.

[6] 刘章勇，何浩．洪湖湿地演替的影响因素与生态恢复对策[J]．湿地科学与管理，2008，4（2）：37-41.

[7] 刘志斌，范军富．生态演替原理在露天煤矿土地复垦中的应用[J]．露天采煤技术，2002，5：27-30.

[8] Odum E P，Barrett G W．生态学基础[M]．陆健健，等，译．北京：高等教育出版社，2009：245-268.

[9] 钦佩，安树青，颜京松．生态工程学[M]．南京：南京大学出版社，2008：61-62，94-96.

[10] 任海，彭少麟．恢复生态学导论[M]．北京：科学出版社，2002：10-11，21-25.

[11] 石敏俊，王涛．中国生态脆弱带人地关系行为机制模型及应用[J]．地理科学，2005，60（1）：166-174.

[12] 汪敏，颜京松，吴琼，等．生态工程研究进展[J]．中国人口·资源与环境，2004，14（5）：120-124.

[13] 阎传海，徐科峰．徐连过渡带低山丘陵森林植被次生演替模式与生态恢复重建策略[J]．地理科学，2005，25（1）：94-101.

[14] 杨京平，卢剑波．生态恢复工程技术[M]．北京：化学工业出版社，2002：12-15，17-19，57-59.

[15] 章家恩，徐琪．恢复生态学研究的一些基本问题探讨[J]．应用生态学报，1999，10（1）：109-113.

[16] 章家恩．生态规划学[M]．北京：化学工业出版社，2009：20-24，107-109.

[17] 周海燕，张景光，李新荣，等．生态脆弱带不同区域近缘优势灌木的生理生态学特性[J]．生态学报，200，25（1）：168-175.

[18] 朱桂林，山仑，刘国彬．弃耕演替与恢复生态学[J]．生态学杂志，2004，23（6）：94-96.

第10章 产业生态规划与设计

工业革命后所奉行的生产方式导致了自然环境的严重污染以及资源和能源的大量消耗，出现了各种生态环境问题。为了从根本上解决当前这些严重的问题，必须转变经济增长方式。受自然生态过程的启发，人们开始寻求产业的生态化发展，期望通过减少原料的消耗和废弃物的产生，最终构建一个产业生态系统。

产业的生态规划与设计主要依托的是产业生态学。产业生态学作为一门新兴学科，其概念和内涵尚在不断发展和完善之中。1991年，美国科学院将产业生态学定义为“对各种行业活动及其产品与环境之间相互关系的跨学科研究”。1995年，美国电气电子工程师协会（Institute of Electrical and Electronics Engineers，IEEE）在《可持续发展与产业生态学白皮书》一书中，将产业生态学定义为“对产业和经济系统及其与自然系统间相互关系的跨学科研究，可以看作是一门研究‘可持续性’的学科”。1997年，《产业生态学》杂志主编Reid Lifset在发刊词中提出：“产业生态学是一门迅速发展的系统科学分支，它从局部、地区和全球三个层次系统对产品、工艺、产业部门和经济部门中的物流和能流进行研究，其焦点是研究产业界如何降低产品生命周期过程中的环境影响。”但不管如何定义，产业生态学需要协调产业系统与自然生态环境之间的关系，这一思想是统一的。

由于工业生产与自然生态环境的矛盾冲突最为突出，因此，最先引起人们注意的也是工业生产。随着产业生态学和相关生态学理论的发展，产业的概念也逐渐从工业扩展到农业以及旅游业、服务业等第三产业。本章主要从产业生态规划涉及的原理和理论、产业生态规划的方法以及发展方向这几个方面对产业生态规划与设计进行介绍。

10.1 产业生态规划与设计理论

10.1.1 环境承载力

1995年，美国人口学家科恩（Joel Cohen）对环境承载力的概念做了完整的阐述：在不损害自然、生态、文化和社会环境的情况下，在可预见的未来能供养的人口数量。环境承载力研究对可持续发展具有重要意义，对于一个区域而言，社会、经济能否持续发展，在很大程度上取决于该地区人口、社会、经济活动是否超过该地区的自然承载力。

10.1.2　生命周期评价

生命周期评价（Life-cycle Assessment，LCA）是对产品或服务从“摇篮”到“坟墓”的全过程进行环境评价的技术，是产业生态学的核心内容之一。

（1）生命周期评价的概念和起源

生命周期评价的本质是检查、识别和评估一种材料、过程、产品或系统在其整个生命周期中的环境影响。产品的生命周期包括从原材料获取到最终处置，或是更理想的以原来或其他形式循环再生的整个过程。

生命周期评价的起源可追溯到 20 世纪 60 年代末至 70 年代中期，被称为资源与环境状况分析（Resource and Environmental Profile Analysis，REPA）。当时较为著名的是 1969 年由可口可乐公司委托美国中西部资源研究所针对该公司的饮料包装瓶进行的评价研究，该研究的结果使可口可乐公司对产品的包装进行了改变，从使用玻璃瓶转为采用塑料瓶包装。

随后，美国 Illinois 大学、富兰克林研究会、斯坦福大学的生态学研究所以及欧洲、日本的一些研究机构也相继开展了一系列针对其他包装品的类似研究。这一时期的工作主要由工业企业发起，研究结果作为企业内部产品开发与管理的决策支持工具。1990 年由国际环境毒理学与化学学会（Society of Environmental Toxicology and Chemistry，SETAC）首次主持召开了有关生命周期评价的国际研讨会，在该次会议上首次提出了生命周期评价的概念。在以后的几年里，SETAC 又主持召开了多次学术研讨会，对生命周期评价从理论与方法上进行了广泛的研究，对生命周期评价的方法论发展作出了重要贡献。1993 年 SETAC 根据在葡萄牙的一次学术会议的主要结论，出版了一本纲领性报告——《生命周期评价（LCA）纲要：实用指南》。该报告为 LCA 方法提供了一个基本技术框架，成为生命周期评价方法论研究起步的一个里程碑。

（2）生命周期评价的主要内容

实施生命周期评价是一项庞大而又复杂的工程，它的基本框架如图 10-1 所示。

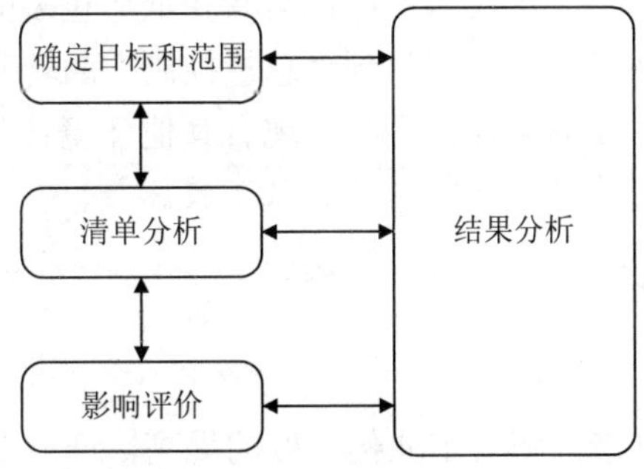

图 10-1　生命周期评价技术框架（ISO 14040，1997）

生命周期评价主要由四个相互关联的部分组成，它们分别是：确定目标和范围、清单分析、影响评价和结果分析。生命周期评价，首先要明确界定研究的目标和范围，其次要开展清单分析和影响评价这两个步骤。

1）确定目标和范围

目标和范围的确定是LCA研究的第一步。一般需要先确定LCA的评价目标，然后根据评价目标来界定研究对象的功能、功能单位、系统边界、环境影响类型等，这些工作随研究目标的不同而有很大的变化，几乎没有一个固定的模式能加以套用。但不管评价目标如何，LCA必须要反映出资料收集和影响分析的根本方向。另外，此研究是一个反复的过程，根据收集到的数据和信息，可能需要修正最初设定的范围来满足研究的目标。在某些情况下，由于某种没有预见到的限制条件、障碍或其他信息，研究目标本身也可能需要进一步修正。

2）清单分析

清单分析是生命周期评价的研究基础，也是LCA的第二阶段，是生命周期评价整个过程中工作量最大的一部分。清单分析的主要任务是收集相关数据，并通过计算给出该产品系统的各种输入输出资料，包括一个产品从生产、使用到废弃的整个过程中所投入的原料、能源和输出的废弃物，并以此作为下一步影响评价的依据。

3）影响评价

生命周期影响评价（Life Cycle Impact Assessment，LCIA）是LCA的第三阶段，也是LCA的核心部分。这部分的主要内容是对清单分析中识别出来的各种成分进行环境影响评价，主要包括对生态系统的影响和对人体健康的影响等方面。由于生态环境问题的复杂性，LCIA是LCA中最为困难的一部分，即使在理论上也很难对产品涉及的所有影响都进行全面的评价，因此目前尚没有一种被广泛接受的方法。

4）结果分析

结果分析是生命周期评价的最后一步，这个阶段根据前三个阶段的分析结果，对现有产品设计和加工工艺进行改进分析，并提出可能的实施方案。由于最后一个阶段的目的是改善产品设计和生产方案，因此也有文献称其为改善评价。

（3）生命周期评价的意义及局限

生命周期评价作为一种评价产品、工艺或活动的整个生命周期环境影响的工具，在私人企业和公共领域都有广泛的应用，其经典案例包括一次性尿布和可重复使用尿布之间的比较、塑料杯和纸杯的比较、汉堡聚苯乙烯包装盒和纸质包装的比较等。通过生命周期评价的应用，可以实现产业从“末端治理”到“总量控制”的转变，对可持续发展的实现有着重要的意义。通过加强生命周期评价方法与现有其他环境管理手段的配合，可以更好地促进环境保护，同时也是对清洁生产审核的有效工具。

10.1.3 产业生态系统理论

（1）产业生态系统

自18世纪工业革命以来，随着工业化程度的提高，产业发展所造成的环境污染越来越严重，而且资源浪费十分惊人。很多工业化国家为了保持生态平衡，维护日益脆弱的生态系统，加大了环境治理的力度。传统的环境治理实行的是末端治理措施，它虽然在局部对环境有所改善，但由于其处理污染的设施投资大、运行费用高、无法制止自然资源的浪费等特征，从总体上看并无法有效地解决环境问题。因此，人们很自然地形成了一种观念，即产业系统与生态系统是对立的、不兼容的。

然而，从社会、经济、自然复合生态系统的观点来看，生态系统不仅包括自然生态系统，还应包括以三大产业为基础的经济系统以及人与人之间错综复杂的社会系统。因此，只有把产业系统作为复合生态系统的重要组成部分来考虑，才有可能解决产业的发展及生态系统的可持续问题。

Nicholas Gallopoulos 等提出，产业生态系统是指在一定的区域或范围内，由制造业企业和服务业企业组成，通过企业间物质循环和能量流、功能流之间的相互作用、相互联系而形成的生态产业体系，即把产业经济活动视为一种类似于自然生态系统的循环体系，其中一个企业产生的“废物”（或副产品）作为下一个企业的“营养物”（原料），形成企业“群落”（产业链）。因此可以说，产业生态系统是一个循环体系，其物质流与能量流可以多层次循环利用。

在自然生态系统中，物种与物种之间形成复杂的食物链和食物网。生产者、消费者和分解者最根本的联系是通过食物链（网）来实现的，少量能量就可以使系统内的物质得到循环利用。借鉴自然生态系统的原理，人们开始探讨构建生态产业链和生态产业网的可能性。生态产业链是指产业集群中处于上、下游层次的企业，由于投入产出关系所形成的类似于食物链的产业链。生态产业链相互交错就形成了产业网。生态产业链又可分为垂直的供需链和横向联合的协作链。垂直关系是产业生态链的主要架构，即把这种垂直分工划分为产业的上、中、下游关系；横向协作关系则是我们经常提到的产业配套问题。生态产业链的优化对区域经济可持续发展的作用至关重要。

（2）产业共生理论

共生是生态学中常见的一个概念，是指两个物种之间的关系，可能对其中一个有利（寄生）或对双方都有利（互利共生）。共生的要素包括共生单元、共生模式和共生环境。产业共生是指不同企业通过合作，相互利用各自产生的废弃物或副产品，从而实现经济与环境的“双赢”。产业共生极可能在某种条件下自发形成，也可能通过规划而形成。产业共生将不同的产业、行业耦合在一起，通过共同生产来提高资源利用效率。某一行业生产过程的产品或废物，可能正是另外一个行业生产过程中所需的原料。通过对生产过程中所需的原材料和能源进行科学的分配来生产不同产品，或者对资源进行深加工，对副产物进行充分开发利用，都可实现多产品联产。在空间上将具有耦合效应的产业配置在一起，可大幅度提高生产效率，减少废物的生成以及不必要的资源消耗，降低成本。

在产业生态系统构成的三要素中，由于共生单元和共生环境都存在着固有性，又因为共生模式是产业生态系统的关键模式，而且相对比较容易调控，因此，目前关于产业共生的探讨多集中在产业共生模式的研究上。根据共生企业间的相互利益关系，可以分为：共栖互利型产业共生、寄生型产业共生、偏利型产业共生等；根据企业的所有权关系，可以划分为自主实体共生和复合实体共生。

（3）产业生态位

生态位是生态学的一个重要理论，是指在生物群落或生态系统中，每一个物种都拥有自己的角色和地位，占据一定的空间，发挥一定的功能。也就是说，一种物种只能生活在确定的环境条件范围内，利用特定的资源，甚至只能在适宜的空间里生存与发展。当然，随着有机体的发育，它们可以改变其生态位（如两栖动物由幼体的水生到成体的陆生）。生活在同一地区的不同物种，它们的生态位总是有一定的差别，这是因为生活在同一地区的不同物种在漫长岁月的自然选择与进化过程中，由于种内竞争和种间竞争的互相作用，必然在生态位上形成了差异。

产业生态系统的生态位是指可被其利用的自然因素（气候、资源、能源、地形等）和社会因素（劳动条件、生活条件、技术条件、科技水平、社会关系等）的总和。

根据生态位原理，由多个种群组成的生物群落，比单一种群的生物群落更能有效地利用环境资源，维持长期、高效的生产力，从而显示出更好的稳定性。在构建产业生态群落时，应该注意引入不同类型的企业，使它们之间形成更多的互补关系，并且避免不必要的种群内竞争，保持产业生态群落的稳定和快速发展。

此外，在同一产业生态系统中，不同企业的生态位也不同。企业生态位同样是指可被其利用的自然因素和社会因素的总和。产业生态系统中的企业通过经营规模上的错位、档次上的错位、业态上的错位、产业门类上的错位、空间和时间上的错位，形成企业的比较优势和竞争优势，建立自己的生态位，提高企业的决策竞争能力。

（4）产业代谢

20 世纪 80 年代，Robert Ayres 等就经济活动中物质与能量流动对环境的影响进行了创新性研究；1989 年，美国环境生态学家 Robert Frosch 首次通过模拟生物新陈代谢过程和生态系统的循环再生过程提出了“产业代谢”的概念。

1）产业代谢内涵界定

产业代谢是模拟生物和生态系统代谢功能的一种系统分析方法。与自然生态系统相似，产业生态系统也包括四个基本组成，即生产者、消费者、分解者和外部环境，可以通过系统结构变化分析、功能模拟和产业流分析来研究产业生态系统的代谢机能及其控制方法。本质上，产业代谢是把原料、能源和劳动力在一种稳态条件下转化为最终产品和废物的过程。

2）产业代谢的研究内容

主要包括：一是在有限的区域内追踪某些污染物；二是分析研究一组物质，特别是某些重金属的潜在毒性；三是具体研究某种物质成分，以确定其不同形态的特性及其与自然生物地球化学循环的相互影响。

3）产业代谢分析的类型

可分为资源代谢分析与组织和区域代谢分析两大类。

10.1.4 生态经济学

生态经济学是以生态学原理为基础，以经济学原理为主导，以人类经济活动为中心，运用系统工程方法和协同理论，从最广泛的范围研究生态和经济的结合，从整体上去研究生态系统和生产力系统的相互影响、相互制约和相互作用，解释自然和社会之间的本质联系和规律，旨在倡导生产和消费方式的改变，高效合理利用一切资源的一门学科。简言之，生态经济就是一种尊重生态原理和经济规律的经济发展模式。生态经济学中，社会和经济的发展要与环境相协调，即实现可持续发展，环境、社会、经济的关系如图 10-2 和图 10-3 所示。生态经济学是经济学的一个重要分支。

（1）生态经济学的研究特点

①综合性。生态经济学以自然科学同社会科学相结合的方式来研究经济问题，从生态经济系统的整体上研究社会经济与自然生态之间的关系。

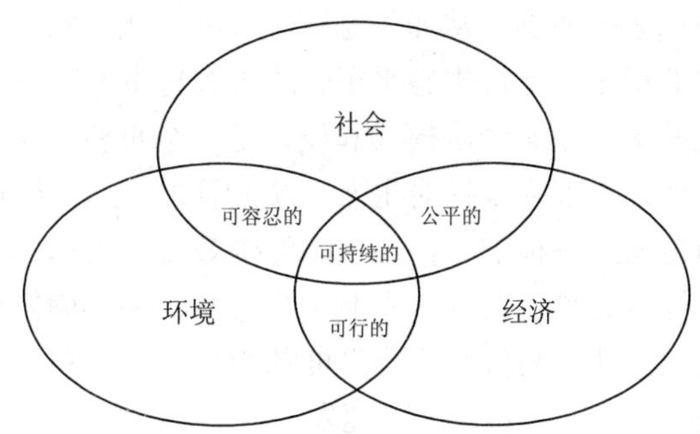

图 10-2　可持续发展三极图（重绘自 Adams et al.，2006）

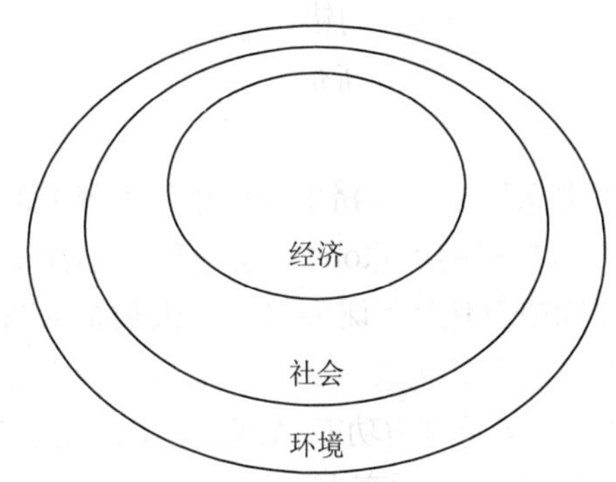

图 10-3　生态经济示意（重绘自 Ott et al.，2003）

注：该图是可持续发展中，对经济、社会、环境三者关系之间的另外一种表示方法。用包含关系表示三者之中环境是最基础的组成。

②层次性。从纵向看，包括全社会生态经济问题的研究，以及各专业类型生态经济问题的研究，如农田生态经济、森林生态经济、草原生态经济、水域生态经济和城市生态经济等。其下还可以再划分，如农田生态经济又包括水田生态经济、旱地生态经济，并可再按主要作物分别研究其生态经济问题。从横向看，包括各种层次区域生态经济问题的研究。

③地域性。生态经济问题具有明显的地域特殊性，生态经济学研究要以一个国家或一个地区的国情或地区情况为依据。

④战略性。社会经济发展，不仅要满足人们的物质需求，而且要保护自然资源的再生能力；不仅要追求局部和近期的经济效益，而且要保持全局和长远的经济效益，永久保持人类生存、发展的良好生态环境。生态经济研究的目标是使生态经济系统整体效益优化，从宏观上为社会经济的发展指出方向。

（2）生态经济学的研究内容

①生态经济基本理论。包括：社会经济发展同自然资源和生态环境的关系；人类的生存、发展条件与生态需求；生态价值理论，生态经济效益，生态经济协同发展等。

②生态经济区划、规划与优化模型。用生态与经济协同发展的观点指导社会经济建设，首先要进行生态经济区划和规划，以便根据不同地区的自然经济特点发挥其生态经济总体功能，获取生态经济的最佳效益。城市是复杂的人工生态经济系统，人口集中，生产系统

与消费系统强大，但还原系统薄弱，从而生态环境容易恶化。农村直接从事生物性生产，发展生态农业有利于农业稳定、保持生态平衡、改善农村生态环境。根据不同地区城市和农村的不同特点，研究其最佳生态经济模式和模型是一个重要的课题。

③生态经济管理。计划管理应包括对生态系统的管理；经济计划应是生态经济社会发展计划；要制定国家的生态经济标准和评价生态经济效益的指标体系；从事重大经济建设项目，要做出生态环境经济评价；要改革不利于生态与经济协同发展的管理体制与政策，加强生态经济立法与执法；建立与健全生态经济的教育、科研和行政管理体系。生态经济学要为此提供理论依据。

④生态经济史。生态经济问题一方面有历史的普遍性，同时随着社会生产力的发展，又有历史的阶段性。进行生态经济史研究，可以探明其发展的规律性，指导现实生态经济建设。

10.1.5 生态伦理学

生态伦理学是一门以“生态伦理”或“生态道德”为研究对象的应用伦理学。它是从伦理学的视角审视和研究人与自然的关系。“生态伦理”不仅要求人类将其道德关怀从社会延伸到非人类的自然存在物或自然环境，而且呼吁人类把人与自然的关系确立为一种道德关系。根据生态伦理的要求，人类应放弃算计、盘剥和掠夺自然的传统价值观，转而追求与自然同生共荣、协同进步的可持续发展价值观。生态伦理学对伦理学理论建设的贡献，主要在于它打破了仅仅关注如何协调人际利益关系的人类道德文化传统，使人与自然的关系被赋予了真正的道德意义和道德价值。

长期以来，人类将自己看做自然的主宰，忽视了自然的内在价值，疯狂地掠夺自然资源，因而造成了严重的生态危机。而人类要摆脱生态危机，就要明确人与自然不仅以相互利用的方式存在，而且也以相互依存的方式维持着地球自然的生态稳定。在如何正确处理人与自然的伦理关系问题上，生态伦理思想为我们提供了基本的道德判断依据。我们对自然所负有的责任和义务就是最大限度地维护地球生态系统的稳定与和谐，摆正当前利益与长远利益的关系、人与自然的关系，恢复和保存自然的内在价值，以生态整体主义观调整人与自然的关系。产业生态学就是要把生态系统的物质运动过程应用到人类社会的物质生产过程中，并且按照自然生态系统物质循环和能量流动规律来重构经济系统。产业生态学中的生态伦理思想主要体现在生产与消费领域。

10.1.6 生态工程学

生态工程学是20世纪60年代以后，在人类寻求解决资源、环境、经济与社会等危机的过程中产生和逐渐完善起来的一种既关注经济效益又解决环境问题的系统方法。环境问题的产生实际上就是资源代谢在时间、空间尺度上的滞留或耗竭，系统耦合在结构、功能关系上的错位和失谐，社会行为在经济和生态关系上的冲突和失调，物流、能流和再生循环路线受阻、流通不畅及生态失衡。因此，调节及疏通受阻或失谐的物流、能流和再生循环路线不仅可以解决环境问题，而且可以增加生产，提高经济效益，此即生态工程的目的。

生态工程主要是指依据生态系统中物种共生、物质循环再生及生态控制原理，通过实施一系列软硬结合的工程技术手段和系统评价的规划、设计、建设与管理方法，来实现复合生态系统内的功能优化、结构和谐、过程高效，从而达到经济、生态和社会的同步协调发展。生态工程的应用领域起初主要集中于工业，现已延伸到各个产业。

10.1.7　产业生态学原则

Thomas Graedel 和 Braden Allenby 于 1995 年提出了产业生态学的基本原则，具体包括以下几条：

①产品、工艺、服务和操作过程产生的残余物不视为废弃物；

②每种工艺、产品、设备、基础设施、技术系统的规划都应易于适应可预见的环境和更优的革新技术；

③进入一个具体制造过程的每个物质分子都应该作为可销售的产品的一部分离开那个过程，这意味着，制造过程的设计不仅要能高效地生产产品，还要使参与物可用或出售；

④用于制造的每单位能量都应产生一种所期望的物质转化；

⑤应在产品、工艺、服务和运营中使用最少的物质和能量；

⑥使用的物质必须是毒性最小的；

⑦应尽量通过循环得到获取产品所需的原材料，而不是通过采掘新的资源；

⑧每种工艺和产品都应使所用材料能保留特有的可利用性；

⑨每种产品的设计都应满足它在生命终结之后还能用于生产其他产品；

⑩每一项产业用地、设备或基础设施系统或部件的开发、建设或调整都应注意维护或改进当地栖息地和物种多样性，并最大限度地减少对当地或区域资源的影响；

⑪改善与材料供应商、消费者和其他产业之间的关系，以循环利用和再使用材料的合作方式，使产品包装使用量最少。

这些原则最主要的一点就是对环境问题的关注应作为每一项系统最初设计工作的有机组成部分。因此，制造部门的工作和产品工程行为，应该包括对所有相关环境问题的考虑。与此类似的，工程师和建筑师在设计房屋或基础设施时应考虑相关的环境问题，如材料选择、场地选择、机械和电动系统要求等。农林产业中庄稼的选择应适合于当地条件，应尽可能少地使用那些稀缺性和有环境问题的资源。

10.1.8　循环经济“4R”原则

生态产业设计的实质是实现物质循环利用的循环经济。而循环经济的主要原则包括以下四个方面。

（1）减量化原则（Reduce）

即以资源投入最小化为目标，针对产业链的输入端（资源），通过产品清洁生产而非末端技术治理，最大限度地减少对不可再生资源的耗竭性开采与利用，以替代性的可再生资源为经济活动的投入主体，尽可能减少进入生产、消费过程的物质流和能源流，对废弃物的产生、排放实行总量控制。制造商（生产者）通过减少产品原料投入和优化制造工艺来节约资源和减少排放；消费群体（消费者）通过优先选购包装简易、循环耐用的产品，减少废弃物的产生，从而提高资源物质循环的利用率和环境同化能力。

（2）资源化原则（Reuse）

即以废物利用最大化为目标，针对产业链的中间环节，对消费群体（消费者）采取过程延续方法，最大可能地增加产品使用方式和次数，有效延长产品和服务的时间强度；对制造商（生产者）采取产业群体间的精密分工和高效协作，使“产品－废弃物”的转化周期加大，以经济系统物质能量流的高效运转，实现资源产品的使用效率最大化。

（3）无害化原则（Recycle）

即以污染排放最小化为目标，针对产业链的输出端（废弃物），提升绿色工业技术水平，通过对废弃物的多次回收再造，实现废物多级资源化和资源的闭合式良性循环，实现废弃物的最少排放。

（4）重组化原则（Reorganize）

即以生态经济系统最优化运行为目标，针对产业链的全过程，通过对产业结构的重组与转型，达到系统的整体最优。以环境友好的方式利用自然资源和提升环境容量，实现经济体系向提供高质量产品和功能性服务的生态化方向转型，力求生态经济系统在环境与经济综合效益最优化前提下实现可持续发展。

10.2 产业生态规划与设计方法

10.2.1 区域产业规划与设计方法

区域产业生态规划是在一定区域范围内（如镇、县、市、省等），以循环经济为发展目标，以生态产业为主导而制定区域产业结构调整与优化升级及其空间布局的规划，通常包括以下几个步骤：区域产业发展现状、社会经济发展状况与资源环境状况调查，产业发展现状分析与发展趋势预测，规划总体定位、目标指标与规划重点的确定，初步规划方案的形成与评估，最终产业生态规划方案的制定，实施方案等。

（1）区域产业发展现状分析方法

①产业结构分析。所谓产业结构主要是指国民经济各产业、各部门之间质的联系和量的比例。产业结构合理和不断优化升级，是国民经济按比例协调发展、社会资源恰当配置与有效利用的基本条件，也是国民经济整体素质提高和逐步现代化的重要标志。因此，研究一个区域的产业结构发展特点，对确定未来产业发展的方向与产业结构调整规划具有重要的参考价值。

②产业发展阶段诊断分析。在产业经济学理论体系中，有多种判断产业发展阶段的理论和方法，如霍夫曼、库兹涅茨、钱纳里和罗斯托等的工业化进程标准分析方法，但每种理论和方法都有其使用条件，分析具体问题时应有所选择。

③主导产业分析。主导产业的概念，在学术界还存在很多不同的看法，出现将主导产业与优势产业、支柱产业等概念混用的现象。目前主导产业分析与选择的方法很多，如主因子分析方法、投入产出分析方法、数据包络分析方法、层次分析法、集对分析法、基准分析方法、约束条件分析方法、区外相对比较优势度分析方法以及基于“优势—劣势—机会—威胁（SWOT）”分析的区域主导产业选择指标体系方法等。

④产业结构高度化分析。产业结构高度化是指产业结构从低水平状态向高水平状态的发展，是一个动态的过程。根据产业结构推进的一般规律，产业结构高度化有如下特征：产业结构的发展顺着第一、第二、第三产业优势地位顺向前进的方向推进；产业结构的发展

顺着劳动密集型、资本密集型、技术知识密集型产业分别占优势地位的方向推进；产业结构的发展顺着低附加值向高附加值产业方向推进；产业结构的发展顺着低加工度产业占优势地位向高加工度产业占优势地位的方向推进。产业结构高度化的评价方法通常可采用“标准结构法”和“相似系数法”。

⑤产业结构合理化分析。产业结构合理化是指产业与产业之间协调能力的加强和关联水平的提高，是一个动态的过程。因此，产业结构的合理化要解决的问题包括：供给结构和需求结构的相互适应问题；三次产业以及各产业内部各部门之间发展的协调问题；产业结构效应如何充分发挥的问题。产业结构趋于合理化的标志是：能够有效地利用本国的人力、物力、财力以及国际分工的好处，使国民经济各部门协调发展；社会的生产、交换和分配顺畅进行，社会扩大再生产顺利发展；国民经济持续稳定增长，社会需求得以实现；实现人口、资源、环境的良性循环。

⑥产业发展趋势预测。随着资源环境条件的变化，以及社会经济发展和科技的进步，产业结构会不断地转换与演进。因此，在制定一个地区产业发展规划时，开展产业发展趋势预测分析是十分必要的。产业趋势分析可以着眼于第一、第二、第三产业，也可以对主导产业的发展趋势展开分析。这方面的分析方法很多，可以统计三次产业以及主导产业的理念产值的变化，来预测今后若干年的发展趋势变化，还可以采用其他的预测模型、人工神经网络方法、层次分析法、产业结构模型法等方法来预测三次产业结构的变化趋势。

（2）产业结构调整

产业结构调整需要遵循以下四条基本原则：

①从封闭型调整转向开放型调整的原则。所谓封闭型调整，指的是产业自成体系的调整，是针对已存在的产业结构矛盾，基于对国内生产领域产业间的经济联系的考虑而进行的适应性调整。而开放型调整则是在全球范围配置资源的考虑中，结合经济运行和市场发展而进行的产业结构战略性调整。

②增量调整与存量调整并重的原则。所谓增量调整，是指通过产业政策的实施，把有限的投资投向继续发展的行业，把投资转向结构调整的目标方向，以促使产业结构的优化和升级。简言之，就是改变新增资源的投入结构。而存量调整，则是指现有资产在部门与行业之间的流动重组。增量调整和存量调整是调整资源配置结构、实现产业结构优化和合理化的两种途径。

③市场主导调整与政府引导调整相结合的原则。在充分发挥市场主导作用的同时，不能放弃政府的计划指导作用。要通过加强和改进政府的宏观调控来弥补市场调控缺陷，最终促进产业结构调整顺利进行。

④生态导向原则。在产业结构调整过程中，必须坚持经济效益、生态效益和社会效益兼顾并协调统一的原则。也就是说，在未来产业选择时，也要遵循生态导向原则，要从资源与能源节约型利用模式、清洁生产工艺、环境友好产品、废弃物的资源化利用等角度或标准来考量一个企业是否值得鼓励发展或有限发展，要充分发挥生态产业和环保产业的导向作用，加大新型生态产业的规划建设。

（3）产业发展规划目标和指标体系的确定

在区域产业结构现状分析和发展趋势预测的基础上，需要进一步确定区域产业发展的总体定位和产业结构调整总体目标，以及三次产业内部各部门产业结构的发展目标与比例，同时要给予核定区域产业发展的经济指标，包括年增长水平、GDP、人均纯收入等，以及三次产业在生态环境保护与生态建设方面的控制指标。

10.2.2 工业生态规划与设计方法

（1）基本概念

1）生态工业

生态工业的理论基础是工业生态学。生态工业是指仿照自然界生态过程物质循环的方式，应用现代科技所建立和发展起来的一种多层次、多结构、多功能、多方位，变工业排泄物为原料，实现循环生产、集约经营管理的综合工业生产体系，是一种新型的工业模式。在生态工业系统中各生产过程并不是孤立的，而是通过物质流、能量流和信息流互相关联的动态过程，一个生产过程的废物可以作为另一过程的原料加以利用。生态工业追求的是系统内各生产过程从原料、中间产物、废弃物到产品的物质循环，达到资源、能源、投资的最优利用。

生态工业的萌芽出现在20世纪60—70年代，当时只是作为一个概念提出，没有进行更为深入的研究。20世纪90年代初，“生态工业”一词首先被与美国工程科学院关系密切的一些工程技术人员重新提出。1989年Robert Frosch和Nicolas Gallopoulos在《科学美国人》专刊号上发表了《可持续工业发展战略》一文，两位作者提出了以下观点：工业可以运用新的生产方式，对环境的影响将大为减少。这个概念引导他们推出了生态工业这一概念。

2）生态工业园区

早在20世纪90年代初，在一些学术论文和会议报告中就开始出现了“生态工业园区”的概念，它是工业生态系统的具体体现，也是工业生态学理论的实践之一。由于工业生态学自身尚不完善，生态工业园区的定义也不统一，主要的几种定义如下：

1995年Ray Cote提出，生态工业园区是保持自然与经济资源，减少生产、材料、能源、保险与治理费用和负债，提高操作效率、质量、工人健康和公众形象，提供来自废料利用及其规模收益机会的工业系统。

Ernest Lowe、Stephen Moran和Douglas Holmes提出，通过管理环境和资源利用，寻求增强的环境效益和经济效益；通过协作，工业园区寻求一种集体的利益，这种利益大于所有单个公司利益的总和。这样的加工与服务业组成的商务社区即为生态工业园区。

1996年8月，美国总统可持续发展委员会（President of the United States Commission on Sustainable Development，PCSD）召集的专业组提出了生态工业园区商务（企业）群体的概念，群体内的商业企业互相合作，而且与当地的社区合作，以实现有效地共享资源（信息、材料、水、能源、基础设施和天然生境），产生经济和环境质量效益，为商业企业和当地社区带来可平衡的人类资源。PCSD专家组还提出，生态工业园区可定义为一种工业系统，它有计划地进行材料和能源交换，寻求能源与原材料使用的最小化、废物最小化，建立可持续的经济、生态和社会关系。

美国RPP公司首席科学家、Indigo发展研究所主任Emcat Lowe教授认为，一个生态工业园区是由一个制造业企业和服务业企业组成的群落。

尽管生态工业园区的定义不一，但无论何种定义，都是将生态环境保护思想、可持续发展思想渗透到工业体系的建立和运行之中，同经济效益建立紧密联系。各种定义在本质上没有大的区别。生态工业园区是一个包括自然、工业和社会的地域综合体，是依据循环经济理论和工业生态学原理设计而成的一种新型工业组织形态，是生态工业的聚集场所。它通过成员之间的副产物和废物的交换、能量和废水的逐级利用、基础设施的共享来实现园区在经济效益和环境效益上的协调发展。

生态工业园区相比传统工业园区的优势在于：一是具有明确主题，但并不仅仅只是围绕单一主题而设计、运行，在设计工业园区的同时还考虑了社区；二是通过毒物替代、二氧化碳吸收、材料交换和废物统一处理来减少对环境的影响或生态的破坏，但生态工业园区不单纯是环境技术公司或绿色产品公司的集合；三是通过共生和层叠实现能量效率最大化；四是通过回用、再生和循环对材料进行可持续利用；五是在生态工业园区定位的社区以供求关系形成网络，而不是单一的副产物或废物交换模式或交换网络；六是具有环境基础设施或建设，企业、工业园区和整个社区的环境状况得到持续改善；七是拥有规范体系，允许其具有一定的灵活性，而且鼓励成员适应整体运行目标；八是应用减废减污的经济型设备；九是应用便于能量与物质在密封管线内流动的信息管理系统；十是准确定位生态工业园区及其成员的市场，同时吸引那些能填补适当位置和开展其他业务环节的企业。

生态工业园区具有以下特征：

合作互动　生态工业园区可能拥有许多特点，但最重要的特点是行业内部和行业之间的合作以及与自然环境的互动。合作和互动是自愿甚至是自发的，成员有着较高的积极性以保证园区的效率，其动力本质上在于经济利益。通过废物和副产物的交换、信息的交流、管理的配合将使几乎每个成员包括企业、社会和政府获利。据 1996 年在美国召开的生态工业园区专题讨论会的一项估计，一个类似丹麦卡伦堡共生体系的园区每年净经济效益估计在 8 200 万美元，投资回报率为 66%，回收周期约为 1.68 年。

创新再生　园区的建设会创造出新的合作关系，促使现有工业的扩展和产生新的地方产业；同时，现在废弃的能源和副产品的利用将使许多原来堆积如山的废弃物被回收利用，其经济价值得以再生，政府也将获得更多财政税收。

创业拓展　工业的扩展和新产业的诞生，将产生许多不同技能要求的有着良好工资待遇的工作机会，从而缓解社会就业压力；社区会因为居民的安居乐业和废物处理的高效、低成本而蓬勃发展。最后，园区的发展使得环境质量会因对有限资源需求的减少和较少的固体废物和污染的压力而有所改善，最终实现经济利益与环境绩效的统一。

废物利用　生态工业园区区别于传统的废物交换项目，它并不满足于简单地进行一来一往的资源循环，而是旨在系统地增加一个地区的总体资源。因此，园区将承担所在区域的经济发展、资源永续、社会安定的任务。它的运作将以园区所有成员包括企业、政府、社区为了减少废物和增加经济效益而进行的密切合作为基础。在运转机制上，生态工业园区则是一个有着高效的物质、能量和信息流动的网络，而网络的组织和各个节点的绩效则是决定生态工业园区效率的关键因素。

（2）生态工业园区的规划与设计原则

与传统的工业园区有着重要的区别，生态工业园区的运作是由体现生态学原则的园区设计来实现的。这些原则主要有以下内容：

1）循环性原则

这是生态工业园区的重要原则，其目标是把最主要的营养物质保存在系统内部。它包括三方面的内容。

物质循环：目前工业发展所依赖的石化、矿物资源是有限的，但工业生产总是在不断地消耗这些资源，同时经过生产和消费等环节后又大量地产生废物，解决这一矛盾的关键就是要实现废物资源化和工业体系内的物质循环。

合理用能：能量虽然不能循环使用，但是可以根据能量品质的不同实现梯级用能、回收生产过程的废热或利用废弃物充当能源，合理用能是节约能源的重要途径。

信息共享与反馈：现代社会中，信息作为一种特殊的资源，可以被无限分享，信息的传播将部分减少物质和能量的流动，同时也是生态工业稳定发展的有力保证。

2）链接性原则

设计生态工业园区，必须首先考虑园区成员间在物质和能量的使用上是否形成类似自然生态系统的生态链或食物链。只有这样，才能实现物质与能量的封闭循环和废物的最少化。园区的组织是有着市场供需关系的成员在地域上邻近，园区成员间是否具备供需关系及供需规模、供需的稳定性均是影响生态工业园区发展的重要因素，特别是废物、副产品的供需关系更是影响到园区的废物再生水平。如果供大于需，即废物的产生量大于相关企业的需求、消纳能力有限或者是种类上不匹配，废物减量化目标将难以实现。

生态链原则要求工业园区成员的匹配，因此生态工业园区设计的关键是企业、行业的匹配。在区域已有的企业中或者是区域外有发展潜力的行业中找出已有或可能的废物流动关系，通过专家分析，筛选出类别、规模、方位上相匹配的设计或改造方案。

原料链在生态工业园区中的配比取决于园区中不同产品、不同生产过程和不同企业对资源和能源需求的差异。原料链上、下游各企业间灵活、高效的合作关系是园区得以生存的基础。因此，相互耦合的企业所属行业间必须要具有一定的相关度，要做到废物有“用武之地”，并且可能“一废多用”，即一个企业排出的废料可应用到两个以上的原料链中，分别与两个或多个不同行业的企业耦合构成循环系统，确保所有物质都得到循环往复的利用，凸显最大的生态经济效益。

3）多样性原则

这是建设园区生态工业链网结构的基础。以经济价值作为唯一目标将使生态工业的多样性大打折扣。要实现工业经济的多样性，首先要目标多元化，它确保了工业生态系统具有较高的柔性和适应性。因此，在发展经济的同时必须兼顾环境、生态、社会等多重目标。政府在制定政策的过程中可考虑将这些内容涵盖进去。在园区建设中，可以引进不同的产品、不同的生产过程和不同的企业，利用它们对资源和能源需求的差异，实现优势互补，形成灵活、高效的合作关系。园区成员组成和相互间的联系要多样化，而且要有创新性，不能一成不变，这样才能保证工业生态系统的平衡和稳定发展。

4）高效性原则

在追求经济成本和环境成本优势的市场里，仅仅是地域上的邻近已不足以确保现代企业竞争力。生态工业园区的设计在于形成高效的工作系统。园区内部有着很好的友邻关系，这主要指园区内企业、政府和社区间有着紧密、高效的合作和交流关系。因此，为确保生态工业园区的效率，园区在设计上必须考虑这种合作和交流的流畅。园区通道包括公路、轻轨、铁路和管道，其应靠近废物、废水或能量的利用者或供应者，同时对希望购买或售卖废物的个人和小商业者保持良好的通达性，包括物资流通和信息交流。因此，有学者认为生态工业园区理想的规模是100～200英亩*。

5）地域性原则

生态工业园区要根据当地实际的自然条件和技术条件，科学合理地选择和调整产业结构和产业布局，以获得地尽其利、物尽其用的最大经济效益，同时保持良好的生态环境。生态工业园区不是封闭的个体，它通过生态链将周边区域内的企业纳入到整体生态工业大循环中来，使地区经济发展和环境保护融为一体、共同繁荣。

6）进化性原则

生态工业的实现具有进化性。工业生态系统中的进化思想主要体现为更多地依靠可再生资源的持续利用以及废弃物资源和能源的开发，以达到物质的循环。人们的观念是在不断更新的，对资源和环境问题的认识也在逐步地深入。工业生态系统应调整自身以适应当地自然资源的再生周期，减少使用不可再生资源，当然这种调整要受到技术、经济等各种因素的制约，并不是短期内就能够完全实现的。此外，生态工业园区的发展也是一个动态过程，必然会有成员的更新、调整和淘汰，成员间的合作关系也需要经过一段时间的磨合和适应。

（3）生态工业园区规划与设计的步骤

生态工业园区规划实质上是一种区域规划。作为一个开放的系统，对其进行规划会受到多种内外环境和因素的影响，必须充分考虑规划的综合性、战略性和动态性，才能使生态工业园区建设顺利进行。生态工业园区的规划和设计分为以下几个步骤：

①资料收集。了解地方对规划的要求，调查区域的社会、经济、资源和环境概况，初步论证生态工业园区建设的目的、必须性、可行性和意义。

②建立机构。建立园区建设领导机构，成员中应有权威的和未来进行实际决策的领导者，组织实际参与规划方案设计的工作组，并成立专家顾问组。

③深入调研。即对区域和企业的状况进行深入调研，分析进行生态工业建设的优势、不足和风险所在，在此基础上确定园区建设的总体目标，并明确生态工业建设的指导思想和基本原则。

④细化分析。根据总体目标的要求，进一步分解，确定若干具体目标，然后逐步细化，列出完成总体建设目标的可操作的具体任务，并分析各任务间的关系。

⑤制定规划。分步骤、分区域（即时间顺序和空间分布）地进行生态工业建设具体任务的规划，其中包括园区产业定位、园区企业选择或改造、园区系统集成方案设计、生态链设计、重点专项建设项目规划、生态链网络构建等。在有关专家对初步方案评估后，经必要的修改，形成规划文件。

⑥明确措施。确定规划任务顺利进行的保证内容，一般应包括生态工业园区的管理制度、有关方面的鼓励和优惠政策及措施、园区建设的支持体系、入园项目的招商评价系统和园区建设的评价指标体系等。

⑦效益评估。园区建设的投资和效益分析，应从经济、环境和社会等多方面多层次进行分析。

⑧监管制度。制定项目后评价制度，以监督园区的规划和建设工作。

---

* 1 英亩=0.404 856 hm^2。

应当指出的是，生态工业建设是一个长期的动态过程，其规划应采用动态规划的方法，要重视规划过程的循环，保持规划有一定的弹性，并在实践的基础上对规划进行必要的修订和补充。

（4）生态工业园区规划与设计的基本方法

生态工业园区建设或者工业园区实现生态转型的实施途径有两种不同思路。

1）自下而上的方法

这种方法转型的对象是能够相互形成生态工业园区的企业。生态工业园区的发展开始于一些小的举措，且只涉及企业。一般是刺激和鼓励邻近企业，在地方性或区域性水平上共同寻求双赢的机会。在印度、瑞典、南非、荷兰、加拿大和美国都有类似的生态工业园区项目，也出现了相关的指南和手册。自下而上的方法最有希望的模式是“核心承租商方法（Anchortenant Approach）”，即在一个或两个已经存在的或规划的基本“核心”承租商周围建设生态工业园区，核心承租商吸引其他公司或其商业活动加入园区。例如，开发商对一个潜在的承租商营销一个购物广场，因为一个大的百货公司可以吸引更多顾客。开发者要根据特定的资源流动召集大量不同的承租商，审视每一个企业的“输入—输出”，筛选出作为卫星企业的承租商，实现企业之间物流、能流上的匹配。

在生态工业园区中，这种核心公司战略在于使其为卫星公司提供有明显效益的废物流资源，而这些卫星公司可以用来进行产品生产。以 Red Hills EcoPlex 生态工业园区为例，它是一家以 400MW 燃煤循环流化床发电厂和一家煤矿为核心的工业园区。该项目目的在于吸引可以利用电厂副产物如蒸汽、飞灰、残余热能等的公司加入养殖和食品加工等产业，还有利用煤矿动土制砖。再如 2001 年 11 月初，国际互联网上公布了美国东圣弗朗西斯海湾区 Alameda 县生态工业园区面向普通工业企业征召承租商的广告。该园区于 2002 年春开始建设，面积 2 127 英亩，交通便利，邻近 Oakland 港口、Oakland 国际机场和火车站。对承租商的要求主要包括：

①从事环境无害制造—产品开发，尤其是利用再生原料；

②能保持经济生存能力而迁移或扩展业务；

③目前有良好的商业运作计划；

④有意承租或拥有自己的厂房，无需户外建设；

⑤有能力支付租金；

⑥有能力在 2001 年前达成一致与主开发商协作；

⑦愿意参与合作项目，获得积极认可和媒体关注。

该项目具有独特的有利条件：邻近资源供应市场，包括一个国家最大的“中转站—原料回收—再使用”设施，回收木料、金属、纸板、纸张、玻璃、塑料容器、食物废物、电子产品废弃物、建材、轮船等；高达 30 亿美元的基础设施完善资金支持开发；对资源回收相关企业可以获得滚动贷款支持和专项基金；对积极的环境绩效和经济绩效可以得到媒体的深度关注和公众认可。

2）自上而下的方法

自上而下的方法考虑的重心在于整个地理区域及其将来的发展变化，其中涉及多个利害关系者，而且他们各自还有自身发展的观点。因此，实施这种区域性生态工业发展需要完整的规划和策略，主要包括以下几个方面：

①资源再生、污染预防和清洁生产；

②生态工业统一到自然生态系统加以考虑；

③核心承租商；

④生命周期评价；

⑤就业培训；

⑥环境管理体系；

⑦分解者（相对于建设者而言）；

⑧技术革新与持续的环境改善；

⑨公众参与和协作。

地方或区域性工业系统要转变到规划预期的状态，将进行一系列决策和行动。在这种方法中直接利益相关者起到核心作用，首先要分析他们的责任与利益所在，同时，间接的利害关系者也会影响决策的过程。其次，将这些利益转变成可测量的和权重化的标准，这些后来将对其进一步综合，再形成设计的方针，最终计划将由反复的规划、平衡过程产生。这一过程需要一个组织对整个系统负责，使其真正发起和实施项目并监督转型。最后，实施生态工业发展还要涉及资金筹措与管理、信息交流、市场营销与招募以及监测与评价绩效等。

（5）生态工业园区规划与设计的基本内容

生态工业园区系统框架包括企业选择、系统集成、园区生态系统设计和非物质化等四个部分（图 10-4）。生态工业园区设计内容丰富，包括选址、土地使用、景观设计、基础设施和共享支持服务等。Maile Deppe 等从规划者角度提出了生态工业园区—网络可能涉及的相关领域，如表 10-1 所示。

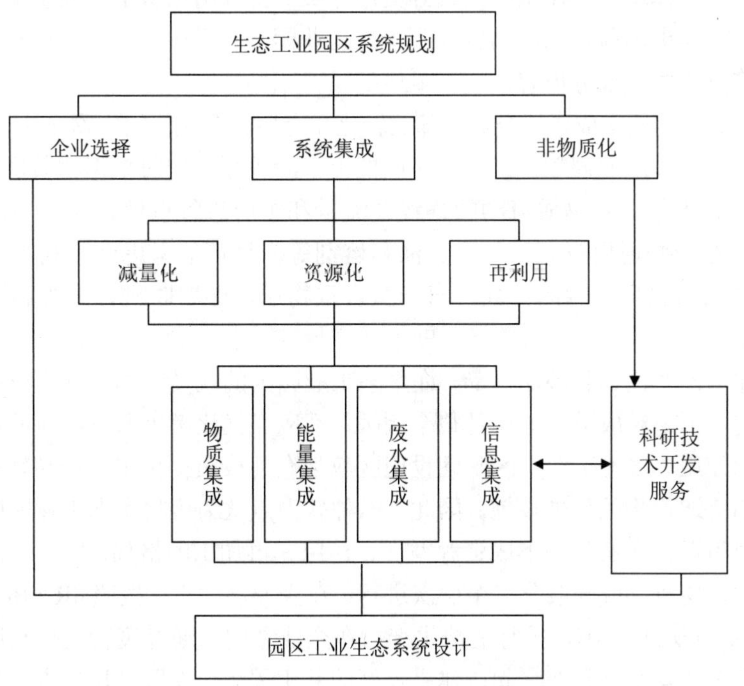

图 10-4　生态工业园区系统框架规划与设计示意（罗宏等，2004）

表 10-1 生态工业园区—网络潜在领域（Deppe M et al.，2000）

潜在领域	基本内容
生活质量和社区联系	工作与娱乐统一、合作的教育机会、志愿者和社区项目、参与区域规划
材料	共同采购、供需双方关系、副产物联系、创造新材料市场
交通	共享交换、共享运输、共同的交通工具维护、替代包装、园内交通、统一的后勤
环境、健康和安全	事故预防、紧急响应、废物最小化、多媒体规划、为环境设计、共享环境信息系统、联合法规许可
能源	绿色建筑、能源审计、共生、能源公司的创新、替代能源
信息系统	内部通信、外部信息交换、监测系统、计算机兼容性、联合管理信息系统
市场营销	绿色标签、绿色市场评价、联合推动、联合风险
生产工艺	污染预防、废物减少和再利用、生产设计、共同的转包合同、共同的设备、技术共享和综合
人力资源	人力资源招募、联合利益、健康、共同需求、培训、灵活的雇用

1）系统集成

集成是指为实现特定的目标，创造性地对集成单元（要素）进行优化并按照一定的模式关系构造成为一个有机整体系统（集成体），从而更大程度地提升集成体的整体性能，适应环境的变化，更加有效地实现特定的功能目标的过程。在生态工业园区的系统集成中，应以废物减量化、再循环利用和废物资源化为指导原则，通过成员内和成员间的物质集成和废水系统、能量系统、信息系统的集成以及园区产业的非物质化，达到园区内物质和能量最大程度地利用和对环境的最小影响。

系统集成主要是在区域和企业层次上进行。物质、能量、信息的循环与共享是通过具体的集成方案得以体现的。在系统集成方案设计中，将应用生态学和系统工程方法，把最先进的工艺、最具市场前景的产品融入到生态工业园区建设中。系统集成包括物质集成、能量集成和信息集成三部分内容。

①物质集成：物质集成包括企业内部的转化和交换、企业间的废物交换与再生循环等。主要是按照园区总体产业规划，确定成员间的上下游关系，同时根据物质供需方的需求，运用各种策略和工具，对物质流动的路线、流量和组成进行调整，完成生态工业链网的构建。另外，对一些通用资源，如水、油和溶剂等应尽可能考虑回收利用或梯级利用，最大限度地降低对物质资源的消耗；对一些贵重物质，必要时进行升级利用以便于形成循环。

把废物作为潜在的原料或副产品，在生态工业园区的成员间相互利用或推销给园外的其他单位使用。不论对成员个体还是整个园区，都应当优化考虑所有物质的循环使用和减少有毒物质的使用。生态工业园区基础设施区应当有为成员提供中间产品转移的功能，提供库存场所和普通毒物的处理设施。因此，一种新观点认为可将生态工业园区定位在多家资源再生公司附近，在其外围形成资源循环、再用、再加工的格局。

在规划中，物质集成一般分三个层次进行：在企业层次上，按照 4R（Reduce，Reuse，Recycle，Reorganize）原则，推行清洁生产；在企业之间，通过废物交换利用，使企业获得利益，而将企业紧密联系在一起，建立良好的共生关系；在区域层次上，进行产业结构调整，将园区的生态链与区域的产生链结合延伸，以在更大范围内实现物质循环，为循环经济的建立奠定基础。

为实现物质集成，需要建立支撑园区运转的一体化的资源再生体系，这是生态工业园区区别于其他工业园区的重要特征。另外，园区还应建设最终废物无害化集中处理系统，以降低环境影响，提高规模效益。

②能量集成：基于对整个系统的能量供求关系进行分析，从全局观点出发，进行能量的有效匹配，达到合理利用能量的目标，并使其对环境造成的影响最小。

有效的能源利用是削减费用和减轻环境负担的主要途径。在生态工业园区中，不仅单个公司寻求各自的电能（照明和机电设备）、蒸汽或热水等使用方面的更大效率，而且在相互间实行所谓“能量层叠”，如蒸汽在工厂与同一地区家庭用户间的链接。另外，在许多区域，生态工业园区的基础设施可以使用风能和太阳能等可再生能源。

进行系统的能量集成将从以下三个方面开展工作：第一，减少能量消耗。可以采用节能技术、节能工艺以及使用再生能源。第二，合理使用能源。避免能量数量上和质量上的损耗，实行按质梯级用能、集中供热和热电冷联产，优化过程用能结构。第三，开发可再生能源和清洁能源。

③水集成：水集成主要采用节水工艺、中水回用和废水循环以及水分配网络综合等方式，着力于减少新鲜水用水量和废水产生量、开发新的可利用水源、已用水的回收再利用和有效的废水处理。

同能量一样，对于水资源的使用应当实现“水层叠”，但要经过必要的预处理。整个生态工业园区所需用水的大部分应当在基础设施中流动和层叠，这样有利于提高水循环使用的效率。而且生态工业园区在设计时应该考虑建立具有收集和使用雨水功能的设施。

水集成系统可以在企业内部、企业之间和园区整体三个层次统筹进行废水的减量化、直接回用、再生回用和再生循环。同时，这一技术对策还应与宏观规划和管理政策匹配，即通过调整园区的产业结构来从根本上减少水污染和水资源消耗，利用经济手段、行政手段和法律手段对企业的污水产生进行调节，努力提高园区的水系统管理水平。

④信息集成：指的是利用先进的信息技术对生态工业园区的各种信息进行系统整理，建立完善的信息数据库、计算机网络和电子商务系统，并进行有效的集成，充分发挥信息在园区自身、与外界信息交流、管理和长远发展规划中的多种重要作用，以促进园区内物质循环、能量有效利用、环境与生态协调，向成熟的工业生态系统迈进。在信息集成中，应注意信息的多样性和动态性，信息系统建立的复杂性。

信息集成应和园区信息平台建设紧密结合，将园区管理层面和技术层面有机地结合在一起。技术层面上的物质、能量和信息变化或外界的有关信息及时通过信息平台反映到管理层面上，管理决策人员可以据此应用园区的数据库、方法库和模型库，及时实施应对方案，再迅速返回技术层面上采取具体措施，从而保证园区的顺利建设和正常运行。

2）管理与服务

生态工业园区建设是一项综合性、整体性的系统工程，涉及多个层次和不同对象，而且各方面的关系相互交织，需要有关管理部门有效地协调组织，从政府、园区、企业三个层次进行生态化管理。政府着眼于宏观方面进行战略管理、政策导向、法规建设和建立激励机制；园区管理则侧重于协调生产企业和技术、产品、环境、经济等多个部门的关系，保证物质、能量和信息在区域范围内的最优流动，并对其进行指标考核；企业管理主要推行清洁生产、节能降耗，按照废物交换关系，优化“原料—产品—废物”间的关系，保证高效、稳定的正常生产活动。

对于生态工业园区，要求具有较传统工业园区更复杂的管理和支持各成员之间副产物的交换，帮助其适应工业共生体的变化（如生产者或消费者的迁入与迁出）；园区具有与同区域内各成员之间副产物交换场所的联系和本区域范围内的远程通信系统；园区还应包括培训中心、自助餐厅、保健中心、普通供应办公室或运输后勤办公室等，公司可以通过这些服务的共享来进一步节省开支；园区应当建设成为耐受的、可维持的、易于重新组合以适应条件变化的，在其瓦解后，其材料和系统是易于再用或回收的生态工业园区。

①技术支撑：生态工业园区建设实质上是根据一定地域内的资源优势、产业优势和产业结构，进行产业间的组合、连接和补充，使之形成互为关联和互动的工业原料链。工业原料链以及由其组成的闭合循环系统的建立都需要经济合理的技术予以支撑。技术障碍已经扼杀了许多工业活动生态化的可能性，如放射性废物就很难找到循环或无害化技术。因此，生态工业园区管理者应尽量为园区及成员发展扫清技术障碍。除了在园区内兴办创新服务中心等各种形式孵化器的传统做法外，还可以建立区外科技企业网，促进横向联合，借势造势；实施“外脑”战略，与科技院校、优势园区建立密切联系，借力发展等。在发展技术的同时，还需注意的是原料链上下游企业技术力量的均衡性，以保证原料链的通畅。

②成员管理：从某种意义上讲，生态工业园区是一种特殊的区域，园区管理也必须包括成员管理。园区中原料链及闭合循环系统的稳定运行是整个园区稳定的基础，而原料链的稳定则取决于构成原料链的园区成员的状况。原料链上游企业副产品的输出量与下游企业原料需求量要相符，这对上下游企业规模匹配要求很高。除企业规模外，企业创新活力也是一个至关重要的因素。园区内成员创新活力与技术改造能力彼此相符才能保护原料链的稳定，还可以提高原料利用率。缺乏活力、污染重、在市场上站不住脚的企业均不适合进入循环系统。

③优惠政策：优惠政策主要服务于技术提升，通过技术创新作用于整个生态工业园区。例如，鼓励企业、高等院校、科研机构联合创新，并对产学研相结合的技术创新活动给予资金支持；在萌芽期，鼓励设立中小企业创业资金，采取配套资金拨款、股权投资等方式支持中小企业的技术创新活动；鼓励企业和其他市场主体的员工依法设立信用担保机构，为企业提供以融资为主的信用担保；鼓励园区企业、高等学校、科研机构及其相关人员进行专利申请、商标注册，取得自主知识产权，并对自主知识产权采取保护措施；促进国际经济技术合作，鼓励境外组织和个人在园区内投资兴办企业，所办企业在审批、登记、贷款、办理海关手续、人员出入境、场地使用、公用设施、设立保税工厂和仓库及税收方面享受优惠待遇。

3）应注意的问题

建设生态工业园区应注意以下几个问题：

①优势产业链：区域内应有特殊的资源优势与产业优势和多类别产业结构，这样才有可能形成核心的资源与产业，成为生态工业链中的主导链，以此为基础将其他类别的产业与之连接，组成生态工业网络系统。

②相互关联度：各类别产业或企业间具有产业关联度或潜在的关联度。各产业间应该存在着物质流和能量流的传递流动关系或者通过一定环节的补充，能够在各产业间建立起多通道的产业链接，形成互动关系。如果产业间没有关联或关联潜力，就不可能形成生态工业。

③资源前景稳定：作为生态工业链中核心的资源应具有稳定性，核心产业应具有发展前景。如果生态工业链中的核心资源短缺，或者核心产业属于被淘汰产业，那么进行这样的生态工业组合就没有任何意义，即使建立起来也是不可持续发展的。因此，在选择生态工业示范区建设时，必须充分考虑核心资源的稳定性和核心产业的发展前景这两大重要因素。

④政府协调指导：政府发挥协调指导作用至关重要。生态工业园区建设需要在多个产业或企业间进行工业生态的链接，如果单纯依靠企业自己进行这种涉及多方面企业的协调和组合，在目前条件下还有一定的困难。因此，地方政府必须在生态工业建设中发挥主导协调和指导作用，这样才能保证生态工业示范区建设的顺利进行。

⑤结构环境和谐：生态工业园区建设不仅仅是工业系统的建设和改造，而且要与地方和区域的自然生态系统、经济发展、资源环境状况相协调。园区建设通过产业结构的调整，能提供大量高技术含量的就业机会，提高地方的知名度，改善投资环境，为区域经济的发展注入新的活力并起到带动作用；园区还可以通过建立绿地系统，保留或恢复自然景观，并集中处理废物，倡导绿色消费，与自然生态系统相协调，更进一步地体现生态工业的理念。

（6）生态工业园区规划与设计的实例

随着生态工业园区概念的提出和清洁生产、生态工业等思想的推广，世界上出现了许多包含物质交换与废物循环的共生体项目和计划。目前，生态工业园区正在成为许多国家工业园区改造和完善的方向。一些发达国家，如丹麦、美国、加拿大等工业园区环境管理先进的国家，很早就开始规划建设生态工业示范园区。其他如泰国、印度尼西亚、菲律宾、纳米比亚和南非等发展中国家也正积极兴建生态工业园区。20 世纪 90 年代以来，生态工业园区开始成为世界工业园区发展领域的主题，并在建设中取得了较丰富的经验。截至 2001 年上半年，美国至少有 40 个社区建立了生态工业园区项目。在其他地方，如亚洲、南美洲、澳大利亚、南非和纳米比亚等地也建立了许多生态工业园区项目，据初步统计至少有 60 项，仅日本就有 30 多项。

1）丹麦卡伦堡（Kalundborg）生态工业园区

目前，国际上最成功的生态工业园区是丹麦的卡伦堡生态工业园区，该工业园同时也被认为是世界上最早的生态工业园区。卡伦堡位于北海之滨，是一个仅有 2 万居民的工业小城，距哥本哈根 100 km 左右。卡伦堡的峡湾是北半球同纬度上的少数不冻港之一，其常年通航成为卡伦堡近 50 年以来工业发展的缘由。20 世纪 60 年代初，这里的火力发电厂和炼油厂已经开始了工业生态方面的探索。随着年代的推移和工厂的增多，卡伦堡的主要企业开始相互间交换“废料”：蒸汽、各种不同温度和纯净度的水以及各种副产品。截至 2000 年，卡伦堡工业园已有 6 家大型企业和 10 余家小型企业，它们通过“废物”联系在一起，形成了一个举世瞩目的工业共生体系，如图 10-5 所示。

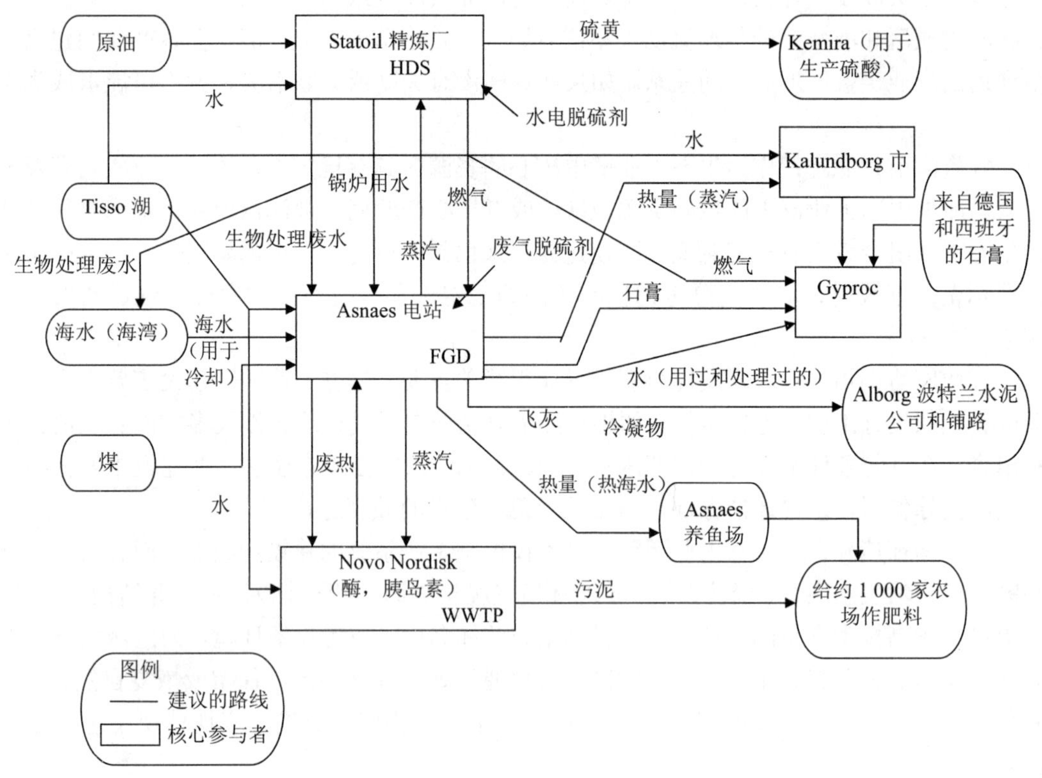

图 10-5　卡伦堡（Kalundborg）生态工业园区（徐大伟等，2005）

2）中国南海国家生态工业示范园区

园区工业生态系统结构规划：园区工业生态系统结构包括成员构成与分类、系统集成、非物质化和园区工业生态链网设计等四部分。在系统集成中，以废物减量化、再循环利用和废物资源化为指导原则，通过成员内和成员间的物质集成和废水系统、能量系统、信息系统的集成以及园区产业的非物质化，达到园区内物质和能量最大限度的利用和对环境的最小影响，向循环经济和生态工业的方向发展。

园区产业现状：规划了 5 个行业的 12 个企业关键项目，生产 14 大类产品，包括环境科技咨询服务基础能力建设、净水剂、活性炭、环保仪器设备（饮用水深度净化设备、机动车尾气净化装置和自动监测仪器）、绿色板材、绿色胶黏剂、溴化锂制冷剂、可降解塑料、塑料添加剂、合成纤维、五金加工、陶瓷吸声材料等。加上已有的 7 个企业，共 19 家企业成为了园区工业生态系统的结构成员。

工业生态链网规划：园区的工业生态系统包括设备加工、塑料生产、建筑陶瓷、铝型材和绿色板材等五大行业。根据上下游关系、技术可行性和经济可行性以及环境友好的要求，核心企业及其相关的附属企业组成 5 个相对独立、相互共生的工业生态群落，通过共同产品、水或能量的关联，构成多种物质能量连接的生态链网络。

在生态链的构建中，首先根据园区的核心产业定位，确定环保科研服务公司、环保仪器仪表厂、可降解塑料厂、绿色板材加工厂和溴化锂生产厂为核心企业。通过对核心企业进行分析，规划出如下的供园区建设参考的九条工业生态链（其中三条为闭合生态链）：

①环保仪器仪表在制造中和消费后产生废旧金属，与计算机厂的废旧金属合并回收，经重新加工成零部件，返回仪器仪表厂使用；

②环保仪器仪表在制造中以及消费后产生的废旧聚苯乙烯塑料，与降解塑料厂的废塑料合并，供应绿色胶合剂、活性炭和化学添加剂的生产，可分别供给板材加工厂、废水处理厂和塑料厂使用；

③废塑料作为降解塑料厂和合成纤维厂的原料，进行物质的闭路循环；

④绿色板材厂的树皮等废弃物生产胶合剂返回板材加工使用，木屑等废物用来生产活性炭，应用到废水处理厂；

⑤活性炭生产中产生的废硫酸可与铝型材厂产生的铝渣生产硫酸铝型净水剂，应用到园区的废水处理厂；

⑥园区废水经处理可再用于环保仪器制造的清洗，然后可用作陶瓷生产的磨石用水；

⑦溴化锂生产厂生产的溴化锂可应用于空调中，采用集中供热提供的热量进行制冷，在园区内为新型空调器的应用起到示范作用；

⑧线路板厂生产的线路板产品可供计算机厂和仪器仪表厂使用，其废水经分类处理回收，再用于其他用水单元；

⑨将园内企业不可回收的废塑料、废木材（经多次回收利用已无法再用或材料已受污染无回用价值）进行焚烧，并回收热量进行集中供热，满足活性炭、板材和塑料等厂家生产的用能需要。

以上工业生态链都能利用园区企业产生的副产物和废弃物作为再生资源，进行生产，较好地体现出工业生态系统物质循环和能量有效利用的理念。

2002 年，由原国家环境保护总局组织通过建设规划论证的国家生态工业示范园区还包括黄兴国家生态工业示范园区、包头国家生态工业（铝业）示范园区和石河子国家生态工业（造纸）示范园区。目前，多个省市已经建立起了生态工业园区试点。

10.2.3　农业生态规划与设计方法

（1）基本概念

生态农业是按照生态学原理和经济学原理，运用现代科学技术成果和现代管理手段，以及传统农业的有效经验建立起来的，能获得较高的经济效益、生态效益和社会效益的现代化农业。

（2）生态农业规划设计的分类

生态农业建设包括多种类型，从行政区域来看，目前我国主要有生态农业县建设、生态农业乡（镇）建设、生态村（场）建设及生态户建设；从行业划分来看，有农田种植业、林果业、养殖业、能源建设、庭院经济等；从地理区域来看，主要有流域（包括小流域）生态工程建设、林地生态工程建设、草地生态工程建设、水利生态工程建设等。

（3）生态农业园规划与设计的基本原则

生态农业的规划设计必须充分考虑生态学和农业生态学的基本原理、经济效益理论、环境有效保护、资源合理配置和系统的可持续发展理论，使农业生产的发展建立在一个高效、持续、优质、低耗的基础上。归纳而言，生态农业的设计必须遵循以下基本原则：

①整体性原则。整体性原则就是在生态农业建设规划设计过程中，要充分注意农业是

一个有机整体，整体有序和协调发展是生态农业建设规划的一个重要前提。充分关注系统内外各组分之间相互联系、相互作用、相互制约、相互协调的关系，只有将农、林、牧、副、渔各业合理组织，并得到加工、运输、销售、科技和其他服务业密切配合时，才能形成生态农业的高效率。也就是要从全局的角度去观察问题、思考问题、分析问题和解决问题。

②层次性原则。层次性原则就是指生态农业建设是由许多子系统和层次组成的，而处在不同层次之间的结构单元具有不同的功能和作用，这就要求在规划设计时对不同层次要有不同的对策。因此在进行生态农业规划时，要认真理顺各个子系统的层次关系以及相互之间的能量、物质、信息传递，然后确定层次之间的结构，分析构成农业生态系统的组分，组分在时间和空间上的位置，环境结构和经济结构的配置状况，以及不同层次之间和同层次之内物质流、能量流、信息流、价值流的途径和规律。

③递进性原则。递进性原则就是指生态农业建设并非一蹴而就。首先，在制定规划时要因地制宜地根据当地的实际情况，提出不同阶段的发展目标。就目前来讲，有初级阶段、发展阶段及高级阶段三种类型，在每个阶段都有不同的规划设计及目标要求。其次，生态农业的工程设计与规划是农业生态系统中每个子系统在空间和时间上的全方位设计。

④因地制宜原则。生态农业的建设与发展规划，必须紧密结合当地的实际情况。生态工程设计中无论是平面结构、立体结构、时间结构、食物链结构、庭院经济结构都必须根据当地的具体生态环境的特点、社会经济条件来进行规划设计。

⑤可操作性原则。正如商品的价值必须在得到消费者认可时才能体现出来一样，一个好的生态农业规划也必须获得各方面、各部门的认可，并贯彻到各部门的实际行动中。在思想上、组织上真正体现出生态农业规划的要求，调动群众参与生态农业建设的积极性，必须有相应的组织政策保障体系以使规划得以贯彻；同时也需要有物质、技术、人力和资金的充分保障，才能使规划变成真正的实际行动。

⑥科技先导原则。科技先导原则至少要包括两方面的含义，一是在规划设计过程中要充分利用现代分析、模拟、规划、决策的手段和工具，例如动态模拟技术、地理信息系统技术、遥感技术等；二是在规划实施过程中，要充分体现科技进步对生态农业建设的作用和贡献。我国的生态农业不同于西方发达国家所实行的生态农业，不是自然农业的回归、传统农业的复苏，而是现代农业的加速发展，要提高农业生产力和生产效益，必须依靠投入与现代化的科学技术来加强生态农业建设，增强农业的发展后劲。

⑦可持续性原则。可持续性原则就是要求生态农业建设规划设计一方面能在较长时段内对生态农业建设起指导作用，另一方面要在规划设计中充分体现环境有效保护、资源合理利用和经济稳步增长的可持续发展观点。

（4）生态农业园规划与设计的基本步骤

1969 年，美国学者霍尔（Anthony Hall）提出了系统工程工作的三维结构模型。三维结构模型科学而形象地概括了系统工程的步骤、阶段以及和相关学科领域之间的相互关系。特别是逻辑思维七个步骤，已被公认为系统工程开发的基本程序和方法。

①明确对象和目的。即明确问题，又称系统辨识，它是系统开发工作的第一步。对生态农业建设规划而言，首先应明确所规划（设计）的对象是什么系统，基本目的是什么；同时，要划清系统边界，明确输入、输出关系。在此基础上，进行大量的系统与环境资料

和数据的调查、实验等工作，定性或定量地指出生态农业建设的有利条件和制约因素，这是进行规划（设计）的基本依据。

②设计系统指标。这是在系统诊断基础上进行的。一般认为，"目标研究比实现目标还困难"。这是因为目标代表系统有序发展的目的指向，也是优化系统结构的基本依据。一般来说，设计系统指标包括目标设计和指标研究两部分内容。目标设计又可分成总目标、分目标和具体目标三个层次。指标研究则要求按不同时间阶段分别给出量化数值。分层次的指标设置和分阶段的计划实施，也有利于对生态农业系统进行科学评价。例如，浙江北部平原地区县级生态农业建设的评价指标体系就由三个层次组成：第一层次（A）为平原地区县级生态农业系统整体现状水平指标；第二层次（B）由系统整体现状水平指标下属的自然环境质量状况、社会经济条件状况、资源利用保护状况、产品和经济生产力水平状况、投入产出效率水平、产品污染与商品率状况等 6 个指标构成；第三层次（C）由 B 层各指标下选择 3～5 个具体的测度指标构成。

③系统综合。系统综合是指综合加工信息的创造性劳动过程，是系统工程的中心任务，也是生态农业建设规划设计的重要环节。系统综合可分为技术上的综合与环境综合。其中技术上的综合是将多种学科和技术有机地加以运用，完成系统开发方案的设计工作，是形成系统概念的过程。技术综合的核心是概念开发，而不是具体设计，如阿波罗登月系统，在工程进入具体设计之前，曾提出三种开发方案，通过分析比较最后确定适宜的方案。环境综合可理解成生态农业建设，尤其是生态农业工程开发与社会环境的综合，其主要任务是进行工程开发价值的评定，如技术上的先进性、社会环境的融合性、经济效益的可行性等，以便把握机会，应对竞争。显然，环境综合直接影响到系统指标的确定，必须深入调查，反复论证。当然，技术综合与环境综合不能孤立研究，经常是二者同时考虑，互为补充。

④系统分析。系统分析是为了给决策者提供直接判断和决定系统最优方案所需要的信息和资料。系统分析人员使用科学的工具和方法，对系统的目的（指标）、功能、环境、费用、效益等进行充分的调查研究并收集、分析和处理有关的资料和数据，并据此建立若干替代方案和必要的模型，进行模拟试验。通过将试验、分析、计算的各种结果同早先制订的计划进行比较和评价，最后整理成完整、正确的综合资料，作为决策者选择最优系统方案的依据。

生态农业建设的系统分析不同于一般的技术经济分析，它是从系统总体最优出发，采用各种先进的工具和方法，对系统发展的历史及现状进行定性和定量的分析。它不仅分析技术经济方面的问题，而且还分析政策、组织体制、信息、物质流等各个方面的问题。系统分析没有特定的技术方法，因为系统分析方法必须随着分析的问题和对象的不同而不同。

⑤系统优化。系统优化是在系统分析的基础上进行的重要工作，是在各个可控因素允许变动的范围内寻找实现系统预期目标的最优方案的过程。一般来说，简单的系统可以直接进行优化，例如农田和农户生态系统。对复杂的系统则常常要先对各个子系统进行优化，然后再在各子系统优化方案的基础上进行组装，此时，系统优化就是对系统组装后的各个方案进行多目标评审，进而确定优劣顺序的过程，县级和区域生态农业建设均属此列。

⑥系统决策。系统决策是领导者的主要工作，是在一些可供选择的方案中选取一个计

划实施的方案，或根据区域社会经济等发展的要求，提出对规划的修改和补充意见。决策者应具有广博的知识和敏锐的洞察能力，并善于听取群众意见。

⑦计划实施。在选定的方案付诸实施之前，要编制具体的实施计划。系统不同或方案不同，实施计划也不同，但实施计划中必须加强监测环节和调控环节，只有如此才能及时发现系统运行中出现的问题，并及时采取适当的控制和补救措施，保证系统按预期的目标发展。

（5）生态农业园规划与设计的主要内容

目前，除了科学技术部出台的《农业科技园区指南》与《农业科技园区管理办法（试行）》两份文件外，关于农业园区规划基本上没有其他的法定编制技术规范作为指导。但根据相关规划要求，以及国内农业园区规划的研究工作成果，生态农业园区规划编制大致包括以下几个方面：

①现状基础分析：包括农业园区所在地区的自然环境资源、社会经济发展状况、地区农业发展现状、地区农业发展总体规划、地区土地利用规划、市场需求分析、地区农业发展目标、地区农业结构调整方向、地区农业园区发展现状等。

②规划编制总则：包括规划指导思想与基本原则、规划范围、规划期限、规划依据、规划目标与指标等。

③总体定位与功能分区：包括园区发展主题、主导农业产业、农业产业构成及比例、主要功能、总体功能分区（如生产区、示范区、实验区、核心区、服务区、辐射区等）、园区内生态总体功能框架设计。

④园区重点产业建设项目规划：包括项目类型、市场前景、建设规模、关键技术、先进性与实用性评估、操作方案、投资预算、项目周期、产业化模式、组织管理与运行机制、效益与风险评估等内容。

⑤园区基础设施建设规划：包括农田基本建设、道路、水电、通信、农田林网、水土保持工程、相关环境保护与生态建设工程、园区道路交通标识系统等。

⑥园区运作模式与保障措施：包括管理机构设置、管理办法、优惠政策、人才保障措施、技术保障措施和资金保障措施等。

（6）典型的生态农业模式

应用生态学原理，根据当地的自然条件、生产技术和社会需要，可以设计、组装出多种多样的生态农业系统。生态农业技术体系，既是中国传统农业技术精华与现代常规农业技术的有机结合，也是现代农业的系统工程化过程；既包含农业生态系统不同层次的系统设计与管理，也包括实施这些技术的方案和方法。

根据生态农业内涵，一个生态经济良性循环的区域，生态农业建设在规划设计时应注意以下两点：一是产业结构调整应以主导产业为主，同时以主导产业与多产业配套的生态农业产业体系为中心。主导农产品生产应建立在该区域水、土、生物与气候资源潜力和区域比较优势的基础上。它包括通过实现物质循环利用、无废弃物或少废弃物生产，建设规模化、专业化种植与养殖业复合生态系统等。二是通过推广一系列生态农业技术，实施农田生态环境建设，逐步改善生态环境，保护生物多样性，控制面源污染，实现生态农业的质量目标。生态农业开发的总体思路如图 10-6 所示。

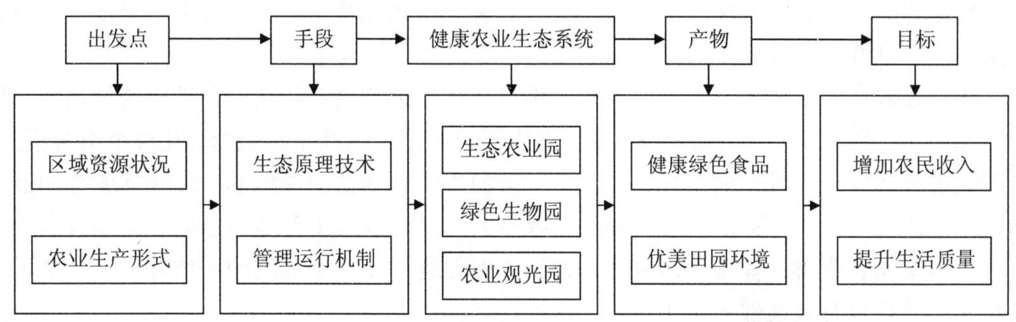

图 10-6　生态农业开发总体思路（武兰芳等，2004）

20 世纪 70 年代末 80 年代初，我国以马世骏先生为首的科学家提出，要在我国发展能实现生态、经济和社会三大效益相结合的生态农业。随后开始在全国范围内进行生态户、村、乡、县等不同规模的示范研究，取得了举世瞩目的成就。我国在 1993—1998 年首批 51 个生态农业县建设试点项目中，各县分别总结提出了 3～10 个适应当地条件的主体生态农业模式。2002 年农业部科技教育司向全国各地征集生态农业模式，共征得 370 种生态农业模式或技术体系。为了促进中国生态农业的健康发展，全国生态农业专家组通过反复研讨，遴选、提炼出经过一定实践运行检验、具有代表性的十大类型生态农业模式和技术体系，分别是：北方“四位一体”生态模式及配套技术；南方“猪—沼—果”生态模式及配套技术；平原农林牧复合生态模式及配套技术；草地生态恢复与持续利用生态模式及配套技术；生态种植模式及配套技术；生态畜牧业生产模式及配套技术；生态渔业模式及配套技术；丘陵山区小流域综合治理模式及配套技术；设施生态农业模式及配套技术；观光生态农业模式及配套技术。

下面我们只介绍基于生态学原理进行分类的我国十大生态农业系统。

1）充分利用空间和土地资源的农林立体结构生态系统类型

该类型又可称为间套种模式，是利用自然生态系统中各生物物种的特点，通过合理组合，建立各种形式的立体结构，以达到充分利用空间，提高生态系统光能利用率和土地生产力，增加物质生产的目的。所以，该类型是一个空间上多层次和时间上多序列的产业结构。按照生态经济学原理，使林木、农作物（粮、棉、油）、绿肥、鱼、药（材）、（食用）菌等处于不同的生态位，各得其所，相得益彰，既充分利用太阳辐射能和土地资源，又为农作物创造了一个良好的生态环境。这种生态农业类型在我国普遍存在，数量较多。大致有以下几种形式：

①各种农作物的轮作、间作与套种。这在我国已有悠久的历史，并已成为我国传统农业的精华之一，是我国传统农业得以持续发展的重要保证。由于各地的自然条件不同，农作物种类多种多样，因此轮作、间作与套种的形式繁多，主要类型有：豆—稻轮作、棉—麦＋绿肥间套作、棉花＋油菜间作、甜叶菊—麦＋绿肥间套作。

②农林间作。这种间作是充分利用光、热资源的有效措施。我国采用较多的是桐粮间作和枣粮间作，还有少量的杉粮间作。

③林药间作。此种间作主要有吉林省的林＋参间作，江苏省的林下栽种黄连、白术、绞股蓝、芍药等的林药间作。林药间作不仅大大提高了经济效益，而且塑造了一个山青林

茂、整体功能较高的人工林生态系统，大大改善了生态环境，有力地促进了经济、社会和生态环境向良性循环发展。

④立体农业布局体系。即在山区丘陵地带，根据地势高低起伏，合理安排种植业。据20个省（市、自治区）的不完全统计，目前中国已经创造出几十种类型，几百个组合模式。如在红黄壤地区正在推广的从丘上到丘下，从河谷阶地到低河漫滩的“阔叶林或针阔混交林、经济林或毛竹（幼林地内可间种人工牧草）—果园或人工草地—鱼塘、果园或农田—丛竹”的立体农业布局体系。这种立体设计不但促进了红黄壤地区的土地开发，增加了农民收入，而且也有效地保护了水土。

⑤其他类型。除了以上的各种间作以外，还有海南省的胶茶间作，种植业与食用菌栽培相结合的各种间作，如农田种菇、蔗田种菇、果园种菇等。农林立体种植结构，大大提高了太阳能的利用率和土地生产力，是我国生态农业建设过程中的一种主要技术类型。

2）物质能量多层分级利用系统类型

模拟不同种类生物群落的共生功能，包含分级利用和各取所需的生物结构。此类系统可进行多种类型和多种途径的模拟，并可在短期内取得显著的经济效益。其主要原理是利用物质循环再生原理、物质多层次利用技术，实现无废弃物生产，提高资源利用率。

图 10-7 是利用秸秆生产食用菌和蚯蚓等的生产设计。秸秆还田是保持土壤有机质的有效措施。但秸秆若不经处理直接还田，则需很长时间的发酵分解，方能发挥肥效。在一定条件下，如果利用糖化过程先把秸秆变成饲料，而后用牲畜“过腹”的排泄物及秸秆残渣来培养食用菌，生产食用菌的残余料又用于繁殖蚯蚓，最后才把剩下的残物返回农田，收效就会好得多。虽然最后还田的秸秆有机质的肥效有所降低，但增加了生产沼气、食用菌、蚯蚓等的直接经济效益，同时也提高了生物能的多级转化效率。

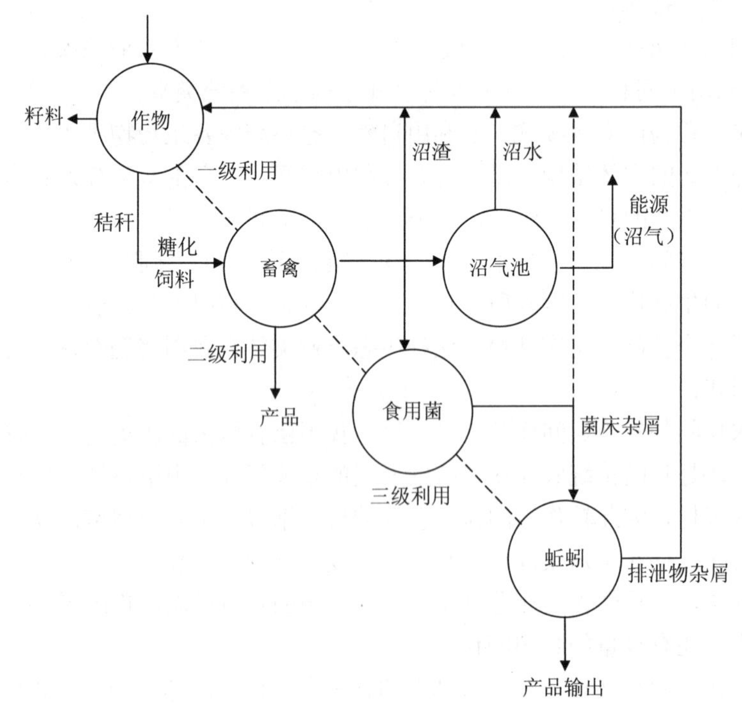

图 10-7 作物秸秆的多级利用（马世骏等，1987）

3）水陆交换的物质循环生态系统类型

食物链是生态系统的基本结构，通过初级生产、次级生产、加工、分解等完成代谢过程，完成物质在生态系统中的循环。桑基鱼塘是比较典型的水陆交换生产系统（图 10-8），是我国广东省、江苏省、浙江省等省份农业中行之有效的多目标生产体系，目前已成为推广较为普遍的生态农业类型。该系统由两个或三个子系统组成，即基面子系统和鱼塘子系统。前者为陆地系统，后者为水生生态系统，两个子系统中均有生产者和消费者。第三个子系统为联系系统，起着联系基面子系统和鱼塘子系统的作用。桑基鱼塘是由基面种桑、桑叶喂蚕、蚕沙养鱼、鱼粪肥塘、塘泥为桑树施肥等各个生物链所构成的完整的水陆相互作用的人工生态系统。在这个系统中通过水陆物质交换，使桑、蚕、鱼、菜等各业得到协调发展。桑基鱼塘使资源得到充分利用和保护，整个系统没有废弃物，处于一个良性循环之中。

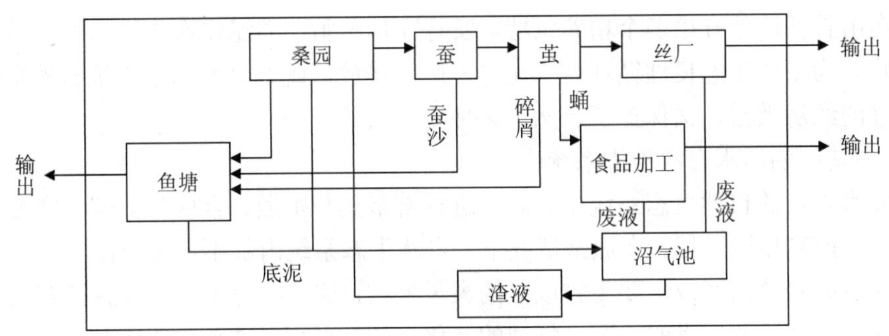

图 10-8　桑基鱼塘——水陆交换生产系统示意（金鉴明等，2002）

4）相互促进的生物物种共生生态系统类型

该模式是按生态经济学原理把两种或者三种相互促进的物种组合在一个系统内，使物质之间存在互惠互利关系，达到共同增产、改善生态环境、实现良性循环的目的。这种生物物种共生模式在我国主要有稻田养鱼、鱼—蚌共生、禽—鱼—蚌共生、稻—鱼—萍共生、苇—鱼—禽共生、稻—鸭共生等多种类型。其中，稻田养鱼在我国南方和北方都已得到较普遍的推广，具体做法是：在水稻插秧返青后，稻田灌水，放入一定量的食草鱼苗，在晒田或施肥、病虫害防治等管理时，使鱼苗随水进入事先挖好的鱼沟内，收稻时先把长大的鱼捞出，再转入精养鱼塘。在养鱼的稻田中，水稻为鱼提供遮阴、适宜水温和充足饵料，而鱼为稻田除草、灭虫、充氧和施肥，使稻田的大量杂草、浮游生物和光合细菌转化为鱼产品，稻、鱼共生互利，相互促进，形成良好的共生生态系统。这不但促进了养鱼业的发展，也提高了水稻产量，减少了化肥、农药、除草剂的施用量，提高了土壤肥力。

5）农—鱼—禽水生生态系统类型

该生态系统是充分利用水资源优势，根据鱼类等各种水生生物的生活规律和食性以及在水体中所处的生态位，按照生态学的食物链原理进行组合，以水体立体养殖为主体结构，以充分利用农业废弃物和加工副产品为目的，实现农—鱼—禽综合经营的生态农业类型。这种系统有利于充分利用水资源优势，把农业的废弃物和农副产品加工的废弃物转变成鱼产品，变废为宝，既减少了环境污染，又净化了水体。特别是该系统又与沼气相联系，用沼气渣液作为鱼的饵料，使系统的产值大大提高，成本大大降低。这种生态系统在江苏省太湖流域等地区应用较多。例如，无锡市郊河埒养殖场、吴县（现苏州市吴中区和相城区）黄桥乡张庄村、建湖县庆丰乡董徐村、东台市水产养殖场、海安县鱼种场、吴江县桃源乡水产养殖场等都是这种生态类型的典型例子，其经济效益和环境效益均明显提高。

6）山区综合开发的复合生态系统类型

这是一种开发低山丘陵地区，充分利用山地资源的复合生态农业类型，通常的结构模式为：林—果—茶—草—牧—鱼—沼气。该模式以畜牧业为主体结构，一般先从植树造林、绿化荒山、保持水土、涵养水源等环节入手，着力改变山区生态环境，然后发展畜牧和养殖业。根据山区自然条件、自然资源和物种生长特性，在高坡处栽种果树、茶树；在平缓岗坡地引种优良牧草，大力发展畜牧业，饲养奶牛、山羊、兔、禽等草食性畜禽，其粪便养鱼；在山谷低洼处开挖多个精养鱼塘，实行立体养殖，塘泥作农作物和牧草的肥料。这种以畜牧业为主的生态良性循环模式无“三废”排放，既充分利用了山地自然资源优势，获得较好的经济效益，又保护了自然生态环境。

7）多功能的污水自净工程系统

在发育正常的自然生态系统中，同时进行着富集与扩散、合成与分解、增加与减少等多种调节、控制作用过程。在通常情况下，自然生态系统内部不易出现由于某种物质的过多积累而造成系统崩溃或主要生物成分的大量死亡，这是因为系统本身就拥有自行解毒的“医生”（微生物）和解毒的工艺（物理的、化学的）过程。即使由于某种物质过分积累，破坏了系统的原来结构，也会出现适应新情况的生物更新。模拟此种复杂功能的工艺体系，应是今后解决工业废水污染的重要途径。

8）沿海滩涂和荡滩资源开发利用的湿地生态系统类型

沿海滩涂和平原水网地区的荡滩是重要的国土资源，也是我国重要的土地后备资源。我国海岸线很长，沿海省份很多，滩涂资源比较丰富，但如何充分利用，对于加快沿海地区和水网地区的经济发展，并向外向型经济转变具有重要作用。近几年来，沿海地区和荡滩地区的人民在开展生态农业建设过程中，创造了不少好的模式，仅江苏省北部沿海地区就有：射阳县林场的滩涂林业生态系统；东台市琼港镇的草—畜—禽—蚯蚓—貂湿地生态系统；呼水县陈港镇的苇—萍—肉—禽湿地生态系统；建湖县荡中乡跃进村的林—牧—猪—鱼—沼气荡滩生态系统；大丰县沿海滩涂养殖场的鱼—苇—草—牧生态系统；滨海县獐沟乡后尖村的农—桑—鱼—养生态系统；高邮县卸甲乡虎头村的种—养—桑荡滩生态系统；如东县棉花原种场的棉—牧—禽—鱼—花—加工的复合生态系统等，都是因地制宜发挥滩涂资源和荡滩资源优势而建立的良性循环生态模式，统称为沿海滩涂和荡滩资源开发利用的湿地生态系统类型。该类型特点是按照自然生态规律和经济规律，因地制宜，充分发挥湿地资源优势，组建各种类型的生态结构，充分提高太阳能利用率，实现系统内的物质良性循环，使经济效益、生态效益和社会效益同步提高。

9）以庭院经济为主的院落生态系统类型

这是在我国最近几年迅速发展起来的一种生态农业技术类型，特别是在农村以家庭联产承包责任制为经营单位的经济形式发展以后，各种各样的专业户、个体户大量涌现，他们自觉或不自觉地运用生态学原理来规划、建设“小天地”，形成了我国生态农业建设中的一种新模式。这种模式的特点是以庭院经济为主，把居住环境和生产环境有机地结合起来，充分利用土地资源和太阳能，并用现代化的技术手段经营管理生产，以获得经济效益、生态效益和社会效益协调统一。例如，1982 年北京市环境保护科学研究所在京郊大兴县留民营村进行生态农业的实践试验，是我国首次对生态农业进行全面、系统、定量的研究和实践，在生态农业建设过程中形成的鸡（兔）—猪—沼气—菜（花）的家庭循环系统就是很好的典型，经过 6 年的努力，已基本上建成了一个高产、优质、低耗的农业生产系统和一个高效、稳定、合理的农业生态系统。该项研究成果荣获国家科技进步一等奖，1987 年联合国环境规划署提名留民营村为世界生态农业新村，并将其评为全球环境保护 500 佳，标志着我国生态农业的建设研究已处于世界领先地位。实践证明，在一家一户的生产单元中，建立这样的小型循环系统不仅是可行的，而且是十分有利的，可以在不增加农户很大负担的基础上，产生较为明显的经济、生态和社会效益。

10）多功能的农副工联合生态系统类型

生态系统通过完全的代谢过程——同化和异化，使物质流在系统内循环不息，这不仅保持了生物的再生不已，并通过一定的生物群落与无机环境的结构调节，使得各种成分相互协调，达到良性循环的稳定状态。这种结构与功能统一的原理，用于农村工农业生产布局，即形成了多功能的农副工联合生态系统，亦称城乡复合生态系统。这样的系统往往由四个子系统组成，即农业生产子系统、加工工业子系统、居民生活区子系统和植物群落调节子系统（图 10-9），它的最大特点是将种植业、养殖业和加工业有机地结合起来，组成一个多功能的整体。多功能农、副、工联合生态系统是当前我国生态农业建设中最重要，也是最多的一种技术类型，并已涌现出很多典型生态农业园。

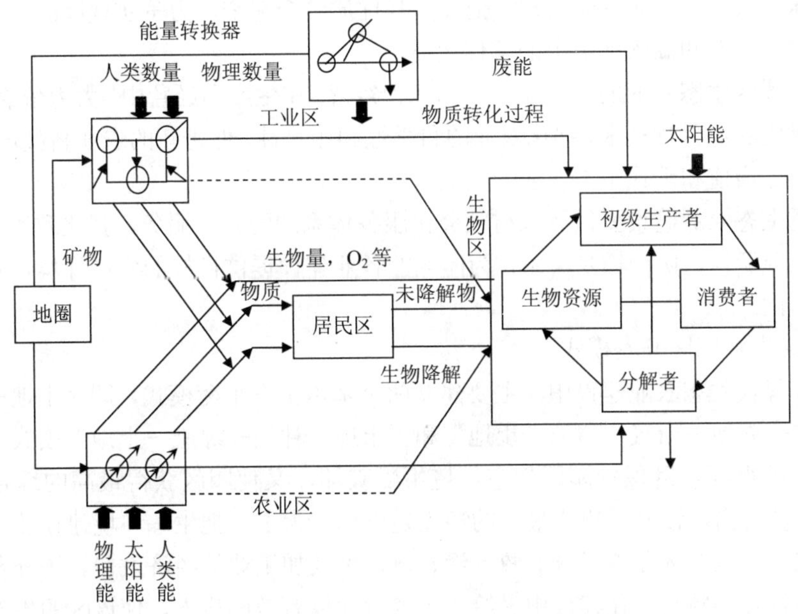

图 10-9　多功能的农副工联合生产系统（金鉴明等，2002）

（7）生态农业园区规划实例——凤凰山现代生态农业园区

随着生态农业的快速发展，生态农业园区也如雨后春笋般开始出现。生态农业园区是一个有机整体，在其建设过程中必须遵守生态农业的基本原理。这里以湖北省当阳市半月镇的凤凰山现代生态农业园区为例，说明生态农业园区建设的基本思路、开发模式和运行机制。

凤凰山现代生态农业园区是湖北省当阳市半月镇的重点开发区，面积 0.38 万 hm^2，园区有良好的自然和社会经济条件。该区属亚热带季风气候区，水资源丰富，段家店、金星等 17 座小型水库的总蓄水量达 1 357 万 m^3，其中段家店水库有效库容为 608 万 m^3，是园区最大的水库。地形为我国典型的江淮丘陵地带地貌，丘谷分布均匀，坡度平缓，土层深厚，肥力中等。半月镇政府对园区基础设施建设十分重视，凭借雄厚的经济实力，基本上完成了园区道路、电网、通信及灌溉干渠等基础设施的建设，为园区现代生态农业建设实现新的突破奠定了很好的基础。

1）生态农业园区基本思路

①园区生态农业建设是一个整体，建设过程中需把农业发展同资源合理利用和环境保护结合起来，将经济效益、生态效益和社会效益作为一个整体来考虑，既注重农业的高产优质高效持续发展，又强调科学化、专业化和社会化；既考虑农业生态系统生产力的提高，又考虑较低的农业生产成本。

②以提高农业生产力为基础，以物质多层次、多级别的利用和能量的转化、资源的循环再生等生态原理为指导，将现代科学技术与农业生产紧密结合起来，充分发挥本地资源优势，依据经济发展水平及“整体、协调、循环、再生”的目标，合理组织农业生产。

③着眼于整体自然资源和社会资源，把社会需要和当地具体条件结合起来，全面合理安排农、林、牧、副、渔各业结构，把高产与优质结合起来，力争实现园区生态农业建设在高产值、高效益和高附加值上的整体效益。

④做到园区生态农业的多样化生产和多种经营，在生产和经营中，大力依靠科技进步，广泛汲取现代农业科学技术，强化农业的科学性和预见性，促进新的农业科技产业的成长，实现园区资源增值和现代生态农业的发展目标。

⑤园区生态农业建设要做到农村社会化服务体系的配合与服务，强化政策、管理等诸多方面的社会调控，协调城乡关系，为园区的各业建设提供良好的生产环境，实现城乡生态建设一体化。

2）生态农业园区开发模式

在园区现代生态农业建设中，主要建立两个基本生态平衡模式，即“土地—牧草（饲草）—畜禽—粪便—沼气—沼液—土地”和“土地—林果—绿肥—土地”模式，通过物质流和能量流的循环，既保护园区生态环境不受破坏，又使园区获得最高的综合效益。从图 10-10 可以看出，该开发模式最大的特点是以林草为主，把生态环境建设放在园区建设的重要位置上，其次才是追求林、牧、渔、禽、副及加工业的经济效益。该开发模式充分考虑到了各行业的特点，在建设中又给予了各行业以有效的投入，使该区的生态农业园实现了整体、协调、持续和良性循环。

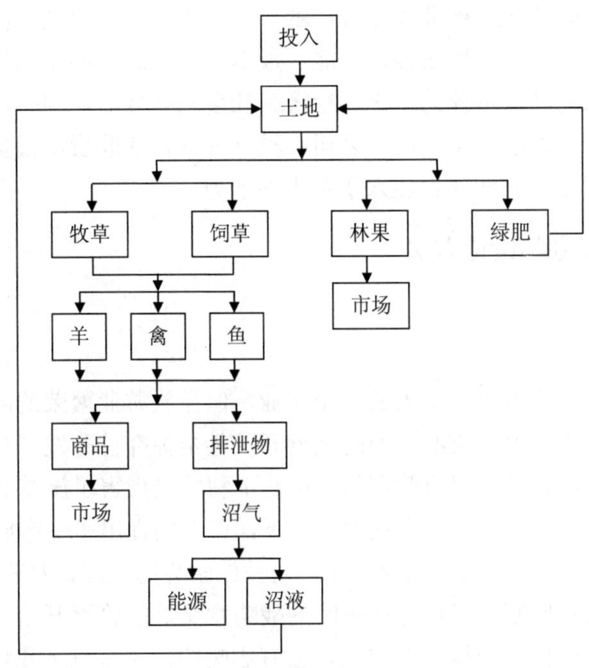

图 10-10 生态农业园区开发建设模式（刘明，2001）

3）生态农业园区运行机制

园区采用“政府＋公司＋投资者＋基地＋承包经营者”的新型运行机制，由政府支持，城乡各种所有制参与，农民出力，公司经营和管理，形成多种所有制载体共同开发、风险共担、利益共享的联合经营体。

政府：由当地政府提供有关政策保障，争取落实各部门的政策倾斜和扶持，争取可能的财政支持，对土地和经营承包进行协调和配合。

公司：由业主单位“宜昌凤凰农业开发有限公司”负责园区的统一规划和管理，对投资者的投资和承包者的经营进行科学合理的安排，为投资者和承包者提供产前、产中和产后的一系列社会化服务，依托科技示范园的人才资源优势，开展农业技术开发、高新技术引进、推广等工作。

投资者：选定项目，同宜昌凤凰农业开发有限公司签订合同，同时取得与投资额相当的土地面积的 50 年承包经营权，以及所属地域的命名权和其他权利。投资者可一次性上交承包费用，也可分年上交承包费用。同时投资者可自行经营，也可委托公司经营，并按照合同从受委托公司获取应得利润。投资者也可将所属份额转让给其他公司。

基地：是联合各利益主体的载体，其使用权和经营权既可统一也可分离。公司可为投资者、承包者或农户在生产、经营、销售上做好服务、协调等工作。

承包者（公司或农户）：一是自行承包投资开发，即依照园区统一规划自行选项和选址，自主立项、投资、生产、经营，并可同公司相互补充，相互协调，相互扶持，共同发展；二是养殖者及种植者（或农户）承包土地和生产资料，进行养殖、种植等生产活动，承担全部劳务及生产性费用，向公司或投资者上交承包管理费用，然后获取利润。

总之，园区生态农业建设的基本思路是在建设和保护园区生态环境的前提下，融入科学化、专业化和社会化的优势产业和主导产业，实现“整体、协调、循环、再生”的园区建设目标。这一开发模式针对性很强，既能从根本上改善园区的生态环境，又能将各业有机地联系在一起，从而获得最佳的生态、经济、社会三大效益。同时，园区生态农业建设采用了新型运行机制，并赋予了政府、公司、投资者各自的职责，投资环境宽松，技术服务到位，给园区现代生态农业建设注入了强大的活力。

10.2.4 旅游生态规划与设计方法

（1）基本概念

1）生态旅游

目前，旅游业已成为世界上很大的一个产业。但在旅游业繁荣的同时，也带来了生态环境的一系列不利后果，如对旅游资源的过度开发甚至掠夺性开发，对旅游区及旅游景点的粗放式管理以及旅游设施的过度膨胀等。这些不利后果损害了旅游业赖以生存的环境质量，威胁旅游业的持续发展。正是在这种背景下，学者们提出了生态旅游或可持续发展旅游的战略思想。生态旅游的提出，迅速引起国内外旅游界的关注，大量探讨生态旅游含义、产品构成、实施方法及原则、对自然保护区的战略意义等的论著开始涌现。然而，目前关于生态旅游还没有一个被普遍接受的定义，较有影响的定义有以下几种：

①生态旅游是促进保护的旅游。换言之，生态旅游是以欣赏和研究自然景观、野生动植物以及相关的文化特色为目标，通过为保护区筹集资金、为地方居民创造就业机会、为社会公众提供环境教育等方式而有助于自然保护和持续发展的自然旅游。

②生态旅游是通过环境上敏感的旅游与设施作为教育手段。即生态旅游能够向公众提供宣传及环境教育，使游人能够参观、理解、珍视和享受自然美和文化遗存，同时不对其生态系统或当地社会产生无法接受的影响或损害。

③生态旅游是以生态学原则为方针，以生态环境和自然资源为取向的活动。即生态旅游所开展的是一种既能获得社会经济效益，又能促进生态环境保护的边缘性生态工程和旅行活动。

④生态旅游是对资源的低影响利用的公益性事业。即生态旅游是在确保环境保护和持续发展的前提下的高端旅游事业，它不只是一种旅游形式，更应该将其看做是旅游开发的一种可持续发展战略。有的学者甚至把生态旅游与可持续旅游等同起来，将生态旅游定义为“在一定区域内，能永久保持活力的旅游形式”。

⑤生态旅游是品位高雅的旅游体系。即生态旅游是以大自然为舞台，以科学文化为内涵，以生态学思想为设计指导，以休闲、度假、保健、求知、探索为载体，旅游者参与性强，品位高雅、形式多样，既能使旅游者身心健康、知识增益，又能使其增强热爱自然、珍惜民族文化、保护环境的意识的一种旅游体系。

纵观上述观点，可发现生态旅游有狭义和广义两种理解。前者是指到自然环境（包括次生的植被景观）进行生态回归游，可分为人工自然的亲近自然、次生自然的返回自然和天然“自然”的回归大自然三个级别；后者除了狭义的生态旅游外，还可包括在各项旅游活动和规划中贯彻生态旅游观点，使旅游地具有可持续发展的特征。

2）生态旅游规划

生态旅游规划是旅游规划发展的高级阶段，对生态旅游开发与建设具有重要意义。生态旅游规划涉及生态旅游者的旅游活动与其环境间的相互关系，是在调查研究的基础上，根据旅游规划理论与生态学、环境学、生态伦理学等的观点，将旅游者的旅游活动和环境特性有机结合起来，通过对未来生态旅游发展状况的构想与安排，进行生态旅游活动在空间环境上的合理布局，寻求生态旅游业对环境保护和人类福利的最优贡献，保持生态旅游业永续、健康地发展与经营。

生态旅游规划的主要特点是：强调适宜的利润和回报，但最强调维护环境资源的价值；不去满足旅游者的所有要求，而是有选择地满足；不仅考虑当前旅游活动的规模、效益，而且还为未来的旅游发展指明方向，留出空间；它是涉及旅游者的旅游活动与环境间相互关系的规划，因此将旅游活动、当地居民的生产活动与旅游环境融为一体。

生态旅游规划体现了当前旅游规划的方向，是现代旅游规划思潮的集中表现，它继承了传统旅游规划的一些理论和方法，同时又区别于传统旅游规划。它们之间的比较如下：

规划目标上：传统旅游规划把旅游业当做一项纯粹的经济产业进行规划，实现经济利益的最大化；而生态旅游规划则强调环境保护，追求适宜的利润。

目标市场上：传统旅游规划注重大众旅游市场，旅游者主要进行游览观光和度假；而生态旅游规划则要求旅游者具备较强的环保意识。

开发模式上：传统旅游规划主要以旅游项目为主导，经济效益第一，社会效益和生态效益其次；而生态旅游规划则会进行保护性开发，注重环境保护，并进行需求预测，限制性开发，以可持续发展理念为指导。

空间布局上：传统旅游规划主要是结构导向的空间扩展，很少限制交通方式；而生态旅游规划则主要是通过功能分区进行空间安排，并选择相对污染程度较低的交通方式。

建筑材料上：传统旅游规划大部分都是采用钢筋水泥的人工建筑，而较少采用低污染、低能耗的生态建材；生态旅游则倡导生态建筑，以及地方特色浓厚、与环境和谐的建筑。

决策主导上：传统旅游规划中，规划者主要参考专家和官员等的意见；而生态旅游规划中，规划者则会广泛征求利益相关者的意见，特别是社区居民的建议。

旅游收益上：传统旅游规划的目标受益者为开发商和游客，当地社区居民并不是收益的主体；而生态旅游规划的受益者目标则是开发商、游客和当地居民。

（2）生态旅游规划设计原则

生态旅游规划的基本目标是生态旅游资源及其环境的保护，重要目标是社区经济的发展。因此，开发要限定在资源和环境可承受范围内，在强度上应控制性开发，在方式上应选择性开发。所以生态旅游规划应与当地国民经济和社会发展计划相协调，使经济效益、社会效益和生态效益相统一，强调突出特色，塑造独特的旅游总体形象，坚持政府主导、社会参与、市场运作、企业经营，并应注意遵循和强调以下原则：

①原汁原味原则。在旅游开发时要尽量保持旅游资源的原始性和真实性。不仅保护大自然原始韵味，而且保护当地特有的传统文化、民族风情等，避免因开发造成自然景观破坏和历史文化污染，避免把不适宜的城市文化移置到旅游景区。另外，旅游接待设施应与当地自然景观及文化相协调，保证当地人与自然和谐的意境不受损害，提供原汁原味的“珍品”和“精品”给游客。只有坚持“原汁原味”，才能真实体现旅游地人与自然协调共生的生态美。

②生态学原则。任何一个旅游风景地都是具有特定结构和功能的生态系统，是一个由

多个斑块、廊道所组成的整体的旅游景观。旅游地景观的格局及其生态过程有其自身的规律性，应据此来设计景观的结构，以遵循其生态过程的连续性，改善其功能。

③环境容量控制原则。生态旅游地是一个特定空间的地理区域，其旅游资源环境和社区的经济社会及其居民对旅游业的支持和认可都有一定的限度。在旅游规划和开发过程中，保护自然与文化景观资源及其生态环境，是生态旅游可持续发展的基础。因此，必须遵循生态旅游环境容量的基本理论，及时协调旅游与环境的相互关系，把旅游活动和游客进入数量控制在资源和环境的承载力范围之内，以免旅游资源及环境受到破坏，保持生态系统的稳定性。

④环境教育原则。传统的大众旅游一般只注重宣传其旅游资源、旅游交通及景区的其他状况，而忽略了对游客的环境教育，认识不到环境教育对旅游区的作用。欲使游客在愉悦中提高环保意识，减轻旅游地的环保负担，应在旅游开发时认真考虑在旅游区中设计一些能启迪游客生态环保意识的辅助设施和旅游项目，如游客中心、标牌系统等，起到人与自然相互沟通的作用，产生共鸣的效果。

⑤资源和知识有价原则。在生态旅游规划和开发中，只有充分认识"资源有价"，开发者、管理者、旅游者才会自觉地去保护它。因此，在旅游开发管理中，让资源入股，并从旅游收入中回投资金专项保护资源和环境，资源的保护才有经济支撑。"知识有价，科技兴旅"能减少传统大众旅游的粗放性开发，避免开发中的破坏，还能避免因管理水平低所带来的影响或破坏。同时在资金的投入上，避免"画蛇添足"，尤其要杜绝把景区"城市化"的建设投资，把资金投在必不可少的组织和建设上。构建一种"资源＋知识＋资金"的综合发展投入模式，坚持"资源有价、知识有价、资金投在点子上"的原则。

⑥宏观和微观相结合的原则。一个旅游区的专项规划，其一，要与本区域的总体规划相结合，与其周边规划相结合；其二，旅游业是当地经济和社会体系的一个子系统，其发展规划必须与当地经济和社会发展总体部署相结合，将它的区位、环境、地区经济发展水平、建设条件等影响旅游业发展的因素纳入规划中来；其三，旅游业是多层次、多维度、多要素相互联系组成的复杂系统，其规划必须做到总体规划、专题规划相结合，即点、线、面相结合。

⑦多方参与原则。在规划设计时，应采取多种形式，普遍征求利益相关者的意见，了解更多的情况，以便集思广益，吸收其中的合理建议和意见，获得最好的规划效果。特别是要请社区的居民参与到规划的建议与决策中，增强旅游规划的地方特色，更为重要的是让社区居民真正成为生态旅游的受益者，以实现生态旅游的"扶贫"功能，使社区居民能够积极保护生态旅游资源环境和支持生态旅游业的发展。

⑧市场经济需求原则。在规划中必须以市场为导向，充分发挥市场机制在旅游发展中的地位和作用。同时，通过多种方法和渠道使当地居民积极参与到旅游开发的建设中来，带动当地经济的发展并改善人们的生活。

⑨依法开发原则。生态旅游规划必须强调政府介入指导和协调，严格遵循相应的保护法规，以防规划决策的短期行为，力求规划措施实施的制度化，确保生态旅游开发和经营活动符合有关的生态环境保护法规。如我国自然保护区的生态旅游规划必须遵循《野生动物保护法》《森林法》《草原法》和《自然保护区管理条例》等，以及执行环保部门颁布的有关工程建设要求，实行环境影响评价制度、旅游环境保护目标责任制度等，妥善处理环

境保护与旅游开发之间遇到的实际问题。

⑩安全与健康原则。在发展旅游与保护环境的关系上，游客往往会被认为是旅游景区环境的破坏者。其实，景区的垃圾、景物上的刻痕不完全是游客所致。而且游客作为旅游消费者，除了确保安全第一之外，其合法权益应该受到保护，若是有“乘兴而来，败兴而归”的感受，则表明游客的旅游消费权益受到了影响。因此，本着对游客高度负责的态度，必须确保游客的安全，并为其提供真实的信息服务，以保护游客的合法旅游消费利益。尤其在一些特殊的旅游地，如滑雪场、森林、水域等，应设置必要的救生员或医疗机构，以保护游客的健康和生命安全。

（3）生态旅游规划方法

目前，国内外生态旅游规划的方法主要有以下五种：

①综合法。在 20 世纪 60 年代以前，普遍使用的是一种非综合方法。1965 年，Gehani Labean 在《比利时旅游消费的演变：其过去和未来》（*La Consommation touristique belge：son evolution passée et future*）一文中采用了直接和间接的方法手段，利用了二者的互补性，并广泛考虑了区域和环境的背景。该方法体现了综合集成的思想，因此被翻译为综合方法。该方法指出应以“从定性到定量综合集成方法”作为指导旅游规划实践的方法论。

②系统规划法。其雏形是综合动态法，最早由 Manuel Baud-Bovy 和 Fred Lawson 于 1977 年提出。系统规划方法引进了系统论和控制论的方法，并把它用于旅游规划中，通过旅游规划的制定及其实施来控制旅游系统。我国的旅游规划者也深刻认识到旅游规划的实质就是旅游系统的规划，规划必须要考虑整个旅游系统的运行，着眼于规划对象的整体优化，应从社会、经济和自然的各层面及整体上来考量。

③社区法。这一思想的主要倡导者为墨菲（Peter Murphy，1983）。他在《旅游：一个社区方法》（*The Ecotourism Society*）一书中较为详细地阐述了旅游业和社区之间的相互影响，以及如何从社区角度去开发和规划旅游。他把旅游看作一个社区产业，作为旅游目的地的当地社区类似于一个生态社区。这样，它便构筑了一个社区生态模型，见图 10-11。

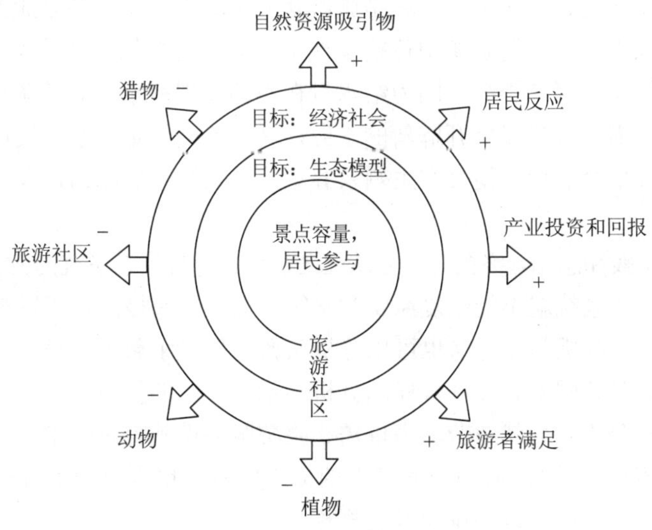

图 10-11　墨菲的社区生态模型（Murphy，1985）

在社区法中，社区的自然和文化旅游资源相当于一个生态系统中的植物，它构成食物链的基础，过分地索取会导致植物的减少和自然退化。当地居民被看作是生态系统中的动物，他们作为社区吸引物总体中的一部分，既要进行日常生活又要作为社区发展因素和提供服务的对象。旅游业类似于生态系统中的捕猎者，而游客则是猎物。旅游业的收益来自游客，游客关心的是旅游吸引物即自然与文化旅游资源以及娱乐设施和服务，这是“消费”的对象。这样，吸引物和服务、游客、旅游业以及当地的居民便构成了一个有一定功能关系（生物链）的生态系统，其比例关系是否协调，直接关系到旅游区系统的健康和稳定。用这种思想去认识和组织社区旅游业便称为社区法。墨菲在运用生态社区方法时，同时引入了系统理论，在系统分析时，他着重考虑如下四个基本部分：活动（发生在特定的时空条件下人们有规律的行为模式）、交通（如媒体、信息领域和运输）、空间（活动和交通发生的空间）和时间。

要控制这个动态系统的发展，还必须知道它在不同发展阶段的各种产出。社区法强调社区参与规划和决策制定过程。当地居民的参与使规划能反映当地居民的想法和对旅游的态度，以便规划实施后，减少对旅游的反感情绪和冲突行为。社区法把旅游区居民作为规划的重要影响因素，同时考虑居民在当地旅游业发展中的作用。这个理论还把旅游业整合到当地社会、经济和环境的综合系统之中，有利于当地旅游业走向可持续发展的道路。

④门槛分析法。它起源于波兰，是由波兰的区域和城市规划专家马列士（Barry Marris）于 1963 年在其著作《城市建设经济》中正式提出。该方法最初应用于城市发展门槛分析，是综合评价城市发展可能的综合规划方法。1968 年，马列士在南斯拉夫南亚德里亚沿海地区的旅游发展规划中，首次将门槛分析方法直接应用于旅游区开发。他从门槛分析的角度把资源分为两大类：一类是容量随需求的增加成比例渐增；另一类是容量只能跳跃式地增加，并产生冻结资产现象。同时他把旅游业中的资源按功能特征分三种：一是旅游胜地吸引物，指风景、海滨、登山和划船条件、历史文化遗迹等；二是旅游服务设施，指住宿和露营条件、餐馆、交通、给排水等；三是旅游就业劳动力，指服务于旅游业的劳动力。

马列士认为以上三种旅游资源中住宿条件可随需求的增加，容量逐渐增大，属于第一类型；而给水条件属于第二类型，因为给水量在不超过现有水资源的条件下可逐渐增大，但增到一定限度后需要大量投资开辟新的水源，这一限度便是供水量发展的门槛。在跨越门槛后如不再继续增容利用，便会产生剩余容量，导致资产的冻结，大大降低了方案的经济效益。

经过不断的实践和总结，终极门槛方法随之产生，即为生态系统的应力极限（承载力），超过这一极限，生态系统就不能恢复原状和平衡。这种生态极限也可以与旅游区的承载力联系起来。因此，用终极门槛方法也可以分析旅游区环境承载力和环境容量。门槛分析法在旅游区规划中，对共同基础设施规模的分析显示出巨大的优越性。最初门槛分析法只局限于具体设施项目分析，如就业劳动力供需、旅游服务设施容量需求等，而今已应用到整个旅游地的开发规模上。“旅游门槛人口”的提出便是由单项目门槛分析推广到旅游区接待规模与效益的分析之中，以便确定开发规模。

⑤SWOT 分析法。旅游地的竞争能力是旅游地发展和规划中的一个关键问题。SWOT 分析法，意即“优势—劣势—机遇—威胁”分析法。这种方法使用简单，就是列出当前与

研究对象有密切关系的优势与劣势方面的因素，同时也找出研究对象潜在的机遇和面临的威胁，最后对其进行综合评价，给研究对象一个客观的诊断和评价，是一种定性的战略分析方法。

SWOT 方法容易受使用者的主观性影响，往往得出偏颇的结论。因此使用时务必对存在的因素进行客观的分析，合理地推断它们产生的影响。从国外的使用案例来看，较好的做法是把旅游地影响因素分门别类与旅游产业构成要素如资源、产品、市场、交通、设施、管理等对应起来，建立一个矩阵表。通过影响因素产生的 SWOT 来分析与其相关的旅游产业因素，再综合各个产业因素受到的影响，以实现对旅游产业总体把握的客观性。

（4）生态旅游规划模式

生态旅游规划的模式，主要是针对生态旅游地的功能分区而言，功能分区是“对人们的旅游需求以及满足这一需求的地域平衡进行规划”。国外对生态旅游地的功能分区模式主要有：景观设计师 Richard Forester 在 1973 年倡导的、得到世界保护联盟认可的同心圆利用模式，将国家公园从里到外分成核心保护区、游憩缓冲区和密集游憩区；1988 年 Clare Gunn 提出的国家公园旅游分区模式，将公园分成重点资源保护区、低利用荒野区、分散游憩区、密集游憩区和旅游服务社区；加拿大国家公园的生态旅游功能分区，包括自然保护区（Natural Environment，NE）、集中游憩区（Intensive Recreation，IR）、野生游憩区（Wildness Recreation，WR）、野生保护区（Wildness Conservation，WC）。我国学者在生态旅游规划的模式方面也有所研究，如陈传康在 1988 年提出的景观生态规划模式。同时，在实践中，我国学者也在一些旅游地的开发中具体进行了明确的功能分区，如将昌黎黄金海岸自然保护区分成开发区、科研区、治理区和监测区等。

（5）生态旅游规划程序

①确定规划目标和保护对象。制定生态旅游规划，首先应确定规划目标，就是明确规划什么、为什么规划的问题；其次才是考虑保护的对象。为了实现旅游资源可持续利用，保证旅游区经济的持续性发展，旅游区的资源保护、环境保护与生态保护是至关重要的。旅游资源和旅游的环境与生态一旦遭到破坏，人力就难以恢复和重建，旅游业赖以依托的基础也将消失。因此，环境与生态保护不是一时的权宜之计，而是旅游区规划建设始终要贯彻的一项重要方针和政策。

②生态旅游环境和资源的调查与评价。第一是调查规划区域内生态旅游资源的基本情况与开发条件，并进行科学评价，为生态旅游资源的合理开发利用和规划建设提供科学基础。第二是旅游区的综合评价，即根据规划目标和环境的特征、旅游资源类型的假定，确定生态旅游资源及旅游环境的承载力、景观地域组合、景观的分异度和丰度值、资源分布的形态结构和可进入性评价。第三是分析旅游区区位条件、与依托城市的关系。第四是经济因素方面的评估，包括开发条件、施工条件、地区经济条件、区域经济背景等。第五是旅游区社会和生态环境方面的评价。第六是核定生态旅游开发的规模。

③生态旅游客源市场分析。客源市场由三个部分组成，即国内市场、海外入境市场和国内出境市场。在规划中主要侧重前两个市场，因为它们直接影响旅游业收入，带动经济发展。但是客源市场是不断发展变化的，所以客源市场分析主要是研究旅游需求、旅游客源市场的结构类型和特征，特别是有关旅游需求的行为层次结构。

客源市场对旅游的需求在一定程度上对旅游区的开发导向有很大影响。旅游区的旅游资源要不要开发，如何开发，采取什么样的开发导向模式，往往有赖于对客源市场进行调查、研究后才好做出决定。客源市场分析的指标主要有：一是客源地的地理位置及特征；二是客源地的社会与经济发展情况；三是对旅游活动的态度和参与兴趣；四是年游客人数和经济支出；五是主要旅游动机；六是客流量随季节的变化；七是各类旅游区和旅游活动的逗留作用；八是游客的年龄、职业，以及文化层次、经济收入水平；九是游客与旅游目的地的各类关系，如血缘、文化交流、科学协作等；十是客源地国家或民族的风俗习惯和宗教信仰等。在以上客源市场诸因素中，旅游目的地和旅游客源地之间的距离是非常重要的影响因素。

④旅游区域经济基础评价。旅游开发需要以区域经济基础作后盾，没有经济实力，没有足够的开发资金、投资条件、交通、通信、劳务、水电等，开发工作很难实现。如今，作为第三产业的旅游业是区域生产综合体的重要组成部分，它与区域经济发展的各产业有着密切关系，旅游区的开发必须带动与旅游服务相关产业的兴趣及劳务市场的调整。实践证明，经济发达地区便于旅游资源的开发。此外，民族特色与地方特色非常突出的地区也便于旅游资源的开发，如云南西双版纳地区具有典型的傣族风情，近年来其旅游开发速度相当快，并获得了可观的经济效益。

⑤旅游区形象策划。已经开发利用的风景名胜区，大多都具有自己特有的主体形象，如广西桂林——“桂林山水甲天下”，湖南张家界——“奇特的砂岩峰林”，山东泰山——“五岳独尊”等。新开发的旅游区，游人还不太了解其资源特色，作为规划设计者在一开始就应该根据该区资源的独特性，打出自己的“王牌”，树立主体形象，广泛地进行宣传和促销。

⑥生态旅游产品的策划。遵循自然与可持续发展的原则，根据资源条件、市场需求和环境容量，策划相应的生态旅游产品。包括旅游线路的设计组织、游乐活动规划（垂钓、野营、山果采摘、登山健行等）以及专项旅游规划（如森林保健旅游、红色文化旅游、科普旅游等）。具体可见图 10-12 的生态旅游产品设计“双筛法”技术路线。

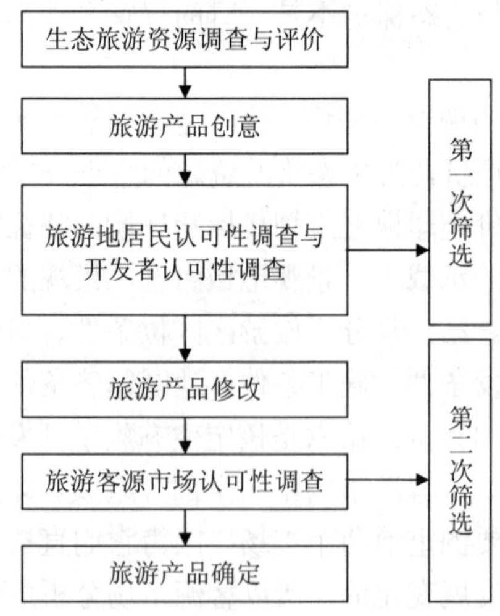

图 10-12　生态旅游产品设计“双筛法”技术路线（许春晓，2003）

⑦生态旅游配套设施规划布局。一个完整的旅游区必须有三个基本条件：第一，具有吸引游客的自然或人文旅游资源；第二，要有布局合理、功能齐全的旅游生活服务设施；第三，要有能满足游客消遣与消费需求的旅游商品生产能力和生产水平。在规划时，应根据本地旅游资源的品位、价值特色和功能与旅游客源市场的需求等来确定其产品导向和企业规模，并兼顾与该区其他企业的关系，尽可能地形成互补和协调关系，而不可相互无序竞争。

由于生态旅游地一般地处偏远，因此为满足生态旅游者食、宿、行、游、购、娱与环境保护的需求，应规划一定数量的具有地方特色的旅游服务设施。配套服务设施主要包括下述三类：一是基础设施，如交通、通信和水电等；二是旅游接待设施，如游客中心、博物馆、食宿点、游览点、购物商场等；三是保护环境设施，如垃圾收集和处理站、生态厕所等。

⑧社区参与机制的拟定。在进行生态旅游规划时，除考虑管理机制、人才培养、资金筹措等支撑体系外，还要充分考虑社区的利益，拟定让社区居民参与生态旅游事业的方案，使社区居民真正从旅游中获得利益。生态旅游可持续发展犹如一个宏观系统，社区参与是不可或缺的环节，是民主思想和民主意识在旅游发展和规划中的体现，因此应创造一个保证居民参与的咨询机制、居民参与利益分享的机制和培养居民旅游意识、培训居民旅游专业技能的机制等。

⑨形成规划方案。在满足既定规划目标的前提下，依据规划内容，编制规划草案，再经过进一步的筛选、修改形成最后方案。方案中不仅要有空间上各类设施的布局，从时间纵向上还应有分阶段开发的具体安排。另外，还要有生态旅游开发的环境影响评价报告书，为规划方案的优化提供生态学依据。制定规划方案时，应用定性或定量的方法进行初步的评价，根据评价结果分析是否达到规划目标，及时修正规划方案。进入建设实施阶段后，还要进行环境检测，分析旅游开发规划将会给生态旅游区环境带来的影响，根据反馈的信息，及时修正旅游区的规划设计，使规划方案日趋完善，为生态旅游区的可持续发展奠定基础。

（6）生态旅游规划设计内容

生态旅游规划的内容目前还没有统一的标准和规范，而且不同的规划层次其内容也不一样。对于区域性的生态旅游规划而言，主要的是强调战略性与宏观性，以发挥政府在生态旅游发展中的重要作用。对于生态旅游区规划而言，规划内容主要包括：背景情况介绍、产品系统规划、配套设施系统规划。其中，背景情况是生态旅游规划的前提和基础，产品系统规划是生态旅游规划的灵魂和核心，配套设施系统规划则是实现产品系统规划的有力保障，这三部分内容是相互联系的，缺一不可。

①背景情况的介绍。对生态旅游地的基本现状（包括自然地理概况、社会经济状况、生态环境质量等）、生态旅游资源的规模与质量、开发建设条件、规划的理论依据与指导思想逐一分析说明，以提供规划的基础理论与数据，为更好地理解规划思路奠定基础。其中主要是对资源、环境的研究。资源是规划基础的基础，因此首先要对它的类型、质量、数量、分布进行分析和评价。资源的特色和环境特点决定区域特征，其中资源特色是主要因素，同相邻地区资源环境条件进行分析比较，找出自己的特殊性资源、优势资源，只有这样，产品才有竞争力。其次是区位优势分析，一方面分析旅游资源品位及其使用的功能

和效益，另一方面分析旅游区的区域背景。比如，墨西哥政府选择坎昆（Cancun）作为旅游度假的最佳地点，正是考虑到坎昆地区的区位优势和资源优势：第一，坎昆具有优越的海滨环境，包括气候条件、海水及其功能特征，海滩和海岸带地形地貌特征和海岛岩礁等；第二，该区具有世界级的人文旅游资源——玛雅文化遗址；第三，该区邻近加勒比海地区客源市场，可以有效地吸引和分流加勒比海地区的客流。

②生态旅游产品系统的规划。生态旅游产品系统是指生态旅游区内开发的对生态旅游者具有吸引力的，满足各种旅游需求的吸引物体系。包括景区景点、娱乐设施等有形实体的设置和社区形象、民族文化等无形吸引物的挖掘，以及这些吸引物通过空间组合形成的专项旅游活动。生态旅游产品系统规划应结合规划地的自然地理特征、社会经济特征，还要结合生态旅游者的旅游动机与出游规律，力求供需一致。所以生态旅游规划的中心任务，就是从市场和资源出发，设计出有特色、有新意、有竞争力的产品。产品的物质保障是项目，项目是产品的载体。产品与项目结合，才能使区域有生产力。为了使旅游产品在市场有竞争力，所上项目必须是特色项目、垄断性项目、精品项目和规模项目。

③配套设施系统的规划。生态旅游活动离不开配套设施的支持，配套支持系统是保证生态旅游活动顺利进行的基础，同时起着协调生态旅游与环境保护之间关系的作用。生态旅游配套支持系统主要包括保护工程规划（含生物资源保护、景观资源保护、生态环境保护、安全工程），基础设施规划（包括交通、能源、通信、金融、供水、排水、环保等），服务设施规划（包括餐饮、住宿、娱乐、购物、医疗、标牌等），组织管理规划（主要有管理体制、组织机构、机构设置、开发建设策略等）和投入产出分析（包括投资概算与效益分析）。

10.2.5 生态旅游规划设计案例——云南省沾益县珠江源九龙生态旅游区总体规划

我国拥有丰富的生态旅游资源，在国际生态旅游潮流的驱动下，各地建设了大批可以开展生态旅游活动的旅游目的地，许多学者也结合规划任务进行了相应的案例研究工作，而系统的以科技项目的形式进行的研究还不太多。比较有代表性的是郭来喜主持的国家自然科学基金重点项目“中国旅游业可持续发展理论基础宏观配置体系研究”，杨桂华主持的云南省“九五”攻关项目“滇西北香格里拉生态旅游示范区开发设计研究”，陈田、牛亚菲主持的科技部“十五”攻关项目“旅游资源可持续利用研究与示范”。下面以云南省沾益县珠江源九龙生态旅游区总体规划为例具体介绍生态旅游区的规划。

（1）项目开发背景

沾益是中国第三大河珠江的发源地，是云南开发较早的地区。远在数十万年前的旧石器时代沾益境内已有人类活动，新石器时代已有人们定居农牧。春秋战国时期进入部落联盟阶段。公元前 221 年秦始皇统一中国后修入滇道路，史称“五尺道”，经过沾益。昭通千顷池文化、滇文化、中原文化、爨文化等文化交流融合为旅游文化发展和交流奠定了良好的基础。

沾益珠江源九龙生态旅游区位于沾益县城北部，距省会昆明市 148 km，距曲靖市区 13 km。贵昆铁路、326 国道公路纵贯县境，昆柏铁路、曲胜高速公路由城区东缘通过，地理位置优越，发展前景广阔，一直以来就有“滇东交通枢纽”之称。“五尺道”即经过本规划区。目前有 101 省道直通本规划区核心地块边缘地段，交通组织十分便利。

（2）旅游开发 SWOT 分析

1）优势（Strengths）：

①拥有国家级影响的旅游资源。沾益县旅游资源丰富，自然生态和历史文化交相辉映。茶马古道文化、五尺道文化、珠江文化、爨文化等构成其深厚的文化底蕴。而作为中国三大江中唯一能够到达源头的珠江源头，这一唯一性、垄断性品牌资源，其巨大的市场潜力是无限的。做活珠江源品牌，是本次规划乃至沾益旅游发展能够突破性跨越式发展的重要途径。

②拥有良好的交通区位条件。沾益县自古就有"入滇锁钥""入滇门户""入滇第一州""滇东重镇"的美称。本规划区位于大西南旅游圈的包围之中，尤其昆曲高速建成后，距离昆明市仅一个小时的车程，其地理位置比大理、丽江、西双版纳等著名风景区更优越。

③拥有优美的自然生态环境。规划区内丛林密布，山清水秀，沾益县政府已经先期投资了 5 000 万元，用于森林养护。加之规划区多年来得到了很好的保护，基本没有进行开发，区内具备良好的自然生态环境。这在很大程度上减少了项目开发过程中对良好生态环境的营建投资。

④拥有适宜的气候条件。规划区内全年气候温和，降水充沛，干湿季分明，年平均气温 14.5℃，年日照时数 2 098 小时，日照率 47%，年平均地温 16.3～18.6℃，全年无霜期 255 天左右，年平均降水量 850～1 000 mm。这样的气候条件非常适宜人们在户外活动，同时也适宜人们进行居住度假。

⑤政府支持，政策优惠。珠江源九龙生态旅游区的开发建设一直以来都得到了沾益县委县政府以及各级、各相关部门的大力支持，对于规划区内的项目建设、招商引资等都给予了很好的优惠政策，为规划区的成功开发奠定了良好的基础。

2）劣势（Weaknesses）

①配套基础设施投入资金数额较大。规划区占地面积 30 km^2，为了项目开发需要，配套基础设施包括道路、供水、供电、建筑等需要大量的资金投入。单靠投资开发商不可能得到全部解决，需要地方财政给予一定的扶持。

②处在云南强势旅游板块的阴影之下。本规划区如若不能巧借云南强势旅游板块之势，或在滇东游线延伸中不能扩展自己的地位，就会处于强势板块之阴影下，处于一个很不利的境地，其他景区的客源分流有可能会导致本规划区未来人气不足。

③规划区内水资源受季节影响大。本规划区以水取意，大做水的文章，因此需要丰富的水资源作为支撑。尽管区内有清水河、南盘江等水系，但是远远不能达到规划项目的要求。尤其是在枯水季节，南盘江水位很低，为项目的可行性操作带来一定困难。因此，为保证有充分的水资源可以利用，可以考虑从东大沟引水或在南盘江上游修建滚水坝。

④在观念上对旅游产业的发展规律认识不够全面。旅游业涉及吃、住、行、游、购、娱等各方面，对促进地方各行业的发展，拉动一方经济的发展具有重要作用。但其发展规律显示，旅游业同时也是一个投资大、见效慢的行业，在前期配套设施的建设中，需要大量的资金投入，而且一流的资源需要一流的开发，开发过后还需要一流的管理，否则难以持续吸引旅游者，当地政府和人民应该对这一点有充分的全面的认识。

3）机遇（Opportunities）

①泛珠三角的区域合作所带来的历史发展机遇。自 2003 年起，“泛珠三角合作概念”越来越引起了社会各界的普遍关注。通过泛珠三角区域各省份的优势互补，来推动区域产业结构调整，并通过招商引资手段吸引珠三角民间资本到云南进行投资，已经获得了初步成效。本规划区通过珠江源这一品牌，拉近了与珠三角以及港澳地区投资开发商的情感距离，在招商引资以及客源市场开拓方面都具备了云南其他地区所不具备的优势。

②云南旅游业发展为本规划区营造了良好的开发氛围。云南有众多著名旅游风景区，如大理、丽江、石林等，不仅在国内家喻户晓，在全世界也具有相当的知名度。旅游业已经成为云南的支柱产业，其蓬勃的发展势头同样会给本规划区营造良好的开发氛围。

③曲靖市着力打造珠江源品牌。曲靖市政府充分意识到珠江源这一品牌的巨大价值，在修建珠江源景区、珠江源大道等的同时，珠江源这一品牌也得到了很好的市场推广，并取得了巨大的经济收益。因此，沾益县规划区应充分利用珠江源品牌已经取得的市场推广成果，将珠江源这一品牌的市场价值最大化。

4）威胁（Threats）

①周边景区的影响。沾益境内拥有珠江源、大坡湿地、大坡天坑、德泽温泉等著名的旅游景点，将对本规划区造成直接的威胁，分流相当一部分客源。

②品牌的类同化。“珠江源”品牌作为一个巨大的品牌，在整个曲靖市都得到了充分的重视。尤其是目前已经开发的“珠江源风景名胜区”，以珠江源品牌在市场上拥有相当的影响力。这对同样采用“珠江源”品牌的本规划区如何能够在众多的珠江源品牌中脱颖而出，提出了挑战。

（3）旅游资源调查与评价

旅游资源调查是旅游资源开发的一项重要前期工作，是旅游业规划基础之一。资源调查的基本任务是弄清旅游资源的数量、性质、分布、价值、存在环境、利用现状、开发条件等基本状况，在此基础上分析、整理获得的材料，做出初步评价，从而为旅游业发展提供客观依据。

1）资源类型

本规划区是云南省新兴的生态旅游区。本规划区地当黔蜀之冲，山接乌蒙之险，三冬无冰雪，四季尽葱茏，仰天地之造化，集山水之灵秀，境内自然景观独特。再加上数千年的文化积淀，自然景观与人文景观交相辉映，旅游资源比较丰富。这些不同类型的旅游资源渗透在规划区的现实空间中，既相对独立、相对集聚，又相互交融、相互渗透，由此构成了沾益珠江源九龙生态旅游区独具个性而丰富多样的旅游资源体系。

通过对规划区内及沾益县旅游资源的实地勘探和调查，以及县级各部门和各乡镇的搜集和整理，依据国家有关旅游资源的分类标准——《旅游资源分类、调查与评价》（GB/T 18972—2017），对规划区旅游资源进行具体的分类与评价。主要划分为两大类型（系列）：自然景观资源、人文景观资源（表 10-2）。

表 10-2　沾益珠江源九龙生态旅游区旅游资源一览表（严力蛟等，2007）

<table>
<tr><th>主类</th><th>亚类</th><th>基本类型</th><th>旅游资源单体名称</th></tr>
<tr><td rowspan="4">A 自然景观</td><td rowspan="2">AA 综合自然旅游地</td><td>AAA 山岳型旅游地</td><td>九龙山</td></tr>
<tr><td>AAD 滩地型旅游地</td><td>南盘江</td></tr>
<tr><td rowspan="2">AC 地质地貌过程形迹</td><td>ACC 峰丛</td><td>九龙山</td></tr>
<tr><td>ACG 峡谷段落</td><td>九龙峡谷</td></tr>
<tr><td>B 水域风光</td><td>BA 河段</td><td>BAA 观光游憩河段</td><td>南盘江、清水河</td></tr>
<tr><td>C 生物景观</td><td>CA 树木</td><td>CAA 林地</td><td>莽林区</td></tr>
<tr><td>E 遗址遗迹</td><td>EB 社会经济文化活动遗址遗迹</td><td>EBA 历史事件发生地</td><td>毒水</td></tr>
<tr><td rowspan="10">F 建筑与设施</td><td>FC 景观建筑与附属型建筑</td><td>FCA 佛塔</td><td>大觉寺</td></tr>
<tr><td>FF 交通建筑</td><td>FFA 桥</td><td>九孔桥、黑桥、牛栏江大桥</td></tr>
<tr><td rowspan="3">FA 综合人文旅游地</td><td>FAB 康体游乐休闲度假地</td><td>九龙山农家乐</td></tr>
<tr><td>FAD 园林游憩区域</td><td>天生洞公园</td></tr>
<tr><td>FAF 建设工程与生产地</td><td>天生坝电厂、果园、林场</td></tr>
<tr><td rowspan="2">FD 居住地与设施</td><td>FCG 摩崖字画</td><td>“毒水”（诸葛亮）</td></tr>
<tr><td>FDA 传统与乡土建筑</td><td>九龙村、浑水塘</td></tr>
<tr><td rowspan="3">FG 水工建筑</td><td>FGD 堤坝段落</td><td>天生坝</td></tr>
<tr><td>FGC 运河与渠道段落</td><td>东大沟</td></tr>
<tr><td>FGA 水库观光游憩区段</td><td>清水河水库</td></tr>
<tr><td>H 人文活动</td><td>HA 人事记录</td><td>HAA 人物</td><td>诸葛亮</td></tr>
<tr><td>G 旅游商品</td><td>GA 地方旅游商品</td><td>GAE 传统手工产品与工艺品</td><td>彝族刺绣</td></tr>
</table>

2）旅游资源开发评价

本规划采用了 2003 年公布的国家标准《旅游资源分类、调查与评价》中规定的评价项目、评价因子和评分标准，围绕旅游资源开发利用这一目的，采用定性与定量分析相结合的方法，对规划区 7 项旅游资源单体从资源要素价值、资源影响力以及附加值这三个方面进行评价。其中，资源要素价值项目包括观赏价值、游憩价值和使用价值，历史价值、科学价值和艺术价值，珍稀或奇特程度，规模、丰度与几率，完整性等 5 个评价因子；资源影响力项目中包括知名度与影响力，适用期或使用范围等 2 项评价因子；附加值含环境保护与环境安全 1 项评价因子。

根据以上评价因子，对规划区旅游资源单体分别逐一打分，每个因子分值之和即为该资源单体的综合得分。依据最后单体评价总分，本规划区从高级到低级的五级、四级、三级、二级和一级 5 个等级中，仅有四级、三级和二级 3 个等级，如表 10-3 所示。

表 10-3　规划区主要旅游资源等级分类表（严力蛟等，2007）

<table>
<tr><th>级别</th><th>主要旅游资源</th><th>备注</th></tr>
<tr><td>四级</td><td>南盘江</td><td rowspan="2">优良级旅游资源</td></tr>
<tr><td>三级</td><td>九龙山、九龙峡谷、天生洞公园、九孔桥、毒水石刻、五尺古道</td></tr>
<tr><td>二级</td><td>黑桥</td><td>普通级旅游资源</td></tr>
</table>

（4）旅游客源市场分析与定位

通过从宏观上分析国内旅游业的发展趋势，以及围绕规划区的旅游发展现状，对与规划区旅游业发展息息相关的“珠江源”旅游市场、云南省的旅游客源市场现状以及曲靖市旅游客源市场进行分析，为规划区的市场定位提供依据。

1）背景分析

①国内旅游大势分析。自20世纪80年代以来，随着人们收入水平的不断提高和对休闲活动的日益重视，我国旅游业也蓬勃发展起来。经过20余年的发展，中国旅游经济的总体规模已经十分可观。据世界旅游组织预测，到2020年，中国将成为世界最大的旅游目的地，接待游客数将达到13 710万人次，占世界市场份额的8.6%。国家旅游局专家认为，再经过20年的发展，中国将实现从亚洲旅游大国向世界旅游强国的历史性跨越。根据这个宏伟蓝图，到2020年，中国旅游业将得到更大的发展，入境旅游将达到1.35亿～1.45亿人次，旅游外汇收入达到520亿～750亿美元，国内旅游收入1.9万亿～2.7万亿元人民币，届时旅游总收入将超过3.3万亿元人民币，相当于全国国内生产总值的8%，中国将跻身世界旅游强国之列。

②云南省旅游市场分析。旅游业是云南的支柱产业，近年来，云南旅游各项指标增势强劲。2004年，云南接待国内外游客6 121万人次，旅游业总收入达369.3亿元。2005年云南省旅游业总收入达289.93亿元，同比增长12.84%。其中，接待海外游客130.36万人次，同比增长15.23%；旅游外汇收入4.19亿美元，同比增长14.25%；接待国内旅游者5 110.1万人次，同比增长11.6%；国内旅游收入255亿元，同比增长12.65%。

目前，以昆明、玉溪、红河、大理、丽江、西双版纳等地形成的大西南旅游圈已经成为世界级的黄金旅游圈，吸引着越来越多的国内外游客。云南旅游业在国家西部大开发战略和区域旅游合作战略的推动下将有长足发展，沾益珠江源九龙生态旅游区作为云南旅游特有的旅游吸引物拥有良好的旅游客源市场基础。

根据云南省相关旅游调研显示，云南省内的游客住宿偏向于选择生态型宾馆，而省外游客的住宿首选是三星级及以上的酒店。旅游者普遍倾向于在景区选择特色餐馆或农家菜馆就餐，大多数游客的餐饮消费意愿是每餐10～30元。家庭型、伙伴型和家庭伙伴型是云南省和到云南的游客经常采用的旅游组合方式，为家庭游客营造舒适氛围和休闲环境是未来旅游市场的发展趋势。

③曲靖旅游业现状与展望。2005年，全市接待海内外游客数由2000年的237万人次增加到437万人次，年均增长12.98%；旅游业总收入由2000年的5.8亿元增加到14.1亿元，年均增长19.44%。

在未来五年，曲靖将以“巩固提升南线，积极拓展中线，重点打造北线”为重点，尽快把曲靖建设成为云南知名的美食文化、休闲健身、观光体验的重要基地。力争到2010年，实现全市旅游产业增加值达55亿元，占市内生产总值（GDP）的7%以上，接待海内外游客达650万人次，实现旅游业总收入50亿元。

④沾益县旅游市场现状。沾益县旅游业发展起步较早，已经具有一定的知名度和美誉度，并且具有一定的客源市场规模。《沾益县旅游发展规划》资料的数据显示：沾益县约3/5的游客来自滇中、滇东地区，为沾益县第一大客源地，珠江三角洲以及港澳地区所占比例也较大，占12.5%；游客通过广播电视了解沾益旅游的比重最大，沾益县游客以中青年为

主，另外，青少年和老年游客市场也占有一定比重；游客整体的文化水平比较高，其中大专学历所占比例最大，为 40.11%，其次为本科以上以及高中学历。

2）目标客源市场分析

①需求状况。本规划区主要以国内旅游者占主导，国内游客中相当一部分来自于本省内的滇中、滇东以及附近的珠三角地区。当然，随着规划区旅游的发展以及曲靖市旅游业一体化进程的提高，规划区可以借助自身的特色，吸引国内其他地区以及国外游客前来游玩。

②地域结构。规划区旅游客源市场的地域结构分析要着重从两个方面入手：一方面是依托云南省内的旅游市场，尤其是“昆明—九乡—石林”这一滇东黄金旅游线客源市场，做好区域联动，吸引来昆明、九乡、石林旅游的游客到规划区休闲度假；另一方面是泛珠江三角洲客源市场，随着沾益县旅游业的发展、交通条件的改善，必将对泛珠江三角洲地区尤其是广东、香港、澳门城市居民产生巨大的吸引力。

③消费结构。目前沾益县境内绝大部分属于观光旅游，即走马观花式的参观型旅游活动，文化型、享受型休闲度假旅游，即修学、健身、考察、探奇、了解风土人情的专项特种旅游极少。一般游客都是半日或一日游，饮食简单，基本上没有购物和娱乐消费，旅游整体消费水平低。

而从旅游消费方式和旅游消费结构来看，目前珠三角地区出游游客以观光、休闲、度假为主，其次是探亲访友和商务旅游。这些旅游形式消费能力较强，对于一个旅游区来说，应针对这种消费结构，设计吸引游客的项目，促进景区消费，带动地区经济发展。

④游客构成。云南省内和珠三角地区旅游游客构成呈现以团队为主，散客或自驾车游客日渐增多的趋势。旅游人员构成广泛，大体是：先富裕起来的一部分人群的家庭外出旅游；各行业职工的奖励旅游；企事业单位人员以及教师学生的度假旅游以及各种公务旅游；退休人员旅游等。虽然随着消费观念的改变和经济收入的提高，社会各阶层、各行业都有相当数量的人加入自费旅游队伍的行列，但其中商务、会议等公费旅游仍占主要地位。

（5）旅游发展战略规划

1）战略定位

沾益珠江源九龙生态旅游区位于昆明一小时都市旅游圈和大云南旅游圈内，区位优势明显。根据其区位条件和旅游市场、旅游资源的分析，其旅游目的地的功能总体定位应是：以珠江源文化为底蕴，以青山绿水为骨架和纽带，以生态环境为背景，以休闲度假为整体归宿。在规划期内建成能适应多层次游客需求的集休闲、观光、度假、会议等主要功能为一体的大西南地区重要的旅游目的地。

沾益珠江源九龙生态旅游区主要定位为云南一流、大西南知名的生态旅游区。这有两方面的原因，一方面，本规划区是生态资源保留较为完整的一片处女地，蕴藏着丰富的生物资源，发展生态旅游具有巨大的市场潜力；另一方面，我国的休闲产业正在稳步发展，对本规划区来说是一次很好的发展机遇，而且未来大西南地区、珠江三角洲地区将是本旅游区的重要客源地。

2）战略目标

①实施个性化品牌战略，创造垄断性名牌。品牌是旅游的生命，是市场经济运营的基

本策略。“珠江源”这一强势品牌是整个沾益县的宝贵财富，其“垄断性”具有巨大的品牌价值。因此，本旅游区应以“水”为纽带，以“文化”为基石，以“生态”为特质，塑造其独特的个性，营造强大的吸引力，展示其鲜明的品牌魅力。

②整体协调，准确定位。根据《沾益县旅游发展总体规划》的旅游产业空间布局，本旅游区的发展规划必须既与其旅游发展规划相协调，又与周边市县旅游规划相协调。

③强势拉动，互利互依。根据沾益县社会经济发展的指导思想，以“强势拉动，互利互依”作为此次规划的根本出发点。充分利用沾益县丰富的旅游资源和区位优势，发挥旅游业起步晚的后发效应优势，以高起点、大目标和大手笔发展大旅游产业，以旅游促进全县社会、经济、文化的综合发展，实现预定的长期战略目标。

④以市场为导向，以资源为基础。旅游业对第三产业、招商引资、地方形象建设等方面，可带来难以估测的综合效益。本规划应遵循市场经济规律，按照旅游市场供求关系和旅游产品开发方向，研究市场、分析市场、预测市场、引导市场。以本地可供开发的旅游资源为基础，确定旅游开发的基本思路、旅游产业空间布局、旅游产品开发方向和旅游业发展的规模与速度。

（6）总体布局与分区规划

1）布局原则

①可持续发展原则。可持续发展，即“既满足当代人的需求，又不损害子孙后代满足其需要能力的发展”。具体到本项目，又指旅游区具有长久的良性运作的能力。表现为：注重生态保护，尽量减少对农业、林业用地的占用；对水源地附近区域实施严格的保护；合理布局，以减少施工以及运作过程中资源能源的浪费。

②突出重点、带动全局原则。在分析规划区内旅游资源情况，包括地势地形、景观条件、交通条件、取水口位置、人口分布、农田与林地分布情况等的基础上，突出重点。对旅游资源佳的地块进行重点规划，并以此带动全局，实现共同发展。

③功能互补、整体协调原则。在因地制宜的同时应当注重规划区内部各部分功能的互补，各部分既有分工，又有协作。各旅游要素布置合理，相互协调，从而实现整个旅游区有序、稳定地发展。

2）布局结构

根据旅游资源空间分布特征及未来开发管理的内在关联度，规划形成旅游区“一带四区”的旅游发展格局。“一带”指沿南盘江山水风光景观带，由此构造出整个旅游区的景观主廊道及中轴景观线；“四区”分别指的是浑水塘旅游服务区、九孔桥文化游乐区、九龙山生态休闲区及生态景观游览区。

3）功能分区

区块功能结构：根据资源条件及市场需求特点，规划区可确定若干种功能。

①观光游览功能。以南盘江、九龙山的山水风光及特色文化为依托，向游客展示山水风光和乡土文化、珠江源文化。

②乡村休闲功能。充分利用山水资源，结合地方特色美食，为游客提供休闲服务项目，体验乡土文化。

③文化娱乐功能。挖掘规划区内深厚的文化底蕴，为游客提供主题性文化娱乐服务项目。

④专题旅游功能。根据规划区资源性质及市场需求偏好，开发能满足游客需要的特色化服务项目。

根据以上四种主要功能，可将规划区划分成若干区域，每一个区域发挥着各自不同的主导功能。

4）分区划定原则

①保持景观系统完整性原则。作为旅游区，在景观风貌上应形成自己的主体特征，保持自然或历史景观风貌的完整与统一。在此基础上将互为联系、紧密衬托的辅助景观资源地或环境纳入区域范围，形成统一的地域单元。

②地物标志明晰、地界清楚原则。区域划定，不仅要能在地形图上标明，而且在实际地理环境中能立桩勘界。避免日后不必要的土地争端、权利归属等问题的发生。

③尽量照顾行政管理地域界限。旅游区是一个经营管理单位，必须尽可能考虑和照顾现行行政区划和界限的完整性，力求简单化、一体化。

④适应旅游区建设需要。便于合理组织内外旅游网络，形成相对独立、配套的风景旅游接待设施，使游客得到多方面的合理享受与满足。

5）功能分区

经研究论证，整个规划区划分成以下四大功能分区。

①浑水塘旅游服务区。包括高原生态农家乐、管理中心以及游客集散中心。

②九孔桥文化游乐区。包括南盘江水经注文化公园、毒水历史文化馆、五尺道生态旅游小镇、茶马古道等。

③九龙山生态休闲区。包括九龙山度假村、九龙体育城、大龙潭生态水疗中心、九龙休闲中心等。

④生态景观游览区。包括南盘江左岸生态保育区、观水庄园、直升机停机坪等。

（7）旅游容量测算

旅游容量是指在保持景观稳定，保障游人游赏质量和舒适安全的前提下，以及在合理利用资源的限度内，在单位时间、一定规划单元内所能容纳的游人数量，是限制某时、某地游人过量集聚的警戒值。旅游容量是规划区规划、建设和管理工作的重要决策依据，也是各项专业规划的主要参考指标。确定合理的旅游容量是规划区规划开发的重要前提条件。

1）测算原则

旅游容量的测算遵循下列原则：

①适度原则。以维护旅游资源价值和生态环境为前提，在任何情况下，旅游容量都不应超过旅游资源和生态环境的承载力。

②满足原则。合理的旅游容量，应能保证游客在整个过程中的舒适、卫生、方便，使他们的正当需求得到最大满足。

③安全原则。在遵循上述原则的前提下，游客的健康和安全不应受到任何影响或威胁。

2）测算方法与指标

①测算方法。景区的游人容量应随规划期限的不同而有所变化。对一定规划范围内的游人容量，应综合分析并满足该地区的生态允许标准、游览心理标准、功能技术标准等，并应符合下列规定（表 10-4）。

表 10-4 游憩用地生态容量（严力蛟等，2007）

用地类型	允许客人量/（人/hm²）	用地指标/（m²/人）
针叶林地	2～3	5 000～3 300
阔叶林地	4～8	2 500～1 250
森林公园	＜15～20	＞660～500
疏林草地	20～25	500～400
草地公园	＜70	＞140
城镇公园	30～200	330～50
专用浴场	＞20	＜500
浴场水域	20～10	1 000～2 000
浴场沙滩	10～5	1 000～2 000

游人容量应由一次性游人容量、日游人容量、年游人容量三个层次表示。

❖ 一次性游人容量（亦称瞬时容量），单位以“人/次”表示；
❖ 日游人容量，单位以“人次/日”表示；
❖ 年游人容量，单位以“人次/年”表示。

旅游容量的计算方法比较复杂，宜分别采用线路法、卡口法、面积法与设施容量法等。

②测算指标。旅游容量计算应采用下列指标：

❖ 线路法。以每个游人所占平均道路面积计，5～10 m²/人。
❖ 面积法。以每个游人所占平均游览面积计。其中：
  ♦ 主要景点：50～100 m²/人（景点面积）；
  ♦ 一般景点：10～40 m²/人（景点面积）；
  ♦ 浴场海域：10～20 m²/人（海拔 0～−20 m 以内水面）；
  ♦ 浴场沙滩：5～10 m²/人（海拔 0～2 m 以内沙滩）。
❖ 卡口法。实测卡口处单位时间内通过的合理游人容量。单位以“人次/单位时间”表示。
❖ 设施容量法。由于本规划区为旅游度假区，规划有较多的住宿、会议、餐饮、购物、游乐、房地产、学习等设施。对于这些旅游设施，同样需要测算旅游容量。测算方法是：

假设餐厅的座位数为 X_i，日周转率为 Y_i，则日设施容量为：

$$C_i=X_i\times Y_i \tag{10-1}$$

旅游区日设施总容量为：

$$C=\sum C_i=\sum X_i\times Y_i \tag{10-2}$$

其中，旅游接待设施，如宾馆、美食街的日间系数建议为 0.4。

（8）测算结果与汇总

1）线路法

规划区可以使用的游览步道总长约 13 648 m，宽度约为 2 m（表 10-5）。

表 10-5　沾益珠江源九龙生态旅游区主要游步道一览表（严力蛟等，2007）

序号	景区	主人行道长度/m
1	浑水塘旅游服务区	4 159
2	九孔桥文化游乐区	4 434
3	九龙山生态休闲区	3 327
4	生态景观游览区	1 728

游步道以每个游人所占平均道路面积 7 m^2 计算，游步道瞬间最佳容量合计为 17 500 人次。

2）综合平衡法

表 10-6　各景区年游人容量汇总（严力蛟等，2007）

景区	瞬时容量/万人		日周转率/%	日容量/万人	年可游天数/天	年容量/万人
浑水塘旅游服务区	道路用地	0.534 7	2	1.069 4	200	213.88
九孔桥文化游乐区	道路用地	0.570 0	1	0.570 0	200	114.00
九龙山生态休闲区	道路用地	0.427 7	1	0.427 7	200	85.85
生态景观游览区	道路用地	0.222 1	1	0.222 1	100	22.21
合计	1.754 5			2.289 2		435.94

（9）结论

根据上面的测算结果，沾益珠江源九龙生态旅游区瞬时容量为 1.754 5 万人，日最大游客量为 2.289 2 万人，年最大旅游容量为 435.94 万人。

从保护环境、强调安全、维持舒适性的角度看，建议旅游区瞬时容量控制在 7 000 人以下，日最大游客量控制在 1.5 万人以下，年最大旅游容量控制在 300 万人以下。

（10）旅游形象策划

1）总体形象定位

经过对规划区地脉和文脉的分析，以及基础资料的收集，规划区的形象定位可以采用多种策略和方式，但主要还是要把握以下内容：首先，必须紧紧扣住珠江源文化这一中心主题，珠江源文化经过长时间的积淀和发展，已经成为规划区的强势市场品牌，因此，珠江源文化的因素是规划区形象定位所必须把握的因素。

在规划当中引入珠江源文化是规划区形象塑造的重点。中国三大母亲河黄河、长江、珠江，珠江源是唯一一个常人能够到达的地方，具有稀缺性和唯一性特点的生态珠江源有着强烈的品牌传播力。旅游区的形象塑造是一个长期的过程，需要在以前沾益珠江源形象的基础上不断地提升。在珠江源良好的生态环境和五尺道、茶马古道等自然人文景观的基础上，将规划区的总体形象概括为：回归自然、享受生态、体验休闲。

2）形象口号设计

根据这一形象定位，为了进一步策划好主体形象，提升品牌，在将来的形象推广过程中可以采用以下宣传口号：

生态珠江源，回归大自然

一水滴三江，珠源天下秀

思源、溯源、探源，山青、水秀、花美

山气日夕佳，飞鸟相与还；花开四季秀，景美醉忘言

（11）旅游环境保护规划

1）生态环境保护

坚持以开发促环保，实现旅游开发与环境保护的双赢目标；坚持预防为主、防治结合，努力从源头控制环境污染；坚持统筹规划，突出重点，量力而行，分步实施，抓好环境脆弱区域的整治工作；坚持分类分级保护，划定保护时间和空间范围，分阶段进行保护。

①大气环境保护规划。空气清新是现代旅游的必需要素。规划区内大气环境质量标准应符合 GB 3095—2012 中规定的一级标准；严禁在区内建设污染大气的项目，保持区内大气为清洁级；规划区范围内生活燃料推广至全面使用液化石油气和沼气；旅游区内部交通以电瓶车为主，真正做到空气零污染。

②水质保护。水是生命之源。水在景区中被列为重要的保护对象。地面水环境质量一般应按《地表水环境质量标准》（GB 3838—2002）中规定的一级标准执行，生活饮用水标准应符合《生活饮用水卫生标准》（GB 5749—2006）中的规定。

- ❖ 牛过河水库作为饮用水源，水库水面为一级保护区，沿水库边缘 500 m 为二级保护区，严禁在一级和二级保护区内建设污染性项目。
- ❖ 严禁在南盘江及清水河段建设污染性项目，现有排污口应及时整改达标或迁出。
- ❖ 对于旅游区内的居民区、活动区、接待服务区等地域的生活污水排放，应按国家有关标准进行严格控制。生活污水宜建造化粪池集中处理，发展沼气，防止粪便对水源的污染。采用生态土壤深层处理生活污水，禁止在南盘江流域倾倒垃圾、污染水源。
- ❖ 对南盘江流域进行生态整治，保护沿水两岸的植被，防止水土流失、山体滑坡。
- ❖ 对南盘江流域设立专人负责河面的保洁工作；提高游人的自觉意识和环保意识，设立警示标语及合理布置垃圾箱和清污设施，禁止向水库、溪流倾倒垃圾。
- ❖ 合理布局景区厕所，位置既要隐藏，又要便于寻找，并适于通风、排污。在有水源条件的地方，宜建水冲式厕所，但要防止二次污染。厕所要体现“以人为本”原则，设置隔板、门、挂衣钩，配置洗手池等。

③固体废弃物的处理。地面（水面）污物及生活垃圾处理：采取人工清扫、集中堆放、统一清运相结合的方式处理。主要防治措施和保护设施有：

- ❖ 改善燃料结构：为减少对大气、水体的污染，旅游区内原则上不使用原煤、柴油作燃料，必须使用液化气和电热。
- ❖ 建筑垃圾堆放池：在建设阶段，景区内应设置建筑垃圾堆放池，可采用清洁间的形式修建，要求式样美观，方便适用，位置适当隐蔽。容积视垃圾量而定，一般以 2～3 m^3 为宜，严禁随意倾倒，每天至少清运一次。
- ❖ 果皮箱：在游人相对集中的地段及路道（如各停车场、服务中心、天桥、各游览步道）旁，都应分设果皮箱，预计需 200 个以上。同时配设环卫清洁工，分段、分片负责地面清扫与卫生管理工作，要求认真做到勤查、勤扫、责任到位，不让果皮、纸屑及其他垃圾残存地面。
- ❖ 垃圾处理场：是旅游区所有垃圾的最后集中堆放地、统一处理的场所。应尽可能

避免对旅游区及附近村庄的污染。本规划区不另建垃圾处理场，可以充分利用规划区东南角距浑水塘 500 m 处的县垃圾处理场。

④噪声防治。规划区内声环境较好，应继续保持，同时注意车辆、音响等产生的噪声对环境造成污染。旅游区室外允许的噪声等级，应低于《城市区域环境噪声标准》（GB 3096—93）中规定的“特别住宅区”的环境噪声标准值，绝对禁止在旅游区范围内开山采石，破坏植被和山体。通过声学处理方法，如吸声、隔声、隔振和阻尼等来降低噪声，标本兼治。

⑤山石保护。山石是开发旅游区的另一重要保护内容。区内一山一石都不得任意开挖破坏或挪至他用，以确保景点完整与自然美。在旅游区内开挖人工湖，修建建筑物、道路等公共设施须经有关部门审查批准。严防破坏景观以及盲目建设而引起的崩塌、滑坡、泥石流等坡地地貌灾害的发生。

⑥控制旅游对环境的污染。旅游依赖良好的生态环境，但过度的旅游开发又会对环境造成污染，必须严格控制旅游对环境的污染。首先，要科学测定旅游区的最佳接待量，避免客流量过大而造成的各种污染；其次，要尽量减少旅游企业对环境的污染，提倡绿色消费；第三，要做好居民和游客及从业人员的宣传教育工作，从思想上重视，常抓不懈。

2）风景资源保护

①植物资源保护规划

❖ 确定敏感区，禁止或限制游客进入。
❖ 在非指定地点内，未经许可严禁非科研人员攀花折枝，采集标本。景区内严禁砍柴、放牧。
❖ 加强森林防火，贯彻“预防为主，积极消灭”的方针，层层建立承包责任制，进一步建立和完善旅游区主管部门、乡村、公安和消防队相结合的联防体系，加强专业消防队建设，并对游人和当地群众加强森林防火宣传教育和检查监督，做到早预防、早发现、早扑灭。
❖ 森林病虫害可导致森林大面积暴发死亡。随着景区开发建设，外来人员增多，外来有害生物入侵的概率提高，林木抵抗病虫害的能力也必将受到考验。因此，防治病虫害的工作相当艰巨。要贯彻“预防为主，科学防控，综合治理，确保健康”的方针，积极改进现有防治手段，以生物防治措施为主，化学防治和物理防治相结合，防止病虫害大面积发生。
❖ 景区内树龄在百年以上的树木，应登记挂牌，并落实专人管护。

②动物资源保护规划

❖ 禁止猎捕野生动物，杜绝妨碍野生动物栖息繁衍的行为发生。
❖ 可采用人工引入放养、挂鸟巢等方法，扩大野生动物种类和数量，但在引进野生动物时要考虑适应性。
❖ 对部分野生动物进行驯化，使它们习惯与人类亲近，形成与人共乐的和谐场面并表演各类节目。

③历史文化资源保护规划

❖ 确定景区内现有历史文化资源的保护等级，做好登记工作。
❖ 在历史文化点，如五尺道、茶马古道、九孔桥等附近设立保护警示牌，并设置保护设施。

❖ 在历史文化点附近划定保护范围，严禁在此范围中开展除修缮以外的其他建设活动，防止出现建设性破坏。

❖ 在旅游区管理中心指定人员专门负责保护工作，定期检视旅游区的历史文化资源保护状况。

10.3 产业生态规划与设计进展

10.3.1 工业生态规划与设计进展

（1）生态工业的起源

生态工业的概念不是最近提出的。但近几年继清洁生产的研究和发展之后，工业生态学和生态工业园区作为一个独立的前沿研究学科正在引起国外政府、大学乃至大公司和市政当局的高度重视，有关的理论和工业实践呈迅速发展的势头。

1991 年由美国科学院发起了第一届关于生态工业的研讨会。1992 年美国 Colorado-based University Corporation 主办召开生态工业领域的讨论会，有 60 多所大学参加。1998 年美国白宫环境质量委员会（White House Council on Environmental Quality）召开专门会议讨论生态工业的研究和发展。

（2）生态工业园区的发展

20 世纪 70 年代初丹麦建立卡伦堡工业园区，以发电厂、炼油厂为核心，包括生物制药厂、硫酸厂、水泥厂、地区农业、养鱼场以及居民区域供热部门。在这些工厂和部门之间实行废物、废热的有偿供给和交换，实现了物质的部分循环和能源的逐级利用。更为有意义的是，这些企业之间的物质和能量交换均是以经济合同形式实现的，不仅改善了区域环境，在经济上也取得了很大的效益。

1993—2000 年，美国有 20 个城市市政当局与大公司合作规划建立生态工业园区，其中有两个在当时已经基本建成。1994 年美国可持续发展总统委员会计划进行马里兰州的 Fairfield、弗吉尼亚州的 Cape Charles、得克萨斯州/墨西哥交界处的 Brownsville、田纳西州的 Chattanooga 四个生态工业园区示范项目的建设，其中 Cape Charles 项目已于 1996 年投入运行。美国环境保护局（Environmental Protection Agency，EPA）于 1999 年资助了两个生态工业园区计划。

法国的 Orée 作为欧洲环境合作伙伴组织（European Partners for the Environment）的发起机构之一，曾开展过 PALME（Program d'Activities Labellisees pour la Maitrise de l'Environnement）计划，该计划旨在为生态工业园区的建立提供技术支持和规范。到 1995 年，已有 Sophia Esterel 等 5 个工业区正在 PALME 指导下加紧建设以取得 PALME 的生态认证标志。

日本提出了与生态工业园区类似的零排放社会的概念。在日本通商产业省和环境厅的财政支持下，川崎零排放工业园的具体建设已顺利完成，并于 2001 年开始运作。

综合起来，目前文献介绍的生态工业园区可以分为以下三类：

全新规划型：如 Cape Charles 生态工业园。该类园区在良好的规划和设计的基础上从无到有地进行建设，主要吸引那些具有“绿色制造技术”的企业入园，并创建一些基础设施使得这些企业间可以进行废水、废热等的交换。这一类工业园投资大，对其成员的要求较高。

现有改造型：如 Fairfield 生态工业园。对现在已经存在的大量的工业企业通过适当的技术改造，在区域内建立废物和能量的交换。

虚拟 EIP（Ecological Industrial Parks）型：如 Brownsville 生态工业园。虚拟 EIP 不严格要求其成员在同一地区，它通过建立计算机模型和数据库，在计算机内建立起成员间的物料或能量联系。虚拟 EIP 可以省去一般建园所需的昂贵的购地费用，避免进行困难的工厂迁址工作，具有很大的灵活性。其缺点是可能要承担较高的运输费用。

10.3.2　农业生态规划与设计进展

（1）生态农业的起源

1924 年鲁道夫·斯蒂纳（Rudolf Steiner）在其主讲的“生物动力农业”课程中提出了生物动力农业（Biodynamic Agriculture）的概念。随后，生态农业开始在欧洲兴起。20 世纪 30—40 年代，生态农业在瑞士、英国和日本得到发展。20 世纪 60 年代，欧洲的许多农场转向生态耕作。1970 年美国土壤学家 William Albreche 正式提出了生态农业（Ecological Agriculture）一词。

1981 年英国农学家 M.Kiley Worthington 定义生态农业为生态上能自我维持，低输入，经济上有生命力，在环境、伦理和审美方面可接受的小型农业。在国家层面上，各国对生态农业也提出了各自的定义。2002 年在南非约翰内斯堡召开的世界可持续发展峰会中，食品安全部门下的生态农业组对其的定义为：“生态农业是可持续农业，具有自然资源管理体系，可以增加作物产量，提高生活质量，增强生态系统服务功能，并能增加生物多样性”。美国农业部的定义是：生态农业是一种完全不用或基本不用人工合成的化肥、农药、动植物生长调节剂和饲料添加剂的生产体系。生态农业在可行范围内尽量依靠作物轮作、秸秆、牲畜粪肥、豆科作物、绿肥、场外有机废料、含有矿物养分的矿石补偿养分，利用生物和人工技术防治病虫草害。德国对生态农业提出了以下条件：①不使用化学合成的除虫剂、除草剂，使用有益天敌或机械除草方法；②不使用易溶的化学肥料，使用有机肥或长效肥；③利用腐殖质保持土壤肥力；④采用轮作或间作等方式种植；⑤不使用化学合成的植物生长调节剂；⑥控制牧场载畜量；⑦动物饲养采用天然饲料；⑧不使用抗生素；⑨不使用转基因技术。另外，德国生态农业协会还规定其成员企业生产的生态产品必须 95%以上的附加料是生态的。国外生态农业又称自然农业、有机农业和生物农业等，其生产的食品称生态食品、健康食品、自然食品、有机食品等。尽管各国对生态农业及生态产品的叫法不同，但宗旨和目的是一致的，即在尽可能清洁的土地上，用洁净的生产方式生产洁净的食品，提高人们的健康水平，促进农业的可持续发展。

我国有关生态农业的定义最早由马世骏先生提出，即生态农业是从生态经济系统结构合理化入手，通过实施工程措施与生物措施强化生物资源再生能力；通过改善农田景观及建设农林复合生态系统使种群结构合理多样化，恢复或完善生态系统原有的生产者、消费者与分解者之间的连接，形成生态系统良性循环结构及物质循环利用。我国从 20 世纪 70 年代末到 80 年代初开始建设生态农业，并在 1981 年召开的全国生态工程学术讨论会上提出生态农业是农业生态工程的简称。经过 30 多年的发展，我国生态农业在理论和建设上均取得较大进展，并在生态农业基础上相继提出可持续农业、集约型农业、有机农业、现代农业等概念。

（2）国内外生态农业的发展

1）国外生态农业发展状况

由于生态农业不仅可以充分合理地利用自然资源，有效地提高农业生产力，而且可以保护农业生态环境，促进良性循环的形成。所以生态农业的概念和原理一经提出，立即得到广泛的重视和响应，一些发达国家纷纷开始了有关生态农业的理论研究和实践试验。从 20 世纪 90 年代开始，生态农业在世界各国有了较大发展。据统计，2005 年世界上实行生态管理的农业用地约 1 055 万 hm^2。其中，澳大利亚生态农地面积最大，拥有 529 万 hm^2，占世界总生态用地面积的 50%；其次是意大利和美国，分别有 95 万 hm^2 和 90 万 hm^2。若从生态农地占农业用地面积的比例来看，欧洲国家普遍较高。同时，据有关方面统计，2004 年全球生态农业产品总值达到 280 亿美元。其中，欧盟 120 亿美元，澳大利亚 35 亿美元，美国和加拿大 100 亿美元。欧洲是世界上最大的生态食品消费市场之一。

发达国家在生态农业的研究方面开展了很多工作，但从内容看，不外乎是围绕着农田营养问题和病虫及杂草控制这两大方面，因为这两方面是生态农业成功与否的关键所在。如前所述，现代常规农业是依靠化肥和农药来解决这两个问题，而其所出现的许多弊病正是与使用大量化肥和化学农药相联系的。生态农业要不用或尽可能少用这些化学物质，但又必须能维持一个相当高的产量，就必须将这两个问题放在首位来加以研究以找出解决办法。为此，科学家们特别将注意力放在对轮作和间、复、套种，以及耕作技术的研究上。这些技术是传统农业普遍采用的技术，具有解决农田的营养和控制杂草及病虫害的综合效果。尽管多年来对这些技术已做过很多研究，但从建立现代的生态农业系统出发，结合生态学的一些基本原理的研究还很不够，因此就难以从生态学角度对这些技术作出全面的估价。

与此同时，发展中国家也开始了生态农业的理论研究和实践试验。其中特别是东南亚地区，从 20 世纪 70 年代末期以来，生态农业的研究有了较快的发展。以菲律宾为例，菲律宾是东南亚地区生态农业发展比较迅速的国家，认为农业是自然资源管理的手段，而农业的本质是一门生态工程学。只要人类希望继续生存和进一步繁衍，现代农业就必须沿着生态学的方向发展。基于这种认识，近十几年来菲律宾的生态农业有了蓬勃的发展，既有中型规模的生态农场，也有小规模的家庭生态农场。按其生产结构来分，大致有如下几种类型：畜牧业与种植业结合型；畜牧业、渔业与种植业结合型；渔业与畜牧业结合型；畜牧业与果蔬种植业结合型；渔业与果蔬种植业结合型；渔业与稻田结合型；旱地农牧渔结合型；旱地农牧结合型。

2）中国生态农业发展状况

与国外相比，中国开展现代生态农业较晚。20 世纪 80 年代初，国家开始重视农业生态环境建设。1983 年中央 1 号文件《当前农村经济政策的若干问题》中提出："实现农业发展目标必须严格控制人口增长，合理利用自然资源，保持良好的生态环境。"1984 年 5 月《国务院关于环境保护工作的决定》指出：保护农业环境"要积极推广生态农业，防止农业环境的污染和破坏"。接着在全国范围内建立了一批生态农业示范基地。1993 年 12 月国家七个部委决定，由农业部牵头主持，在全国不同类型地区建立 50 个生态农业试点县。经过 20 多年的发展，开展生态农业建设的县已达 300 多个，示范点 2 000 多个。其中，国家级生态农业试点和示范县 100 多个，省级试点和示范县 200 多个。2000—2002 年，原国家环保总局作为主要牵头单位，批准了 314 个省、市、县为全国生态示范区建设试点。生态示范区的建设有力地推动了中国生态农业的发展。在生态示范区试点建设的期间，国家颁布了一系列相关法律法规，如《农业环境保护条例》等。

10.3.3　旅游生态规划与设计进展

（1）生态旅游的起源

1980 年，加拿大学者克劳德·莫林（Claude Moulin）第一个提出了与旅游直接有关的生态学概念——“生态性旅游”（Ecological Tourism）；1983 年，墨西哥学者谢贝洛斯·拉斯克瑞（Ceballos Lascurain）首先使用了生态旅游（Ecotourism）一词，并在 1986 年召开的国际环境会议上得到确认；1988 年，谢贝洛斯给出了生态旅游的定义：“生态旅游是一种常规的旅游形式，游客在欣赏和游览古今文化的同时，置身于相对古朴、原始的自然区域，尽情考究和享受旖旎的风光和野生动物”。然而，作为应用生态学的一个分支，旅游生态学（Recreation Ecology）却是随着旅游业的迅速发展，在近 20 多年里逐渐获得广泛接受和认可的。

（2）国内外进展

目前，为了适应人类回归大自然的需求，世界各国都在积极推出各种生态旅游项目。近年来在世界范围内，生态旅游正处于高速成长阶段，发展势头强劲，生态旅游的年均增长率为 20%～25%，远高于世界旅游业的平均增长速度。

世界自然基金会（WWF）在 1987 年提出了第一个明确的生态旅游规划项目。WWF 对位于拉丁美洲和加勒比海地区的 5 个国家，包括伯利兹、哥斯达黎加、多米尼亚、厄瓜多尔和墨西哥，进行了系统的调查，并于 1990 年出版了研究报告——《生态旅游：潜能与陷阱》，对这些国家的生态旅游规划和管理提出了建议。在此之后，越来越多的国家进行了生态旅游的规划和管理实践，突出强调了生态旅游地社区居民的参与和对生态旅游区环境和特色文化保护的重要性。

澳大利亚政府从 20 世纪 90 年代开始就一直很重视生态旅游的发展，出台了世界上第一个国家生态旅游战略，该战略要求经营者必须确保生态旅游地生态的完整性，提高自然资源的利用效率，支持生态旅游教育和培训，所雇用的导游必须尊重当地文化习俗等。

瑞典、英国和荷兰等国家在自然旅游资源开发中强调尊重地方文化传统，注重社区参与，增加当地人管理旅游业的权利。

在我国，生态旅游的相关研究兴起于 20 世纪 90 年代初。1994 年成立了“中国生态旅游协会”，1996 年 10 月，该协会推出了《中国 21 世纪议程优先项目计划》，列出了“承德市生态旅游”“井冈山生态旅游与次原始森林保护”等实施项目。

在确保旅游资源的可持续利用方面，研究者们从各个角度提出了相应的管理对策和生态设计原则。这也是旅游生态学中应用性最强、发展最快的分支。总的来说，这些对策可分为三种类型：

①源头控制型。就是确定生态旅游区的环境容量，将旅游可能带来的生态冲击控制在

旅游资源的环境容量以内，从根源上控制旅游活动可能带来的环境压力。这种类型比较适合于以自然保护区为主的旅游区，如我国的神农架自然保护区。

②治理控制型。就是以旅游所获得的经济收入来补偿和改善旅游活动对旅游资源所带来的环境压力，以较高的经济投入来维持旅游区经济的可持续发展和旅游资源的可持续利用。这种类型比较适宜人文景观旅游区。

③多目标多用途综合规划型。就是在旅游区内对旅游资源进行综合的统一规划管理，分区划片，对不同的区域实行不同的管理措施。例如，加拿大的生态旅游规划多采用五层规划模式，从内到外分为：特别保护区、原野区、自然环境区、旅游区及公园服务区。对各区内的配套设施、游客行为都有明确而严格的规定。我国根据自然保护区的实际情况一般分为三个功能区：核心区、缓冲区和实验区，比较接近欧洲的划分。核心区对游客数量、旅游方式和旅游路线的安排等严格控制，尽可能保持自然风貌；缓冲区应避免大规模的旅游开发活动；实验区可根据自身条件在一定范围内设立旅游和娱乐休闲设施。许多学者认为，科学的管理和规划目标至少应包括两方面内容：一是提供使旅游者满意的旅游经历，这是旅游活动的基本要求；二是将旅游活动对自然环境的破坏作用控制到最小。

进入 21 世纪之后，随着景观生态学和 GIS 的发展，其中的许多思想方法被应用于旅游区景观的设计和规划上，尤其是景观的合理布局、道路和缓冲区的设计、旅游专题图的制作和辅助旅游开发决策等。但这方面的研究还处于起步阶段，将景观生态学的思想和地理信息系统应用于旅游开发活动，对旅游区景观格局的影响及其带来的生态后果的评价尚不多见。陈剑中（1995）依据景观生态学的原理，建立了“自然—空间—人类”复合系统的旅游景观基本模型，论述了模型实施的景观空间策划原理和原则。刘颂（2000）等曾综述了 GIS 在旅游区的开发和管理中的应用，并提出了基于 GIS 的局域网旅游管理信息系统的逻辑框架，但大多数这方面的研究则主要是应用 GIS 进行旅游活动的空间管理。可以预见，随着 GIS 功能的日益强大，多种专用性软件的功能和用户界面友好性的提高，GIS 在旅游生态学研究中的应用将越来越广泛和重要。

参考文献

[1] 邓伟根，王贵明．产业生态学导论[M]．北京：中国社会科学出版社，2006：7-42，81-84.

[2] 郭伟祥．生命周期评价（LCA）方法概述[J]．通信技术与标准，2009，9-10：23-26.

[3] 国家环境保护总局科技标准司．循环经济和生态工业规划汇编[M]．北京：化学工业出版社，2004：20-46.

[4] Graedel T E，Allenby B R. Industrial Ecology（产业生态学）影印版[M]．北京：清华大学出版社，2004：19-200.

[5] 季昆森，韦穗．循环经济理论与实践[M]．合肥：安徽大学出版社，2006：186-190，257-260.

[6] 金鉴明，卞有生．21 世纪的阳光产业[M]．北京：清华大学出版社，2002：77-79，136-143，180-190.

[7] 鞠美庭，盛连喜．产业生态学[M]．北京：高等教育出版社，2008：81-86.

[8] 李显军．中国有机农业发展的背景、现状和展望[J]．世界农业，2004，7：7-10.

[9] 刘明．凤凰山现代生态农业园区建设研究[J]．林业资源管理，2001，1（1）：61-65.

[10] 罗宏，孟伟，冉圣宏．生态工业园区——理论与实证[M]．北京：化学工业出版社，2004：94，148-150，

152-185.

[11] 莫华，张天柱．生命周期清单分析的数据质量评价[J]．环境科学研究，2003，16（5）：55-58.

[12] 彭宗波，陶忠良，蒋菊生．生态产业的发展历程及未来趋势[J]．华安热带农业大学学报，2005，11（3）：45-50.

[13] 任苇，刘年丰．生命周期影响评价（LCIA）方法综述[J]．华中科技大学学报：城市科学版，2002，19（3）：83-86.

[14] 王如松，杨建新．产业生态学和生态产业转型[J]．世界科技研究与发展，2000，22（5）：24-32.

[15] 王寿兵，吴峰，刘晶茹．产业生态学[M]．北京：化学工业出版社，2006：1-4，28，37-38.

[16] 吴人韦．旅游规划的发展[J]．经济地理，2000，20（3）：101-104.

[17] 吴志军．我国生态工业园区发展研究[J]．当代财经，2007，11：66-72.

[18] 武兰芳，欧阳竹，唐登银，等．生态农业发展新思路[J]．中国生态农业学报，2004，12（2）：26-28.

[19] 徐大伟，王子彦，谢彩霞．工业共生体的企业链接关系的分析比较——以丹麦卡伦堡工业共生体为例[J]．工业技术经济，2005，24（1）：63-66.

[20] 许春晓．旅游规划产品设计“双筛法”研究[J]．旅游学刊，2003，18（1）：27-30.

[21] 薛达元，郭泺，张丽荣．论生态产业与循环经济[J]．循环经济，2008，410（12B）：54-56.

[22] 杨桂华，王跃华，钟林生．云南碧塔海自然保护区生态旅游开发模式研究[J]．应用生态学报，2000，11（6）：954-956.

[23] 杨建新，王如松．中国产品生命周期影响评价方法研究[J]．环境科学学报，2001，21（2）：234-237.

[24] 杨絮飞，丁四保．国内外生态旅游研究的主要方向及进展[J]．世界地理研究，2003，12（4）：84-89.

[25] 章家恩．生态规划学[M]．北京：化学工业出版社，2009：193-194，210-214.

[26] 严力蛟，吴伏海，顾程华. 云南省沾益县珠江源九龙山生态旅游区总体规划[M]. 杭州：浙江大学生态规划与景观设计研究所，2007.

[27] Adams W M. The future of sustainability：re-thinking environment and development in the twenty-first century[J]. Report of the IUCN Renowned Thinkers Meeting，29-31 January 2006.Retrieved on：2009.

[28] Deppe M. A plane’s overview of eco-industrial development[A]. ProcAnnu.Con[C]. Am Planning Assoc. April 16，2000. http://www.de.comeu.edu/wei/papers/APA.html.

[29] Heijungs R. Environmental life cycles assessment of products：backgrounds[M]. eiden：Multicopy，1992：57-101.

[30] ISO 14040，Environmenal management–Life cycle assessment–Principles and framework[S].Allenby，Brad. The ontologies of industrial ecology[J]. Progress in Industrial Ecology（Inderscience Enterprises Ltd. 2006，3（1/2）：28-40.

[31] Ott K，Thapa P. Greifswald’s environmental ethics.Greifswald：steinbecker verlag ulrich rose[M]. ISBN 3931483320，2003：59-64.

第 11 章

可持续规划与设计

可持续发展（Sustainable Development），指的是一种注重长期效益的发展模式，联合国世界环境与发展委员会将其定义为“既满足当代人的需要，又不对后代人满足其需要的能力构成危害的发展”。可持续发展是在对传统工业文明进行了全面的反思，并对古代农业文明中长期被人忽略的各种先进思想进行了重新梳理之后提出的一种灵活的发展模式。可持续发展模式可以根据不同地区的自然、经济及人文条件进行创新和拓展。可持续发展主要包括社会可持续发展、经济可持续发展和生态可持续发展三个方面的内容。可持续规划与设计就是以可持续发展理论、生态学以及生态经济学原理为指导，通过结构调整和资源配置，坚持以人为本，合理统筹社会经济的发展与生态系统的健康稳定，建立良性循环的经济、社会和自然复合生态系统，实现生态效益、经济效益、社会效益的综合提高，最终实现社会、经济以及生态环境的全面可持续发展。

11.1 可持续规划与设计理论

11.1.1 可持续发展思想

（1）可持续发展思想的源泉

可持续发展理念源于自然保护的思想，是人类在漫长的进化过程中，通过对人类自身及其周围生物、非生物环境所组成的生态系统的不断认识，以及在不断的生存斗争中逐步形成的。

在西方，2 500 年前的柏拉图在其对话录《克里底亚篇》中分析了 Attica（古希腊、雅典一带）植被繁茂的山脉变成褐色枯山的原因，认为其主要是森林和草地被破坏的结果。在我国古代也产生了朴素的自然保护思想。春秋战国时期，冶铁技术的成熟引发了农业生产领域的技术革命，生产力水平得到了显著提升，大量森林被砍伐开垦为农田，导致了森林以及动植物资源的萎缩。这种情况引发了当时先贤们的关注，孟子提出：“斧斤以时入山林，则林木不可胜用也”。《韩非子·难一》指出：“焚林而田，偷取多兽，后必无兽。”

《吕氏春秋》中也指出："涸泽而渔，岂不获得，而明年无鱼；焚薮而田，岂不获得，而明年无兽"，深刻反映出当时人们自然保护的意识以及对生态系统平衡的一种朴素的理解。

虽然在很久以前人类就意识到了人类活动同自然环境之间的关系，并产生了众多保护自然环境的思想，但是总体而言，不论是在古代西方还是在古代中国，由于生产能力相对低下、生产工具相对简单，人类对自然更多的是依赖而不是榨取。虽然在漫长的发展过程中，人类的技术水平不断进步，却一直也没有突破这种主客伦理，人与自然生态系统的矛盾并没有激化到不可调和的地步，这种自然保护的思想也只是局限在少数一部分人的观念中，如何正确处理人与自然环境之间的关系这一问题同样也没有得到全社会的普遍关注和深入思考。

（2）可持续发展理论产生的背景

人类发展的历史，是人类不断适应自然、利用自然、改造自然的历史。在经历了农耕文明之后，以发生于两个世纪之前的工业革命为标志，人类发展进入了一个全新的阶段。伴随着生产力的飞速发展，人类正在以前所未有的速度和规模改变着整个地球生态系统。被各种现代化工具武装起来的人类狂喜地发现：自己终于可以"俯视"成百上千年来只能"仰视"的自然了！一种从长期的压抑中解放出来的傲慢在技术的协助下开始了它的肆虐之旅。一方面是科学技术水平的提高、经济文化的发展使得人类社会进入了一个空前繁荣的时代，而另一方面却是人口的激增，自然资源尤其是不可再生资源如土地、矿产等资源的急剧消耗，生态环境的不断恶化，人类将面临严峻的挑战。

1）人口危机

在地球生态系统中，人类既作为生产者，又作为最高一级的消费者，是极其重要的一环。同其他动物一样，整个地球生态系统对人类种群个体数量也有一定的限制。但是由于人类处于食物链的顶端，使得生态系统对人类种群规模缺乏抑制机制，从而导致了人口增长速率和人口密度的持续性增长。特别是在工业革命之后，由于生产力的加速发展，人口规模膨胀之快，可以用"爆炸"二字形容（表 11-1）。根据联合国人居署 2006 年预测结果，世界人口在 2025 年会达到 80 亿，2050 年达到 92 亿，最后稳定在 105 亿～110 亿。如此庞大的人口规模将会给地球生态系统带来难以承受的负荷。

表 11-1　世界人口增长里程碑（曹建云，2003）

年份	1804 年	1927 年	1960 年	1974 年	1987 年	1999 年
人口/亿	10	20	30	40	50	60

资料来源：联合国《人口、环境与发展简要报告》，联合国经济及社会事务部人口司，2001 年。

2）资源危机

随着世界人口的不断增长，无节制的开发利用，水、土地、森林、能源等自然资源已经呈现出供不应求的局面，并开始成为许多地区和城市发展的制约因素。全世界用水量在 20 世纪增加了 6 倍，水荒问题在 21 世纪已变得越来越严重，到 2025 年，全世界严重缺水的人口将增至 25 亿；全球 50 亿 hm^2 可耕地中，已有 84%的草场、59%的旱地和 31%的水浇地明显贫瘠；目前，全球水土流失面积达到陆地面积的 30%，每年流失有生产力的表土 250 亿 t；森林资源虽然是一种可再生资源，但进入 20 世纪以来，随着人们的大肆砍伐，森林资源迅速减少，森林面积历史上曾有 77 亿 hm^2，至 1980 年已经减少到 26 亿 hm^2，20

世纪末进一步减少到20亿hm^2;工业革命之后,全世界能源消费结构中占主导地位的煤炭、石油和天然气等化石能源的消费量都在不断增长,化石能源的储量也急剧减少,能源紧张已经成为许多地区制约经济发展的瓶颈。

3)环境危机

工业革命之后环境污染成为全球性问题,特别是在第二次世界大战之后,这一问题尤为严重。工业产生的大量废气进入大气圈,不仅直接危害人类及其他动植物的健康,而且会造成酸雨、大气臭氧层空洞以及“温室效应”等,对整个生态系统造成危害。水污染对生态系统的损害不逊于大气污染,人类生活、生产排放的有毒和有害物质进入江河湖泊以及海洋,并且危害到了地下水,造成许多地区饮用水安全危机,同时通过食物链对人类健康构成威胁。另外,固体废弃物污染,以及矿区地陷、山区泥石流等地质灾害也日益严重。

(3)可持续发展概念的形成

面对着种种全球性危机,人类不得不认真回顾和思索:按照目前的发展模式持续下去,人类的明天将会是什么?人类还能走多远多久?可持续发展道路的寻找和选择与人类困境的演化是密切相关的。

从20世纪60年代开始,全球范围内出现了由政府官员、民间组织、科研人员等社会各界人士广泛参与的环境与发展研究浪潮。1962年美国生物学家Rachel Carson发表了《寂静的春天》一文,从对污染物的迁移和变化的描写,阐述了天空、海洋、河流、土壤、动物、植物和人类之间的密切关系,初步解释了现代环境污染对生态系统影响的深度和广度,给整个世界敲响了环境危机的警钟。1972年罗马俱乐部出版了研究报告《增长的极限》,其中选取了五个“对人类命运具有决定意义的参数”(人口、粮食、自然资源、工业生产和污染)来研究人类未来发展趋势。它采用“系统动力学”方法建立了一个动态的世界模型,通过模拟发现如果人口的增长、工业化以及资源消耗按照现在的趋势持续下去,地球增长的极限最终会在今后100年中达到。但是如果改变这种增长趋势并建立稳定的生态和经济条件,是可以支持人类长久发展的。

1980年,国际自然保护联合会发表了《世界自然保护大纲》(*World Conservation Strategy*),标志着可持续发展思想的正式形成,该报告首次提到了“可持续发展”一词,并明确要求各国政府改变目前开发与保护脱节的做法,把两者紧密联系起来。大纲中还强调:“为使发展得以持续,必须考虑社会因素、生态因素和经济因素,考虑生物的和非生物的资源基础。人类的利用必须强调对人、生物圈的管理,使其既能满足当代人的最大持续利益,又能保持其满足后代人需要与欲望的能力。”这就是可持续发展最初的定义,与后来联合国世界环境与发展委员会的定义非常接近。“可持续发展”一词被正式提出之后,学者们对其概念和内涵的研究与讨论日益增多。世界环境与发展委员会(World Commission on Environment and Development, WCED)于1987年发表了《我们共同的未来》,在报告中第一次对可持续发展的内涵进行了阐述,指出“可持续发展是在不危及后代人满足其需求的能力,不损坏地球生命系统的前提下,满足当代人的发展”。1992年6月在里约热内卢召开了联合国环境与发展会议,在会议上进一步明确了可持续发展的概念,第一次提出了可持续发展的全球性行动计划《21世纪议程》,明确了各国在可持续发展方面具有“共同但有区别的责任”,并要求世界各国依据《21世纪议程》的框架制定各自国家的可持续发展战略并付诸实践。在会议上，世界各国达成空前一致，决心抛弃传统的发展模式，走可持续发展道路，自此世界可持续发展研究在重视理论研究的同时，更加注重实践研究。2002 年，在南非约翰内斯堡召开的可持续发展世界首脑会议，将可持续发展的问题摆在了国际发展议程的中心位置，要求各国在环境发展上切实采取实际行动，把可持续发展由理念、文字转化为具体的行动。在人类对可持续发展从认识到理解和接受的 20 多年中，已经从提出可持续发展、定义可持续发展，逐渐走向了实践可持续发展。可持续发展不仅仅作为一种概念和战略名词出现在政府文件和报告中，更是逐渐地体现为具体的行动、措施与项目。

我国人口基数庞大、人均资源占有量少，经济相对落后，而同时自然环境复杂多样，部分地区生态十分脆弱，环境污染严重，生态破坏问题突出。这些特点使我国的可持续发展面临十分严峻的考验。我国政府较早地意识到了这个问题，在 1991 年 6 月率先发起了发展中国家环境与发展部长级会议，通过了《北京宣言》。1994 年，我国政府积极响应 1992 年联合国环境与发展大会的号召，率先出台了《中国 21 世纪议程——中国 21 世纪人口、环境与发展白皮书》。作为在全国实施可持续发展战略的指导性文件，白皮书将“建立可持续发展的经济体系、社会体系和保持与之相适应的可持续利用资源和环境基础”确定为我国可持续发展建设的战略目标，要求各级人民政府、各部门结合自己的实际工作，通过各种途径组织加以实施。自 20 世纪 80 年代后期开始，我国在地区层面上通过试点积极探索可持续发展的实践工作。从设立城镇社会发展综合示范点，到创办社会发展综合实验区，再到建立国家可持续发展实验区，充分展现了我国全面推进可持续发展和积极培育地区可持续发展能力的战略思想。

11.1.2　可持续发展系统

（1）可持续发展系统的要素和结构

可持续发展系统是一个复杂的巨系统。人口、资源、环境、经济和社会是可持续发展系统的五要素，也可以理解为可持续发展系统的五个子系统。其中资源和环境可以合并为生态要素，人口要素则可融入到经济、社会要素中去，所以这五个要素又可以划分为生态、经济和社会三个子系统。

1）人口

可持续发展是以人为本的发展，人既是可持续发展的主体，也是可持续发展的归宿。人口在可持续发展中为智力支持系统。人口生活在特定的社会、特定的地域，具有一定数量和质量，并在自然环境和社会环境中与各种自然因素组成复杂的关系。适度的人口规模、优良的人口素质、合理的人口结构，有利于人口与资源、环境、经济和社会的协调发展，从而推动可持续发展。

2）自然资源

自然资源指在一定经济技术条件下，自然界中对人类有用的一切物质和能量。自然资源是人类生产、生活的来源以及生存、发展的基础。资源要素是可持续发展系统的基础支持系统。很显然，资源的范围因为科学水平的不断提高、生产技术的不断进步，原先尚未被人类利用的物质要素逐渐被人类开发利用而扩大。自然资源可分为可再生资源和不可再生资源，可再生资源即所谓通过天然或者人工作用能被人类反复利用的各种自然资源；不可再生资源即经过人类利用之后，在相当长的一段时间里不可能再生的自然资源。

3）环境

生态环境是一切生命形式的载体，在可持续发展系统里，环境要素起着生命保障系统的作用，由岩石圈、水圈、生物圈和大气圈构成，并且具有一定程度上的可再生性、可修复性和递增性。生态系统在受到不超过其承载能力的干扰时，能够通过自我调节保持其结构和功能的稳定，同时具有在受到干扰之后恢复其原来的平衡状态的倾向，稳定性越强，回到平衡态的倾向越强。环境的承载力不是固定的，人类可以通过生态环境建设和资源结构调整来提高其承载力。

4）经济

经济是人类满足需求、实现美好生活的手段。在可持续发展系统里，经济要素起着动力支持系统的作用。经济是与资源利用和物质生产密切关联的一个概念，是为了满足人类的需求，人类社会有选择地使用自然界和前辈所提供的稀缺资源，生产有价值的商品（包括物质和服务）并将它们分配给不同的个人，力求以最小的耗费取得最大的效益的物质资料生产、交换、分配和消费的过程。经济是政治、法律、宗教、哲学、艺术等上层建筑赖以依存的基础，能够将稀缺的资源配置到不同的具有相互竞争用途的需求上，同时促使人力、物力等资源的节约和有效利用。

5）社会

社会是人类生活的共同体，包括社会制度、科学技术、文化特质这三个关键因素。在可持续发展系统里，社会要素起着组织支持系统的作用。在这个共同体内部，各成员之间联系紧密，具有比较复杂的组织结构、相对集中的价值取向、共同认同的文化特征、比较健全的职能分工。社会具有整合个体，形成合力的整合功能；保持交往，发展关系的交流功能；规范行为，调节秩序的导向功能；继承传统，开启未来的承启功能。

在可持续发展系统要素中，资源是环境生产的产物，人口是社会组织的主体，因此可持续发展系统被认为是生态、经济和社会的一个三维系统，可被分为生态可持续发展、经济可持续发展和社会可持续发展这三个子系统。这三个子系统之间不是并列关系，而是分属于不同层次。生态可持续发展位于最底层的基础层，起到支持承载作用；经济可持续发展位于其上，属于动力层，起到驱动作用；社会可持续发展位于最高层，是可持续发展的目标层，起到指向作用（图 11-1）。由此可见，在可持续发展系统中，首先要保证的是生态可持续发展，生态系统为人类的发展提供了物质能量保证，只有生态可持续发展，才能为上面两个层次的系统实现其目标奠定基础。经济可持续发展建立在生态可持续发展的基础之上，同时又能够通过经济引导作用，带动全社会实现社会可持续发展。

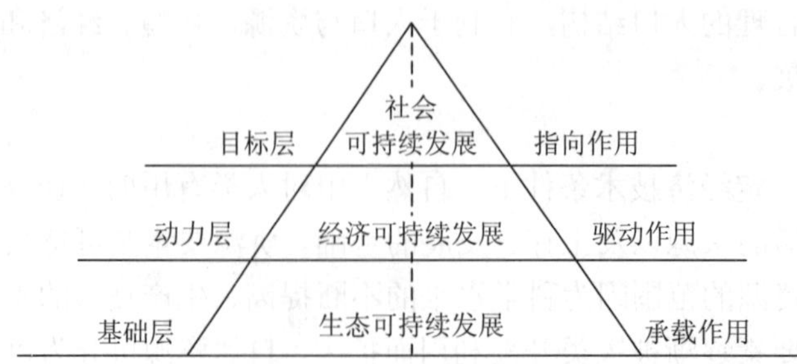

图 11-1 可持续发展系统的三个层次（龚胜生和敖荣军，2009）

生态可持续发展：生态系统是人类赖以生存和发展的物质基础，生态可持续发展是社会可持续发展的基础前提。具体来讲就是维持生物圈为未来提供最大化发展选项的能力，同时为生物多样性保持做适当的准备，并通过空气、水、土地资源的保护和合理利用来保持生物圈的生物地球化学循环的完整性。因此，生态可持续的关键就是保持生态系统完整性和生物多样性。

经济可持续发展：经济是社会进步的活力，经济可持续发展是通向社会可持续发展的必由之路。它是一种合理的经济发展状态，生产、消费、流通中产生的废弃物或者给自然带来的不利影响，能够通过自然本身的作用或者人工作用进行消化，使人类整个生产、生活方式都有所改进。

社会可持续发展：可持续社会就是一个以保护后代和关怀当代为宗旨，公平正义、人与自然动态和谐，每一种文明、社会、国家、民族都可以追求它自己的可持续的生活方式，都可以尊重它自己的文化根底、经济条件和环境状态的系统。在这个系统里，人类社会能够预见其所采取的各种行动的结果，并确保这些行动对生态系统的健康稳定不造成损害。可持续发展的目标就是使人类社会创立一条在遥远的未来都能支持人类进步的发展道路，实现社会的可持续发展。

（2）可持续发展系统内部解析

系统要素之间的相互联系、相互影响的关系构成了系统的结构。可持续发展系统的基本关系包括了人类与自然之间的关系，也就是所谓的人地关系，以及人类之间的关系。人地关系就是可持续发展系统中的社会子系统和生态子系统之间的关系，人类之间的关系就是社会子系统内部的关系，可分为各代人之间的代际关系和同一代人内部的代内关系。代内关系一般反映为人类不同区域之间资源的分配情况。

1）人地关系

人类活动对自然生态环境的作用是人类系统通过各种社会经济活动对自然资源的直接或者间接的利用以及对某些自然要素和自然规律的被动适应。这种利用程度伴随着人类科学技术水平在深度和广度上的不断提高而提升。一方面是人类社会对自然资源的直接利用，包括人类社会初期通过采集、狩猎等方式获取动植物资源满足人类生存需求，农业经济时代和工业经济时代人类对水资源的开发利用等。这种直接利用如果不超过自然系统的再生能力，不会对自然生态系统的平衡造成威胁。另一方面是人类社会通过一定的技术手段改变一些资源的性状和结构，对其进行改造利用，例如对矿产资源、土地资源的开发。这种利用方式相较于直接利用更为高级一些，对人类社会发展的推动力更为强劲，但也更容易造成自然生态环境的破坏，例如水土流失、土地荒漠化、水土污染以及环境疾病等。人类对于不能直接利用和改造利用的自然要素和规律产生出自觉或不自觉的适应和顺从，如对不同气候条件形成不同的农业种植方式等。人类对自然生态环境的直接利用、改造以及被动适应构成了人类对自然生态环境的作用效应。

自然生态环境对人类的作用主要包括两个方面：自然系统的客观运行规律对人类的影响和自然系统的反馈作用对人类的影响。前者主要是指自然系统按照自身运行规律，无视人类对其的作用效应，作用于人类系统，例如火山爆发、地震、海啸等；后者主要是指人类活动对自然生态系统进行的干扰，而这种干扰又通过自然生态系统以反馈的形式施加给人类。自然系统的反馈往往具有滞后效应，也就是说，一般在人类施加干扰之后一段时间其作用才会显现出来，而且一般都具有消极破坏作用。自然系统对人类系统的作用方式有“突变”和“渐变”两种。渐变方式通常是自然环境系统在宏观方面对人类行为的反馈，例如过度放牧造成的草场退化、沙漠化；突变方式多指自然环境系统在中观、微观尺度下对人类造成的影响，这种影响一般持续时间短，但强度高，例如台风、地震等自然灾害。

在人类文明发展的萌芽阶段以及农耕文明的中前期，人类社会科技水平相对低下，生产力有限，人类对自然生态环境的适应能力、利用强度、改造水平十分有限，自然力在人地关系矛盾中占据主导地位。在这一阶段，自然是人类敬畏和学习的对象，人与自然保持着一种低层次的和谐关系，人类的生产、生活、繁衍在自然生态系统可承载的范围之内，不会对其造成结构和功能上的损害。随着生产力的发展，农耕文明的后期以及工业文明时代，人类认识、利用、改造自然的能力飞速发展。为了满足人类持续增长的物质能量需求，人类大肆开发、改造自然生态系统，生产力成为人地关系矛盾中的主要方面。然而，人类对自然生态系统的高强度持续干扰也使人类社会承受了自然系统各方面的反馈影响。最近几十年来，人类深切地感受到了人类活动对自然系统的破坏将会威胁到人类种族的生存和延续，迫切需要正确认识人类在自然生态系统中的位置，改变人地关系中不合理的情况，使得自然力和生产力能够相互协调，在自然生态系统承载力范围内寻求人类可持续的发展之路。

2）区际关系

区域的含义较为广泛，它可以指不同的国家、地区，也可以指内部具有均质性和内聚性的一定地理空间。由于物质的不均衡分布，不论在何种空间尺度的区域之间都会形成物质、能量、信息的空间梯度，并且在梯度力的作用下产生物质、能量、信息之间有形或者无形的“流”。在可持续发展系统里，区域之间的相互作用就是区域之间人口、资源、环境、经济和社会要素之间的传递和流通。区际关系是人地系统与系统之间的关系，包括区域自然生态系统和人类系统之间的关系。区域自然系统之间的关系是按照自然要素的空间分布结合自然规律来确定的，然而人类系统之间的关系则是由社会、经济原则来确定的，这二者之间必然存在一定的不同步和不协调，同时，自然系统之间的关系由于自然要素分布的复杂性而无序化。因此，人类必须依据其生存和发展的需要对各种空间“流”进行人为的调控，使之有序，使之能够与人类系统相协调。

在人类社会发展早期，由于生产力水平的限制，区域的开放功能缺乏，相同空间尺度的地域之间没有联系或者仅仅保持极低的联系水平，特别是彼此之间缺乏资源、物质、信息的流动，使得各个区域之间只依靠自身内部资源进行独立发展。人类系统的发展与本区域的自然生态系统密切相关，一旦本区域的自然环境系统由于某种原因而恶化，则有可能造成区域内人类系统的崩溃。随着人类社会的进步，区域之间的物质、能量、信息流规模日益庞大。如果某一区域内资源要素无法维持该区域内的发展时，采取强制手段改变区域之间“流”的流向以及流量等，使其他区域向自身区域输入能量和物质以维持其自身的发展。例如古代有奴隶国家之间对人口的掠夺，现代有工业国家之间对于资源的掠夺。同时，当某一区域内人口、资源、环境、经济、社会等要素成为其发展的障碍时，采取一定措施，将这些障碍因子通过区域之间的“流”转移到其他区域去以求得自身的继续发展，例如发达国家将高污染产业向发展中国家转移等。在可持续发展系统中，不同区域在人口、资源、环境、经济和社会不能满足各自发展需求时，通过区域之间“流”的作用，实现互通有无和取长补短，获得发展所必需的要素，在彼此收益的情况下共同发展。在这种区际关系中，

"流"具有双向性，体现了区域和谐、协调和公平，使得双方都获得了继续发展的因素，却不会对任意一方造成危害，是可持续发展系统中区际关系的理想状态。

3）代际关系

与横向的区际关系相对应的是纵向的代际关系。代际关系从客观上来讲，当代具有优先权，后代的选择完全取决于当代人的选择，这就需要从伦理道德上来规范和约束当代人的行为，使得当代人放弃"本代人中心主义"的思想，放弃追求经济的无限增长、对资源的当下利用和生活方式中的消费主义。《我们共同的未来》指出，保护自然是当代人对子孙后代在道义上的义务的一部分，人类的生存和福利有赖于把可持续发展提高到全球性伦理道德水平。另一方面，不能因为为了后代而放弃当代人的发展。社会必须进步，这是人类社会发展的客观要求，也是人类从事各种活动的追求。因此，代际关系除了需要社会伦理道德规范和约束以外，还应当恪守人类社会发展的准则，力图寻求当代人与后代人利益和需要的平衡。为了达到此目的，当代人将寻求合理的经济增长方式，节制对资源的消耗，合理抑制消费，在满足自身需要的同时，不影响、危害后代人满足其需要的能力。

在工业文明及其之前，人类的发展目光仅仅局限于满足当代人需求的程度，表现为当代只考虑自身的生存和发展，最大程度地去开发利用自然资源要素，没有意识到或者无视自然生态系统的保护和环境负载的加重，留给后代的是一个环境恶化、资源十分匮乏的生态系统。这种代际关系中，资源分配在当代和后代之间是极端不均衡的，严重影响了后代的发展。在可持续发展系统中，代际关系表现为当代和后代发展机会与发展权利的平等，即各代人之间的公正性，它要求当代人把保护自然生态系统作为对子孙后代的责任和义务的一部分。在资源分配方面，当代人和后代人所占份额适当，虽然当代人获得了较多的份额，但是给后代人提供了开发替代资源的基础，最终使人类走上可持续发展道路。代际关系的协调是可持续发展系统的必要条件。

11.1.3　可持续规划与设计的理论基础

（1）三种生产理论

三种生产理论即物质资料的生产、人类自身的生产和环境的生产相互适应的原则。物质资料的生产是指人类从环境中索取自然资源，并接受人类自身在生产过程中产生的各种消费再生物，通过人类劳动将其转换为生活资源的过程。这个过程生产出来的生活资源用于满足人类的物质需求，同时产生废弃物进入生态环境。在可持续发展系统中，物质生产的基本参量是社会生产力和资源利用率。人类自身的生产是指人类生存和繁衍的总过程。在这个过程中，人类消费物质生产提供的生活资源和环境生产提供的生活资源，产生人力资源以支持物质生产和环境生产，同时产生消费废弃物返回环境，产生消费再生物生产环节，其基本参量是人口数量、素质以及消费方式。环境的生产是指在自然力和人力的共同作用下，对环境自然结构和状态的维护和改善。在这个过程中消纳物质生产过程产生的废弃物和人类生产产生的消费废弃物，同时产生新的生产资源和生活资源，其基本参量是污染消纳力和资源生产力（图 11-2）。

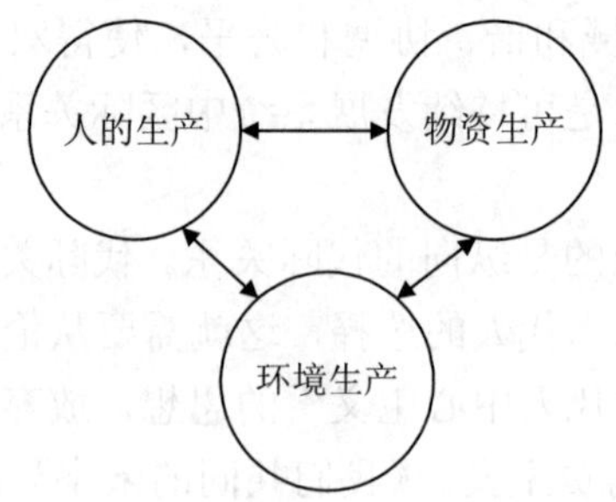

图 11-2 三种生产之间的关系示意（王奇等，2002）

面对日趋恶化的人与自然系统之间的关系，三种生产理论以追求三种生产之间的和谐作为人类社会的可持续发展目标。三种生产的协调是实现可持续发展的一个重要前提。三者运行关系的协调关键在于调整优化三种生产之间的联系方式和内容，对现有人的生产与物质生产的运行模式与发展方向进行调整，同时重新审视环境生产的地位与作用。

（2）环境承载力

环境承载力理论以整体自然生态系统为研究对象，视环境整体为社会经济发展的物质基础，研究环境的整体特征，寻求区域社会、经济、环境协调发展的途径。环境承载力理论是指一定时期、一定环境状态下，某一区域环境对人类社会经济活动支持能力的阈值。从环境承载力本身可以看出，人类社会的发展并不是无上限的，它受到自然生态条件的制约。环境承载力的大小可以用人类活动的方向、强度、规模加以反映，因此环境承载力是随着社会经济、技术水平的发展而变化的，在同一时期又和人类社会经济活动直接联系。自然环境同人类活动之间建立了联系的桥梁，使环境与社会经济的协调有了宏观准则。它是生态环境系统结构特性的一种抽象表示，会因为人类对自然环境的改造而变化。一般而言，人类对环境主动作用很大程度上是为了提高环境承载力，但是不容否认的是人类改造自然生态环境的某些活动在提高环境承载力的同时，在某些方面又降低了环境承载力。

环境承载力有以下特点：

①稳定性：在一定时期内，由于区域自然生态系统的结构、功能方面不会发生剧烈的变化，因此以此为基础的环境承载力也保持一定程度上的稳定。

②变动性：自然生态系统会受到人类活动的干扰而引起一定的结构变化，同时作为一个开放的系统，其自身也会产生一定的运动变化，这就导致了环境承载力的变化。

③可控性：环境承载力具有变动性，但是这种变动程度很大一部分可以由人类活动加以控制。人类可以根据生产、生活需要，对自然生态系统进行有目的的改造，从而达到控制改变环境承载力的目的。不能忽视的是，人类对自然生态系统的作用是有限度的，不能肆意地改变环境承载力。因此，环境承载力的可控性不是无限制的。

（3）生态控制论

生态系统具有自我调节和自我控制的能力，可以通过控制论原理对其进行合理的调控。

①生态系统是由许多下级子系统组成，各个子系统之间相互关联，有序地形成具有一定功能的自组织结构；

②生态系统内部具有环网结构，能够使物质在其中循环往复，充分利用；

③生态系统中各个要素之间存在相互促进又相互制约的关系；

④生态系统中任何一个生物的发展过程都要受到某些利导因子或正反馈机制的促进作用，同时又会受到某些限制因子或负反馈机制的制约作用；

⑤生态系统中的生物要素都具有较强的自我调节和自适应能力，他们能够根据环境的变化，采取抓住最适机会尽快发展并力求避免危险获得最大保护的策略；

⑥生态系统中，生物有不断扩展其生态位的趋势能力，即不断占用新的资源、环境和空间，以获取更多更好的发展能力。

11.2　可持续规划与设计方法

11.2.1　可持续规划与设计的目标

通过可持续规划与设计，实现整个规划区域“社会—经济—自然”复合生态系统的高效和谐，使其内部的物质代谢、能量流动和信息的传递关系形成一个环环相扣的网络，使物质和能量得到多层分级利用，废物循环再生，各部门、各行业之间形成发达的共生体系，系统的功能、机构充分协调，系统能量损失最小，物质利用率最高，经济效益最好。

（1）生态可持续性

在可持续发展系统结构中，生态可持续发展作为其基础层，起到支撑作用，没有生态可持续发展就不可能有经济和社会的可持续发展。可持续规划与设计就是要做到保护自然生态系统结构的完整性和功能的稳定性，缓解人类同生态系统之间的矛盾，将人类的活动严格控制在自然生态系统承载力范围之内，确保自然生态系统能够发挥其生命支持功能。

（2）经济可持续性

在可持续发展系统结构中，经济可持续发展作为其动力层，起到驱动作用，没有经济可持续发展就无法实现社会的可持续发展，同时也无力做到对生态系统的保护和协调。可持续规划与设计就是要做到合理调配产业结构，保持经济健康、高效、持续地增长，不断满足人类物质文化需求，提供满意的生活质量。

（3）社会可持续性

在可持续发展系统结构中，社会可持续发展作为其目标层，起到指向作用。通过可持续规划与设计，依托生态、经济的可持续发展，提升人类文化素质，建立和谐的社会生态秩序和正确的价值观，促成人类社会同自然生态环境之间相互协调，共同进步。

11.2.2　可持续规划与设计原则

对“社会—经济—自然”复合生态系统而言，要实现其可持续发展，构建为一个可持续的系统，则必须要理清其系统内部的基本关系，即人地关系、区际关系和代际关系，通过合理的规划，达到这三种关系的协调统一，最终实现系统的可持续发展。

（1）人地关系协调

①尊重自然。人类社会与自然生态系统组成一个相互作用、相互依赖的整体，人类社会包括在自然环境的整体之中。因此，人类必须尊重自然、善待自然，人类的生产活动必

须在与自然的和谐平衡中进行。

②保护环境。保护环境需要维护生态系统的完整性，保护系统正常的生态过程，保护好影响人类生存和发展的各种天然的和经过人工改造的自然因素，合理利用自然资源，防止环境污染和生态破坏。

③适度消费。消费是人类生存和发展的基本条件之一，也是体现人与自然环境关系的基本领域，然而伴随着消费过程各种废弃物也会产生。因此需要将人的消费行为同自然环境相联系，调整人类的消费数量、消费内容和消费方式，倡导一种环境和生态系统能够长期承受的与环境友好的消费道德观念。

④提高潜力。通过促进技术进步，提高资源利用率，加强资源基础的负载能力，扩大可利用的资源范围，提高自然生态系统的生产潜力，把自然资源的效用和生产率提高到最大限度，在一定程度上减轻人类不断增长的物质能量需求对自然环境的压力。

（2）区际关系协调

①公平分配资源。资源在不同区域之间分配不公平将会产生破坏性的不和谐，例如不公平的资源分配会在资源占有量较小的区域造成稀有资源的过度开采。区域之间资源分配的公平性是可持续发展系统的内在要求，也是缩小地区之间的发展差距、促进平衡的关键。

②维护共同利益。以不同区域为主体对自然生态环境进行开发利用的过程中，自然生态系统的空间作用贯穿于不同区域之中，例如一条河流上游区域左右岸对于水资源的利用方式必然会影响到下游区域左右岸。只有加强不同区域之间的合作和协调，维护多边利益，才能够避免不同区域之间各自为政，共同应对全球生态环境危机，达到区际关系的和谐。

③跨界补偿。由于区域之间人口、物质、能源、信息流的不断增大，传统意义上的区域边界已经模糊不清，这就很容易使区域之间自然生态系统的作用强度增大到使某些区域生态系统产生重大影响的程度。在这种情况下，需要坚持跨界补偿原则，对于受损失或者未获利的一方进行补偿。

④域内优化。区域内部人地关系如果处理得不妥当，就很容易对其他区域产生不利的影响。为了促进和维护区域之间共同的利益，需要不断对区域内部人地关系进行优化。区际关系的协调和域内人地关系的协调是互为因果的。

（3）代际关系协调

①权利平等。这是可持续发展的核心思想之一。当代人的发展不能威胁到后代人追求发展的权利，应给世世代代以相同的发展机会和平等的发展权利。

②最佳产量。对于可再生资源，其再生速率和再生量在一个自然生态系统中都有一个上限，如果利用速率不超过这个上限，则可以保证资源的正常健康循环；一旦超过，就会对可再生资源的更新能力造成影响，甚至造成资源可再生性的不可逆损害。当代人在利用这些资源时要切实遵循最佳可持续产量的原则，保证可再生资源的自我再生能力。

③最小耗费。对于不可再生资源，其资源总量伴随着消耗而持续减少，并且在人类历史时期内不可能增加，当代人对其利用就会减少子孙后代将来利用的存量。可持续发展系统中，则需要考虑通过技术手段使不可再生资源的消耗速率降至最低，以及取得替代资源，在技术进步的前提下保持资源存量的稳定性，使不可再生资源的耗竭速率尽可能地少去妨碍后代人的选择。

④自然生态系统的完整性。自然生态系统是一个复杂的系统，一旦系统结构或者过程

被破坏，整个系统就有可能崩溃。可持续发展要求人类活动要严格控制在自然生态系统的阈值之内，保持自然生态系统的完整性和生态平衡。

⑤区际关系优化。代内的区际关系将会持续影响到代际关系的形成，代内的区际关系的协调是代际关系协调的前提。

11.2.3 可持续规划框架

近些年来，不少地区生态环境问题日益严重，社会、经济的发展同区域内部生态环境系统的矛盾日益尖锐化，编制一个行之有效的地区可持续发展规划能为地方政府进行科学决策提供有效保障。可持续发展规划的构成要素主要包括规划的主体及其合作关系、基于地区的可持续发展问题诊断与背景分析、行动方案设计、规划的实施与监督、评估与完善等（图 11-3）。

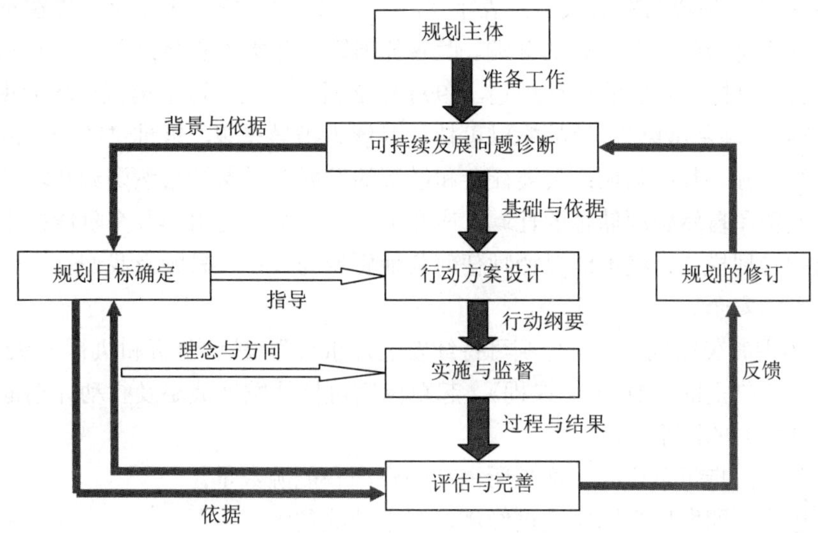

图 11-3 可持续发展规划框架（中国地方可持续发展规划指南，2006）

①规划主体。规划的准备和启动工作主要是在规划工作开始前期需要了解和明确的事宜，包括对象准备、主体准备以及制度准备。对象准备也就是要明确规划的空间、时间以及属性特征；主体准备包括明确规划所涉及的各种利益主体以及不同的组织结构；制度准备也就是完善其协调保障机制。

②可持续发展问题诊断。可持续发展问题诊断是规划开展的基础性和背景性工作，只有明确可持续发展问题与状态，才能确保规划的目标和行动具有针对性与可实施性。

③规划目标确定。依据地区长远发展战略目标，以合理的视角审视地区可持续发展中存在的问题，并择优选取。可持续发展规划目标的确定，不仅为后续的行动设计明确了方向，预测了可持续发展行动到某个时间段后预期要达到的效果，而且为规划效果的评估提供了依据与准则，在规划体系中是一个承上启下的枢纽。

④具体行动方案的设计与制定。在规划目标确定的基础上再明确具体的行动方案，以及一些保障性的制度和机制性的设施与内容。

⑤评估与完善。可持续发展规划评估对检验规划思想与行动方案的正确与否，对进一

步调整规划方案及其实施策略具有重要意义。可持续发展规划评估是指在一定时期根据实施要求或规划法规要求，通过与规划主体合作，采用科学、可行的方法或技术对规划执行的效果和过程进行测度或评价，并为规划的完善与修订提供科学依据。

11.3 可持续规划与设计进展

人类从认识可持续发展到广泛理解并接受，进而实施可持续发展曾经走过了 20 多年，目前已经成为一个主流发展模式。可持续发展是一个全球性的问题，它的实现方式可分为自上而下和自下而上式，因而可持续规划与设计也有宏观和微观两个方面。

11.3.1 宏观方面

1992 年联合国环境与发展大会发表了《21 世纪议程》，它代表了全世界在不同规模上向可持续发展而努力的一个良好的开端。世界各国纷纷开始依照会议所提出的《21 世纪议程》着手其实现可持续发展的行动规划。1993 年 2 月，欧盟通过了第五个环境规划，又称"环境与可持续发展新战略"。该战略以可持续发展为指导思想，以推进欧盟经济发展模式的转换为最终目标。其中强调：人类社会和经济的发展要以保护自然资源和环境质量为基础；为避免浪费和自然资源储量的耗竭，应在加工、消费和使用的各个阶段推进和鼓励资源再生利用的管理模式；绝不能以牺牲任何其他资源为代价，只顾及我们这一代人的利益而危及后代人的安全。

1993 年 6 月，美国成立了"总统可持续发展理事会"，具体负责和执行 1992 年联合国环境与发展大会制定的《21 世纪议程》，起草国家可持续发展战略及行动计划框架。美国提出了可持续发展的四个主题：

①生态效率，指每单位经济增长所消耗的资源和能源数量；

②经济进步，即发展中国家通过经济发展，消除贫困；

③公平，即在资源的保护和利用、环境风险的承担和对财富的分配上公平公正；

④选择，即通过谨慎的技术选择抑制全球性环境问题的发生和发展。

我国作为世界上最大的发展中国家，于 1994 年出台了《中国 21 世纪议程——中国 21 世纪人口、环境与发展白皮书》，作为全国实施可持续发展战略的指导性纲领，将"建立可持续发展的经济体系、社会体系和保持与之相适应的可持续利用资源和环境基础"确定为我国可持续发展建设的战略目标。2003 年年初，国务院颁布了《中国 21 世纪可持续发展行动纲要》，在总结 10 年以来我国可持续发展的成就与问题的同时，明确了我国 21 世纪可持续发展的指导思想、目标与原则，确定了可持续发展的重点领域，提出了实现可持续发展目标的保障措施。

11.3.2 微观方面

国家级可持续发展战略行动规划只有通过具体地方、区域的可持续发展才能找到落脚点。在可持续发展战略实施过程中，地方可持续发展规划是一个地区实施可持续发展战略的基础工作框架。具体的试点实验工作也是推动可持续发展战略的一个具有较强可操作性的方式。我国正大力开展地方可持续发展实验试点工作，已先后成立了众多可持续发展实验区，包括大城市、中小城市、县域、城镇等多个级别。

另外，我国研究者在具体规划项目方面也进行了不懈的探索和努力。典型的如：张玉等（2005）通过对生态、经济、社会这三个方面的综合评价，建立城市林业效益评价指标体系，完成了银川市城市林业可持续规划；李杨帆等（2003）分析了灌河口湿地资源、环境和景观生态特征，提出了灌河口湿地一体化开发、保护和管理的可持续规划方案；董金莲等（2007）对广州九龙中心镇可持续发展模式进行了探讨；张玉荣等（2009）通过对石门县壶瓶山镇基本情况的分析研究，提出了营造特色、可持续发展的新型生态小城的设计方法和理念；张悦等（2009）通过对北京市顺义区的远郊乡村案例进行持续的追踪研究，以实地勘察、住户访谈以及宅基地空间信息数据库为基础，完成了村庄的可持续规划，并具有成为一种乡村可持续发展规划设计范式的潜力。

11.4　经典案例——秦皇岛市城市可持续发展战略规划

（1）规划区概况

秦皇岛市（北纬 39°40′—40°37′，东经 118°34′—119°51′）地处河北省东北部，位于渤海西岸中段，连接华北与东北两大经济区。在地缘上，其东与辽宁省接壤，西与河北省唐山市相邻，北与河北省承德市交界，南濒渤海。秦皇岛市下辖海港区、山海关区、北戴河区和抚宁县、昌黎县、卢龙县、青龙满族自治县，陆域面积 7 812 km^2，海岸线长 126.4 km，2000 年全市总人口为 266.29 万人。秦皇岛市于 1984 年成为我国沿海开放城市之一。

（2）规划思路

1）秦皇岛市可持续发展能力现状分析

①可持续发展能力综述。

结合秦皇岛市的实际情况，分别从协调水平、财富水平、城市储蓄率、生态占用和综合可持续发展能力等多角度对秦皇岛市的可持续发展水平进行了系统分析和评估，表明秦皇岛市总体处于弱可持续发展阶段，其中部分地区处于弱不可持续阶段。近三年来，秦皇岛市的综合可持续发展能力呈缓慢增长趋势，主要原因是近年来环境投入以及环境管理力度的加大，城市环境质量有了较为明显的改善，近海海域污染基本得到了控制。

②实施可持续发展的有利因素。

秦皇岛市具有丰富的陆海资源和得天独厚的区位优势，近几年国民经济持续健康快速增长，综合实力不断加强，环境保护成效显著，城市环境质量明显好转，近海海域水环境污染得到初步控制，城市生态建设步伐加快，市场经济体制基本形成，公众环境意识不断提高，科技、教育、文化、卫生、体育等事业发展较快。同时，全国全面建设小康社会的战略目标为秦皇岛市步入可持续发展轨道提供了契机。

③实现可持续发展的主要瓶颈。

国民经济整体素质不高，产业结构不尽合理，技术水平相对落后，经济发展还没有摆脱粗放式发展模式；城市化水平较低，城乡二元结构体系明显，城镇发展任务繁重，生态保护与农村经济发展矛盾突出；总体生态水平脆弱，生态功能急需恢复和加强；经济发展的资源消耗、能源消耗较高，水资源不足。

2）秦皇岛市可持续发展战略指导思想和目标

指导思想：坚持以人为本，以统筹人与自然的和谐发展为主线，以发展经济为核心，贯彻全面、协调的可持续发展观。

目标：以提高人民生活质量为根本出发点，以科技和体制创新为突破口，不断提高秦皇岛市的综合实力和竞争能力，全面推进秦皇岛市经济、社会与人口、资源、环境的可持续协调发展，把秦皇岛市建成社会文明昌盛，经济健康发展，环境质量良好，资源合理利用，生态良性循环，城市优美洁净，基础设施健全，生活舒适便捷的现代化、工业化港口旅游城市。

3）规划内容

主要措施包括：正确定位，协调发展；发挥优势，加快发展；扩大招商引资，增强资本竞争力；进一步扩大开放；加快科技进步，促进经济发展；重视文化竞争力，加强精神文明建设；加强城市营销及品牌建设；强化城市管理与企业管理。重点包括以下五个方面：

①经济可持续发展。

主要涉及工业、农业、交通、旅游业四个方面的可持续发展对策与措施。

工业方面：巩固提升传统优势产业；大力发展具有资源优势的行业；鼓励兴办劳动密集型产业；创办新能源工业；引导高科技产业；稳定发展城市基础工业；合理安排工业生产力布局。

农业方面：以市场为导向，以科技为依托，调整和优化农业生产结构；加快秦皇岛市生态农业建设；实施农业产业化经营；增加农业投入；加强农村市场信息服务；进行农业技术创新。

交通方面：调整港口结构和改善港口布局，同时加大环保投入；对机车电力化改造和地方铁路改造，铁路两侧加强绿化，建立隔音带减少噪声，并在铁路客车上推广使用可降解的塑料制品；注重高速公路和道路绿化，山区公路建设注重保护生态；建设和完善城市街道体系，优先发展公共交通，完善优化街道绿化体系；完善航空设施，增加航线，增加运力，但不必建设国际机场。

旅游业方面：加强发展休闲度假旅游的调查研究；统一口径，强化宣传，实行相应的经济对策；改善及提高接待能力；增加环保投入，确保休闲度假资源。

②城镇化与县域经济可持续发展。

明确城镇定位，调整产业结构：秦皇岛市定位为“我国著名的滨海旅游、休闲、度假胜地，环渤海地区重要的综合性港口城市”。因此，需对其相对薄弱的工业进行加强，同时重点发展休闲度假旅游，着重吸引境外游客；另一方面要做好域内县城的定位和产业结构调整。

城镇化要合理布局，形成体系：中心城市要保持特色，筹建新区；根据生态功能分区控制小城镇布局，对小城镇的建设要择优重点发展；在城镇化过程中对工业区要进行集中规划。

合理利用自然资源，加强保护生态环境：包括对土地资源、水资源的合理利用和保护；努力防止空气污染、固体废弃物污染以及噪声污染；建立完善绿化体系，充分发挥生态功能。

③资源配置和利用可持续发展。

土地资源可持续发展利用与保护对策：城镇建设和工矿用地要提高利用效率，同时兼顾环境保护；城市建设和工矿用地要少占用甚至不占用耕地，充分利用工商业的聚落效应，建设功能强大的特色小区；制定土地资源保护办法，借助法律对土地资源进行保护；大力发展生态农业。

水资源可持续发展利用与保护对策：加强水源地生态建设和环境保护，提高水资源利用率；大力节水，建设节水型城市；优水优用，提高水资源利用的经济效益；加强污水资源化工作，尽快开展海水淡化；利用平原水库、坑塘、排灌渠系统蓄积雨水，起到补充地下水、灌溉和调节小气候的作用；注重水资源分配，改变目前重城市、重工业、不重生态用水的局面；抓住南水北调机遇，争取从桃林口水库调水。

森林资源可持续发展利用与保护对策：完善森林法规，从严执法；制定相应的经济政策，多方集资用于护林造林；大力开展造林绿化活动；适当发展经济林种，同时兼顾薪炭林的建设；加强自然保护区森林的保护与管理。

海洋与海岸带资源可持续利用与保护对策：对鱼类的捕捞要控制强度，坚决执行休渔制度，同时大力开展海水养殖，促进水产资源增值；对于排入海洋的废水进行处理，禁止直接排入近海，依法强制性保护海岸带，特别是对昌黎黄金海岸自然保护区进行严格管理。

矿产资源可持续发展利用与保护对策：加大资源勘探力度，扩充资源后备储量；科学、规范开采，杜绝由于乱挖滥采造成的资源浪费；资源开采过程中，注重生态环境的保护；全社会树立节约资源的意识，在生产、生活中减少资源的耗费。

④社会可持续发展。

人口：贯彻实施计划生育，控制人口增长；加强社会主义新型生育文化建设，完善计划生育服务体系；建立健全计划生育利益导向机制；关注社会老龄化，完善保障措施；提高出生人口素质；消除贫困，增加就业。

教育：在中小学全面推进环境教育，将可持续发展思想贯穿于从初等到高等的整个教育过程，同时加强职业和成人教育，提高成人工作技能的同时也要提高其环境保护意识和可持续发展知识；加快发展高等教育，以教育产业提高全市文化和技术品位，为可持续发展提供人力资源保障；利用各种媒体进行广泛的社会教育。

科学技术：大力培养与吸引科技人才，建立新的科技创新体系；继续深入开展企业技术创新活动和对农村的科技扶贫与科技下乡活动，坚持实行农村科技特派员制度；建立长期的相对固定的环境保护与可持续发展研究机构；普及科学技术和可持续发展的战略知识，提高全市人民的科技文化素质和环境意识。

卫生与健康：改革医疗卫生体制，完善医疗卫生服务设施与体系；将预防和保健作为新时期卫生工作的重点；完善城市医疗保险制度，推动农村新型合作医疗制度的建立和完善，提高农民互助合作、抗御疾病风险的能力；控制传染病，保证居民健康。

文化与体育：主要包括在体制方面进行深化改革，加强文化与体育公共设施建设，促进产业化发展；通过城市社区和农村村镇的文体设施建设，满足人们日益增长的文体需求，同时促进群众文化、体育运动。

⑤生态可持续发展。

a. 生态保护与建设

❖ 对沿海重要生态功能区进行抢救性保护。包括严格保护和管理昌黎黄金海岸国家级海洋自然保护区，尽快筹建北戴河湿地与鸟类自然保护区，同时在团林、渤海和北戴河滨的防风固沙林建立生态功能保护区。

- ❖ 对北部山区的重要生态功能区进行抢救性保护。包括建立老岭自然保护区，筹建都山自然保护区和平市庄森林自然保护区，在山海关林场和抚宁熊顶盖山集体林场建立生态功能保护区。
- ❖ 对重要资源开发区依法强制保护。包括对石河水库、洋河水库、桃林口水库等水源地、采矿业集中的柳江盆地以及沿海水产养殖场进行强制性保护。
- ❖ 对生态良好区及生物多样性丰富的地区实行积极性保护。对风景名胜区实施积极性保护，协调发展与环保的关系；对森林公园和地质公园也要进行保护。
- ❖ 健全投资机制，加强生态环境保护与文物保护。
- ❖ 实行资源补偿和生态补偿政策。

b．环境保护与污染防治

以污染物总量控制为主线，以强化环境监督管理为基础，不断改善城市环境质量，逐步实现城市生态良性循环。从大气污染防治、水资源保护和水污染防治、固体废弃物污染防治、噪声污染防治、乡镇污染防治、农村环境保护、海洋环境保护等方面切实贯彻全市生态环境保护和污染防治工作。

- ❖ 调整结构，优化布局。通过产业结构调整，优化工业布局，发展高新技术产业，推广循环经济、清洁生产以及环境友好技术，增强污染治理能力等措施，削减污染物排放总量。
- ❖ 控制污染，精心实施。在控制污染排放水平的基础上，通过科学规划、精心设计和分步实施，营造和谐、优美的人居生态环境体系。

参考文献

[1] 曹建云．二十世纪世界人口、经济增长及其对生态环境的影响[J]．人口与计划生育，2003，11：41-42.

[2] 曹利军．可持续发展评价理论与方法[M]．北京：科学出版社，1999.

[3] 陈良．气象气候与人类社会发展[M]．北京：人民出版社，2008.

[4] 段艳宇，周朝阳．论居住小区可持续发展理念的规划设计——昭山乡（拆迁安置）生态景观、可持续发展规划理念[J]．广东科技，2009，6：151-153.

[5] 董金莲，曹丰林．生态新城的可持续发展模式探讨[J]．城市规划，2007，31（1）：93-96.

[6] 董廷旭．城镇土地可持续利用的生态景观途径研究——以绵阳市城市发展规划区为例[J]．西南科技大学学报：哲学社会科学版，2004，21（3）：65-70.

[7] 龚胜生，敖荣军．可持续发展基础[M]．北京：科学出版社，2009.

[8] 科学技术部农村与社会发展司中国 21 世纪议程管理中心．中国可持续发展实验区的探索与实践[M]．北京：社会科学文献出版社，2006.

[9] 科学技术部农村与社会发展司中国 21 世纪议程管理中心，中国科学院地理科学与资源研究所．中国地方可持续发展规划指南[M]．北京：社会科学文献出版社，2006.

[10] 孔繁德，张明顺，杜宝军，等．城市可持续发展战略规划[M]．北京：中国环境科学出版社，2004.

[11] 李东徽，朱燕蕾，蔡晓琳．谈园林景观生态规划设计与可持续发展[J]．现代农业科技，2009，22：224-225.

[12] 李杨帆，朱晓东. 江苏灌河口湿地景观生态规划：可持续发展的方案[J]. 地理科学，2003，23（5）：635-640.

[13] 刘金勋，董连克. 论持续发展有效规划[J]. 农业系统科学与综合研究，1997，13（1）：67-70.

[14] 王奇，叶文虎. 从两种生产理论到三种生产理论[J]. 生态经济，2002，1：28-30.

[15] 王祥荣. 生态与环境：城市可持续发展与生态环境调控新论[M]. 南京：东南大学出版社，2000.

[16] 伊恩·莫法特. 可持续发展——原则、分析和政策[M]. 宋国君，译. 北京：经济科学出版社，2002.

[17] 雍际春，张敬花，于志远，等. 人地关系与生态文明研究[M]. 北京：中国社会科学出版社，2009.

[18] 章家恩. 生态规划学[M]. 北京：化学工业出版社，2009.

[19] 张俊军，许学强. 城镇体系可持续规划初探[J]. 人文地理，1998，13（4）：44-48.

[20] 张玉. 银川市森林林业效益评价及可持续规划[D]. 西北农林科技大学，2005.

[21] 张玉荣，李志学. 特色·生态·可持续发展——以石门县壶瓶山镇总体规划为例[J]. 中外建筑，2009，5：147-149.

[22] 张悦，郝石盟，倪锋，等. 北京乡村的可持续规划设计探索——2009 年豪瑞全球可持续建筑奖获奖项目介绍[J]. 建筑学报，2009，10：79-82.

[23] 张振. 生态城市——可持续发展的城市规划与建设[J]. 山西建筑，2002，28（12）：11-12.

[24] 张智慧，申立银，施德伟. 推进城市化的可持续发展模式[J]. 清华大学学报：自然科学版，2000，40（s1）：1-6.

[25] 周建东，陈学好，潘丽琴，等. 城郊型观光农业园区可持续规划研究——以扬州市沙头镇观光农业园区为例[J]. 扬州大学学报：农业与生命科学版，2007，28（4）：85-89.